住房城乡建设部土建类学科专业"十三五"规划教材
高等学校给排水科学与工程学科专业指导委员会规划推荐教材

城镇防洪与雨水利用

（第三版）

张 智 主编
吴济华 主审

中国建筑工业出版社

图书在版编目（CIP）数据

城镇防洪与雨水利用/张智主编. —3 版. —北京：
中国建筑工业出版社，2021.1（2024.8 重印）
住房城乡建设部土建类学科专业"十三五"规划教材
高等学校给排水科学与工程学科专业指导委员会规划推荐
教材
ISBN 978-7-112-25807-9

Ⅰ.①城… Ⅱ.①张… Ⅲ.①城镇-防洪工程-高等
学校-教材 Ⅳ.①TU998.4

中国版本图书馆 CIP 数据核字（2020）第 267653 号

　　本书是住房城乡建设部土建类学科专业"十三五"规划教材，共分 9 章，主要内容有城镇防洪概论，设计洪水流量，城镇防洪总体规划，城镇防洪措施，防洪工程评价与管理、城镇雨水管理概论、城镇雨水管理工程、城镇雨水管理模型、城镇雨水利用。本书针对给排水科学与工程专业的特点，结合实例系统地阐述了基本理论与原理，使学生更易理解和掌握。

　　本书可作为给排水科学与工程、环境工程、城市交通和水利工程等相关专业的教材，也可作为政府管理人员及专业工程技术人员的参考书。

　　为便于教学，作者制作了本书配套课件，如有需求，可发送邮件至 jckj@cabp.com.cn 索取（标题标明书名），电话：010-58337285，建工书院 http://edu.cabplink.com。

＊　＊　＊

责任编辑：王美玲
责任校对：张　颖

住房城乡建设部土建类学科专业"十三五"规划教材
高等学校给排水科学与工程学科专业指导委员会规划推荐教材
城镇防洪与雨水利用（第三版）
张　智　主编
吴济华　主审

＊

中国建筑工业出版社出版、发行（北京海淀三里河路 9 号）
各地新华书店、建筑书店经销
北京科地亚盟排版公司制版
建工社（河北）印刷有限公司印刷

＊

开本：787 毫米×1092 毫米　1/16　印张：23½　字数：583 千字
2021 年 6 月第三版　　2024 年 8 月第七次印刷
定价：**60.00** 元（赠教师课件）
ISBN 978-7-112-25807-9
（37017）

第三版前言

随着我国城镇化建设的推进，绿色生态的理念逐步深入人心，对城市雨水问题认识的逐渐深化，城市雨水问题有其复杂性、多维性、交织性，导致解决城市雨水问题方式的复杂性，因而，日益重视从体系化、层次化等方面认识城市雨水问题，更希望借力信息技术，应用于分析解决城市雨水问题。本书在《城镇防洪与雨水利用》（第二版）的基础上修订，更加注意雨水管理的体系化、层次化和信息化在教材中的展现；雨水管理的体系化，就是注意雨水径流控制、径流污染控制和雨水资源利用是相互联系的整体性；层次化就是把源头控制、常规雨水排水、水系或流域防洪的关联性等更集中阐述，将防洪和雨水管理分别集成为相对独立的两篇，并按雨水径流控制、雨水污染控制和雨水资源利用等顺序组织内容，有利于教材的使用；信息化就是更加注意信息技术、模型技术的应用，增加了相应的内容。

本书由重庆大学张智担任主编，与华中科技大学陶涛、湖南科技大学任伯帜、重庆大学阳春、曾晓岚、柴宏祥、姚娟娟，北京建筑大学许萍、上海城市建设设计研究总院（集团）有限公司张显忠等共同修编完成。全书分为两篇，即城镇防洪篇和城镇雨水管理篇，第1篇由1章～5章组成，第2篇由6章～9章组成。新增第6章城镇雨水管理概述，第8章8.4节城镇雨水管理信息技术应用及案例；并充实部分例题。第三版编写分工如下：第1章、第6章、第7章由张智修编，第5章5.1节、第8章8.1节～8.3节由阳春修编；第2章和第4章4.2节由任伯帜修编；第3章和第5章5.2节由陶涛修编；第4章4.1节由曾晓岚修编；第8章8.4节由姚娟娟修编；第9章9.1节～9.4节由许萍修编；9.3节～9.5节由柴宏祥、张显忠修编。全书由张智统稿。

中国市政工程西南设计研究总院吴济华教授级高工担任本书主审。

在教材修编过程中，许多专家给予了极大的帮助，教材修编中参考了许多文献资料，不能一一列出，对此深表歉意和谢意。

由于本教材涉及学科多、内容广，限于编者的水平，书中难免有不妥之处，敬请广大读者批评指正，以促不断完善。

第二版前言

《城镇防洪与雨洪利用》(第一版)出版以来,已历时七年,其间,自然世事变化极大。

其一,近年来,我国城镇化的快速发展,地貌变化极大;全球气候变化诡(奇)异,降雨无常,两相叠加,致内涝成"海"为"常景",伤人毁物频发生。据人民日报披露,2008~2010年间,全国62%的城市发生过城市内涝,内涝灾害超过3次以上的城市有137个,人员伤亡财产损失极大,引起国家高度重视。2013年3月25日,国务院办公厅发布《关于做好城市排水防涝设施建设工作的通知》(国办发〔2013〕23号),要求"2014年底前,编制完成城市排水防涝设施建设规划,力争用5年时间完成排水管网的雨污分流改造,用10年左右的时间,建成较为完善的城市排水防涝工程体系。"2013年6月18日,住房城乡建设部关于印发城市排水(雨水)防涝综合规划编制大纲的通知(建城〔2013〕98号);2013年9月18日,颁布《城镇排水与污水处理条例》(中华人民共和国国务院令第641号),要求:"易发生内涝的城市、镇,还应当编制城镇内涝防治专项规划,并纳入本行政区域的城镇排水与污水处理规划。"2014年10月22日,住房城乡建设部关于印发海绵城市建设技术指南——低影响开发雨水系统构建(试行)的通知(建城函〔2014〕275号),推进海绵城市建设:控制降雨径流、防治城市内涝;改善径流水质,降低面源污染;利用雨水资源,缓解缺水矛盾;2015年4月2日,《国务院关于印发水污染防治行动计划的通知》(国发〔2015〕17号);2015年8月28日,住房城乡建设部和环境保护部颁布《城市黑臭水体整治工作指南》;2015年9月23日,中共中央 国务院印发《生态文明体制改革总体方案》,要求:"坚持节约资源和保护环境基本国策,坚持节约优先、保护优先、自然恢复为主方针,以正确处理人与自然关系为核心,以解决生态环境领域突出问题为导向,保障国家生态安全,改善环境质量,提高资源利用效率,推动形成人与自然和谐发展的现代化建设新格局。"生态文明建设以"生态环境、生态安全、资源利用"为核心内容,已是国家重大举措。

其二,我国城镇防洪与排水事业发展迅速,我国许多城市发生内涝,原城市雨水管道设计标准已不适应,与之相关的规范、标准几经修订。修编并发布《防洪标准》GB 50201—2014;故《室外排水设计规范》GB 50014—2006于2011年和2014年两次进行了修订。

这些方针、政策和标准的颁布,将指导和规范我国的雨水管理工作,因此,《城镇防洪与雨洪利用》的修编适逢其时,甚为必要。

本书由重庆大学张智担任主编,与华中科技大学陶涛,湖南科技大学任伯帜,重庆大学阳春、曾晓岚、柴宏祥,北京建筑大学许萍,上海城建设计研究院(集团)有限公司张显忠和南华大学凌辉等共同修编完成。修编主要内容及分工如下:书名由《城镇防洪与雨洪利用》改为《城镇防洪与雨水利用》;第一版的第4章防洪工程措施和第7章防洪非工程措施,删减合并为第二版的第4章城镇防洪措施;第一版的第5章防洪工程管理和第6

章防洪工程评价，删减合并为第二版的第5章防洪工程评价与管理；新增第6章城镇雨水管理模型、第7章城镇雨水管理；补充第8章雨洪利用更名为城镇雨水利用，并充实部分案例。第二版编写分工如后：第1章由张智、阳春编写，第5章5.1节由阳春编写；第2章和第4章4.2节由任伯帜编写；第3章和第5章5.2节由陶涛编写；第4章4.1节由曾晓岚编写；第6章由阳春编写；第7章由凌辉、张智编写；第8章8.2～8.4节、8.1.1、8.5.1、8.5.2由许萍编写，8.5.4由柴宏祥编写，8.1.2、8.5.3、8.5.5由张显忠编写。全书由张智统稿。

中国市政工程西南设计研究总院吴济华教授级高工担任本书主审。

在教材修编过程中，许多专家给予了极大的帮助，感谢重庆大学王畅参与了校核工作。教材修编中参考了许多文献资料，不能一一列出，对此深表歉意和谢意。

由于本教材涉及学科多、内容广，限于编者的水平，书中难免有不妥之处，敬请广大读者批评指正，以促不断完善。

第一版前言

我国幅员辽阔，江河众多，洪水灾害频繁。全国约有 35％的耕地、40％的人口和 70％的工农业生产受到江河洪水的威胁。全国每年的洪灾造成直接经济损失，少则数百亿元，多则数千亿元。1998 年，长江、松花江、闽江、珠江水系的西江均发生了特大洪水，触目惊心，当年洪灾造成直接经济损失 2551 亿元，占当年自然灾害总损失的 85％。洪水灾害作为威胁人类生命财产的主要自然灾害之一，其发生频率之高、灾害范围之广及其对社会影响之大，在人类遭受的十五种自然灾害中均居首位。因此，防洪治水历来是各级政府的为政之首、安民之策和发展之要。

自 1949 年中华人民共和国成立以来，我国主要江河进行了大规模的防洪工程建设，共修建江河堤防 27.8 万 km；建成水库 8.5 万座，总库容 5184 亿 m³；水闸 2.5 万座；疏浚河道 10 万 km；开辟蓄滞洪区 94 处，总面积达约 3.37 万 km²，总蓄洪容量近 1073 亿 m³；治理水土流失面积 86 万 km²。在全国范围内初步形成了科学合理的防洪布局和较完整的防洪体系，初步控制了大江大河的常遇洪水。所有这些防洪措施，有效地减少了洪水的酿灾机会及其致灾损失，为国家经济发展、人民安居乐业、社会稳定和生态环境改善提供了基本保障。但是，我们应当清醒地看到，洪水是一种不以人的意志为转移的自然现象，彻底根除洪水和期望洪灾不再发生的想法都是不现实的。因此，经济社会愈是发展与进步，防洪治水工作愈是要加强，防洪减灾将是一项长期而艰巨的任务。

近些年来，随着社会经济的发展，生产力水平的提高，社会财富和人口不断向城市集中，城市洪水灾害的损失呈不断增长的趋势。城市是国家和地区的政治、文化、经济中心和重要的交通枢纽，在整个国民经济中具有举足轻重的地位，其影响自然比一般地区重要，因此城镇的防洪历来是防洪的重点。搞好城镇防洪，不仅对于城镇具有重要意义，而且对于地区和国家的经济发展具有重要作用。城镇的特点决定了一旦发生洪灾，可能造成的经济财产等损失要远远超过非城镇地区。历次较大的洪水灾害，城市的灾害损失都占有相当大的比例。因此，进行城镇防洪建设具有重要意义。

我国绝大多数城市都是分布在沿江河、滨湖滨海地区，经常受到洪水的威胁。历史上经常遭受洪水灾害。到 2000 年，中国有城市 668 座，其中有防洪任务的城市 620 座。1949 年以来，我国在进行江河治理的同时，对一些沿江河湖海的重要城市进行了防洪工程建设和大规模的河道整治。20 世纪 80 年代起，全面开展城市防洪规划，把城市防洪规划逐步纳入江河治理规划和城市建设总体规划，1990 年制定了《城市防洪规划编制大纲》在全国各地试行。目前已有 80％的城市完成了城市防洪规划。目前已建成城市防洪堤 1.6 万余千米，已有 236 座城市达到国家规定的防洪标准，还有 63％的城市没有达标，依然需要加强对防洪工程的建设。2006 年 11 月 20 日，"水利部关于加强城市水利工作的若干意见"（水政法〔2006〕510 号）指出长期以来由于对城市发展中的城市水问题认识滞后和重视不够，涉水规划与水利建设滞后于城市发展，综合功能提升滞后于规模发展，环境改善滞后于经济增长，出现了很多城市水利问题，迫切需要加强城市水利工作。城镇防洪是城市水利工作的重要组成部分，任重道远。

由于城镇防洪与一般的水利工程有共性，但其针对主题不同，两者存在一定的差异。水资源的短缺已成为共识，雨洪的资源化利用是节约水资源的发展趋势。目前还缺乏这类专门针对城镇防洪与雨洪利用的教材，该方向作为构成给水排水工程（给排水科学与工程）专业完整课程体系的一部分，教材的缺失不利于给排水科学与工程专业的发展。因此，亟需一本系统性、专业性的教材来指导实践，以满足社会的发展对专业人才培养的需要。

因此，《城镇防洪与雨水利用》被列入全国高等学校给水排水工程专业指导委员会规划教材、普通高等教育土建学科专业"十一五"规划教材。在对国内外相关教材全面调研，并参阅了大量的文献资料以及工程实例的基础上完成了该教材的编著工作。教材内容注重理论性和实用性相结合，着力于基本概念、基本知识和基本技术的归纳性介绍。在介绍传统的、常规的、惯用的防洪治水方法与技术的同时，注意凸显近些年来在这方面的新思想、新方法和新技术，使本教材既继承传统，保留科学合理和行之有效的技术与经验，又与时俱进，注意吸纳国内外最新的思想与方法，做到言简意赅、通俗易懂、简明实用。较全面地概括了我国城镇防洪的现状和特点以及防洪的意义；全面系统地介绍了设计洪水流量的推求、城镇防洪的总体规划、防洪的工程措施和非工程措施以及防洪工程的评价和管理；最后结合工程实际介绍了城市雨洪利用方面的内容。

本书由重庆大学张智担任主编，与华中科技大学陶涛、湖南科技大学任伯帜、重庆大学阳春、曾晓岚和北京建筑工程学院许萍共同编写完成。其中：第1章由张智、阳春编写，第2、7章由任伯帜编写，第3、5章由陶涛编写，第4章由曾晓岚编写，第6章由阳春、张智编写，第8章由许萍编写。书中部分资料的收集以及文字、图表编辑工作由陈杰云完成。全书由张智统稿。

中国市政工程西南设计研究院吴济华教授级高工担任本书主审。

本教材得到了重庆大学教材建设资金资助。

在教材编写过程中，许多专家给予了极大的帮助，对教材中的主要章节的内容提出很多宝贵的意见和建议。教材编写中参考了众多的文献资料，因疏漏可能未一一列全，对此深表歉意。对为教材编写提供帮助和支持的所有人员和所有参考文献的作者表示诚挚的谢意，教材编写的顺利完成，与他们的贡献与支持是分不开的。

由于本教材内容涉及学科多，内容广泛，并限于编者的水平，书中难免有不妥之处，敬请广大读者批评指正，以促不断完善。

目　　录

第2篇 城镇雨水管理篇

第 1 篇　城镇防洪篇

第1章 城镇防洪概论

据有关部门研究，我国到21世纪中叶人口将趋于零增长，届时人口总数可达16亿左右，经济发展将达到中等发达国家的水平，城镇人口占全国人口的70%左右，国内生产总值的90%可能集中于城镇。因此，城镇的安全将是整个社会经济持续稳定发展的关键因素。我国大中城镇约90%濒临江河海洋，都受到一定程度的洪水威胁，可能造成巨大的经济损失。随着城镇化进程的加快，大批中小城镇蓬勃兴起，其中大多数城镇在进行城镇规划建设时落实防洪要求有所不足，存在较大的洪灾风险。因此，有关城镇防洪减灾已经成为我国21世纪可持续发展的重大课题，越来越引起人们的重视。

1.1 概　述

1.1.1 降雨特征与分类

降雨的特性取决于上升气流、水汽供应和云的物理特征，其中尤以上升运动最为重要。因此通常按上升气流的特性将降水分为对流雨、锋面雨、地形雨和台风雨四种主要类型。

（1）对流雨

热带及温带夏季午后，因高温使得蒸发旺盛，富含水汽的气流剧烈上升，至高空因减压膨胀冷却而成云致雨，称为对流雨。它多从积雨云中下降，是强度大、雨量多、雨时短、雨区小的阵性降雨。发展强烈的还伴有暴雨、大风、雷电，甚至冰雹。这种降水大多发生在终年高温、大气层结构不稳定的低纬度热带地区、中纬度地区的夏季。地处赤道低压带的热带雨林气候，因太阳辐射强，空气对流运动显著，主要为对流雨。

一般清晨时天空经常无云，日出后随着太阳高度角的增大，气温迅速升高，水汽蒸发后上升，天空积云逐渐增厚。到了午后，积雨云势如山峰，电闪雷鸣，下起倾盆大雨。傍晚雨停，大自然又恢复了宁静。一年中每一天几乎都是如此，没有季节的变化。我国夏季午后到傍晚也有对流雨出现。

（2）锋面雨

冷暖性质不同的气团相遇，其接触面称为锋面。暖湿空气因密度小，较干冷空气轻，会沿着锋面爬升，而致水汽凝结降雨，称为锋面雨。锋面雨多发生于温带气旋的天气系统内，故又称气旋雨。因为锋面或气旋水平尺度大、持续时间长、上升速度慢，易形成层状云系，产生大范围的连续性降水。降水均匀，降水强度没有急剧变化，这是中高纬度地区最重要的降水类型。我国北方大部分地区夏季的暴雨都是锋面雨。锋面雨是我国主要的降雨类型，主要由夏季风的进退所决定，雨带随锋面的移动而移动。每年5月，南部沿海进入雨季；6月移至长江中下游，形成一个月左右的梅雨；7~8月雨带移至华北、东北，长江中下游出现伏旱；9 月雨带南撤；10 月雨季结束。我国南方雨季开始早，结束晚，雨季长；北方雨季开始晚，结束早，雨季短。为了解决我国降水量地区分配不均的问题，我国修建了"南水北调工程"。有些年份因夏季风进退反常，易引发水旱灾害，可修建水库进行调节。

（3）地形雨

温湿空气运行中遇到山地等地形阻挡被迫抬升，气温降低，空气中的水汽凝结而产生的降雨，称为地形雨。一般形成在山地的迎风坡，而且随着高度的升高，降水量逐渐增多，到达一定高度时降水量达到最大。再向高空去，降水量又逐渐减少。地形雨的强度和大小除同山地的高度有关外，还同气流的含水量、稳定性和运动速度相关，如果山体足够高，气流水汽充沛，运行稳定，常常成为多雨中心。如喜马拉雅山南坡的乞拉朋齐，位于西南季风的迎风坡，年平均降水量达到 12000mm 左右，成为世界的"雨极"。气流越过山顶，沿背风坡向下流动，则形成增温、干燥等现象，有些地方还出现干热的焚风，降水量很少或没有降水，成为"雨影区"。如澳大利亚东海岸的大分水岭，东侧为东南信风的迎风坡，多地形雨；西侧的墨累—达令盆地形成雨影效应，降水稀少，气候干燥，严重影响了该地混合农业的生产。为了解决灌溉水源问题，澳大利亚修建了"东水西调"工程。

（4）台风雨

在热带洋面出现的热带气旋，其降雨主要是由于海上潮湿空气的强烈辐合上升作用而形成，称为台风雨。台风是形成于热带或亚热带海洋上的强大的热带气旋，中心附近风力达到 12 级或 12 级以上。热带气旋的范围虽比温带气旋小，但云层浓密，且环绕在低气压中心的气流强盛，带来狂风暴雨，会造成河堤决口、水库崩溃、洪水泛滥。这种热带气旋在亚洲东部和我国沿海地区称为台风，在亚洲南部及北美洲东海岸则称为飓风。我国夏秋季节经常发生的台风属于强烈发展的热带气旋，带来狂风暴雨，给人民群众生命财产造成巨大损失。

1.1.2　降雨的分级及暴雨预警信号

降水根据其不同的物理特征可分为液态降水和固态降水。降水量是指在一定时间内降落到地面的水层深度，单位为毫米。

液态降水有毛毛雨、雨、雷阵雨、冻雨、阵雨等；固态降水有雪、雹、霰等；还有液态固态混合型降水：如雨夹雪等。降水量就是指从天空降落到地面上的液态和固态（经融化后）降水，没有经过蒸发、渗透和流失而在水平面上积聚的深度，其单位是毫米。

在气象上用降水量来区分降水的强度。可分为：小雨、中雨、大雨、暴雨、大暴雨、特大暴雨，小雪、中雪、大雪和暴雪等。

小雨：雨点清晰可见，没漂浮现象；下地不四溅；洼地积水很慢；屋上雨声微弱，屋檐只有滴水；12h 内降水量小于 5mm 或 24h 内降水量小于 10mm 的降雨过程。

中雨：雨落如线，雨滴不易分辨；落硬地四溅；洼地积水较快；屋面有沙沙雨声；12h 内降水量 5～15mm 或 24h 内降水量 10～25mm 的降雨过程。

大雨：雨降如倾盆，模糊成片；洼地积水极快；屋面有哗哗雨声；12h 内降水量 15～30mm 或 24h 内降水量 25～50mm 的降雨过程。

暴雨：凡 24h 内降水量超过 50mm 的降雨过程统称为暴雨。根据暴雨的强度可分为：

暴雨、大暴雨、特大暴雨三种。

暴雨：12h 内降水量 30～70mm 或 24h 内降水量 50～100mm 的降雨过程。

大暴雨：12h 内降水量 70～140mm 或 24h 内降水量 100～250mm 的降雨过程。

特大暴雨：12h 内降水量大于 140mm 或 24h 内降水量大于 250mm 的降雨过程。

小雪：12h 内降雪量小于 1.0mm（折合为融化后的雨水量，下同）或 24h 内降雪量小于 2.5mm 的降雪过程。

中雪：12h 内降雪量 1.0～3.0mm 或 24h 内降雪量 2.5～5.0mm 或积雪深度达 3cm 的降雪过程。

大雪：12h 内降雪量 3.0～6.0mm 或 24h 内降雪量 5.0～10.0mm 或积雪深度达 5cm 的降雪过程。

暴雪：12h 内降雪量大于 6.0mm 或 24h 内降雪量大于 10.0mm 或积雪深度达 8cm 的降雪过程。

暴雨预警信号分三级，分别以橙色、红色和黑色表示。

（1）暴雨橙色预警信号含义：1h 降雨量将达或者已达 30mm 以上。其防御措施：市民注意收听、收看有关媒体报道，了解掌握暴雨最新信息；相关单位通知户外作业人员，采取有效防御措施；低洼、易受淹地区做好排水防涝工作。

（2）暴雨红色预警信号含义：1h 降雨量将达或者已达 60mm 以上。其防御措施：市民尽可能停留在室内或者安全场所避雨；相关应急处置部门和抢险单位加强值班，密切监视灾情，落实应对措施；易受暴雨侵害的户外作业需采取专门的保护措施，必要时可以暂停作业。

（3）暴雨黑色预警信号含义：12h 降雨量将达或者已达 150mm 以上，且雨势可能持续。其防御措施：户外作业人员暂停作业；相关应急处置部门和抢险单位随时准备启动抢险应急方案；学校、幼儿园以及其他有关单位需采取专门的保护措施，处于危险地带的必要时可以停课、停业。

1.1.3 降雨频率与重现期

降雨是一种偶然事件，某一大小的暴雨强度出现的可能性一般不是预知的。因此，需要通过大量的观测资料进行统计分析，计算其发生的频率，推论今后发生的可能性。某特定值暴雨强度的频率是指不小于该值的暴雨强度出现的次数与观测资料总项数之比的百分数。频率小的暴雨强度出现的可能性小，反之则大。

在实际中常用重现期代替频率一词。某特定值暴雨强度的重现期是指等于或大于该值的暴雨强度可能出现一次的平均间隔时间，单位用年（a）表示。重现期与频率互为倒数。

1.2 城镇洪灾及其防治

洪水是指河湖在较短时间内发生的流量急剧增加、水位明显上升的水流现象。洪水有时来势凶猛，具有很大的自然破坏力，淹没河中滩地，漫溢两岸堤防。因此，研究洪水特性，掌握其发生与发展规律，积极采取防治措施，是研究洪水的主要目的。

洪水最主要的特性有：涨落变化、汛期、年内与年际变化等。

涨落变化：一次洪水过程，一般有起涨、洪峰出现和落平 3 个阶段。山区内陆河流河道坡度陡、流速大，洪水涨落迅猛；平原河流坡度缓、流速小，涨落相对缓慢。大江大河由于流域面积大，接纳支流众多洪水往往出现多峰，而中小流域，则多单峰；持续降雨往往出现多峰，孤独降雨多出现单峰。冰雪融化补给的河流，由于热融解过程缓慢，形成的洪水也缓涨缓落，有时一次洪水延续整个汛期。冰凌洪水，由于冰冻融解或冰坝溃决，水流相应呈现缓慢或突然泄放。溃坝洪水和山洪，具有猝发性，大量水体有时伴以沙石，以很高的水头奔腾而下，破坏力极大。

汛期：中国幅员辽阔，气候的地区差异很大，因此各地汛期很不相同，但有明显规律。

年内与年际变化：每年发生的最大洪水流量与年平均流量的比值，可作为表示洪水年内大小的一个指标。该比值在中国各地有很大的差异。从大范围来看，最大比值出现在江淮地区，一般达 20～100，有的可达 300～400。这是由于该地区正处于南北暴雨天气变化的过渡地带。其次是黄河、辽河部分地区，比值一般在 40～150。最小的比值发生在青藏融雪补给区，仅为 7～9。洪水的年际变化也很大，对比河流多年最大流量的最大值与最小值的比值，可以看出洪水年际变化状况。以海滦河流域为例，滦河潘家口，流域面积 33700km²，比值为 63；潮白河密云，流域面积 15780km²，比值为 146；清漳河匡门口，流域面积 5090km²，比值为 129；子牙河朱庄，流域面积 1220km²，比值高达 856。小流域的年际变化更大。南方河流一般小于北方河流。

1.2.1　城镇洪水分类

洪水分类方法很多，如按洪水发生季节分：春季洪水（春汛）、夏季洪水（伏汛）、秋季洪水（秋汛）、冬季洪水（凌汛）；按洪水发生地区，分为山地洪水（山洪、泥石流）、河流洪水、湖泊洪水和海滨洪水（如风暴潮、天文潮、海啸等）；按洪水的流域范围，分为区域性洪水与流域性洪水；按防洪设计要求，分为标准洪水与超标准洪水，或设计洪水与校核洪水；按洪水重现期，分为常遇洪水（小于 20 年一遇）、较大洪水（20～50 年一遇）、大洪水（50～100 年一遇）与特大洪水（大于 100 年一遇）；按洪水成因和地理位置的不同，常分为暴雨洪水、融雪洪水、冰凌洪水、山洪以及溃坝洪水、海啸、风暴潮等。

在上述分类方法中，最为常用的是按洪水成因所划分。现就各类洪水情况分别介绍如下。

（1）暴雨洪水

由暴雨通过产流、汇流在河道中形成的洪水。中国是多暴雨的国家，暴雨洪水的发生很频繁，造成的灾害也很严重。因此，研究暴雨洪水的特性及其规律，采取有效的防洪措施，最大限度地缩小洪水灾害，是研究暴雨洪水最主要的目的。

洪水的成因是：集中地降落在流域上的暴雨形成的洪水，暴雨结束，并不随之终止，而要持续一段时间，历时长短视流域大小、下垫面情况与河道坡降等因素而定。洪水大小不仅同暴雨量级关系密切，且与流域面积、土壤干湿程度、植被、河网密度、河道坡降以及水利工程设施有关。在相同的暴雨条件下，流域面积愈大，承受的雨水愈多，洪水愈大；在相同暴雨和相同流域面积条件下，河道坡度愈陡、河网愈密，雨水汇流愈快，洪水愈大。此外，还有影响暴雨洪水的其他因素，洪水也不一定相同。例如，暴雨发生前土壤干旱，吸水较多，形成的洪水就小，在久旱得雨的北方干旱与半干旱地区这种现象尤为突出。海河流域太行山麓山前地带，因多年干旱，大量超采，地下水水位大幅度下降，土壤含水量很小，偶遇 200mm 的暴雨亦难产生大量径流。水库工程和水土保持工程可以拦蓄部分暴雨洪水，而开挖河道则可使水流通畅，增加沿河洪峰流量，减少洪涝灾害。

洪水的影响因素有：

1）天气过程。大流域的大洪水，一般由长历时的天气过程所造成，中小流域的大洪水，则往往由短历时或局地强暴雨所造成。

2）暴雨中心的位置。暴雨中心偏于流域上游时，洪峰流量较小；暴雨中心偏于下游时，洪峰流量较大。

3）暴雨中心移动的方向。暴雨中心移动方向沿河而上时，洪峰流量较小，反之较大。1983 年 7 月底至 8 月初，汉水上游发生了大暴雨，其量级与 1974 年 9 月暴雨相当，但因暴雨中心移动方向系顺河而下，致使各支流洪水在安康一带遭遇，形成特大洪水，洪峰流量高达 11000m³/s，较 1974 年洪峰流量高出 7600m³/s，造成安康城毁灭性灾害。

4）流域下垫面条件。在植被较好的地区，特别是林区的河流，洪水涨落平缓，洪峰模数（单位面积产生的洪峰流量）明显减少；而在植被较差地区的河流，如黄土流失地区，一遇暴雨，水沙俱下，洪峰模数很大。在岩石裸露或土层很薄的地区，下垫面的吸水能力很差，易于形成暴洪水。1977 年 8 月，在内蒙古与陕西交界处发生了特大暴雨，调查的 12d 暴雨量高达世界纪录的外包线，但由于降落在沙漠边缘，并未形成特大洪水。

（2）融雪洪水

流域内积雪（冰）融化形成的洪水。高寒积雪地区，当气温回升至 0℃ 以上，积雪融化，形成融雪洪水。若此时有降雨发生，则形成雨雪混合洪水。融雪洪水主要发生在大量积雪或冰川发育的地区。

从物理观点来看，融雪是热动力过程，可用能量平衡方法进行研究。融雪热来自辐射，以及大气、土壤、雨水和水汽凝结释放的热量。来自太阳的辐射热量，一部分被雪面反射到天空或被风吹散，剩余部分热量耗于蒸发和促使积雪融化。除了净辐射外，影响融雪的因素还有气温、湿度、风速与降水等。

在高纬度寒冷地带，气温转暖后，白天气温超过 0℃，积雪融化促使河水上涨，晚间气温下降至 0℃ 下，积雪停止消融，洪水渐退。次日又重复出现上述过程。洪水每日的涨落很有规律，形成锯齿形洪水过程。由于积雪融化有一个较长的过程，因此，融雪洪水并不与积雪融化同时发生，而要滞后一段时间，且洪水过程亦较长。在此期间，若发生降雨，雨水将使雪的热容量与毛管持水容量降低，从而促使积雪急速消融和软化。例如，对于深为 30cm、雪温 −3℃、密度为 0.24g/cm³ 的积雪，当遇温度为 0℃、强度为 1mm/h 的降雨时，雨水将以每小时 0.6℃ 的幅度提高积雪的温度，这对于积雪的软化具有明显的效用。因此，在积雪融化季节又遇暴雨，往往会在同量级的融雪洪水上增加暴洪水，形成更大的雨雪混合洪水。

中国新疆与黑龙江等地区往往发生融雪洪水。美国、加拿大、俄罗斯的一些地区，春季积雪大量融化，如在这时遇到暴雨，则在量大、历时长的融雪径流之上，又增加高峰的暴雨洪水，可以酿成更大的融雪洪水。

（3）冰凌洪水

河流中因冰凌阻塞和河道内蓄冰、蓄水量的突然释放，而引起的显著涨水现象。它是热力、动力、河道形态等因素综合作用的结果。按洪水成因，可分为冰塞洪水、冰坝洪水和融冰洪水 3 种。

冰塞洪水：河流封冻后，冰盖下冰花、碎冰大量堆积，堵塞部分过水断面，造成上游河段水位显著壅高。当冰塞融解时，蓄水下泄形成洪水过程。冰塞常发生在水面比降由陡变缓的河段。大量的冰花、碎冰向下游流动，当冰盖前缘处的流速大于冰花下潜流速时，冰花、碎冰下潜并堆积于冰盖下面形成冰塞。冰塞洪水往往淹没两岸滩区的土地村庄，甚至决溢大堤。例如，1982 年 1 月，中国黄河中游龙口—河曲河段发生大型冰塞，冰塞体长 30km，最大冰花厚度 9.3m，壅高水位超过历史最高洪水位 2m 多，局部河段高出 4m 以上，给当地工农业生产造成重大损失。

冰坝洪水：冰坝一般发生在开河期，大量流冰在河道内受阻，冰块上爬下插，堆积成横跨断面的坝状冰体，严重堵塞过水断面，使坝的上游水位显著壅高，当冰坝突然破坏时，原来的蓄冰和槽蓄水量迅速下泄，形成凌峰向下游推进。

在北半球，冰坝洪水多发生在由南向北流的河段内，由于下游河段纬度高，封冻早、解冻晚、封冻历时长、冰盖厚；而上游河段因纬度低，封冻晚、解冻早、封冻历时短、冰盖薄。当河段气温突然升高，或上游流量突然增大，迫使冰盖破裂形成开河，上游来水加上区间槽蓄水量，携带大量冰块向下游流动，但下游河段往往处于固封状态，阻止冰水下泄，形成冰坝，使坝的上游水位迅速壅高。当冰坝发展到一定规模，承受不了上游的冰、水压力时，便突然破坏，同时沿程又汇集更多的水量冰量，向下游流动，在下游的弯曲、狭窄及固封河段又会形成冰坝。冰坝的形成和破坏阶段常造成灾害，轻则流冰撞毁水工建筑物，淹没滩区土地、村庄，重则大堤决溢。

1）冰坝洪水形成的主要条件

① 上游河段有足够数量和强度的冰量。

② 具有输送大量冰块的水流条件。

③ 下游河道有阻止大量流冰的边界条件，如河道比降由陡变缓处，水库回水末端，河流入湖、入海地区，河流急弯段，稳定封冻河段及有冰塞的河段等。

2）冰坝洪水的特点

① 流量不大、水位高。

② 凌峰流量沿程递增。

3）冰塞冰坝壅水段水位涨率快、幅度大

融冰洪水：封冻河流或河段主要因热力作用，使冰盖逐渐融解，河槽蓄水缓慢下泄而形成的洪水。融冰洪水水势较平稳，凌峰流量亦较小。

（4）山洪

流速大，过程短暂，往往挟带大量泥沙、石块，突然爆发的破坏力很大的小面积山区洪水。山洪主要由强度很大的暴雨、融雪在一定的地形、地质、地貌条件下形成。在相同暴雨、融雪的条件下，地面坡度愈陡，表层物质愈疏松，植被条件愈差，愈易于形成。由于其突发性，发生的时间短促并有很大的破坏力，山洪的防治已成为许多国家防灾的一项重要内容。

1）山洪的分类

山洪按径流物质和运动形态，可分为普通山洪和泥石流山洪两大类。普通山洪以水文气象为发生条件。在遇到暴雨或急剧升温情况下，易于形成暴雨山洪、融雪山洪或雨雪混合山洪。这种山洪的泥石含量相对较少,其密度一般小于 1.3t/m³（稀性泥石流）,流速很大,有时高达 5～10m/s,甚至更高。它对河槽的冲蚀作用很强,基本上不发生河槽沉积。在以裸露基岩为主的石山区,最易于发生这种山洪。泥石流山洪是山洪的一种特殊形态,除水文气象因素外,还需要表层地质疏松为条件。从力学观点区分,泥石流有重力类和水动力类两种主要类型。重力类泥石流是坡面上松散的土石堆积物发生失稳和突然滑动的现象。雨水侵入虽为重要原因,但它不一定与洪水同步发生,其运动范围亦较小。水动力类泥石流发生于暴雨期间,与洪水同步发生,称泥石流山洪。泥石流山洪的泥石含量很高,密度一般为 1.3（稀性泥石流）～1.5（稠性泥石流）t/m³,甚至超过 2t/m³。山洪尤其是泥石流山洪,冲毁村镇、农田、林木、铁路、桥梁,并淤堵河川,能造成极严重的灾害。

2) 山洪的分布

山洪多发生在温带和半干旱地带的山区。那里往往暴雨集中,表层地质疏松且植被稀疏,具备易于形成山洪的条件。在湿润地区,由于植被较密,岩石风化较弱,一般不易发生山洪。在干旱地区,暴雨条件不足,亦难发生山洪。中国的山洪分布很广,除干旱地区以外的山区均有发生,尤以淮河、海河和辽河流域的山区最为强烈。泥石流山洪主要分布在西南、西北和华北地区,其他地区也有零星分布。

3) 山洪的防治

山洪的破坏力极强,可以采取工程措施与非工程措施防治山洪。但是,诸如排洪道、谷坊、丁坝、防护堤、水土保持等只能在一定程度上抵御或缓解山洪。许多国家比较倾向于在采取适当工程措施的同时,采取非工程措施,防御山洪,避开山洪。非工程措施主要包括编制山洪风险图表,超短期山洪预警预报以及撤退、救灾等。特别是山洪风险图表,它根据山洪的量级、致灾的严重程度划分成不同的风险度,勾绘出具有不同风险度的风险地区和范围,向受山洪威胁地区的政府部门与居民提供土地利用、工程防护措施规划、居民搬迁等重要信息。

(5) 溃坝洪水

水坝、堤防等挡水构筑物或挡水物体突然溃决造成的洪水。溃坝洪水具有突发性和来势汹涌的特点,对下游工农业生产、交通运输及人民生命财产威胁很大。工程设计和运行时,需要预估大坝万一失事对下游的影响,以便采取必要的措施。

1) 溃坝类型

坝的溃决,按溃决范围分为全溃和局部溃两类,按溃坝过程分为瞬间溃（溃坝时间很短）与逐渐溃。具体一个坝的可能溃决情况与坝型、库容、壅水高度等原因有关。混凝土坝溃决时间很短,可认为是瞬间溃。土石坝溃决有个冲刷过程,有的长达数小时,为逐渐溃。拱坝溃决一般为全溃或某高程以上溃决,如法国马尔帕塞（Malpassant）拱坝。重力坝失事为一个坝段或几个坝段向下游滑动,如美国圣弗朗西斯（SanFrancis）重力坝。峡谷中的土石坝可以全溃,如中国石漫滩水库大坝;丘陵区河谷较宽,土坝较长,多为局部溃,如美国的蒂顿（Teton）坝和中国的板桥水库大坝。

溃坝初瞬,坝上游水位陡落,随时间推移,波形逐渐展平,相应水量下泄。溃坝后坝下游水位陡涨,高于常年洪水位几米甚至数十米,常出现立波,如一道水墙,汹涌澎湃向下游推进,流速可达到或超过 10m/s,并引起强烈泥沙运动,对沿河桥梁及两岸房屋建筑破坏极大。经过较长的槽蓄及河道阻力作用，立波逐渐衰减，最终消失。

　　2）溃坝原因

　　① 自然力的破坏，如超标准特大洪水、强烈地震及坝岸大滑坡；

　　② 大坝设计标准偏低，泄洪设备不足；

　　③ 坝基处理和施工质量差；

　　④ 运行管理不当，盲目蓄水或电源、通信故障等；

　　⑤ 军事破坏。

　　其中超标准洪水及基础处理问题是溃坝的主要原因。

　　（6）风暴潮

　　风暴潮是由气压、大风等气象因素急剧变化造成的沿海海面或河口水位的异常升降现象。风暴潮是一种气象潮，由此引起的水位异常升高称为增水，水位降低称为减水。风暴潮可分为两类：一类是由热带气旋（包括台风、飓风、热带低压等）引起的；另一类是由温带气旋及寒潮（或冷空气）大风引起的。热带气旋引起的风暴潮大多数发生在夏、秋两季，称为台风风暴潮。温带气旋引起的风暴潮主要发生在冬、春两季。这两类风暴潮的差异是：前者的特点是水位变化急剧，而后者是水位变化较为缓慢，但持续时间较长。这是由于热带气旋较温带气旋移动得快，而且风和气压的变化也往往急剧的缘故。

　　风暴潮是一种长波的水体运动，其周期约为 $1 \sim 100h$，介于低频天文潮与海啸周期之间。

　　世界上有许多国家受到风暴潮的影响，中国是频受风暴潮侵袭的国家之一。在南方沿海，夏、秋季节受热带气旋影响，多台风登陆；在北方沿海，冬、春季节，冷暖空气活动频繁，北方强冷空气与江淮气旋组合影响，常易引起风暴潮。由风暴潮引起的最大增水值一般为 $1 \sim 3m$，最大可达 $6m$。风暴潮可造成严重的自然灾害，毁坏沿海堤坝、农田、水闸及港口设施，使人民的生命财产遭受巨大损失。中国从 20 世纪 60 年代开始开展风暴潮预报研究，并在国家气象、海洋部门的组织领导下建立了风暴潮预报网。

　　（7）海啸

　　由于海底地震（包括海底地壳的变动、火山爆发、海中核爆炸）造成的沿海地区水面突发性巨大涨落现象。在海岸地带因山崩、滑坡等使大量的泥沙、岩砾倾泻入海，也会引起海啸。这种海底地形短暂而剧烈的变化，使得邻近海面和海水压力相应发生变化而导致海啸。当海底地壳因地震而坍塌时，海水显示向坍塌处集中，之后在惯性力作用下使该处的海面形成高度不大、但范围很广的水面隆起。在重力作用下，该水面隆起部分就成为海面波动的动力因素，并发展成为海啸。当海底因地震而产生隆起时，则在该处的海面亦随之发生隆起，形成海面波动向四周传播。海底火山爆发时，喷出的大量岩浆抬高了海面，产生了从火山发源地向四周传播的巨大波动。水下核爆炸引起的海啸与其类似。

　　海啸为长波，在大洋中海啸震源的水面升高幅度大致在 $1 \sim 2m$ 之间，但波长可达几十至几百千米，周期为 $2 \sim 200min$，最常见的是 $2 \sim 40min$，传播速度可达几百千米每小时。海水运动几乎可以从海面传播到海底附近，具有很大的能量。海啸在向大陆沿岸方向传播时，由于水深逐渐变浅，传播速度虽有所减缓，但因能量集中，使波高急剧增大而成为海啸巨浪，高度可达 $10 \sim 15m$，给沿海工程建设和人民生命财产造成巨大的灾害。2004年发生在印度洋的海啸给多个沿海国家造成了毁灭性的灾难。

1.2.2 洪水来源

洪水的形成是某个地域在短时间内有大量的水进入，而暴雨、融雪、冰凌、山洪、溃坝、海啸、风暴潮等则是造成洪水的主要原因。不同的地域洪水的来源则各有不同，如山地山洪和暴雨是主要来源，而滨海地区风暴潮、海啸以及暴雨均为洪水的可能来源。各类洪水的发生与发展都具有明显的季节性与地区性。

中国大部分地区以暴雨洪水和山洪为主。

1.2.3 城镇洪灾成因

城镇洪灾的成因是多方面的，既受到地理地形、气候条件等许多自然因素的影响，也受到人类活动等人为因素的影响。

（1）自然因素

1）太阳辐射变化

火山爆发、日食、太阳黑子活动等都会引起太阳辐射的变化，从而导致大气环流出现异常变化，最终导致洪水的发生。有研究认为，在太阳黑子活动峰年，一方面太阳给大气输入的能量增多，以致大气热机功能加强；另一方面，在此时期，地壳因磁致伸缩效应和磁卡效应易产生形变和松动，地壳内的携热水汽易于泄出，并与大气过程配合，在此情况下易发生洪水。在太阳黑子活动谷年，磁暴减弱，地壳内居里点附近的生热效应降低，此时居里点附近的岩石就会因磁致伸缩效应而产生形变，它可触发地壳内一些不稳定地段发生变动，从而有利于发生大地震，使地下热气溢出，并与大气环流配合，形成洪水。

2）自然地理位置

我国地处亚洲东部、太平洋西岸，地域辽阔，自然环境差异大，具有产生严重自然灾害的自然地理条件。地势西高东低，这使我国大多数河流向东或向南注入海洋。独特的地理位置和地形条件，使全国约有60%的国土存在着不同类型和不同程度的洪水灾害。东部地区城镇洪灾主要由暴雨、台风和风暴潮形成，西部地区城镇洪灾主要由融水和局部暴雨形成。

3）气候水文因素

我国是典型的大陆性季风气候，受东南、西南季风的影响，降雨在时空分布上极不均匀，雨热同期，易旱易涝。洪涝灾害与各地雨季的早晚、降雨集中时段以及台风活动等密切相关。华南地区雨季来得早且长，夏、秋又易受到台风侵袭，因此是我国受涝时间最长、次数最多的地区。从季节来看，夏涝最多，春涝和春夏涝其次，秋涝再次，夏秋涝最少。长江中下游自4月出现雨涝，5月开始明显增强且主要集中于江南，6月为梅雨季节；黄淮海地区春季雨水稀少，一般无雨涝现象，7、8月雨涝范围较大，次数增加，占全年的70%～90%左右；东北地区雨涝几乎全部集中于夏季；西南地区由于地形复杂，洪涝出现的迟早和集中期不一样；西北地区终年雨雪稀少，很少出现大范围雨涝现象。

（2）人为因素

我国城镇洪灾的加重，其原因除了自然因素外，与人口的剧增、人类对自然界无止境的索取、掠夺，使环境恶化、灾害丛生有关，也与城镇的规划、建设、管理等许多方面的失误有关。主要来自以下两个方面：一是城镇洪灾承载体（不动产、动产、资源）迅速增多、价值迅猛提高；二是城镇化速度的加快导致城镇内涝加剧。城镇洪灾的人为因素很多，如缺少防洪工程建筑，河道水系的填占、毁坏，都市化洪水效应等。人为因素的影响还有以下四个方面：

1) 城镇不透水地面增多，绿地、植被减少

随着城镇化的快速发展，城镇地面硬化速度不断提高，不透水地面大幅度增多，城镇已经成了一个钢筋混凝土的"森林"。首先，不透水地面的增多，既减少下渗雨水量，又降低地面糙率，使大部分降雨形成地面径流，造成城区暴雨产流、汇流历时明显缩短，水量显著加大。其次，城镇化的发展使得绿地、植被不断减少，在暴雨来临时不能起到固水作用，而是直接形成地表径流，使城镇内涝加剧。

2) 城镇排洪能力差

随着城镇化速度的加快，城区人口迅猛增多，工业、企业大量增加，生活用水和工业用水量大幅度上升，废水相应大幅度增多。而我国大多数城镇，尤其是中、小城镇，目前使用的是雨水和污水共用的排水系统，排放能力不足，一遇暴雨，污水和雨水同时涌入排水系统，常造成排水管道爆满，不能及时排水，导致污水四溢、泛滥成灾。

3) 城镇水体面积减少

由于城镇社区、交通、工厂等大量侵占原来的蓄涝池塘和排涝水渠。不仅使城镇水体不断减少，还打乱了原来天然河道的排水走向，加剧了城镇排涝时的压力。尤其在汛期，江河水位或潮位高涨，雨水无法自排，城内水体又无法调蓄，从而加重了城镇洪涝灾害。

4) 城区降水增多

随着城区面积的不断扩大及"热岛效应"不断增强，城区上升气流加强，加上城镇上空尘埃增多，增加了水汽凝结核，有利于雨滴的形成。二者共同作用，使我国南方城镇，尤其是大城镇，暴雨次数增多，强度加大，城区出现内涝的概率明显增大。

1.2.4　洪水的危害

洪水是一个十分复杂的灾害系统，因为它的诱发因素极为广泛，水系泛滥、风暴、地震、火山爆发、海啸等都可以引发洪水，甚至也可以人为地造成洪水泛滥。在各种自然灾难中，洪水造成死亡的人口占全部因自然灾难死亡人口的 75%，经济损失占到 40%。更加严重的是，洪水总是在人口稠密、农业垦殖度高、江河湖泊集中、降雨充沛的地方，如北半球暖温带、亚热带。中国、孟加拉国是世界上水灾最频繁、肆虐的地方，美国、日本、印度和欧洲一些国家也较严重。

在中国，20 世纪死亡人数超过 10 万的水灾多数发生在这里，1931 年长江发生特大洪水，淹没 7 省 205 县，受灾人口达 2860 万，死亡 14.5 万人，随之而来的饥饿、瘟疫致使 300 万人惨死。而号称"黄河之水天上来"的中华母亲河黄河，曾在历史上决口 1500 次，重大改道 26 次，淹死数百万人。1998 年的"世纪洪水"，在中国大地到处肆虐，29 个省受灾，农田受灾面积 3.18 亿亩，成灾面积 1.96 亿亩，受灾人口 2.23 亿人，死亡 3000 多人，房屋倒塌 497 万间，经济损失达 1666 亿元。

在孟加拉国，1944 年发生特大洪水，淹死、饿死 300 万人，震惊世界。连续的暴雨使恒河水位暴涨，将孟加拉国一半以上的国土淹没。孟加拉国一直洪灾不断。1988 年再次发生骇人洪水，淹没 1/3 以上的国土，使 3000 万人无家可归。

1.2.5 城镇的降水排出与防洪

我国地域广阔,气候差异大,年降雨量分布很不均匀,大体上从东南沿海的年平均1600mm 向西北内陆递减至 200mm 以下。长江以南地区,雨量充沛,年降雨量均在1000mm 以上。但这些地区的全年雨水总量在同一面积上也不过和全年的生活污水总量相近,而沿地面流入雨水管渠的雨水径流量仅约为降雨量的一半。但是全年雨水的绝大部分多集中在夏季降落,且常为大雨或暴雨,从而在极短时间内形成大量的地面径流,若不能及时地进行排除,或进行调蓄贮存,便会造成巨大的危害。

降水通常是通过重力作用沿着地表或者地下潜流排入水体。但是城镇化后地表下垫面发生了变化,以前渗水性较好的下垫面变成了渗水性差或者几乎不渗水的道路屋面等,因此城镇降水多通过排水管渠有组织地排入水体。雨水管渠系统是由雨水口、雨水管渠、检查井、出水口等构筑物所组成的一整套工程设施。雨水管渠系统的任务就是及时地汇集并排除暴雨形成的地面径流,防止城镇居住区与工业企业受淹,以保障城镇人民的生命安全和生活生产的正常秩序。

我国大部分地区江河水系密布,在平原地区和山区沿江(河)两岸逐渐形成了规模大小不等的沿江(河)城镇和沿江(河)山地城镇。随着建设的不断发展,为了不占或少占良田沃土,工业与民用建筑不断向山洪沟区域内发展,并已逐步形成了新的工业区和新的城镇。这些沿江(河)的城镇,当市区地面标高低于江(河)的洪水位时,将受到河洪的威胁;而沿江山地城镇,除受河洪威胁外,还受到山洪的威胁;位于山坡或山脚下的工厂和城镇主要受到山洪的威胁。设置排洪沟排除涉及地区以外的雨水径流,许多工厂或居住区傍山建设,雨季时设计地区外大量雨水径流直接威胁工厂和居住区的安全,因此,对于靠近山麓建设的工厂和居住区,还应考虑在设计地区周围或超过设计区设置排洪沟,以拦截从分水岭以内排泄下来的雨水,引入附近水体,保证工厂和居住区的安全。

由于洪水泛滥造成的灾害,在国内外都有惨痛的教训。为了尽量减少洪水造成的危害,保护城镇、工厂的工业生产和人民生活财产安全,必须根据城镇或工厂的总体规划和流域的防洪规划,认真做好城镇或工厂的防洪规划。根据城镇或工厂的具体条件,合理选用防洪标准,整治已有的防洪设施和新建防洪工程,以提高城镇或工厂的抗洪能力。

1.2.6 城镇洪灾防治措施及防洪体系

1. 城镇洪灾防治措施

城镇防洪措施主要分为工程措施和非工程措施两种。

(1) 工程措施

工程措施即通过河道整治,修建堤防等防洪工程,避免或减小城镇遭受洪水灾害造成的生命财产损失。工程措施是国内外防洪的主要措施之一,一般从蓄洪和排洪避洪两方面着手。蓄洪是指在河流流域的上游,修建一定的蓄洪水库或蓄洪区,将洪水蓄积在一定蓄洪区或水库中,减小下游洪水的流量和洪峰流量;排洪避洪是指通过修建沿河、湖、海岸堤防,整治河道,开辟分洪道,增大河流排洪能力,使洪水、潮水沿安全路线宣泄至下游或拦截在城镇外。主要有:

1) 堤防工程 通过增加河流两岸大堤的高度和稳定性,提高河道安全泄洪量,避免洪水对城区造成危害。

2）整治河道和护岸　对弯曲河道进行截弯取直，对淤积河道进行疏浚，加深河床以加大河道过水能力，降低水位，缩短河流里程。在河岸因水流冲刷容易造成河岸坍塌、影响河岸稳定和建筑物安全的地段采用护岸措施。

3）防洪闸　河口城镇和临江河城镇，汛期外水水位高，往往形成江（河、湖、海）水倒灌，影响河流泄洪而造成洪涝灾害。在下河流出口处设防洪（潮）闸，是防止洪水、海水倒灌的一个重要措施。

4）分（蓄）洪区和水库　在流经城镇的河流上游修建水库拦蓄洪水，或将洪水引入低洼地，或用分洪道分洪，均可减小下游城镇的洪水压力。

5）生物工程措施　结合小流域治理，在流域上植树种草，增加流域下渗蓄水能力，从而减少了进入河道中的径流和泥沙，起到蓄水防洪作用。

6）山洪和泥石流的拦蓄、排导工程　在山坡上修建谷坊、塘堰、梯田，可以拦截泥沙，减缓山洪危害，同时避免诱导泥石流发生。修建排洪沟、泥石流排导沟，将山洪和泥石流引导至保护区范围以外。

7）排涝措施　城镇内涝一般通过修建管渠排涝。一般采用自流排泄，高水高排，不能解决时修建泵站抽排。

（2）非工程措施

防洪非工程措施，主要包括洪水预报、洪水警报、蓄滞洪区管理、洪水保险、河道清障、河道管理、超标准洪水防御措施、灾后救济等，通过这些非工程措施，可以避免、预防洪水侵袭，适应各种类型洪水的变化，更好地发挥防洪工程的效益，建设城镇防洪的生命线，对于减免洪灾损失具有重要作用，特别是对于抵御城镇特大洪水尤其重要。

2. 防洪工程体系

我国是洪水频发的国家之一，而且洪水灾害损失严重，为了保护人民群众的生命财产安全、保障国民经济的平稳发展，中华人民共和国成立以后，国家在防洪工程建设方面投入了大量的人力财力。我国的各大江河流域均已初步建成了以水库、堤防、河道整治与蓄滞洪区为主体的防洪工程体系。

（1）长江流域

长江是我国第一大河流，全长超过 6300km，流域面积达 180 万 km^2，约占全国总面积的 18.75％。长江干流流经青、藏、川、滇、渝、鄂、湘、赣、皖、苏、沪 11 省（直辖市、自治区），流域范围涉及 19 个省（直辖市、自治区），横跨我国西南、华中、华东三大经济区。

长江流域的防洪重点在其中下游。经过 20 世纪 50 年代和 80 年代的两次规划以及相应的大规模投资建设，长江流域已形成了以堤防、大中型水利枢纽和蓄滞洪区为主体的比较完善的防洪工程体系。到目前为止，长江中下游有干堤 3600km、支堤 30000km；开辟了荆江分洪区、洪湖分洪区、汉江杜家台分洪区、洞庭湖、鄱阳湖蓄洪圩垸等分洪工程，共有国家级分蓄洪区 40 处，总面积 $12000km^2$，分蓄洪容量约 700 亿 m^3；结合水资源开发利用，修建水库 45628 座，总库容 1420.5 亿 m^3，其中大型水库 142 座，总库容 1185 亿 m^3，干流和支流洪水得到了比较有效的控制。

目前，长江中下游干流及湖区堤防的防洪标准约 10～20 年一遇，结合蓄滞洪区的运用，同时加强防守，可防御 1954 年型洪水，基本保证干堤和重要城镇安全。自 2009 年三峡水利枢纽建成后，荆江河段防洪标准可提高到约 100 年一遇，并可不同程度地提高其下游的防洪标准。

（2）黄河流域

黄河流域横贯中国东西，流经青、川、甘、宁、内蒙古、陕、晋、豫、鲁 9 省（自治区），在山东注入渤海，干流全长 5464km，流域面积 79.5 万 km²。黄河的显著特点是"水少沙多、水沙异源"，其下游以悬河著称。黄河流域大部分位于我国的西北部，洪水灾害频发地区是其下游地区。

黄河洪水问题始终是中华民族的心腹之患，尽管新中国成立以前的历朝历代对黄河治理都提出了许多理论并进行了大规模的治河实践，但没能形成完整的治黄体系，对黄河进行全面治理与开发规划是在中华人民共和国成立之后。

经过中华人民共和国成立以后 70 余年的规划与建设，黄河的防洪能力已得到大大提高。黄河下游干支流上已建成了黄河三门峡水库、小浪底水库、伊河陆浑水库、洛河故县水库；这些水库对削减洪峰和减轻水库下游地区的防洪压力发挥了重要作用。以防洪作为首要任务且对中下游防洪具有关键作用的小浪底水库工程的建成，标志着黄河防洪建设进入一个新的阶段。

通过上游河段的水库调蓄，同时配合堤防工程，兰州河段可防御 100 年一遇的洪水，宁夏、内蒙古河段可防御 50 年一遇的洪水。小浪底水利枢纽工程，是黄河干流在三门峡以下唯一能够取得较大库容的控制性工程。坝址控制流域面积 69.4 万 km²，占黄河流域面积的 92.3%。工程建成后，使黄河下游防洪标准由 60 年一遇提高到千年一遇。

（3）珠江流域

珠江是我国南方的大河，流经滇、黔、桂、粤、湘、赣 6 省（自治区）及越南的东北部，流域面积 45.37 万 km²，其中我国境内面积 44.21 万 km²。

珠江流域地处亚热带，北回归线横贯流域的中部，气候温和多雨，多年平均年降水量 1200～2200mm。

珠江水量丰富，年均河川径流总量为 3360 亿 m³，仅次于长江，其中西江 2380 亿 m³，北江 394 亿 m³，东江 238 亿 m³，三角洲 348 亿 m³。径流年内分配极不均匀，汛期 4 月～9 月约占年径流的 80%，6 月～8 月占年径流量的 50% 以上。因此，珠江流域洪水灾害频繁，尤以中下游和三角洲为甚。

珠江流域已建成江海堤防 20500km，水闸 8500 座，修建各种类型水库 13000 座，总库容 706 亿 m³。保护广州和珠江三角洲的北江大堤的防洪标准约为 100 年一遇，北江飞来峡水库已建成，堤、库联合运用，近期可防御 200 年一遇洪水，远期可达 300 年一遇防洪标准。西江和珠江三角洲万亩以上围堤一般为 20 年一遇防洪标准。

（4）淮河流域

淮河流域地处我国东部，介于长江与黄河流域之间流域面积 27 万 km²，1997 年流域内总人口 16043 万，平均人口密度为 594 人/km²，是全国平均人口密度 122 人/km² 的 4.8 倍，居我国各大江河流域人口密度之首。淮河流域地处我国南北气候过渡带，气候条件相对复杂，多年平均年降水量为 920mm，降水时空分配不均，汛期（6 月～9 月）降水量占年降水量的 50%～80%。

历史上，淮河是我国洪水灾害频发的流域之一，因此，淮河流域防洪体系的建设始终受到国家的高度重视。到目前为止，淮河流域已修建各类水库3500座，总库容250多亿 m³，其中大型水库36座，库容193亿 m³，防洪库容113亿 m³；大中型防洪控制闸600座；设置国家级行蓄洪区26处，滞洪容量280多亿 m³；全面整修加固堤防15000km；开辟淮沭新河、新沂河、新沭河、苏北总干渠等排洪河道，扩大了入江水道，使淮河水系尾闾的排洪能力由 8000m³/s 提高到 13000～16000m³/s，沂沭泗水系的排洪入海能力由 1949 年的不到1000m³/s 增大到11000m³/s。这些防洪工程体系能使淮河干流中游防御 1954 年洪水，防洪标准约为 40 年一遇，淮北平原和里下河地区也可防御 1931 年和 1954 年洪水。

淮河流域 1991 年大水后，国家加大了对淮河防洪的投入，安排了 19 项骨干防洪工程，这些工程完成后，正阳关以下主要防洪保护区的防洪标准将提高到 100 年一遇；沂沭泗水系中下游防洪标准将提高到 50 年一遇；淮北重要跨省支流的防洪标准提高到 20 年一遇。

（5）辽河流域

辽河流域已建成水库715座，总库容150多亿 m³，其中大型水库17座，库容117亿 m³，山区各主要支流的洪水基本得到控制。整修加固堤防长度11000km，修建各类水闸370座，其中大型水闸17座。辽河干流与浑河、太子河等主要河道现有防洪标准为 20 年一遇。辽河流域山区洪水已基本得到控制，沿河各大城镇的防洪标准已比较高。1985 年辽河发生常遇洪水，并未超过河道防洪标准，但因河道严重设障，水位异常壅高，导致辽河干流多处溃决，发生较大灾害。

（6）松花江流域

松花江流域现有堤防约 11600km，已建成大中型水库 125 座，总库容 290 亿 m³。在这样的防洪工程体系下，松花江干流、第二松花江、嫩江的总体防洪标准约为 20 年一遇，其中哈尔滨市、佳木斯市和齐齐哈尔市等沿江重要城镇基本上可防御 100 年一遇洪水。

（7）海河流域

海河流域包括海河、滦河、徒骇马颊河等水系，流域面积 31.78 万 km²。流域地跨 8 省（直辖市、自治区），包括北京、天津两个直辖市，河北省大部，山西省东部、北部，山东、河南两省北部，以及内蒙古自治区、辽宁省的一小部分。

海河流域处于我国干旱和湿润气候的过渡地带，多年（1956 年～1984 年）平均年降水量为 546.6mm。由于受季风气候的影响，流域降水量年内分配很不均匀，75%～85% 集中在汛期，在汛期又往往集中于几场暴雨，从而导致海河流域水害频发。

20 世纪 50 年代以来，特别是 1963 年海河大洪水之后，按照"上蓄、中疏、下排、适当蓄滞"的防洪方针对流域进行了大规模治理。国家投入巨资建设水利设施，仅 2013 年，就投资 9016 亿元，建设 20266 个项目，其中：新开工项目 12199 个。

（8）中小河流

我国中小河流众多，其中威胁重要城镇、交通要道的中小河流基本上达到 10～20 年一遇的防洪标准，但大量的中小河流目前防洪标准较低，有些甚至完全未设防。据近年来的洪水灾害损失统计，中小河流水灾损失所占的比例呈上升趋势。在防洪减灾实践中，如何协调干流与支流、大江大河与中小河流的关系也将是我国防洪减灾工作的重要内容之一。

（9）城镇防洪

到 2019 年，我国共设市 672 座，其中有防洪任务的城市 642 座，占全国城市的 95.5%，其中 236 个达到国家规定的防洪标准，约占有防洪任务城市总数的 36.76%。

目前我国设市城镇防洪标准达标情况统计见表 1.1。

设市城镇防洪标准达标情况统计表（2000年） 表 1.1

城镇非农业人口（万人）	国家防洪标准（X 年一遇）	有防洪任务城镇数（座）	达标城镇数（座）	达标城镇百分数（%）	未达标城镇数（座）	未达标城镇百分数（%）
超大城镇（大于 200）	>200	13	3	23.1	10	76.9
特大城镇（100~200）	人口>150；>200 人口<150；100~200	25	5	20.0	20	80.0
大城镇（50~100）	100~200	53	10	18.9	43	81.1
中等城镇（20~50）	50~100	207	64	30.9	143	69.1
小城镇（小于 20）	20~50	322	154	47.8	168	52.2
合计		620	236	38.1	384	61.9

值得指出的是，随着城镇化进程加快，大批中小城镇蓬勃兴起，其中大多数城镇在进行城镇规划建设时还没有充分考虑防洪要求，存在很大的洪灾风险。

3. 防洪非工程体系

随着科学技术的不断发展与管理水平的逐步增强，防洪非工程体系对于防洪减灾的作用越来越重要，成为现代防洪减灾体系中不可或缺的组成部分。防洪非工程体系是现代防洪体系的两个基本构成部分之一。

防洪非工程体系的功能与工程防洪体系不同，非工程防洪体系是通过对社会的防灾管理，来实现减免灾害的。根据这一特点，非工程防洪体系主要可由灾害风险区管理（国外称洪泛区管理）、救灾保障体系、公民防灾教育三个部分组成。

（1）灾害风险区管理

灾害风险区系指受到洪水威胁区（即江河湖泊沿海沿岸低于洪潮涝水位以下的地区）、山地灾害易发区以及受台风直接影响的地区等。灾害风险区管理就是对易灾地区的社会和经济活动实行控制性管理，通过法律法规来规范社会行为，使灾害高风险区的社会经济活动向低风险区转移，以达到减免灾害损失的目的。

灾害风险区管理主要有两个方面的内容：一是绘制灾害风险区不同灾害频率风险图，规定不同灾害频率风险区内允许和不允许的社会和经济活动内容，如在高风险区内，严禁人员居住、工业企业建设以及严重污染环境物质的生产或存放，在灾害风险区实施湖泊洼地及绿地保护等，并且以地区性法规的形式立法颁布实施。二是根据上述立法规定和国家相关法规，对灾害风险区实施日常管理，通过执法监督、技术咨询和指导、灾害警报、紧急救助等方式，实现工作目标。

通过灾害风险区管理，控制和逐步调整各种不顾后果的破坏生态环境和过度开发占有土地的行为，从无序的、无节制的与洪水争地，转变为有序的和可持续的与洪水协调共处，使得公民生命财产和地区重要经济设施向安全地区转移。加强灾害风险区的管理，雨水蓄泄场所将得到有效保护，从另一方面又减轻了防洪工程的压力，促进了防洪工程的安全运行和调度，减轻洪水风险。因此，灾害风险区管理的作用是巨大的。

（2）救灾保障体系

救灾保障体系的目的是帮助和促进受灾的群众和企业及时有效地恢复生活和生产，减轻灾害对家庭和社会造成的影响，是一项必不可少的措施，应属于社会保障体系的范畴。救灾保障体系主要可以包括：政府救济和补偿、灾害保险、社会捐助等方面。

1）政府救济和补偿是各级政府的重要职责。政府救济的重点主要是对灾民的吃、穿、住、医实施应急救济，而对于个人和企业的财产损失可以通过保险赔偿。对于蓄滞洪区的运用，国务院已于2000年5月颁布了《蓄滞洪区运用补偿暂行办法》，有关政府将依照该《办法》对由于分蓄洪水而受到损失的蓄滞洪区群众实施经济补偿。

2）灾害保险是一种灾害风险分担的经济行为。通过实施范围广泛的灾害保险，可以对局部受灾地区的企业和家庭财产损失实施部分经济赔偿，促进他们恢复生产、生活，达到对当事人减轻直接、间接损失和稳定社会的目的。由于灾害的发生往往是局部性的，因此灾害保险的实施范围越大、参加人越多，则效果就越好。我国疆域辽阔，洪水灾害具有时空分布不均的特点，实施灾害保险有十分有利的条件。

灾害保险大体可分为两类，一类是商业性保险，属盈利性保险；另一类是公益性保险，属非盈利性保险。商业性保险是采取自觉自愿的原则，近年来我国广大公民的保险消费意识增强，商业性保险事业发展很快，并在近几年洪涝灾害中对部分遭受财产损失的企业和个人实施理赔，起到了积极的作用。但由于参加商业性保险是自觉自愿，因此不少没有参加保险的个人和企业不可能得到赔偿，损失惨重。公益性保险即洪水保险目前尚未实施。公益性保险的优点是采取强制性保险的方式，要求凡是有水灾发生的地区的企业和个人财产都要参加洪水保险，这样可以有效地解决商业性保险所存在的不足。

灾害保险还是一种经济手段，根据灾害风险区的风险程度实行不同的保费收取制度，即风险越高的地区，收取保费越高，从而促进社会财产向安全地区转移，促进社会经济布局良性循环。

3）社会捐助。通过采取社会募捐或发售灾害救助彩券等方式筹集救助资金，对受灾地区的灾民实施救助。通过社会捐助行动，解救部分灾民的困难，弘扬中华民族的传统美德和社会正气，形成良性的社会氛围。

（3）公民防灾教育

加强公民防灾教育，提高公民对自然规律的认识。只有全体公民自觉地积极地参与防灾减灾，防灾减灾事业才能步入良性循环的机制，社会和经济发展才能得到可靠的环境安全保障。

公民教育的形式是多层面的。对中小学生，自然知识和防灾减灾知识应该进入教科书中，予以普及；对全社会，可以通过广播电影电视、报刊书籍、公益广告宣传、网络信息等媒体，宣传防灾知识；对不同地区，还可以重点宣传本地区的灾害特点和防范措施。

当前在大力实施防洪工程体系建设的同时，应该尽快加强非工程体系的建设，使两者有机地结合起来，才能形成完整的防洪体系。非工程体系不是水利部门一家的事，而是一项跨部门、跨行业、跨地区的工作，各级政府应该尽快把它摆上议事日程，统筹规划、综合协调、分工实施。

1.3 城镇防洪和雨水利用的重要意义

1.3.1 我国城镇防洪设施建设现状

我国幅员辽阔，除沙漠、戈壁和极端干旱区及高寒山区外，大约2/3的国土面积存在着不同类型和不同危害程度的洪水灾害。如果沿着400mm降雨等值线从东北向西南划一条斜线，将国土分做东西两部分，那么东部地区是我国防洪的重点地区。

城镇是政治、经济、文化、经贸中心和交通枢纽，对当地经济社会发展具有带动和辐射作用，城镇防洪安全直接关系到社会和经济的稳定发展，是国家防汛的重点。各级政府对城镇防洪工作十分重视，通过加大对城镇市区河道、沟道治理力度，依法开展防洪综合整治等措施，取得了一定的成效。

近几年，特别是1998年大洪水以来，根据国家的规定和各地方防总的要求，已有相当数量城镇都进行了城镇防洪规划。按照统一规划、分步实施的原则，通过修建河堤、清淤除障、河道综合整治等，提高了城镇的防洪能力，而且美化了城镇。

城镇洪灾作为城镇灾害的一大组成部分，一直备受关注。城镇防洪设施是城镇基础设施的重要组成部分，主要包括堤防、内行洪排水设施、水库及其他设施。同时，完善配套的城镇防洪排涝设施是城镇经济持续快速发展的重要保障。我国城镇防洪排涝的基础差，尽管各市都有一定的防洪设施，但真正有洪水时并不能保障该市的生命线不受损害。城镇防洪现状及存在问题如下：

（1）城镇防洪标准较低

我国城镇防洪标准普遍较低，除上海按1000年一遇防洪标准设计外，许多大城镇如武汉、合肥等防洪标准均不到100年一遇。更有一些城镇，达不到国家的防洪标准，如南宁市，其防洪标准应为100~200年一遇，而现实却为7~8年一遇。由于洪水的随机性、城镇发展的动态性、人类对洪水认识能力的局限性，工程防洪措施在合理的技术经济条件下，只能达到一定的防洪标准。无论防洪标准定得多高，都有可能出现超标准的洪水。防洪标准定得过高，限于经济实力，也不可能完全实施，并不是防洪标准越高越合理，但也不是标准越低越经济，若设计标准过低，造成城镇被淹的可能性就越大，造成生命财产巨大损失的概率越高。

（2）防洪设施建管不善

城镇防洪工程是城镇可持续发展的重要保障，高标准的防洪体系是保障生命财产安全的重要基础设施，也是加快城镇化进程的必需条件。许多城镇的防洪设施都遭到过不同程度的破坏，如天然岩石屏障开挖，防洪堤上建房造屋，开渠引水，堤身中取土取石，从而使洪水到来时，防洪设施无法开启使用。如四川射洪城，由于防洪堤长久失修，荒草丛生，致使1981年洪水决堤80多米，全城被淹。

（3）某些建筑未达要求

在历次洪水灾害中，均不免出现房屋倒塌现象。这是因为这些房屋的材料不能适应洪水的影响或者浸泡，虽然现在大部分建筑都是钢筋混凝土建成，但仍有不少是砖木结构。因此在易受洪水威胁的城镇，要注意建筑的适应洪水能力。

（4）城镇规划上存在失误

对现代城镇水灾研究的不足，对现代城镇水灾成灾规律的不了解，往往造成城镇规划上的许多失误，从而引起或加重城镇洪涝灾害。有些城镇在做城镇规划时，由于在城镇设防与否的问题上举棋不定，致使遭受重大灾害。

1.3.2　现代城镇防洪的重点和特点

城镇洪涝灾害的重点是内涝，即外河洪水位抬升，城区雨水内水难以有效排除而致涝灾。

"洪涝不分"是城镇防洪治涝中普遍存在的问题，不仅在一个地区内洪涝水相互干扰，而且在一个城镇中，外洪阻碍内涝排水，从而酿成涝灾。

据有关部门研究，我国到21世纪中叶人口将达到零增长，届时人口总数可达16亿左右，经济发展将达到中等发达国家的水平，城镇人口占全国人口的70%左右，国内生产总值的90%可能集中于城镇。因此，城镇的安全将是整个社会经济持续稳定发展的关键因素。我国大中城镇大约90%临江河湖海，都受到一定程度洪水的威胁，可能造成巨大的经济损失。随着城镇人口的增加，经济的迅速发展和现代化程度的不断提高，城镇防洪将出现一系列新的特点，主要是：

（1）城镇防洪安全对经济发展和社会稳定的影响不断扩大；

（2）城镇分布由分散的点向线和面发展，城镇界限逐步消失，城镇防洪由局部点的保护，逐步扩大到城镇群和面的保护；

（3）城镇化水文效应的不断增强，市区内洪涝水的排蓄条件不断恶化，市区防洪、排涝的任务和困难与日俱增；

（4）城镇现代化对交通、供水、能源、通信、信息系统的依赖程度越来越大，地下交通、商业、仓储、管线网络等工程设施越来越多，保护这些设施免于被水淹没，防止各种网络系统的局部破坏，任务日益艰巨；

（5）城镇之间相互依存的关系更为密切，一座大中城镇受灾往往影响周围众多城镇的社会经济发展。

对于防洪事务是集政治经济、社会事务、自然科学、工程技术为一体的巨型历史工程，我们必须要足够清醒的认识，才能基于我国的未来具体国情，逐步稳固地建成有效的、综合的防洪工程体系。

因此，首先必须对我国未来防洪情势有充分理性的认识，必须对防洪目标的选定、防洪规划的制定、防洪工程建设时序的安排和防洪事务的运作，充分贯彻社会理性与科学理性的原则，才能保证我国防洪事务系统全面、连续稳定地提高。

第二，单纯的工程措施与生态措施对我国的防洪问题是难以彻底解决的，必须立足于社会理性与科学理性，对地区间的协调、部门间的配合、学科间的合作、不同措施间的组合等予以全面的研究和考虑，才能形成现实可行的防洪策略和保证整个防洪体系的有效运行。

第三，必须基于社会创新，才能根本解决我国防洪问题。要坚持在改革的道路上，在对我国防洪及水利管理体制深入分析的基础上，提出适宜的管理体制；要基于我国的社会现实，在人与自然的关系之间，探索合适的可持续之路；要立足于科学技术，挖掘知识经济的时代潜力，建成具有高度科技集成的多维防洪体系。

1.3.3 现代城镇防洪的发展趋势

在未来的20年间，我国洪灾发生的情势仍处于难以根本逆转之势。洪水灾害的发生由灾害源（即恶劣气象条件）、致灾载体（即洪水及相关的水系条件）和受灾体（即洪水影响的空间范围及其社会经济因素）三方面的因素具体决定。洪水灾害的防治则是通过人为手段对这3个因素及其组合状态的改变和调整，以达到减小灾害损失的过程。我国的未来洪灾情势由自然、社会、经济以及当今的防洪工作的起点4方面的因素所决定。

（1）自然背景因素

我国各主要河流均自西向东汇流入西太平洋。我国社会人口、经济主要密集分布于各大河流的中下游冲洪积平原地区。气候受环太平洋季风控制，太平洋地区交替发生的厄尔尼诺及拉尼娜现象均对我国有着明显的影响。另外，温室效应对全球气候变化的影响，也进一步加剧我国恶劣气象因素发生的复杂化。在地质与地貌上，我国西部大多为高原地区，处于抬升、剥蚀、夷平历史状态，东部则处于堆积和平原延伸扩大的历史时期，这种背景决定了我国主要河流发育和演化的特点，也从根本上规定了这些河流的泥沙和淤积，以及河道变化的情况。

（2）人口因素

人与水争地是我国洪水灾害形势恶化的最根本原因，作为受灾体，也即作为保护对象的社会存在，在最近的几十年来，由于城镇化进程的加快，城镇人口以极快的速度增长，膨胀并以其自身法则分离出有悖于防洪情势的空间格局。

（3）社会背景因素

洪涝灾害在同一水系内具有空间上的关联性，灾害损失上也具有空间上的不对称性。这种特性容易导致地区之间、部门之间的争利避害行为，而治水防洪大局则要求地区之间、部门之间的协调合作，并且是长期性的、制度性的协调合作。从我国治水的现实来看，由于地区、部门间的损益补偿标准以及财政转移支付制度的不规范性和连续性，目前仍很难尽快达成合作协力、高效治水、防灾减损的目标。

（4）防洪工程现状

我国目前防洪工程现状不容乐观，我国主要江河只能防御常遇洪水，并且平原河道淤积严重，洪涝灾害加剧，难以防御中华人民共和国成立以来曾发生过的大洪水。在经济相对发达的珠江流域，除北江大堤及三角洲五大堤围外，沿江各市县的设防标准很低，一般为5~10年一遇标准，不少城镇未设防。在长江等大江大河的主要支流地区，防洪标准普遍要低于干流5~10年以上。

综上所述，在21世纪的开始20~30年，我国防洪情势不容乐观。如何在稳步加强工程体系的基础上，运用合理的防洪策略，是未来我国防洪事务的关键问题。我国防洪工程是个点、线、面兼顾的体系，即严守重点地区，保护干流沿线堤防，维护河流两厢腹地。鉴于上述分析，在工程体系标准不足或不齐时，必须借助于非工程与工程措施的整合，形成综合性的多维防洪体系，必须运用"防""减""复"的多重防洪策略，最终形成具有中国特色的富于韧性的防洪体系。"防"是以生态工程、水库调节、堤防系统，遏洪导流；

"减"即减小损失，在分滞蓄洪区，形成与当地水环境条件相适宜的生产模式与生活模式，使之在经常性的分滞蓄洪水时，损失最小；"复"是紧急应变，快速恢复，当灾害发生时，以制度化的社会救助，科学化的灾区的自我应变、自我救助、快速恢复、快速过渡到安全生活、生产。兵无定势、水无常形，只有采用多维防洪体系和多重防洪策略，才能最大限度地消灭洪水灾害，使我国防洪摆脱频频"举国震撼、经济波动"的局面。

1.3.4 城镇洪涝灾害防治的重要意义

洪涝灾害具有突发性强、波及面广、影响程度重的特征，是人类面临的最主要的自然灾害之一，也是影响社会和谐的重大隐患。纵观世界主要文明的起源，可以发现这样一个带规律性的认识：人类文明的起步是从用火开始的，而人类社会的形成是从治水开始的。古代中国的思想家就把洪水灾害视同猛兽，提出了"为政之要，其枢在水"的观点。防洪工作需要与自然规律协调安排，人与洪水协调共处。要付出合理的投入，取得可能获得的最大效益。要进行科学规划，确定城镇的防洪标准，修建防洪工程体系，包括堤防、水库，并设置分蓄行洪区，建设区内安全设施，以便主动分蓄行洪；要平垸行洪，退田还湖，移民建镇。这些工作的目标是：在城镇发生规划标准的常遇和较大洪水时，国家经济和社会活动不受影响；遇到超标准的大洪水和特大洪水时，有预定的分蓄行洪区和防洪措施，国家经济和社会不发生动荡，不影响国家长远计划的完成。防洪减灾是关系到人民群众生命财产安全，关系到社会的稳定与可持续发展的重要事业。

思 考 题

1. 降雨是如何进行分级的？
2. 洪水有哪些主要的特征？
3. 洪水按照成因分类有几种？
4. 城镇洪灾的成因有哪些？
5. 城镇防洪的策略有哪些？

第2章 设计洪水流量

2.1 设计洪水概述

2.1.1 设计洪水

设计洪水是符合设计标准要求的洪水。标准应如何确定，这是一个关系到政治、经济、技术、风险和安全的极其复杂的问题。例如设计防洪建筑物，如果设计洪水定得过大，就会使工程造价大大增加，但工程安全上所承担的风险就会较小；反之，如果设计洪水定得过小，虽然工程造价降低了，但工程遭受破坏的风险却增大了。

我国现在是选定某一合适的频率（洪水出现的机会）作为设计洪水的标准。水利水电工程的洪水标准按防洪对象的性质划分为两大类：水工建筑物设计的洪水标准（简称为设计标准，即工程本身的防洪标准）和防护对象的防洪标准（即下游地区的防洪标准，简称防洪标准）。设计标准取决于建筑物的等级，而建筑物等级是由工程规模决定的。对设计永久性水工建筑物的洪水标准又分为两种情况：一是正常运用情况的标准，称设计标准，这种标准的洪水称设计洪水，不超过这种标准的洪水来临时，水利枢纽一切维持正常状态；二是非常运用情况的标准，称校核标准，这种标准的洪水称校核洪水，这种洪水来临时，水利枢纽的某些正常工作可以暂时被破坏，但主要建筑物必须确保安全。校核洪水大于设计洪水，例如某工程属二等建筑物，枢纽中永久建筑物属 2 级，因此，设计标准的频率为 $P=1\%$，即百年一遇，校核标准为 $P=0.1\%$，即千年一遇。为此，要计算出百年一遇和千年一遇的洪水，以供水工建筑物设计时应用。

防洪标准的大小取决于防护对象的重要性。当不超过这一标准的洪水来临时，通过水库的调洪作用，控制下泄流量，使下游防洪控制点的洪水不超过河道安全泄流量。显然，没有水库的安全，也就谈不上下游防护对象的安全，因此上述水库洪水标准一般都高于防护对象的防洪标准。设计标准和防洪标准，一般根据水利水电工程的规模、重要性和保护区的情况，按照政府颁布的洪水设计规范选定。

设计洪水标准以设计频率表示，频率这个名词比较抽象，为便于理解，还常常转化为重现期来表达。所谓重现期即变量的取值在长期内平均多少年内出现一次。例如设计频率 $P=1\%$ 的洪水，重现期 $T=100$ 年，称其为百年一遇洪水。频率与重现期的关系，当研究暴洪水问题时，采用下式计算：

$$T=\frac{1}{P} \tag{2.1}$$

式中 T——重现期，以年计；

P——频率，以小数或百分数计。

例如，上述洪水的频率 $P=1\%$，代入式（2.1）得 $T=100$ 年。

由于水文现象一般并无固定的周期性，所谓百年一遇的洪水，是指大于或等于这样的洪水在长时期内平均 100 年可能发生一次，而不能认为每隔 100 年必然遇上一次。

2.1.2 水文频率计算基本方法

水文频率计算，就是根据实测的某一水文系列（例如一系列实测的历年最大洪峰流量，称样本），计算系列中各随机变量值的经验频率，由此求得与经验频率点配合最好的以频率函数表达的频率曲线——理论频率曲线，然后按照要求的设计频率，即可在该线上查得设计值。

1. 经验频率计算

假设有一水文系列，其中各变量依从大至小排列为 x_1，x_2，$\cdots$，x_m，$\cdots$，x_n，我国规定用式（2.2）经验频率公式（数学期望公式）计算某变量值 x_m 的经验频率：

$$P=\frac{m}{n+1}\times100\%\qquad(2.2)$$

式中　P——随机变量 x_m 的频率（%）；

　　　m——随机变量值从大至小的排列序号；

　　　n——称样本容量，即样本系列的总项数。

例如，某雨量站 1956 年～1979 年共观测降雨资料 24 年，见表 2.1 中的（1）、（2）栏，按由大至小顺序排列，得（3）、（4）栏的序号 m 和相应的年雨量 x_m。由式（2.2）即可算出 x_m 对应的经验频率 P，列于第（8）栏。必须指出，式（2.2）称经验频率计算的数学期望公式，已经从理论上证明，该式计算的 P 值可近似代表变量 x_m 在总体系列出现的概率，使之成为推求理论频率曲线的基础。所谓总体系列，简称总体，是指某一随机变量的整体。水文要素的总体可以认为是无限长的，如某一站的雨量，其系列长度可以认为与地球的寿命同样长，而观测的数值只是从中随机抽取的一个样本。

某站年降水量频率计算表　　　　　　　　　　　　表 2.1

资　料		经验频率及统计参数的计算					
年份	年降水量 x_m(mm)	序号	按大小排列的 x_m(mm)	模比系数 K_i	K_i-1	$(K_i-1)^2$	$P=\frac{m}{n+1}\times100\%$
(1)	(2)	(3)	(4)	(5)	(6)	(7)	(8)
1956	533.3	1	1064.5	1.602	0.6024	0.362932	4
1957	624.9	2	998	1.502	0.5023	0.252339	8
1958	663.2	3	964.2	1.451	0.4515	0.20381	12
1959	591.7	4	883.5	1.33	0.33	0.108881	16
1960	557.2	5	789.3	1.188	0.1882	0.035407	20
1961	998	6	769.2	1.158	0.1579	0.024936	24
1962	641.5	7	732.9	1.103	0.1033	0.010664	28
1963	341.5	8	709	1.067	0.0673	0.004528	32
1964	964.2	9	663.2	0.998	-0.002	2.74E-06	36
1965	637.3	10	641.5	0.966	-0.034	0.001178	40

资　　料			经验频率及统计参数的计算					
年份	年降水量 x_m (mm)	序号	按大小排列的 x_m (mm)	模比系数 K_i	K_i-1	$(K_i-1)^2$	$P=\dfrac{m}{n+1}\times100\%$
1966	546.7	11	637.3	0.959	−0.041	0.001652	44
1967	509.9	12	624.9	0.941	−0.059	0.003518	48
1968	769.2	13	615.5	0.927	−0.073	0.005396	52
1969	615.5	14	606.7	0.913	−0.087	0.007518	56
1970	417.1	15	591.7	0.891	−0.109	0.011944	60
1971	789.3	16	587.7	0.885	−0.115	0.013296	64
1972	732.9	17	586.7	0.883	−0.117	0.013646	68
1973	1064.5	18	567.4	0.854	−0.146	0.021277	72
1974	606.7	19	557.2	0.839	−0.161	0.025993	76
1975	586.7	20	546.7	0.823	−0.177	0.031339	80
1976	567.4	21	538.3	0.81	−0.19	0.035976	84
1977	587.7	22	509.9	0.768	−0.232	0.054021	88
1978	709	23	417.1	0.628	−0.372	0.138474	92
1979	883.5	24	341.1	0.513	−0.487	0.236709	96
合计	15993.5		15993.5	24.02	−0.02	1.592	

2. 经验频率曲线

以随机变量为纵坐标，以经验频率为横坐标，点绘经验频率点据，根据点群趋势绘出一条平滑曲线，称为经验频率曲线。如图 2.1 中的点就是按表 2.1 中第（4）栏和第（8）栏对应的数值描绘的，经验频率曲线就是分布在频率 4%～96% 间的那段曲线。实际上，因为样本系列往往不长，经验频率曲线分布的范围不够大，因此无法直接按设计频率在线上查得设计值，所以实际工作中常常只点绘频率点据，不绘经验频率曲线，而是绘制理论频率曲线。

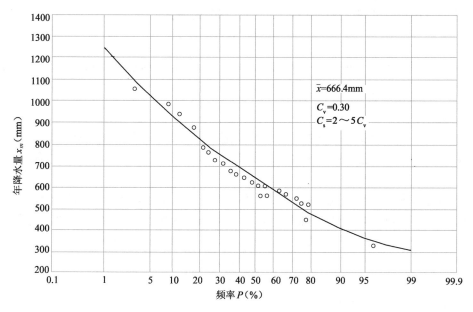

$$\bar{x}=666.4\text{mm}$$
$$C_v=0.30$$
$$C_s=2\sim5C_v$$

图 2.1　年降水量理论频率曲线

3. 理论频率曲线

根据上述分析，为了从频率曲线上查取小频率或大频率的设计值，必须将经验频率曲线按合适的频率函数向两端外延，这样求得的一条完整的频率曲线，在水文上称之为理论频率曲线，如图 2.1 中的实线。水文上把由频率函数表示的且能与经验频率点群配合良好的频率曲线称为理论频率曲线，它近似反映总体的频率分布。因此，常用它对未来的水文情况进行预测。理论频率曲线有皮尔逊Ⅲ型、克里茨斯—闵凯里曲线等类型。

根据我国水文计算的大量经验，理论频率曲线一般都采用皮尔逊Ⅲ型分布，其中有均值 $\overline{x}$、变差系数 C_v、偏差系数 C_s 三个统计参数，按照经验频率点群配合最佳的原则选定理论频率曲线。

（1）皮尔逊Ⅲ型分布

皮尔逊Ⅲ型分布函数为：

$$P = \frac{\beta^a}{\Gamma(a)} \int_{x_p}^{\infty} (x - a_0)^{a-1} e^{-\beta(x-a_0)} \, \mathrm{d}x \tag{2.3}$$

式中　$a = \dfrac{4}{C_s^2}, \beta = \dfrac{2}{\overline{x} C_s C_v}, a_0 = \overline{x}\left(1 - \dfrac{2C_v}{C_s}\right)$；

　　　x——随机变量值；

　　　P——大于或等于 x 的累积频率，简称频率；

　　　x_p——频率为 P 的 x 值；

　　　$\overline{x}$——均值；

　　　C_v——变差系数；

　　　C_s——偏差系数。

由式（2.3）知，设计值 x_p 取决于 P、$\overline{x}$、C_v、C_s，对于某随机变量系列，$\overline{x}$、C_v、C_s 一定，因此，x_p 仅与 P 有关。对于指定的 P 值，由式（2.3）可以算出 x_p，于是就可对应地点绘出理论频率曲线。要对如此复杂的函数进行积分是非常麻烦的，实用上，通过查算已制成的专用表就可完成这一计算。x_p 的计算公式为：

$$x_p = K_p \overline{x} \tag{2.4}$$

式中　K_p——模比系数，$K_p = \dfrac{x_p}{\overline{x}}$，可按 C_v 和 C_v / C_s，由 P 通过查皮尔逊Ⅲ型频率曲线的

　　　　　　模比系数 K_p 值表取得。

（2）统计参数

为了确定一条与经验频率点据配合好的理论频率曲线，就得初步估算出频率函数中的统计参数，对于皮尔逊Ⅲ型曲线来说，就是要由样本系列估算 $\overline{x}$、C_v、C_s 三个统计参数。

1）均值 $\overline{x}$

均值也称算术平均数。代表样本系列的平均情况。例如，甲河的多年平均降水量为 $\overline{x}_{甲} = 1800\text{mm}$，乙河的多年平均降水量为 $\overline{x}_{乙} = 1000\text{mm}$，说明甲河的降水量比乙河丰富。设随机变量 x 系列共有 n 项，各项值为 x_1，x_2，$\cdots$，x_m，$\cdots$，x_n，则均值 $\overline{x}$ 的估算公式为：

$$\overline{x} = \frac{1}{n} \sum_{i=1}^{n} x_i \tag{2.5}$$

2）变差系数（离势系数）C_v

变差系数 C_v 反映系列变量值对于均值的相对离散程度。C_v 大，说明系列变量分布相

对于均值比较离散；反之，说明分布比较集中。由样本系列估算 C_v 的公式为：

$$C_v = \frac{1}{\bar{x}} \sqrt{\frac{\sum_{i=1}^{n}(x_i - \bar{x})^2}{n-1}} = \sqrt{\frac{\sum_{i=1}^{n}(K_i - 1)^2}{n-1}} \tag{2.6}$$

式中　K_i——x_i 的模比系数，$K_i = \dfrac{x}{\bar{x}}$。

3）偏差系数（偏态系数）C_s

C_v 只能反映系列的相对离散程度，不能反映系列在均值两旁是否对称和不对称的程度。为表达系列相对于均值的对称程度，水文上采用偏差系数 C_s 来描述，其估算公式为：

$$C_s = \frac{\sum_{i=1}^{n}(x_i - \bar{x})^3}{(n-3)(\bar{x}C_v)^3} = \frac{\sum_{i=1}^{n}(K_i - 1)^3}{(n-3)C_v^3} \tag{2.7}$$

当 $C_s = 0$ 时，随机变量大于均值与小于均值的出现机会均等，均值对应的频率为 50%，称为正态分布；$C_s > 0$ 时，表示大于均值的变量出现的机会比小于均值的变量出现的机会少，称正偏分布，水文分布多属于此；$C_s < 0$ 时，分布情况正好与 $C_s > 0$ 的情况相反，称负偏分布。由于水文样本系列一般仅有几十年，采用上式估算 C_s 误差很大。因此，一般不用式（2.7）估算，而是在配线时根据 C_s/C_s 的经验值初估。

4. 适线法确定理论频率曲线

适线法也称配线法，是以经验频率点据为基准，给它选配一条拟合最好的理论频率曲线，以此代表水文系列的总体分布。适线法的具体做法如下：

（1）计算并点绘经验频率点

把实测资料按由大到小的顺序排列，按式（2.2）计算各项的经验频率，并与相应的变量一起点绘于频率格纸上，如图 2.1 所示。频率格纸是水文计算中绘制频率曲线的一种专用格纸，它的纵坐标为均匀分格（或对数分格），表示随机变量；横坐标表示频率 P，为不均匀分格，中间部分分格较密，向左右两端分格渐稀。正态曲线绘在这种格纸上正好为一直线。

（2）估算统计参数

根据式（2.5）和式（2.6）分别计算均值 $\bar{x}$ 及变差系数 C_v；C_s 按经验初选，暴雨、洪水的 C_s 约取（2.5～4.0）C_v。

（3）选定线型

我国一般采用皮尔逊Ⅲ型曲线。

（4）配线

由选定的线型和估算的 $\bar{x}$、C_v、C_s 得各 P 值的 K_p，按式（2.4）算得各 P 值对应的 x_p，依此在绘有经验频率点的频率格纸上绘一条理论频率曲线，如果与经验点配合良好，则该理论频率曲线就是要确定的理论频率曲线，否则，应对初估参数适当修正，直至配合最好为止。修改统计参数时，应首先考虑修改 C_s，其次考虑修改 C_v，必要时也可适当调整 $\bar{x}$。

为了避免修改参数的盲目性，需要了解参数 $\bar{x}$、C_v 和 C_s 对频率曲线形状的影响。由式（2.3）知道，频率曲线是密度曲线的积分曲线，其形状与参数有着密切的关系。图 2.2 表示 $C_s=1.0$ 时，不同 C_v 值对频率曲线的影响（为了消除均值的影响，图中纵坐标采用模比系数 K_p）。由图 2.2 可明显看出，C_v 值愈大，曲线愈陡。图 2.3 表示 $C_v=1.0$ 时，各种 C_s 值对频率曲线的影响，当 C_s 增大时，曲线上段变陡，而下段趋于平缓。若 C_s 和 C_v 不变时，由于 $\bar{x}$ 的不同，频率曲线的位置也就不同，增大均值将使频率曲线抬高，并且变陡。

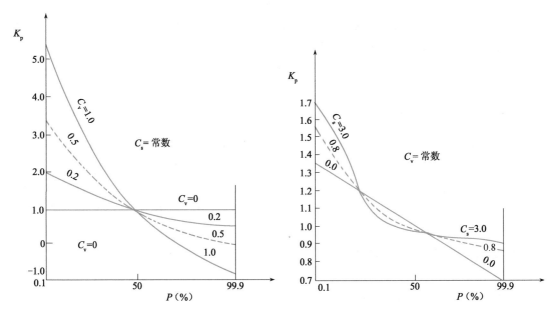

图 2.2　当 $C_s=1.0$ 时，C_v 对频率曲线的影响　　　图 2.3　$C_v=1.0$ 时，C_s 值对频率曲线的影响

5. 设计值的推求

已知设计频率 P，可在确定的理论频率曲线上直接读取与 P 对应的变量值 x_p，此即推求的设计值。为精确起见，也可按确定的理论频率曲线的统计参数及设计频率 P，由皮尔逊Ⅲ型频率曲线的模比系数 K_p 值表查取 K_p，按 $x_p=K_p\bar{x}$ 求得设计值。

【例 2-1】某站共有实测降水量资料 24 年，求相应于频率为 10% 的年降水量。计算步骤：

1）将原始资料按大小次序排列，列入表 2.1 中第（4）栏。

2）用公式（2.2）计算频率 P，列入表 2.1 中第（8）栏，并将年降水量 x 与 P 对应点绘于概率格纸上，如图 2.1 所示。

3）计算系列的多年平均降水量 $\bar{x}=666.4\text{mm}$。

4）计算各年的模比系数 $K_i=\dfrac{x}{\bar{x}}$，列入表 2.1 中第（5）栏，其总和应等于 n。

5）计算各项的 (K_i-1)，列入表 2.1 中第（6）栏，其总和应为零（今为 -0.02）。

6）计算 $(K_i-1)^2$，列入表 2.1 第（7）栏，求得 $C_v=0.26$。

7）选定 $C_v=0.30$，并假定 $C_s=2C_v=0.60$，查出各种频率的模比系数 K_p，见表 2.2 中第（2）栏，乘以均值 $\bar{x}$，得相应于各种频率的 x_p 值，见表 2.2 中第（3）栏。

频率曲线选配计算表　　　　　　　　　　　　　　　　　　　　　　表 2.2

频率 P(%)	第一次配线 $\bar{x}=666.4mm$, $C_v=0.30$, $C_s=2.0C_v=0.6$		第二次配线 $\bar{x}=666.4mm$, $C_v=0.30$, $C_s=3.0C_v=0.90$		第三次配线（采用） $\bar{x}=666.4mm$, $C_v=0.30$, $C_s=2.5C_v=0.75$	
	K_p	x_p	K_p	x_p	K_p	x_p
(1)	(2)	(3)	(4)	(5)	(6)	(7)
1	1.83	1219	1.89	1259	1.86	1239
5	1.54	1025	1.56	1039	1.55	1032
10	1.40	933	1.40	933	1.40	933
20	1.24	826	1.23	820	1.24	826
50	0.97	646	0.96	640	0.96	640
70	0.78	520	0.78	520	0.78	520
90	0.64	426	0.66	439	0.65	433
95	0.56	373	0.60	400	0.58	386
99	0.44	293	0.50	333	0.47	313

根据表 2.2 中第（1）、（3）两栏的对应数值点绘曲线，发现理论频率曲线的中段与经验频率点据配合尚好，但头部和尾部都偏于经验频率点据之下，因此，参数需要调整。

8）改变参数，重新配线。因为上述曲线头尾都偏低，故需增大 C_s。选定 $C_v=0.30$，$C_s=3C_v=0.90$，查得各 K_p 值并计算出各 x_p 值，列入表 2.2 中第（4）、（5）栏，点绘曲线。发现曲线的头部和尾部反而有些偏高。配线仍不理想。

9）再次改变参数，第三次配线。现在需要把 C_s 稍微改小一些。选定 $C_v=0.30$，$C_s=2.5C_v=0.75$，查出各 K_p 值并计算出各 x_p 值，列入表 2.2 中第（6）、（7）栏。用（1）、（7）栏中对应数值绘出频率曲线图 2.1，该线与经验点据配合良好，即取为最后采用的理论频率曲线。为了清楚表明点据和采用频率曲线的配合情况，在图 2.1 上仅绘出最后的理论频率曲线，而最初试配的两条频率曲线均未绘出。

10）由此求得 $P=10\%$ 的年降水量为 933mm。

配线法得到的成果仍具有抽样误差，而这种误差目前还难以精确估算，因此对于工程最终采用的频率曲线及其相应的统计参数，不仅要求从水文统计方面分析，而且还要密切结合水文现象的物理成因及地区分布规律进行综合分析。

2.2 利用实测流量资料推求设计洪水流量

2.2.1 洪水选样

每一次的洪水过程是在时间和空间上的连续过程，理应当作随机过程来分析研究各种不同洪水出现的可能性。由于受到观测资料的限制，同时也为了简化计算，人们常用洪水过程线的一些数值特征来反映洪水的特性。如洪峰流量 Q_m，一次洪水总量 W_T，一日或三日洪水总量 W_1、W_3 等，并把它们作为随机变量来进行频率分析。所谓洪水选样问题，是指根据工程设计的要求选用哪些洪水的数字特征作为分析研究的对象，以及如何在连续的洪水过程中选取洪水的数字特征。

1. 洪峰流量统计系列选样方法

洪峰流量统计系列选样，有年最大值法、年若干最大值法和超定量法三种。

（1）年最大值法：也叫年洪峰法，每年选取一个最大的洪峰流量，即每年只选取最大的一个瞬时流量作为频率分析的计算样本，如从 n 年的资料中每一年选取一个最大的洪峰流量，组成 n 年样本系列，进行频率分析。

（2）年若干最大值法：一年中取若干个相等数目的洪峰流量，进行频率分析。

（3）超定量法：选择超过某一标准的全部洪峰流量，进行频率分析。

以上三种方法中，年最大值法的成果，符合重现期以年为指标的防洪标准的要求，防洪工程设计洪峰流量计算，采用此法较为合适。另外，要求洪水形成的条件是同一类型的，如同为暴洪水或同为融雪洪水，不能把年内不同季节、不同类型的形成的最大洪峰流量混在一起作为洪水系列进行频率计算，也不能把溃坝洪水加入系列之中。

2. 洪水总量统计系列选择

（1）一次洪量法：统计各年中最大的一次洪水量，进行频率分析。一次洪水量的历时长短不一，以此进行年最大值频率分析和进行各项统计成果的地区，一般都缺乏共同基础。同一次洪水量的各次洪水，因历时长短不一，对防洪工程威胁程度大不相同。因此一次洪水量的统计不符合防洪工程要求，除特殊情况，一般不采用。

（2）定时段洪量法（极值法）：以一定时段为标准（如 1d、3d、7d 等），统计该时段内的最大洪量。定时段洪量法，由于历时相同，各年之间及各地之间均有共同基础。定时段洪水量是暴雨时程分布及流域产流汇流条件的综合产物，也能较严密地反映其对防洪工程的威胁程度，而且应用简便，一般采用此法。

2.2.2　资料的审查

对洪水系列资料要求做"三性审查"，即做资料的可靠性、一致性、代表性审查。

（1）资料可靠性审查

资料可靠性审查就是要鉴定资料的可靠程度，其目的是减少观测和整理中的误差并改正其错误。要审查资料的测验方法、整编方法和成果质量。特别是审查影响较大的大洪水年份，以及观测和整编资料较差的年份。审查的内容是测站的变迁、水尺位置、水尺零点高程和水准面的变化情况；汛期是否有水位观测中断的情况；测流断面是否有淤积；水位流量关系的延长是否合理等。如发现问题，应会同原整编单位做进一步审查和必要的修改。

（2）资料一致性审查

用数理统计方法进行洪水频率分析计算的前提是要求资料满足一致性。资料的一致性主要表现在流域的气候条件和下垫面条件的稳定性，如果气候条件或者下垫面条件显著变化，则资料的一致性就会遭到破坏。一般认为，流域的气候条件变化是缓慢的，对几十年或几百年看来，可以认为是相对稳定的。而下垫面条件，可能由于人类活动而迅速变化。如测流断面上游修建了引水工程，则工程建成前后下游水文站测得的实测资料的一致性就遭到了破坏。对于前后不一致的资料，应还原为同一性质的系列。由于上游的槽蓄作用减少或增加，分洪、决堤等影响到下游站的洪水，可用洪水演进的办法来还原。

（3）资料代表性审查

资料的代表性是指样本资料的统计特性能否很好地反映总体的统计特性。在洪水的频率计算中，则表现为样本的频率分布能否很好地反映总体的概率分布。如样本的代表性不好，就会给设计成果带来误差。由于总体的概率分布为未知，代表性的鉴别一般只能通过更长期的其他相关系列作比较来衡量。

1）与水文条件相似的参证站比较

参证站系列越长越好。例如，甲、乙两站在同一条河流上或在同一地理区域上，所控制的集水面积差不多。设甲站只有 1981～2000 年 20 年的资料，而乙站有 1901～2000 年 100 年的资料。将乙站作为参证站，把其 100 年的洪峰资料当作是总体系列，通过相关计算得到其均值 $\overline{Q}_m$，离差系数 C_v，偏态系数 C_s；再求得乙站 1981～2000 年资料（样本系列）的 $\overline{Q}_m$，C_v，C_s。如果两者的结果很接近，则参证流域 1981～2000 年的资料有代表性，即该样本可以代表总体。由于甲站与乙站的水文条件相似，故可以推断甲站 1981～2000 年的洪峰资料具有代表性。

2）与较长雨量资料对照

对于代表性不好的洪峰系列，应该设法加以展延，以增加其代表性，因为样本容量越大越能代表总体。为了增加样本的代表性，一般采用下面两种方法展延洪峰流量系列：

① 把同一条河流上下游站或邻近河流测站的洪峰与设计站同一次洪峰建立相关关系，以插补设计站短缺的洪峰资料。

② 如果设计站控制的流域的面雨量资料记录较长，可用产流、汇流计算方法由暴雨资料来插补延长洪峰流量资料。

由于影响洪峰流量的因素极为复杂，用上述方法有时得不到满意的结果。目前在设计洪水计算中，更重要的是利用特大洪水的处理来提高资料的代表性。根据历史文献、石刻洪痕及古洪水调查推算历史洪水，往往可以调查到 100 年乃至上千年以来发生的特大洪水。

2.2.3 洪水资料的插补延长及特大洪水资料的处理

1. 洪水资料的插补延长

如实测洪水系列较短或者有缺测年份，可用下列方法进行洪水资料的插补延长。

（1）上下游站或邻近流域站资料的移用

若设计断面的上下游有较长记录的参证站，设计站和参证站流域面积差不多，且下垫面的情况几乎相同，可考虑将上游或下游站的洪峰流量，直接移用到设计站。如果两站面积相差不超过 15%，且流域自然地理条件比较一致，流域内暴雨分布均匀，可按下列公式修正移用：

$$Q_m = \left(\frac{F}{F'}\right)^n Q'_m \tag{2.8}$$

式中　　Q_m，Q'_m——设计站、参证站洪峰流量（m^3/s）；

$\quad\quad\quad$ F，F'——设计站、参证站流域面积（km^2）；

$\quad\quad\quad$ n——指数，对大、中河流，$n=0.5\sim0.7$，对 $F\leqslant100km^2$ 的小流域，$n\geqslant$ 0.7，也可以根据实测洪水资料分析得到。

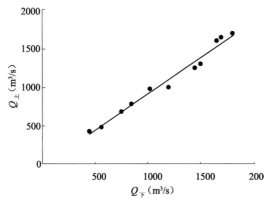

图 2.4　上下游站洪峰流量相关图

（2）利用洪峰、洪量关系插补延长

利用本站或邻近站同次洪水的洪峰和洪量相关关系，或洪峰流量相关关系进行插补延长。

同次洪水的峰量关系，因受到洪水展开和区间来水的影响，相关关系不是很密切，可以考虑加入一些反映上述影响因素的参数，如降雨、区间暴雨、暴雨中心位置及洪峰形状等，以改善相关关系，提高计算精度。图 2.4 为上下游站洪峰流量相关图。

2. 特大洪水资料的处理

（1）问题的提出

频率计算问题成果的合理性与计算资料的代表性有很大关系。在资料的样本不很长时，一般的频率计算方法往往使成果变动很大。如果利用历史文献资料和调查的历史洪水的方法来确定出历史上很早发生过的特大洪水，即可把样本资料系列年数增加到调查期限的长度，这样就能够增加资料的样本的代表性。当然，调查期的每一年的洪水是不可能都得到的，这使系列资料不连续，也就不可能用一般的方法来计算洪水频率，因此就要研究有特大洪水时的频率计算方法，也称为特大洪水资料的处理。

（2）考虑特大洪水时经验频率的计算

考虑特大洪水时经验频率的计算基本上是采用特大洪水的经验频率与一般洪水的经验频率分别计算的方法。设调查期及实测期（包括空位）的总年数为 N 年，连序实测为 n 年，共有 a 次特大洪水，其中 l 次发生在实测期，$a-l$ 次是历史特大洪水。目前国内有两种考虑特大洪水的经验频率计算方法。

1）独立样本法

此法是把包括历史洪水的长系列（N 年）和实测的短系列（n 年）看成是从总体随机取样的两个独立样本，各项洪峰值可在各自所在系列中排位，则一般洪水（n 项中除去了 l 项特大洪水）的经验频率为：

$$P_{\mathrm{m}} = \frac{m}{n+1}(m = l+1, l+2, \cdots, n) \tag{2.9}$$

特大洪水的经验频率为：

$$P_{\mathrm{M}} = \frac{M}{N+1}(M = 1, 2, \cdots, a) \tag{2.10}$$

式中　　m——一般洪水在 n 中的排序；

　　　　M——特大洪水在 N 中的排序。

2）统一样本法

将实测系列洪水和特大洪水系列共同组成一个不连序系列作为代表总体的一个统一样本，不连序系列的各项可在调查期限 N 年内统一排位。特大洪水的经验频率依然按照式（2.10）计算，实测系列中（$n-l$）项一般洪水的经验频率计算为：

$$P_m = P_{Ma} + (1 - P_{Ma}) \frac{m-l}{n-l+1} \tag{2.11}$$

式中　　　P_{Ma}——N 年中末位特大洪水的经验频率，$P_{Ma} = a/(N+1)$；

　　　　$1 - P_{Ma}$——N 年中一般洪水（包括空位）的总频率；

$(m-l)/(n-l+1)$——实测期一般洪水在 n 年（去了 l 项）内的排位频率。

在频率格纸上点绘经验频率点据，一般洪水的 Q_m 和 P_m 对应，特大洪水的 Q_M 和 P_M 对应，然后进行配线。

【例 2-2】某站自 1935 年~1972 年的 38 年，有 5 年因战争缺测，故实测洪水资料有 33 年。其中 1949 年为最大，并考证应从实测系列中抽取作特大洪水处理。另外，查明自 1903 年以来的 70 年间为首的三次特大洪水，其大小排位为 1921 年、1949 年、1903 年，并判断在这 70 年间不会有比 1903 年更大的洪水。同时还调查到在 1903 年以前，还有三次大于 1921 年的洪水，其序位是 1867 年、1852 年、1832 年，但是因年代久远，小于 1921 年洪水无法查清。按照上述两种方法估算各项经验频率。

根据上述情况，在洪水实测期 $n=33$ 年，调查期 N 年，由于 1832 年以来的 141 年间小于 1921 年的洪水无法查清，故不能将 1867 年、1852 年、1832 年与 1921 年、1949 年、1903 年都在 $N=141$ 年间统一排位，只能将前三个年份的 N 作为 141 年，后三个年份的 N 取 70 年，用两个 N 值进行估算。计算结果见表 2.3。

某站洪水系列经验频率计算表　　　　　　　　　　　　　　　　表 2.3

调查或实测期	系列年数		洪水序位		洪水年份	经验频率 P	
	n（实测）	N（调查）	n（实测）	N（调查）		独立样本法	统一样本法
调查期 N_2		141（1832~1972年）		1	1867	$P_{M2-1}=1/(141+1)=0.0071$	同独立样本法
				2	1852	$P_{M2-2}=2/(141+1)=0.0141$	
				3	1832	$P_{M2-3}=3/(141+1)=0.0211$	
				4	1921	$P_{M2-4}=4/(141+1)=0.0282$	
调查期 N_1		70（1903年~1972年）		1	1921	已抽到上一栏排位	$P_{M1-2}=0.0282+(1-0.0282) \times \frac{2-1}{70-1+1}=0.042$
				2	1949	$P_{M1-2}=2/(70+1)=0.0282$	
				3	1903	$P_{M1-3}=3/(70+1)=0.0423$	$P_{M1-3}=0.0282+(1-0.0282) \times \frac{3-1}{70-1+1}=0.0559$
实测期 n	33（1935年~1972年内缺测5年）		1		1949	已抽到上一栏排位	$P_{m,2}=0.0559+(1-0.0559) \times \frac{2-1}{33-1+1}=0.0845$
			2		1940	$P_{m,2}=2/(33+1)=0.0588$	
			⋮		⋮	⋮	⋮
			33		1968	$P_{m,33}=33/34=0.969$	$P_{m,2}=0.0559+(1-0.0559) \times \frac{32}{33-1+1}=0.970$

从表 2.3 可以看出，调查期 N_2 的各项两种方法是相同的，n 年中末位项两种方法也可以说是相同的，中间部分有差别，但对频率计算结果影响不大。

上述两种方法，我国目前都在使用。一般的来说，独立样本法把特大洪水与实测一般洪水视为相互独立的，这在理论上有些不合理，但比较的简单，在特大洪水的排位可能有错漏时，应不互相影响，这方面讲是比较合理的。当特大洪水排位比较准确时，理论上说，用统一样本法更好些。

（3）考虑特大洪水时参数的确定

考虑特大洪水时参数的确定仍采用配线法，参数的初步估计可采用矩法进行，计算公式为：

$$\overline{Q}_m = \frac{1}{N}\left(\sum_1^a Q_j + \frac{N-a}{n-l}\sum_{n-l}^a Q_i\right) \tag{2.12}$$

$$C_v = \frac{1}{Q_m}\sqrt{\frac{1}{N+1}\left[\sum_{j=1}^n (Q_j - \overline{Q}_m)^2 + \frac{N-a}{n-1}\sum_{i=l+1}^n (Q_i - \overline{Q}_m)^2\right]}$$

$$= \frac{1}{Q_m}\sqrt{\frac{1}{N+1}\left[\sum_{j=1}^n (K_j - 1)^2 + \frac{N-a}{n-1}\sum_{i=l+1}^n (K_i - 1)^2\right]} \tag{2.13}$$

式中　Q_i——一般洪水；

　　　　Q_j——特大洪水；

　　　　K_i——一般洪水模比系数；

　　　　K_j——特大洪水模比系数。

式（2.12）和式（2.13）可以如下说明：N 年内有 a 次特大洪水，$N-a$ 次一般洪水，实测期 n 年内有 l 次特大洪水，$n-l$ 次一般洪水。

按照式（2.12）和式（2.13）算出 $\overline{Q}_m$ 和 C_v 之后，在假定 C_s 按照一般方法配线时，有时也要多次调整 C_s，甚至调整 $\overline{Q}_m$ 和 C_v。

2.2.4　设计洪水量及洪水过程线的推求

1. 设计洪水量的推求

（1）洪水量选样

年最大流量可以从水文年鉴上直接查得，而某一历时的年最大洪水总量则要根据洪水水文要素摘录表的数据用面积包围法（梯形面积法）分别算出，例如最大 1d 洪水量 W_1、最大 3d 洪水量 W_3 和最大 7d 洪水量 W_7 等。值得注意的是，所谓最大 1d 洪水量实际上是最大连续 24h 洪水量，并不是逐日平均流量表中的最大日平均流量乘以一天的秒数；同样 W_3 指最大连续 72h 洪水量，其他依此类推。

【例 2-3】由某站 1983 年两次较大洪水的流量记录点绘出流量过程线如图 2.5 所示，用梯形面积法分别计算这两次洪水的洪水量 W_1、W_3、W_7，发现在 7 月洪水中最大 1d 洪水量发生在 20 日 17 时至 21 日 17 时；最大 3d 洪水量从 19 日 22 时至 22 日 22 时；最大 7d 洪水量从 19 日 21 时至 26 日 21 时。在 10 月洪水中最大 1d 洪水量发生在 5 日 8 时至 6 日 8 时；最大 3d 洪水量发生在 4 日 12 时至 7 日 8 时；最大 7d 洪水量发生在 4 日 2 时至 11 日 2 时。

计算洪水量，时间要连续，即计算连续 3d、连续 7d 的洪水量。一般情况下，最大 3d 洪水量中包含最大 1d 洪水量，最大 7d 洪水量包含最大 3d 洪水量。但也有例外，如本例中 7 月洪水的 1d 洪水量最大，而最大 3d 洪水量及最大 7d 洪水量则在 10 月洪水中。

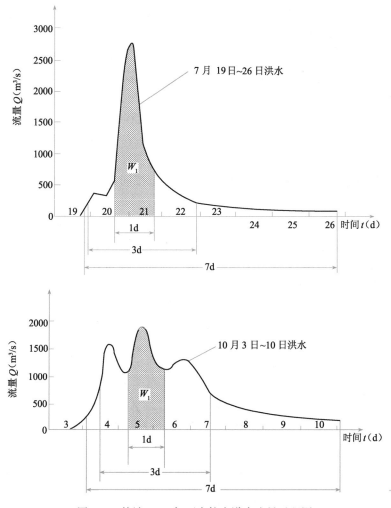

图 2.5 某站 1983 年两次较大洪水流量过程图

洪水量的最长历时主要根据汛期洪水过程的情况来选定。例如，对于小河洪水，复式洪峰的洪水历时也不过 5～7d，可以只算 W_7。而对于大江大河，如长江宜昌站，入汛后多次洪水叠加，洪水历时长达 3 个月以上，则要算出 W_{30} 至 W_{90}。确定洪水最长历时还与水库泄洪方式及调洪能力有关，对于调洪能力大的水库，最长洪水历时要取得长些。

每年都选取最大的 W_1、W_3、W_7……，便可得出几个最大洪水量系列。

（2）洪水量频率分析及洪水量推求

根据上述选取的洪水量系列，由式（2.2）计算相应的经验频率，计算各组洪水量系列的均值 $\overline{W}$ 及 C_v，用皮尔逊Ⅲ型曲线配线，绘出各个系列的理论频率曲线，就可以得出规定频率 P 的各种历时 T 设计洪水量 W_{1p}、W_{3p}、W_{7p} 等。

2. 设计洪水过程线的推求

有了设计洪峰 Q_p 和设计洪水量 W_p，还要按典型洪水分配推求设计洪水过程线，才能够反映出设计洪水的全部特征。

（1）典型洪水的选择

对于设计标准较低的水利工程，可选用洪峰流量与设计洪峰相近的洪水为典型洪水。

对于设计标准较高的水利工程，设计频率较小，为安全着想，应该选最危险的洪水为典型，具体地说，就是选"峰高量大、主峰偏后"的典型洪水。大洪水峰高量大，而主峰又偏后，则第一次小洪峰已占用了部分防洪库容，大洪峰到来，对水库的威胁更大。因此，选最危险的洪水为典型来进行设计，工程的安全就有了较可靠的保证。

（2）按典型放大

把设计洪峰、设计洪水量按典型放大为设计洪水过程线，有同倍比放大和同频率放大两种方法。

1）同倍比放大法

令洪水历时 T 固定，把典型洪水过程线的纵高都按同一比例系数放大，即为设计洪水过程线。采用的比例系数又分两种情况：

① 按峰放大

例如典型洪水的洪峰为 $Q_典$，设计洪峰为 $Q_设$，采用比例系数 $K_峰＝Q_设/Q_典$（图 2.6），$K_峰$ 乘典型洪水过程线（图 2.6a 中①线）的每一纵高，即得设计洪水过程线（图 2.6a 中②线）。这种方法适用于洪峰流量起决定影响的工程，如桥梁、涵洞、堤防等，主要考虑能否宣泄设计洪峰流量，而与设计洪水量关系不大。

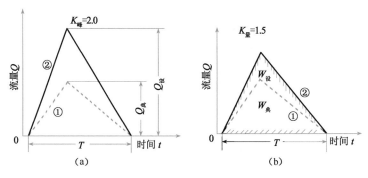

图 2.6　同倍比放大示意图

（a）按峰放大；（b）按量放大

② 按量放大

令典型洪水总量为 $W_典$，设计洪水总量为 $W_设$，比例系数 $K_量＝W_设/W_典$，以 $K_量$ 乘典型洪水过程线的每一纵高，即为设计洪水过程线。图 2.7（b）中 $K_量＝1.5$，① 线为典型洪水过程线；② 线为放大后的设计洪水过程线。对于洪水量起决定影响的工程，如分蓄洪区、排涝工程等，只考虑能容纳和排出多少水量，而与洪峰无多大关系，可用这种放大方法。

一般情况下，$K_峰$ 和 $K_量$ 不会完全相等，所以按峰放大的洪水量不一定等于设计洪水量，按量放大后的洪峰不一定等于设计洪峰。图 2.7 中，$K_峰＝2.0$，$K_量＝1.5$，则按峰放大后的洪水量大于设计洪水量，按量放大的洪峰小于设计洪峰。此外，1d 洪水量、3d 洪水量、7d 洪水量的倍比系数都不会相等，用上述两种简单方法是不好处理的。所以对于重要的水利水电工程，一般都采用同频率放大法。

2）同频率放大法

在放大典型过程线时，若按洪峰和不同历时的洪水量分别采用不同倍比，便可使放大后的过程线的洪峰及各种历时的洪水量分别等于设计洪峰和设计洪水量。也就是说，放大后的过程线，其洪峰流量和各种历时的洪水总量都符合同一设计频率，故称为"同频率放大法"。此法能适应多种防洪工程的特性，目前大、中型水库规划设计主要采用此法。

如图 2.7 中，取洪水量的历时为 1d、3d、7d、15d，则"典型"各段的放大倍比可计算如下：

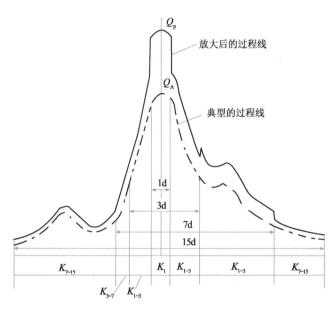

图 2.7 各段的放大倍比及锯齿形过程示意图

$$K_峰 = \frac{Q_p}{Q_典} \tag{2.14}$$

1d 洪水量的放大倍比：

$$K_1 = \frac{W_{1,p}}{W_{1,典}} \tag{2.15}$$

式中 Q_p——设计洪峰流量；

$Q_典$——典型洪水的洪峰流量；

$W_{1,p}$——设计 1d 洪水量；

$W_{1,典}$——典型洪水连续 1d 最大洪水量。

"典型"的洪峰和 1d 洪水量可分别按式（2.14）和式（2.15）计算的放大倍比进行放大。怎样放大 3d 的洪水量呢？由于 3d 之中，包括了 1d，$W_{3,p}$ 中包括有 $W_{1,p}$；$W_{3,典}$ 中包括了 $W_{1,典}$，而"典型"1d 的过程线已经按 K_1 放大了，因此对"典型"3d 的过程线只需要把 1d 以外的部分进行放大。1d 以外，3d 以内的典型洪水量为（$W_{3,典} - W_{1,典}$），设计洪水量为（$W_{3,p} - W_{1,p}$），所以这一部分的放大倍比为：

$$K_{1\sim3} = \frac{W_{3,p} - W_{1,p}}{W_{3,典} - W_{1,典}} \tag{2.16}$$

同理，在放大典型过程线 3d 到 7d 的部分时，放大倍比为：

$$K_{3\sim7} = \frac{W_{7,p} - W_{3,p}}{W_{7,典} - W_{3,典}} \tag{2.17}$$

7d 到 15d 的放大倍比为：

$$K_{7\sim15} = \frac{W_{15,p} - W_{7,p}}{W_{15,典} - W_{7,典}}$$

(2.18)

于是可放大典型过程线为设计频率的洪水过程线。在典型放大过程中，由于在两种天数衔接的地方放大倍比（K）不一样，因而在放大后的交界处产生不连续的突变现象，使过程线是锯齿形，如图 2.8 所示。此时可以徒手修匀，使其成为光滑曲线，但要保持设计洪峰和各种历时的设计洪水量不变。

同频率放大法优点是求出来的过程线比较符合设计标准；缺点是可能与原来的典型相差较远，甚至形状有时也不能符合自然界中河流洪水形成的规律。为改善这种状况，可尽可能地减少放大的层次，例如除洪峰和最长历时的洪水量外，只取一种对调洪计算起直接控制作用的历时，称为控制历时，并依次按洪峰、控制历时和最长历时的洪水量进行放大，以得到设计洪水过程线。

2.3　洪水调查与推算设计洪水流量

2.3.1　洪水调查的方法与步骤

历史洪水调查是目前计算设计洪峰流量的重要手段之一。具有长期实测水文资料的河段，用频率计算方法可以求得比较可靠的设计洪峰流量。我国河流一般实测水文资料年限较短，用来推算稀遇洪水，其结果可靠性较差，特别是在山区小河流，没有实测水文资料，用经验公式或推理公式计算，往往误差较大。因此，在洪水计算中，对历史洪水调查应给予足够重视。

历史洪水调查是一项十分复杂的工作。在调查资料较少，河床变化较大的情况下，计算成果往往会产生较大的误差。因此，对洪水调查的计算成果，应对影响成果精度的各种因素进行分析，来确定所得成果的可靠程度。

1. 洪峰流量调查的方法

根据历史洪水调查推算洪峰流量时，可按洪痕点分布及河段的水力特性等选用适当的方法。如当地有现成的水位流量关系曲线就可以利用，还要注意河道的变迁冲淤情况加以修正。当调查河段无实测水文资料，一般可采用比降法。用该法时，需注意有效过水断面、水面线及河道糙率等基本数据的准确性。如断面及河段条件不适于用比降法计算时，则可采用水面曲线法。当调查河段具有良好的控制断面（如急滩、卡口、堰坝等）时，则可用水力学公式计算，这样可较少依赖糙率，成果精度较高。由洪痕推算洪峰流量，各种方法会得出不同结果，因此应进行综合分析比较后合理选定。

（1）水位—流量关系曲线高水延长法

当洪水痕迹位于水文站断面附近，其间无较大支流汇入而又有条件将调查洪痕搬移到水文站断面时，可延长实测的水位—流量关系曲线来推算洪峰流量。具体推求过程见相关的水文手册。

（2）面积—比降法

调查河段顺直、洪痕点较多、河床稳定时，采用比降—面积法推算洪峰流量。分均匀流和非均匀流两种情况。

1）稳定均匀流的流量一般按式（2.19）计算：

$$Q = AV = A\frac{1}{n}R^{\frac{2}{3}}I^{\frac{1}{2}} = KI^{\frac{1}{2}} \tag{2.19}$$

$$R = \frac{A}{\chi}$$

$$I = \frac{\Delta H}{L}$$

$$K = \frac{A}{n}R^{\frac{2}{3}}$$

式中　χ——过水断面湿周（m）；

　　　n——河底糙率；

　　　R——水力半径（m）；

　　ΔH——沿程水头损失（m）；

　　　L——河段长度（m）；

　　　I——水力坡度；

　　　K——输水率（m³/s）。

2）稳定非均匀流可按伯努利能量方程计算，如下：

$$H_2 + \frac{\alpha_2 V_2^2}{2g} = H_1 + \frac{\alpha_1 V_1^2}{2g} + h_f + h_j \tag{2.20}$$

式中　H_1，H_2——1，2断面的水位（m）；

　　V_1，V_2——1，2断面的平均流速（m/s）；

　　　h_f——沿程水头损失（m）；

　　　h_j——局部水头损失（m）；

　　　g——重力加速度（9.81m/s²）；

　　α_1，α_2——1，2断面的流速不均匀系数，一般取1.0。

（3）水面曲线法

当调查河段较长，洪痕点分散，沿程河底坡降和横断面有变化，水面曲线较大，可用水面曲线法推算。方法如下：

1）根据洪痕点处的断面图，计算并绘制水位Z与面积A关系曲线。

2）选定各断面处的河道糙率n，计算并绘制Z和流量模数K关系曲线。

$$K = \frac{A}{n}R^{\frac{2}{3}} \tag{2.21}$$

3）以水面比降S代替河底比降，用$Q = KS^{\frac{1}{2}}$计算假定洪峰流量的初值。

4）由下游断面起向上游断面逐段推算水面曲线，水位按下式计算。

$$Z_U = Z_L + \frac{1}{2}\left(\frac{Q^2}{K_U^2 + K_L^2}\right)L - (1-\alpha)\frac{V_U^2 + V_L^2}{2g} \tag{2.22}$$

式中　Z_U，Z_L——上、下断面的水位（m）；

　　　Q——洪峰流量（m³/s）；

　　V_U，V_L——上、下断面平均流速（m/s）；

α——断面扩散系数，若 $V_U < V_L$，$\alpha = 0$；若 $V_U < V_L$，$\alpha = 0.50$；

L——上、下断面间距（m）。

5）如果推算的水面线与大部分洪痕点拟合较好，则假定洪峰流量的初值即为推求值。否则，重新假定计算，直至相符为止。

（4）水力学公式法

调查河段下游有急滩、卡口、堰闸等良好控制断面时，可用相应的水力学公式推算，公式如下：

$$Q = A_c \left(\frac{g A_c}{\alpha B_c} \right)^{1/2} \tag{2.23}$$

1）在急滩处，当河段底坡的转折处发生临界水流时用下式推算洪峰流量：

断面发生临界水流的判别式为：

$$S_下 > S_c > S_上 \tag{2.24}$$

$$S_c = \frac{n^2 Q^2}{A_c^2 R_c^{4/3}} \tag{2.25}$$

式中　A_c——临界水流处的过水断面面积（m²）；

B_c——临界水流处的水面宽（m）；

α——动能校正系数，渐变水流常取 $1.05 \sim 1.10$；

S_c——河床临界比降；

$S_下$，$S_上$——断面以上或以下的河床比降；

R_c——临界水流处的水力半径。

2）在桥孔或断面束窄，形成河段上下游水位落差，用下式推算洪峰流量：

$$Q = A_L \sqrt{\frac{2g(Z_U - Z_L)}{\left(1 - \frac{A_L^2}{A_U^2}\right) + \frac{2g A_L^2}{K_U K_L}}} \tag{2.26}$$

式中　$K_U K_L = \overline{A}^2 \overline{C}^2 \overline{R}$；

$\overline{A}$——上下断面面积均值；

$\overline{C}$——河段平均谢才系数，可用曼宁公式计算，即 $C = \frac{1}{n} R^{1/6}$；

K_U，K_L——上、下断面的输水因素；

$\overline{R}$——上下断面平均水力半径。

（5）实验法

当特大洪水的洪痕可靠，估算要求较高时，可设立临时测流断面测流，或采用实验的方法推算。

2. 洪水调查的步骤

洪水调查主要按以下步骤实施进行：

（1）相关资料的调查和收集：调查和收集的内容见洪水调查的主要内容；

（2）对调查和收集的资料整理分析，包括：资料的准确性和可靠性分析、调查洪水的洪峰流量、洪水过程线及洪水总量的计算分析等；

（3）历史洪水重现期的确定；

（4）数据的处理，包括：调查洪水大小排位、调查洪水的频率分析；

（5）设计洪水的推求：在第三步计算基础上按照本章 2.1 节水文频率计算基本方法，推求一定设计频率下的设计洪水；

（6）调查成果的合理性检查。

2.3.2 洪水调查的主要内容

河流洪水现象的数量特征分析研究，属于水文测验的范围，但是洪水测验受到时间和空间的局限，往往不能满足要求，需要通过洪水调查加以补充，因此，洪水调查同洪水测验的内容没有本质上的区别。一般情况下，洪水调查的内容如下：

（1）历史上洪水发生的情况

从地方志、碑记、老人及有关单位了解过去发生洪水的情况、洪水一般发生的月份、时间、洪水涨落时间及其组成情况。

（2）各次大洪水的详细情况

洪水发生的年、月、日及洪水痕迹，当时河道过水断面、河槽及河床情况，洪水涨落过程（开始、最高、落尽），洪水组成及遭遇情况，上游有无决口、卡口和分流现象，洪水时期含砂量及固体径流情况。

（3）自然地理特征

流域面积、地形、土壤、植物及被覆等，有了这些资料，即可和其他相似流域洪水进行比较，借以判断洪水的可靠性。

（4）洪痕的调查和辨认

1）河段的选择：

① 选择河段最好靠近工程地点，并在上、下游若干千米内，另选一、两个对比河段进行调查，以资校核。

② 河段两岸最好有树木和房屋，以便查询历史洪水痕迹。

③ 河段尽可能选择在平面位置及河槽断面多年来没有较大冲淤、改道现象的地段。

④ 河段最好比较顺直，没有大的支流加入，河槽内没有构筑物和其他阻塞式回水、分流现象。

⑤ 河段各处断面的形状及其大小比较一致的河段。

⑥ 河段各处河床覆盖情况基本一致。

⑦ 当利用控制断面及人工建筑物推算洪峰流量时，要求该河段的水位不受下游瀑布、陡滩、窄口或峡谷等控制。

⑧ 洪水时建筑物能正常工作，水流渐变段具有良好的形状，无漩涡现象，构筑物上、下游无因阻塞所引起的附加回水，并且在其上游适当位置有可靠的洪水痕迹。

2）洪痕的调查：

① 砖墙、土坯墙经洪水泡过，有明显的洪水痕迹，由于水浪影响，在砖、土坯上显出凹痕或表层剥落，但要与长期遭受雨水吹打所造成的现象区别开来，根据风向与雨向来综合确定。

② 从滞留在树干上的漂流物，可以判断洪水位。取证漂流物时，应注意由于被急流冲弯的影响，而不能真实地反映当时洪水位，并要注意不要被落水时遗留的漂浮物所混淆。

③ 在岩石裂缝中填充的泥砂，也可以作为辨认洪痕的依据。但要特别注意与撒入裂缝的砂区别开来。

④ 在山区溪沟中被洪水冲至河床两侧的巨大石块，它的顶部可作洪水位，但要肯定该石块是洪水冲来的，而不是因岸塌掉下来的。

2.3.3 历史洪水重现期的确定

进行历史洪水的调查和计算的目的是为了延长实测水文资料，减少设计洪水计算中的抽样误差，提高设计洪水的精度。因此，除要对调查洪水的洪峰流量作认真分析计算及合理性分析外，尚需要对每场洪水的重现期（特别是特大洪水）作出比较合理的分析考证，这样才能较正确地估算其经验频率。如黄河三门峡河段 1983 年历史洪水，过去在频率计算中只能按 1983 年至计算时间计其重现期，只能定为 100 余年。以后通过文献资料结合考古等多种途径考证，其重现期至少应为 1000 年。这样就比较正确地确定了 1984 年洪水在频率曲线上的位置，从而也提高了三门峡及小浪底设计洪水的精度。

（1）通过历史文献资料考证

历史文献、碑文、古迹以及明清故宫档案内，有许多洪涝灾害记载，将这些资料进行系统的整理分析，可以得到几百年来的特大洪水及排位情况，这样可以根据特大洪水处理来计算其经验频率，从而确定其重现期。

（2）通过沿河古代遗物考证

一般河流流域文化历史悠久，沿河两岸广存古代遗物，以此推断历史大洪水的重现期是一种可靠的方法。

2.3.4 设计洪水流量的推求

洪水调查成果可用适线法推求设计洪峰流量：此方法基本要求是在同一断面处有三个以上不同重现期的洪调成果。根据洪水调查成果首先假定均值 $\bar{x}$ 及变差系数 C_v、C_v/C_s 值，按各省定的经验关系值，把调查到的洪水调查成果点绘在频率线上，经过几次假定均值 $\bar{x}$ 与 C_v 值，采用目估定线的方法，最后试算到频率曲线与洪调点结合得最佳为止。其所假定的均值 $\bar{x}$、C_v 即为设计参数。这种方法比较简便而且容易做到，故被广为应用。

2.4 由暴雨资料推求设计洪水流量

2.4.1 由暴雨资料推求设计洪水的主要内容

当无实测洪水资料而有实测雨量资料时（对于面雨量资料 $n \geqslant 30a$），可通过雨量资料推求设计洪水。

由暴雨资料推求设计洪水是以降雨资料形成洪水理论为基础的。按照暴洪水水的形成过程，推求设计洪水主要有以下几个方面的内容：

（1）推求设计暴雨

同频率放大法求不同历时指定频率的设计雨量及暴雨过程。

（2）推求设计净雨

设计暴雨扣除损失就是净雨。

（3）推求设计洪水

应用单位线等方法对设计净雨进行汇流计算，即得到流域出口断面的设计洪水过程。

设计暴雨定义为符合指定设计标准的暴雨量及其时空分布。它应包括三个方面：指定标准的暴雨设计量；暴雨的时程分配；暴雨的空间分配。总的来说，要较准确地计算某一点指定标准的暴雨量是容易的，但要指出某一标准暴雨的时空分布，却是相当困难的。现行计算方法是假定设计暴雨与设计洪水同频率，即认为由某一频率的设计暴雨推求的设计洪水，其频率与设计暴雨的频率是相同的。

众所周知，暴雨是形成洪水的主要因素，洪水的形成不仅与暴雨的量级大小有关，而且还与暴雨的时空分布、前期影响雨量、下垫面条件等有着密切的关系。某一设计频率的洪水，可以由若干时空分布条件不同的暴雨所形成。一般来说，在暴雨量相同的情况下，暴雨强度愈大，暴雨走向与河流一致且前期影响雨量较大时，则洪峰流量及短时段洪水量较大。

很多学者通过多年暴雨推求设计洪水工作的实践，认为相同标准的设计暴雨推求的设计洪水往往差别很大，使得设计洪水的标准失去意义，即设计暴雨与设计洪水是不同频率的，这是设计暴雨推求设计洪水方法本身无法避免的缺陷。

2.4.2　样本系列

一般暴雨资料的统计，可采用定时段（如 1d、3d、7d 等）年最大值选择的方法。时程划分一般以 8h 为日分界，由日雨量记录进行统计选样。短历时分段一般取 24h、12h、6h、3h、1h 等；只有当地具有自记雨量记录，才能保证统计选样的精度；若用人工观读的分段雨量资料统计，往往会带来偏小的成果。根据统计，在我国年最大 24h 雨量约为年最大日雨量的 1.10～1.30 倍，平均为 1.12 倍左右，即：

$$H_{24} = 1.12 H_d \qquad (2.27)$$

式中　H_d——年最大 1d 雨量；

$\quad\quad H_{24}$——年最大 24h 雨量。

以自记雨量资料为基础，按概率概念选样原理。短历时暴雨选样的方法主要有以下几种方法：年最大值法选样和非年最大值法选样，其中非年最大值法选样又分为超大值法、超定量法和年多个样法三种。

（1）年最大值法选样

年最大值即从每年各种历时的资料中选一个最大值，该资料不论大雨年或小雨年都有一个资料被选，其概率为严密的一年一遇的发生值，按极值理论，当资料年限很长时，它近似于全部资料选样的计算值，选出的记录值独立性强，资料的收集也较容易，对于推算高重现期的暴雨强度，它优点较多。

（2）非年最大值法选样

非年最大值法选样包括以下三种选样方法：

1）年超大值选样法。在 N 年全部资料中分别对不同历时（如 1h、2h、6h、12h、1d、3d、7d），按大小顺序排列，然后取最大的 N 组雨量，平均每年选用一组，但用该法，大雨年选用的资料多，小雨年选用的资料少，甚至有的年份没入选。该法是从大量资料中考虑它的发生年，发生的机会是平均期望值。

2）超定量选样法。根据规定的雨量门槛值，从 N 年全部资料中选出超过门槛值的全部暴雨，它同样是从大量的资料中考虑它的发生年，其发生的机会也是平均期望值，只是每年所取个数不一样。因此超定量法和超大值法两者在意义上相差不多。该选样方法可得的资料比超大值法选样资料多，大小资料都不遗漏，所以更适用于年资料不太长的情况。但门槛值定得过低，有可能使系列长度或取样工作量加大。

3）年多个样选样方法（或一年多次法）。在每年中，对各种暴雨历时选取 k（4～8）个最大雨样，然后不论年次由大到小统一排序，再从中选取资料年限的 3～4 倍的最大雨样，作为统计的基础资料。该选样方法本质上来说仍属于超定量法的性质，只是控制统计的资料个数，使工作量较少。此法是每年按规定个数取样，但有的年份取出的多为大雨量，而有的年份则取不到较大的雨量。

以上这些选样方法均有运用场合，近年国外流行用年最大值选样或年超大值法。《室外排水设计规范》GB 50014—2006（2016 年版）规定年最大值法取样要求自动雨量记录在 20 年以上，年多个样法取样要求自动雨量记录在 10 年以上。

2.4.3　推求方法

1. 设计暴雨的计算

（1）当流域暴雨资料充分时

当流域暴雨资料充分时，可用把流域的面雨量资料作为对象（概念上说，即先求得各年各场次大暴雨的各种历时的面雨量，然后按照指定历时，如 1h、6h、12h、1d、3d、7d等）的方法。按照上述选样方法选取不同指定历时的样本系列，如 6h、12h、1d、3d、7d等样本系列。样本系列选定以后，即可按照一般程序进行频率计算，求出各种历时暴雨的频率曲线。然后依设计频率，在曲线上查得各统计历时的设计雨量。目前我国暴雨频率计算的方法、线型、经验频率公式等洪水频率计算相同。

（2）当流域暴雨资料短缺时

当设计流域雨量站太少，各雨量站观测资料太少；或虽然站多、观测资料也不少，但各站资料的起始年份不同；或流域面积太小，根本没有雨量站，在这些情况下，前面雨量频率计算方法不适用。同时由于相邻站点同次暴雨相关性很差，难于用相关法来插补延长，以解决资料不足问题。此时多采用间接方法来推求设计面雨量。间接方法就是：先求出流域中心处的设计点雨量；然后再通过点雨量和面雨量之间的关系（暴雨点面关系），间接求得指定频率的设计面雨量。

1）设计点雨量的计算

如果流域中心处恰好有一个具有长期雨量资料的测站，那么可以依据该站的资料进行频率计算，求得各种历时的设计暴雨量。点雨量频率计算中，也存在特大暴雨和成果合理性理论分析的问题，必须给予充分的注意和认真对待。特大暴雨的频率计算和特大洪水的频率计算相似。而对暴雨频率计算成果的合理性分析，除应把各统计历时的暴雨频率曲线绘制在一张图上检验，将统计参数、设计值和邻近地区站的成果协调外，还需要借助水文手册的点暴雨参数等值线图、邻近地区发生的特大暴雨记录以及世界的暴雨记录进行分析。

如果流域上完全没有长系列资料时，一般可查各省的水文手册中暴雨统计参数等值线图来解决。由等值线图可查得流域中心处各种历时暴雨的统计参数，这样就不难绘制出各种历时暴雨的频率曲线，求得设计值。

2）设计面雨量的推求

当流域面积很小时，可直接把流域中心设计点雨量与流域面积雨量关联起来，因设计点雨量的位置（一般取流域的中心）和暴雨面积（恒为流域面积）是固定的，故常称为定点定面关系。为了将雨量站较密的流域获得的定点定面关系移用于雨量站稀少或缺乏的流域，通常将一个水文分区中各流域的点面关系综合为图 2.8 所示的定点定面关系 $a—T—F$，图中 a 为流域中心雨量折算为流域面雨量的系数，称点面系数，随所取的暴雨历时 T 和流域面积 F 而变化，它等于历时 T 的流域面雨量与相应流域中心点雨量的比值。另一种暴雨中心点面关系，即暴雨中心雨量与各等雨量线包围面积上的面雨量间的相关关系，由于点雨量的位置和面雨量的面积随各场暴雨变动，故称动点动面关系。它在形式上与图 2.8 完全相同，但是纵横坐标的意义却有实质性的差别。作为动点动面关系的 a，实际上代表的是某一历时暴雨的等雨量线包围面积 F 上的面雨量与相应的暴雨中心点雨量之比，但应用时，又作为定点定面关系的 a 使用。动点动面关系制作比较容易，以往应用得普遍，大多数省区的水文手册中刊载的均为这种点面关系。由以上分析可知，由设计流域中心点雨量推求设计流域面雨量时，理应采用定点定面关系，但鉴于目前许多省区尚未绘制这种关系，因此，仍采用动点动面关系。不过，借用时，应分析几个与设计流域面积相邻的邻近流域的 a 值作验证，如果差异较大，应作适当的修正。

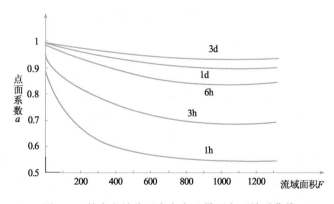

图 2.8　某水文站分区定点定面暴雨点面关系曲线

依据暴雨点面关系求设计面雨量是很容易的。例如，水文分区中的某流域，流域面积为 500km^2，流域中心百年一遇 1d 暴雨为 300mm，由图 2.8 查得点面系数 $a=0.92$，故该流域百年一遇 1d 面雨量为 $P_{1\%}=0.92 \times 300 = 276$mm。

2. 设计暴雨过程的拟订

拟订设计暴雨过程的方法也与设计洪水过程线的确定类似，首先选定一次典型暴雨过程，然后再以各历时设计雨量为控制进行缩放，即得到设计暴雨过程。选择典型暴雨时，原则上应该在各年的面雨量过程选取。典型暴雨的选取原则，首先，考虑所选典型暴雨的分配过程时应是设计条件下比较容易发生的；其次，还要考虑是对工程不利的。所谓比较容易发生，首先是从量上考虑，即应使典型暴雨的雨量接近设计暴雨的雨量；其次是要使典型的雨峰个数、主雨峰位置和实际降雨时数是大暴雨最常见的情况，即这种雨型在大暴雨中出现的次数比较多。所谓对工程不利，主要有两个方面：一是指雨量比较集中，例如7d暴雨特别集中在3d，3d暴雨特别集中在1d等；二是指主雨峰比较靠后，这样降雨分配过程所形成的洪水洪峰较大而且出现的较迟，对水库安全将是不利的。为了简便，有时选择单站雨量过程作典型。当难以选择某次合适的实际暴雨作典型时，最后取多次大暴雨进行综合，获得一个能反映大多数暴雨特性的概化综合暴雨时程分配作典型。

典型暴雨过程的缩放方法与设计洪水的典型过程缩放计算基本相同，一般采用同频率放大法。即先由各历时的设计雨量和典型暴雨过程计算各段放大倍比，然后与对应的各时段典型雨量相乘，得设计暴雨在各时段的雨量，此即为推求的设计暴雨过程。具体计算过程见下面的算例。

【例 2-4】某流域具有充分的雨量资料，求百年一遇设计暴雨过程。

（1）首先对本流域面雨量资料系列进行频率计算，求得百年一遇的各种历时的设计值成果见表 2.4。

某流域各统计历时设计面雨量　　　　　　　　　　表 2.4

统计历时（d）	1	3	7
设计面雨量 $P_{1\%}$（mm）	108	182	270

（2）对流域中某测站的各次大暴雨过程资料进行分析比较，选定暴雨核心部分出现比较迟的 1955 年的一场大暴雨作为典型，其暴雨过程见表 2.5。

某流域设计暴雨过程计算表　　　　　　　　　　表 2.5

时间（d）	1	2	3	4	5	6	7	合计
典型暴雨过程（mm）	13.8	6.1	20.0	0.2	0.9	63.2	44.4	148.6
放大倍比 K	2.20	2.20	2.20	2.20	1.63	1.71	1.63	
设计暴雨过程（mm）	30.3	13.3	44.0	0.4	1.5	108.1	72.4	270

（3）按同频率控制放大法求设计暴雨过程。根据典型暴雨过程，算得典型连续 1d、3d 及 7d 的最大暴雨及其出现位置分别为：连续 1 天最大（第 6d）的 $P_{典,1d}=63.2$mm；连续 3d 最大（第 5d～第 7d）的 $P_{典,3d}=108.5$mm；连续 7d 最大（第 1d～第 7d）的 $P_{典,7d}=148.6$mm。然后结合各种历时设计面雨量求得各段放大倍比为：连续 1d 最大（第 6d）的 $K_1=1.71$，连续 3d 最大其余两天（第 5d，第 7d）的 $K_{1\sim3}=1.63$；连续 7d 最大其余 4d（1～4d）的 $K_{3\sim7}=2.20$。将这些倍比值填在表 2.5 中各相应的位置，用以乘当日的典型雨量，即得到表中最末一栏所列的设计暴雨过程。但应注意其中 1d、3d、7d 的最大雨量与表 2.4 相同，否则，应予以修正。

求得设计暴雨之后还要推求设计净雨，再由此净雨过程推求设计洪水过程线。

1）计算设计净雨

设计暴雨初损与由实际暴雨预报降雨过程的计算原则是相同的。

由设计暴雨推求设计净雨一般分为以下三个步骤进行。

① 拟订设计流域的产流设计方案。

具体到设计流域到底应选择什么样产流计算方法，应该根据本流域的特点、资料情况、过去的经验和设计上的要求等进行考虑。例如对南方湿润多雨地区，多采用以前期流域蓄水量为参数的净雨径流相关图法。为了容易向设计条件外延，又多采用蓄满产流原理制作相关图。但也有不少单位应用初损后损法的经验比较丰富，认为该法能保证设计精度，也采用初损后损法，但不管采用何种产流计算方法，都要通过实际资料检验，论证所选用的方案是合理的，应用设计条件是可行的，以保证设计净雨计算的精度。

设计流域缺乏净雨径流观测资料时，一般可通过综合产流的地区变化规律来解决。许多省、区把综合分析的产流地区变化规律，以公式、图表的形式刊印在水文手册中，可供资料缺乏流域产流计算时查用。

② 确定暴雨的前期流域蓄水量 W 和前期影响雨量 P_a。

根据产流计算方案推求设计净雨时必须知道该次降雨的前期流域蓄水量 W 和前期影响雨量 P_a（以下都以 P_a 代表）。对于实际降雨可以根据实际的前期降雨情况算出 P_a 值，对于设计暴雨来说，它可以与任一个 $P_a(0 \leqslant P_a \leqslant W_m)$ 相遇。那么如何选定设计的 P_a 才能保证求得的洪水符合设计标准呢？这一问题就成为设计净雨计算的一个重要环节了。关于这个问题目前还缺乏统一的计算方法，下面介绍常用的三种方法：

A. W_m 折算法

前面知道，P_a 将在 $0 \sim W_m$ 之间变化，故有些地方常根据自己的经验，用一折算系数 γ，然后按式（2.28）计算在一定设计频率下的 P_a 值：

$$P_{a,p} = \gamma W_m \tag{2.28}$$

式中 $P_{a,p}$——设计频率为 P 的 P_a 值；

γ——折算系数，随地区和设计标准的不同而取不同的数值；

W_m——流域平均蓄水容量。

在湿润地区，汛期雨水丰富，土壤经常处于湿润状态，当设计标准高时，如千年一遇的洪水或可能最大洪水，为安全计算可取 $\gamma=1.0$；在干旱、半干旱地区或湿润地区标准不高的洪水，所取 γ 的值应该小于 1.0，可以在统计分析 γ 与设计标准关系的基础上，依不同地区和设计洪水标准的高低选取，一般为 $0.5 \sim 0.8$。例如，湖南、浙江省取 0.75，黑龙江省取 $0.57 \sim 0.79$，陕西省取 $0.23 \sim 0.67$。

B. 扩展设计暴雨过程法

在统计暴雨资料时，加长统计历时，使之包括前期降雨历时在内。根据设计暴雨的需要只要统计 3d 暴雨就够了，但是由于要计算设计 3d 暴雨的 $P_{a,p}$，统计历时就得向前延长数十天，以便得出一个长达数十天的扩展了的暴雨系列。除对 3d 暴雨系列进行频率计算以求得历时为 3d 的设计暴雨外，也要对此长历时的暴雨系列进行频率计算，得出长历时的设计暴雨量，选择典型暴雨。按同频率放大法分两段（3d 设计暴雨段及前期降雨段），对此长历时设计暴雨进行分配，以 3d 设计暴雨以前的逐日雨量计算 $P_{a,p}$ 值。

C. 同频率法

对于某统计历时，从实测暴雨资料摘录年最大暴雨量 P 时，还同时计算 P 的前期影响雨量 P_a 并求出 $(P+P_a)$，于是有 P 和 $(P+P_a)$ 两个系列，通过频率计算，由前者设计暴雨量 P_p，由后者求得同频率的 $(P+P_a)_p$，则设计暴雨相应的 $P_{a,p}$ 为：

$$P_{a,p} = (P+P_a)_p - P_p \tag{2.29}$$

以上三种方法，若以计算的 $P_{a,p}$ 能否使推求的净雨量尽量符合洪水设计标准来衡量，则对以蓄满产流为主的湿润地区，同频率法和扩展设计暴雨法都比较好，但是计算工作量都很大。W_m 折算法最简便，经验性强，有不少单位使用。

2）推求设计净雨过程

根据设计的 $P_{a,p}$ 和拟订好的产流设计方案，将设计暴雨过程转化为设计净雨过程。但是必须注意：设计暴雨，尤其是可能最大暴雨往往比实测的暴雨要大得多，因此，应用降雨地面径流相关图法和初损后损法时，将有一个向设计条件外延的问题。此时，应结合产流汇流机制和本地区的实测特大暴洪水资料进行分析，将产流方案外延到设计暴雨或可能最大暴雨的情况，然后再求设计地面净雨或可能最大地面净雨。若应用蓄满产流计算方案则无此问题，因为全流域蓄满后，降雨总径流相关图变成一组 45°的平行线，f_c 仍保持不变，可像一般情况一样，求得设计地面净雨过程和地下净雨过程。

3. 由设计净雨过程推求设计洪水

将设计净雨过程转化为设计洪水的步骤如下：

（1）拟订地面汇流计算方案

当流域有部分同期的暴雨和径流资料时，一般采用单位线作汇流计算。但在选择单位线时，一般要考虑设计暴雨的大小及暴雨中心的位置，选择相应的单位线。例如，对于可能最大暴雨，应选择由特大洪水分析得到的单位线，或作非线性校正的单位线。当流域缺乏同期的暴雨、径流资料时，可采用综合单位线法、推理公式等法计算，具体算法在各省区的水文手册中均有详细的说明。按拟订的地面汇流计算方案，将地面净雨过程转化为地面径流过程。

（2）选定地下径流计算方案

计算设计洪水的地下径流过程时，对于罕见的设计洪水，地下径流所占的比例很小，因此常采用非常简化的方法估算。例如可从过去发生的洪水基流中，选取一个平均情况的或比平均情况偏大的基流作为设计洪水的地下径流。当地下径流比较大时，可考虑用地下汇流的方法计算。

（3）计算设计洪水

将设计地面径流过程与设计的地下径流过程叠加，即得设计洪水过程线。

2.5　推算小流域面积设计洪水流量

2.5.1　小流域设计暴雨

小流域面积上的排水建筑物，有城镇厂矿中排除雨水的管渠；厂矿周围地区的排洪渠道；铁路和公路的桥梁和涵洞；立体交叉进路的排水管道；广大农村中众多的小型水库的溢洪道等。在设计时，需要求得该排水面积上一定暴雨所产生的相应于设计频率的最大流量，以便根据最大流量确定管渠或桥涵的大小。小流域面积的范围，当地形平坦时，可以达到 $300\sim500km^2$，当地形复杂时，有时限制在 $10\sim30km^2$ 以内。

小流域一般没有实测的流量资料，所需的设计流量往往用实际暴雨资料间接推算，并认为暴雨与形成的洪水流量频率是相同的。考虑到流域面积比较小，集流时间较短，洪水在几个小时甚至在几十分钟就能达到排出口，因此，给水排水设计一般只要推求洪峰流量即可。

由上可知，暴雨与形成的洪水流量频率是相同的，而且流域较小，是属于短历时暴雨。因此，暴雨频率的确定关系洪水洪峰流量大小。

2.5.2　雨量和降雨历时与频率关系曲线

1. 降雨三要素

降雨量、降雨历时和降雨强度可以定量地描述出来的特性，称为降雨三要素。降雨量用落在不透水地面上的雨水的深度 H 来表示，单位为"mm"。观测降雨量的仪器有雨量器和自记雨量计两种。降雨历时是降雨所经历的时间，可用年、月、日、时或分钟单位。降雨强度是指单位时间内的降雨量。在 Δt 降雨历时内降雨量为 Δh，平均的降雨强度 $\bar{i}$ 可用下式表示：

$$\bar{i} = \frac{\Delta h}{\Delta t} \qquad (2.30)$$

瞬时降雨强度 i 则按照下式计算：

$$i = \lim_{\Delta t \to 0} \frac{\Delta h}{\Delta t} = \frac{\mathrm{d}h}{\mathrm{d}t} \qquad (2.31)$$

2. 雨量和降雨历时与频率关系曲线

（1）暴雨强度—历时关系

小流域所设计的洪水，绝大多数是在较短的时间内降落的，属于短历时暴雨性质。根据气象方面的规定：24h 降雨量超过 50mm 或者 1h 超过 16mm 的称为暴雨。在雨量记录纸上选出每场暴雨进行分析（选样方法见本章 2.2 节），绘制强度—历时关系曲线，这是整理雨量资料首先要做的工作。

图 2.9 是某雨量站记录的一场降雨历时为 102min、共降雨 23.1mm 的暴雨。由自记雨量累积曲线上根据规定的历时，即可从中求出各历时的最大降雨强度。表 2.6 为分析成果。

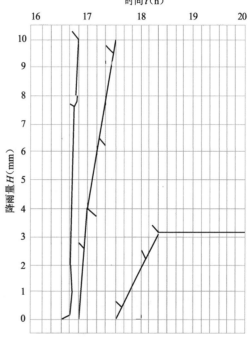

图 2.9　自记雨量计记录

暴雨强度—历时关系计算表				表 2.6
历时（min）	雨量（mm）	暴雨强度（mm/min）	所选时段	
			起	迄
5	7.0	1.40	16：43	16：48
10	9.8	0.98	16：43	16：53
15	12.1	0.81	16：43	16：58
20	13.7	0.68	16：43	17：03
30	16.0	0.53	16：43	17：13
45	19.1	0.42	16：43	17：28
60	20.4	0.34	16：43	17：43
90	22.4	0.25	16：43	18：13
120	23.1	0.19	16：43	18：43

根据表 2.6 的数据可以绘制暴雨强度—历时曲线,即相应历时内的最大平均暴雨强度—历时曲线,如图 2.10 所示,从图中可以得到:平均暴雨强度 $\bar{i}$ 随降雨历时的增加而递减。这也是确定短历时暴雨公式的基础。

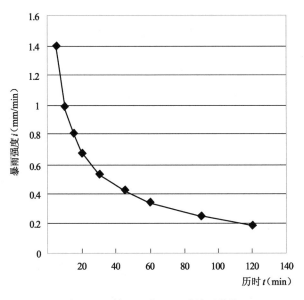

图 2.10 暴雨强度—历时关系曲线

(2) 暴雨强度—降雨历时—频率之间的关系

选取暴雨样本系列,作为统计的基础资料。按照不同的历时,将暴雨样本系列,从大到小排列,做频率分析计算,这时得到经验频率为次频率。一般要求按不同的历时,计算重现期为 0.25a、0.33a、0.5a、1a、2a、3a、5a、10a 等的暴雨强度,绘制暴雨强度 i、降雨历时 t 和重现期 T 的关系表,见表 2.17。

暴雨强度 i—降雨历时 t—重现期 T 关系表   表 2.7

$T(a)$	$t(\min)$						
	5	10	15	20	30	45	60
	$i(\mathrm{mm/min})$						
0.25	0.318	0.218	0.189	0.619	0.141	0.117	0.103
0.33	0.432	0.308	0.258	0.230	0.191	0.155	0.143
0.5	0.557	0.446	0.366	0.325	0.266	0.227	0.198
1	0.813	0.652	0.544	0.470	0.395	0.330	0.288
2	1.180	0.863	0.712	0.631	0.520	0.435	0.382
3	1.350	0.973	0.810	0.715	0.596	0.496	0.434
5	1.530	1.120	0.931	0.820	0.682	0.575	0.497
10	1.830	1.340	1.110	0.980	0.818	0.680	0.596
暴雨强度总计$\sum i$	8	5.920	4.920	4.340	3.609	3.015	2.641
暴雨强度平均值 $\bar{i}$	1	0.74	0.651	0.542	0.452	0.376	0.330

当设计采用的重现期大于资料记录的年份时,就需要应用理论频率曲线,再用适线法求出不同历时 t 的暴雨强度 i 和次频率的关系。此时,将不同历时已适线好了的理论频率

曲线用格纸综合为一张适线综合图，然后从各曲线求出不同重现期的暴雨强度，也可以制成表 2.7 中的关系。

2.5.3 短历时暴雨公式

根据表 2.7 中的数据在普通方格纸上可以绘制图 2.10，它表示不同重现期的不同降雨历时与暴雨强度（$i-t-T$）的关系，当用双对数坐标可以绘制成图 2.11。由图 2.10 可知，暴雨强度随历时的增加而减小。这是一种基本上属于幂函数类型，通常用下列公式表达：

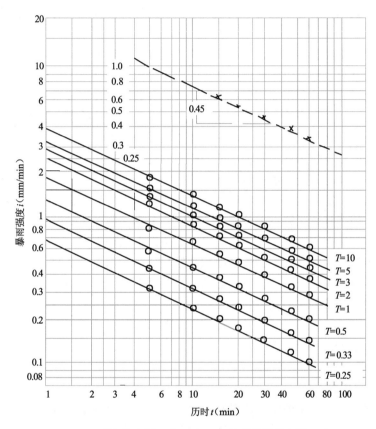

×—平均值点据，○—表 2.7 所列数据的点据

图 2.11 某地暴雨强度 i—降雨历时 t—重现期 T 关系

当 i 与 t 点绘制双对数坐标纸上不是直线关系时，采用：

$$i = \frac{A}{(t+b)^n} \tag{2.32}$$

当 i 与 t 点绘制双对数坐标纸上是直线关系时，采用：

$$i = \frac{A}{i^n} \tag{2.33}$$

式中　n——暴雨衰减指数；

　　　b——时间参数；

　　　A——雨力（mm/min）。

n、b、A 为暴雨的地方参数。A 是随重现期 T 变化而变化的，可用式（2.34）表达：

$$A = A_1(1 + C\lg T) \tag{2.34}$$

式中　A_1、C、T——相应的参数。

公式中的相关参数，可以用手工求解，也可以采用计算机编程求解。我们国家的大多数城镇现都编制了暴雨强度公式，在实际应用中可以查阅相关的水文手册。

2.5.4　经验公式

随着科学技术的发展，推算小流域暴雨水峰流量的方法得到不断的完善，并取得了许多可喜的成果。我国目前各地区对小流域的暴洪水的计算公式主要有推理公式和地区经验公式两种。

推理公式也称半经验半理论公式，该公式着重推求设计洪峰流量，也兼顾时段洪水量和洪水过程线的推求。它是以暴雨形成洪水的成因分析为基础，考虑影响洪峰流量的主要因素，建立理论模式，并利用实测资料求得公式的参数。其计算成果具有较好的精度，是国内外使用最广泛的一种方法。推理公式的适用可以参考相关的水文设计手册。

地区经验公式只是推求洪峰流量，它是建立在某地区和邻近地区的实测洪水和调查洪水这些资料的基础上，探求地区暴洪水的经验性的规律，在使用上有一定的局限性。

经验公式是在缺乏调查洪水资料时常用的一种简易方法。在一定的地域内，水文、气象和地理条件具有一定的共性。影响洪峰流量的因素和水文参数也往往存在一定的变化规律。我国水利部门按其地区特点划分若干个分区，分别编制地区的洪水经验公式。

经验公式按其选用资料的不同，大致可以分成以下几种类型：

（1）根据当地各种不同大小的流域面积和较长期的实测流量资料，并有一定数量的调查洪水资料时，可对洪峰流量进行频率分析；然后再用某频率的洪峰流量 Q_p 与流域特征做相关分析，制定经验公式，其公式为：

$$Q_p = C_p F^n \tag{2.35}$$

式中　F——流域面积（km²）；

　　C_p——经验系数（随频率而变）；

　　n——经验指数。

本法的精度取决于单站的洪峰流量频率分析成果。要求各站洪峰流量系列具有一定的代表性，以减少频率分析的误差；在地区综合时，则要求各流域具有代表性。它适用于暴雨特性与流域特征比较一致的地区，综合的地区范围不能太大。湖南、辽宁、湖北、江西、安徽省皖南山区等地采用这种类型的经验公式。北方地区的山西省临汾、晋东南、运城地区等，也采用这种类型的经验公式。

（2）对于实测流量系列较短、暴雨资料相对较长的地区，可以建立洪峰流量 Q_m 与暴雨特征和流域特征的关系，其公式见式（2.36）：

$$\begin{cases} Q_m = CH_{24}^2 F^n \\ Q_m = Ch_{24}^\beta F^n f^\gamma \\ Q_m = Ch_{24}^\beta F^n f^\gamma J^m \end{cases} \tag{2.36}$$

式中　H_{24}——最大 24h 雨量（mm）；

　　f——流域形状系数，$f = F/L^2$；

β——暴雨特征指数；

n、m、γ——流域特征指数；

C——综合系数；

F——流域面积（km²）；

J——河道平均比降（‰）。

本法考虑了暴雨特征对洪峰流量的影响，因此地区综合的范围可适当放宽。

辽宁、山东、山西省都采用下列类似公式。

1）辽宁省采用的经验公式

$$Q_p = K_p \alpha_p Q_c \tag{2.37}$$
$$Q_c = K_i \overline{P}_{24} F$$
$$K_i = \frac{0.278}{24^{1-n} 2\tau^n}$$
$$\tau < 1, n = n_1$$
$$当\ \tau \geqslant 1, n = n_2$$
$$\tau = x\left(\frac{L}{\sqrt{J}}\right)^y$$

式中　　K_p——频率为 P 的年最大24h暴雨模比系数；

　　　α_p——频率为 P 的径流系数；

　　　Q_c——不因 P 而变的常数流量（m³/s）；

　　　K_i——地理参数；

　　　L——河道长度（m）；

　　　J——河道平均坡度（‰）；

$n(n_1,\ n_2)$——短历时暴雨指数；

　　　τ——流域汇流历时（h）；

　　$\overline{P}_{24}$——年最大24h暴雨均值；

　　　F——流域面积（km²）；

　　$x,\ y$——地区参数。

2）山东省采用的经验公式

① 山丘地区：$0.1\text{km}^2 < F < 300\text{km}^2$

$$Q_P = \beta F^{0.732} J^{0.315} P_t^{0.462} R_t^{0.699} \tag{2.38}$$

② 平原地区：

$$Q_P = K F0.62 J^{0.315} P_t 0.35 R_t^{0.60} \tag{2.39}$$

式中　β——系数，一般山丘区为0.680；

　P_t——设计频率为 P、历时为 t 的年最大降雨深（mm）；

　R_t——由 P_t 产生的净雨深（mm）；

　K——系数。

③ 有些地区建立洪峰流量均值 $\overline{Q}_m$ 与暴雨特征和流域特征的关系为：

$$\overline{Q}_m = CF^n \tag{2.40}$$
$$\overline{Q}_m = C\overline{H}_{24} F^n J^m \tag{2.41}$$

式中　$\overline{H}_{24}$——最大 24h 暴雨均值。

本法只能求出洪峰流量均值，尚需用其他方法统计出洪峰流量参数 C_s、C_v 才能计算出设计洪峰流量 Q_p 值。

地区经验公式形式繁多，不能一一收集列入。设计者可结合工作需要查阅各水利、铁道、公路、城建部门有关资料。但在使用中应特别注意使用地区与公式制定条件的异同，以避免盲目使用，造成较大的差错。

④ 此外，水利、铁道、公路研究院（所）也根据各自的研究成果制定如下类似的公式。

A. 水利电力科学研究所经验公式

汇水面积在 $100km^2$ 以内为：

$$Q_p = KA_p F^{2/3} \tag{2.42}$$

$$A_p = (24)^{n-1} H_{24p} \tag{2.43}$$

式中　A_p——暴雨雨力（mm/h）；

$\quad H_{24p}$——设计频率为 P 的 24h 降雨量；

$\quad F$——流域面积（km^2）；

$\quad K$——洪峰流量参数，可查表 2.8。

B. 公路科学研究所经验公式

汇水面积小于 $10km^2$：

$$Q_p = CSF^{\frac{2}{3}} \tag{2.44}$$

式中　C——系数，石山区 $C=0.55\sim0.6$，丘陵区 $C=0.40\sim0.5$，黄土丘陵区 $C=0.37\sim$
　　　　0.47，平原坡水区 $C=0.30\sim0.40$；

$\quad S$——相应于设计频率的一小时降雨量（mm），可自当地雨量站取得；

$\quad F$——流域面积（km^2）。

洪峰流量参数 K 值　　　　　　　　　　　　　　　　　　　　表 2.8

汇水区	项　　　　　目			
	$J(\%)$	φ	$v(m/s)$	K
石山区	>1.5	0.80	2.2~2.0	0.60~0.55
丘陵区	>0.5	0.75	2.0~1.5	0.50~0.40
黄土丘陵区	>0.5	0.70	2.0~1.5	0.47~0.37
平原坡水区	>0.1	0.65	1.5~1.0	0.40~0.30

注：多数 K 值简化公式为 $K=0.42\varphi v^{0.7}$ 计算，其中 φ 为径流系数，v 为集流流速（m/s）。

我国流域范围广泛，已经编制地区的洪水经验公式很多，在此不能一一列举出来，需要时，可查阅相应的设计手册。

思　考　题

1. 什么叫重现期，重现期与频率的关系是什么样的？

2. 什么叫理论频率曲线？有哪些统计参数，这些统计参数对理论频率曲线的线型是怎么影响的？

3. 简述用适线法推求某设计值的方法与步骤。

4. 设计洪水选样的方法有哪些？

5. 简述特大洪水的重要性，一般是怎样处理的？

6. 设计洪水过程典型放大方法有哪几种？

7. 洪水调查的内容主要有哪些？

8. 历史洪水的重现期是怎么确定的？

9. 简述利用实测流量资料推求设计洪水流量的步骤。

10. 简述由暴雨资料推求设计洪水流量的主要内容及其方法。

11. 简述小汇水面积设计洪水流量的推求过程及计算方法。

第3章 城镇防洪总体规划

3.1 城镇防洪总体规划概述

防洪规划是指为防治某一流域、河段或者区域的洪涝灾害而制定的总体部署，包括国家确定的重要江河、湖泊的流域防洪规划，其他江河、河段、湖泊的防洪规划以及区域防洪规划（此处的防洪规划即指开发利用水资源和防治水害的综合规划）。

防洪规划应当服从所在流域、区域的综合规划；区域防洪规划应当服从所在流域的流域防洪规划。

防洪规划是江河、湖泊治理和防洪工程设施建设的基本依据。

3.1.1 主要任务

城镇防洪工程总体设计的主要任务是：根据该城镇在流域或地区规划中的地位和重要性以及城镇总体规划要求，在充分分析洪水特性、洪灾成因和现有防洪设施抗洪能力的基础上，按照城镇自然条件，从实际出发，因地制宜选用各种防洪措施，制定几个可行方案，并进行技术、经济论证，推荐最佳方案。

由于城镇防洪工程总体设计确定了城镇防洪工程建设的方向、指导原则、总体布局、防洪标准、建设规模、治理措施和实施步骤，所以，在一定时期内，防洪总体设计是指导防洪建设、安全防汛和维护管理的依据，也是保护城镇社会经济发展和人民生命财产安全的重要保障。

3.1.2 基本原则

城镇防洪总体规划的基本原则可以归纳为如下：

（1）必须在城镇总体规划和江河流域规划的基础上，根据洪水特性及其影响，结合城镇自然地理条件、社会经济状况和城镇发展需要，全面规划、综合治理、统筹兼顾、讲究效益。

（2）应实行工程防洪措施与非工程防洪措施相结合，工程措施主要有水库、堤防、防洪闸等；非工程措施主要有修梯田、植树造林、洪水预报、防洪保险、防汛抢险等。根据不同洪水类型（河洪、海潮、山洪、泥石流），选用各种防洪措施，组成完整的防洪体系。重要城镇对超标设计洪水，还要制定对策性防洪措施，以减轻洪灾损失。

（3）城镇防洪工程是江河流域防洪的重要组成部分。城镇防洪总体规划设计，特别是堤防设置，必须与江河上、下游和左、右岸流域防洪设施相协调，处理好城乡接合部不同防洪标准堤防的衔接问题。

（4）城镇范围内的河道及两岸的土地利用，必须服从防洪要求。涉及城镇防洪安全的各项工程建设，如港口码头、道路、桥梁、取水工程等，其防洪标准不得低于城镇的防洪标准；否则，应采取必要的措施，满足城镇防洪安全要求。

（5）城镇防洪工程是城镇总体规划的组成部分。城镇防洪总体设计应与市政、公用工程建设密切配合。各项防洪设施在确保防洪安全的前提下，兼顾使用单位和有关部门的要求，发挥防洪设施多功能作用，提高投资效益。

（6）应注意节约用地和开拓建设用地。防洪设施选型应因地制宜，就地取材，降低工程造价。

（7）应注意保护自然环境和生态平衡。城镇天然湖泊、洼地、水塘应予以保护，以调节城镇气候、滞蓄城镇径流，减免洪涝损失，保护和美化城镇环境。

各个城镇的具体情况不同，洪水类型和特性不同，因而防洪标准、防洪措施和布局也不同。但是城镇防洪规划必须处理好以下各方面的关系：

（1）与流域（区域）防洪规划的关系

1）对流域防洪规划的依赖性。流域规划是从流域的总体上对防洪工程的部署，城镇防洪规划是流域防洪规划在城镇内的深化和细化，必须服从于流域防洪规划，应在流域防洪规划指导下进行，城镇范围内的防洪工程应与流域防洪规划相统一。城镇防洪工程是流域防洪工程的一部分，而且又是流域防洪规划的重点，有些城镇的洪水灾害防治，还必须依赖于流域性的洪水调度才能确保城镇的安全，临大江大河城镇的防洪问题尤其如此。

城镇防洪总体规划，应考虑充分发挥流域防洪设施的抗洪能力，并在此基础上，进一步考虑完善城镇防洪设施，以提高城镇防洪标准。

2）城镇防洪规划独立性。相对于流域防洪规划，城镇防洪规划又有一定独立性。流域防洪规划中一般都将流域内城镇作为防洪重点，但城镇防洪规划与流域防洪规划研究的范围和深度不同。流域或区域防洪规划注重于对整个流域防洪的总体布局、防洪工程及运行方案的研究，而城镇防洪是流域中的一个点的防洪。

流域防洪规划由于涉及面宽，不可能对流域内每个具体城镇的防洪问题作深入的研究。因此，城镇防洪不能照搬流域防洪规划的成果。对城镇范围内行洪河道的宽度等具体参数，应根据流域防洪的要求作进一步的比选优化。

（2）与城镇总体规划的关系

1）以城镇总体规划为依据。城镇防洪总体规划必须与城镇总体规划协调，根据洪涝潮特性及其影响，结合城镇自然地理条件、社会经济状况和城镇发展的需要确定。

城镇防洪规划是城镇总体规划的组成部分，城镇防洪工程是城镇建设的基础设施，必须满足城镇总体规划的要求。城镇防洪规划必须在城镇总体规划和流域防洪规划的基础上，根据洪涝潮特性和城镇具体情况，以及城镇发展的需要，拟订几个可行防洪方案，通过技术经济分析论证，选择最佳方案。

与城镇总体规划相协调的另一重要内容是如何根据城镇总体规划的要求，在防洪工程布局时与城镇发展总体格局相协调，包括：城镇规模与防洪、排涝的标准的关系；城镇建设对防洪的要求；防洪对城镇建设的要求；城镇景观对防洪工程布局及形式的要求；城镇的发展与防洪工程的实施程序。在协调过程中，当出现矛盾时，首先应服从防洪的需要，在满足防洪的前提下，充分考虑结合其他功能的发挥，以发挥综合效能。

2）对城镇总体规划的影响。城镇防洪规划也反过来影响城镇总体规划。由于自然环境的变化，城镇防洪的压力逐年增大，一些原先没有防洪要求或防洪任务不重要的城镇，由于在城镇发展中对防洪问题重视不够，使得建成区地面处于洪水位以下，只能通过工程措施加以保护。开发利用程度很高的旧城区，实施防洪的难度更大。因此城镇发展中，应对新建城区的防洪规划提出要求，包括：防洪、排涝、防潮工程的布局，规划建设用地，建筑物地面控制高程等。特别是平原城镇和新建城镇，有效控制地面标高，是解决城镇洪涝的一项重要措施。

（3）城镇现有防洪设施的利用

城镇防洪设施有一个逐渐完善的过程，因此城镇防洪规划必须考虑充分发挥现有防洪设施的作用，并予以逐步完善，以降低防洪工程造价。我国许多城镇历史上都先后建设了一些防洪工程，如何利用这些古老以及近代兴建的防洪设施，提高城镇的防洪能力，是一个值得研究的课题。

例如：许多城镇的古城墙，除了军事作用以外，其防洪作用不可低估。这些古城墙在当时的城镇防洪、保障城镇安全中曾经发挥过重要作用，有的在今天仍然发挥作用。据有关资料记载，天津市的古城墙在历次防洪中发挥了重要作用，后由于 20 世纪初期拆除了城墙，造成了天津市的抵御洪水能力降低。因此，保护和利用这些古代防洪设施，不仅有利于历史文化遗产的保护，而且还有利于城镇防洪建设。

（4）超设计标准洪水的对策

城镇防洪规划，不仅要对低于一定标准的洪水做出安排，重要城镇防洪总体规划，还要对超过设计标准洪水制定对策性措施，减少洪灾损失。

超设计标准洪水即超过城镇防洪设计标准的洪水。事实上，不管采用多高的防洪标准，由于洪水的随机性，高于设计标准的洪水仍然可能发生。对于超标准洪水，目前还无法予以根治，但对超设计标准洪水也不能任其成灾，应制定对策性措施，将洪灾损失尽量降低到最低限度。对超设计标准洪水，一般都是在江河流域防洪规划中通盘考虑，如在上游建设控制性水库、分（滞）洪等措施削减洪峰，减免城镇洪灾损失。对流域上游城镇，城镇防护区以外分、滞洪不太可能时，可以以损失城镇内发展程度不高的防护区，保护发展程度高的防护区，降低洪灾损失。

（5）防洪措施的选择

要综合治理城镇洪水灾害，总体规划设计应实行工程防洪措施与非工程防洪措施相结合，根据不同洪水类型（河洪、海潮、山洪和泥石流），选用各种防洪措施，组成完整的防洪体系。城镇防洪将洪水分为河洪、海潮、山洪和泥石流四种类型，各种类型洪水性质不同，防治措施也有区别。河洪一般以堤防为主，配合水库、分（滞）洪、河道整治等措施进行防治；山洪则采用防洪工程措施与水土保持措施相结合，进行综合治理；海潮则以堤防、挡潮闸为主，配合排涝措施组成防洪体系等。

各种防洪措施的选择要通过技术经济论证选定。如合肥市南淝河现状防洪能力为 20 年一遇左右，若要达到 100 年一遇的防洪要求，市区堤防高度达 4m，对城镇自然景观和城镇交通造成严重影响，若采用上游修建水库拦蓄洪水措施，市区堤防只需适度加高加固，避免了防洪工程的不利影响。

（6）工程占地

城镇防洪总体规划应贯彻全面规划、综合治理、因地制宜、节约用地、讲求实效的原则。城镇市区特别是沿江黄金地带，土地资源十分宝贵，可谓寸土寸金。少占地，特别是尽量减少占用价值高的城镇用地，对于城镇防洪具有特殊意义。如城镇防洪堤防应根据不同的地理条件采取多种类型，在老城区，宜以直立式挡墙为主，以减少拆迁工作量；在新城区宜建设斜坡式堤防，郊区则以土堤为主。

（7）与市政工程密切配合

城镇市区各种市政工程最为密集，城镇防洪工程总体规划设计，特别是江河沿岸防洪工程布置应与河道整治、码头建设、道路桥梁、取水建筑、污水截流，以及滨江公园、绿化等市政工程密切配合。在协调中出现矛盾时，应在确保防洪安全的前提下，尽量考虑使用单位和有关部门的要求，充分发挥防洪工程的综合效益。

城镇堤防可以与滨江绿化带或道路相结合，以改善城镇环境。如芜湖市城镇防洪工程的青弋江滨临老城区段防洪堤防，采用多功能防洪墙，与商业门面相结合，不仅具有防洪功能，而且每年可以获得一百多万元的收入，综合效益极为显著；合肥市防洪规划中的大房郢水库，除了防洪功能外，可以向合肥市提供优质水源，可以改善合肥市的供水条件。

（8）与城镇排涝的关系

城镇防洪工程的规划，要尽量改善城镇排涝条件。城镇防洪工程建设一般有利于城镇排涝，但城镇防洪的主要措施多为沿江建防洪堤防，挡住了城区内水的排放通道，规划中就应考虑如何与城区排涝工程结合，因洪水设施造成的内涝，应采取必要的排涝措施。

（9）外洪防治和内洪防治的关系

一般的，将濒临大江大河城镇的洪水划分为外洪和内洪。外洪指来源于大江大河上游的洪水，内洪是指市区或附近河流、湖泊的洪水。外洪和内洪都只是相对而言。同时遭受外洪和内洪危害的城镇必须先治外洪、内外兼治，图3.1是某市外洪和内洪防治工程示意图。

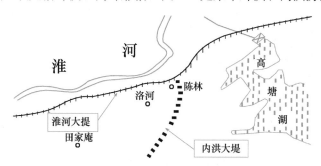

图 3.1　某市外洪和内洪防治工程示意图

外洪防治工程和内洪防治工程可以分开，也可以相互结合。如淮南市田家庵区同时遭受淮河外洪和高塘湖内洪威胁，其东边防洪大致可以采用两个方案。一个方案是陈庄以东加高加固城镇确保堤抵御淮河外洪，陈庄以南新建一般标准堤抵御高塘湖内洪，外洪和内洪分开治理；另一个方案是陈庄以南新建城镇确保堤，同时抵御淮河外洪和高塘湖内洪，外洪治理和内洪治理工程相结合，以节约投资。

（10）与地面沉降和冻胀等问题的关系

地面沉降，导致防洪设施顶部标高降低，从而降低防洪能力，影响防洪设施安全。上海市黄浦江、苏州河防洪墙几次加高，以弥补地面沉降造成防洪标准的降低而进行的。地面沉降还会引起防洪设施发生裂缝、倾斜甚至倾倒，完全失去抗洪能力。

我国三北地区（东北、西北、华北），属于季节冻土及多年冻土地区，水工建筑物冻害现象较为普遍。黄河、松花江等江河中下游还存在凌汛灾害。在季节冻土、多年冻土及凌汛地区，应采取相应的防治措施。

城镇防洪的主要防洪建筑物，包括防洪堤（墙）、水库大坝、溢洪道、防洪闸和较大的桥梁等，一般均应设水位、沉陷、位移等观测和监测设备，以便积累洪水资料，掌握建筑物运用状态，确保正常运行。

（11）保护生态环境，因地制宜

城镇防洪的总体规划应保护城镇的湖泊、洼地、水塘等天然水域，并充分发挥其防洪排涝作用。另外，城镇防洪的总体规划要因地制宜，从当地实际情况出发，根据防护地段保护的重要性和受灾情况等，可以分别采取不同防洪标准。防洪构筑物的选型应体现就地取材的原则，并与当地的环境和市政建设风格相协调。

3.1.3 主要依据

（1）上级指示和批文。

（2）城镇总体规划。

城镇总体规划对防洪的要求。

（3）流域防洪规划（或防风暴潮规划）。

城镇所在江河流域的防洪规划，本城镇防洪在该防洪规划中的地位和安排。

（4）与城镇防洪有关的专业规划，如：城镇交通规划、排水规划、园林绿化规划等。

（5）环境质量评价报告书。

（6）国家和省市现行有关标准、规范、规定。

1）《中华人民共和国水法》（2016）。

2）《中华人民共和国防洪法》（2016）。

3）《中华人民共和国水土保持法》（2010）。

4）《中华人民共和国城乡规划法》（2019）。

5）《中华人民共和国河道管理条例》（2018）。

6）《中华人民共和国环境保护法》（2014）。

7）《防洪标准》GB 50201—2014。

8）《城市防洪工程设计规范》GB/T 50805—2012。

9）《堤防工程设计规范》GB 50286—2013。

10）《泵站设计规范》GB 50265—2010。

11）《水闸设计规范》SL 265—2016。

12）《水库工程管理设计规范》SL 106—2017。

13）《规划环境影响评价技术导则 总纲》HJ 130—2019。

14）《建设项目环境影响评价技术导则 总纲》HJ 2.1—2016。

（7）基础资料。

1）地形资料情况。

2）市区（包括近郊区）地形特点和主要江、河、湖、洼等的分布。

3）主要防洪、治涝工程设施、建筑物地址的地形特点。

4）工程地质勘探、试验资料情况。

5）区域地质、地震基本烈度。

6）主要工程设施、建筑物的工程地质（地层主要物理力学指标）。

7）地区和防洪、治涝工程设施、建筑物的水文地质条件（含水层分布、地下水埋深、补排条件等）总体规划主要依据的基础资料有测量、地质、水文气象及其他资料。

3.1.4 主要内容

城镇防洪总体规划设计，是搞好城镇防洪建设的基础，直接关系到城镇安全和城镇发展。城镇防洪总体规划包括基本资料的收集、保护范围和防洪标准的确定、防洪措施的选择、防洪工程总体布局等。

（1）基本资料的收集整理和分析

广泛收集防洪总体规划所需的自然、社会、经济等方面的基本资料，以及对历次发生洪水的水位、洪水量、持续时间、洪水频率、受灾情况等资料分析被保护对象在城镇总体规划与国民经济中的地位，以及洪灾可能影响的程度；分析城镇现有堤防情况、抗洪能力等。

总体规划设计必须收集、分析和评价降雨量、水文、泥沙、河道、海岸冲淤演变趋势、地形、地质、已有防洪设施以及社会经济、洪灾损失等基础资料。

在调查分析历史洪灾资料时，要考虑调查年代至计算时淹没区内社会经济条件发生的变化，对当年调查的洪灾损失进行必要的调整和修正；参用类似年份的洪灾损失时，还要考虑洪水特性不同的影响，通过水文水利计算并结合调查的方法计算洪灾损失。通常要先根据调查资料，分析不同频率洪水下淹没水深、淹没历时和各项损失率的关系，然后再根据水文水利计算成果，推算各年的各项损失和总损失值。

（2）防洪范围和现状防洪能力的论证

根据城镇洪水灾害特点和城镇发展布局、城镇地形确定城镇防洪保护范围，然后根据城镇现有的防洪工程设施和洪水的性质，论证分析城镇现状防洪能力。

（3）城镇防洪设计标准的确定

在城镇总体规划和基本资料分析的基础上，分析保护区洪水灾害成因，确定所属洪水灾害类型；根据防护城镇重要程度和人口数量确定防洪工程级别，结合洪水灾害特点、国家防洪规范、抢险难易、投资条件等因素，分析论证城镇所需要达到的防洪标准。

根据河道行洪能力、现状堤防标高、排洪沟渠的排洪能力和泥石流防治措施以及设计防洪标准，论证城镇防洪工程新建或加高加固是否必要。

（4）城镇防洪总体方案的选定

就河洪防治来说，可以采取加高堤防、扩大泄量、分洪滞洪、水库拦蓄等措施，对泥石流可以采取拦挡、排导等措施，山洪可以采用就地洼地滞蓄和入河流等。因此，一个城镇可能有几个可行防洪方案。综合制定几个代表性方案，分别计算其工程量、投资、效益、影响等指标，最后通过技术经济分析论证和多方论证，选择最佳方案。

在论证、选定防洪方案时，为降低方案论证的复杂程度，对明显不合理的方案可不参与论证，干流和支流单独进行，总体规划和各单项工程规划分开进行。

3.1.5 方法与步骤

城镇防洪总体规划应在研究流域水文气象与洪水特性、历史洪灾及成因的基础上，分析干、支流现有的防洪能力，拟订防洪对象的防洪标准，研究拦、蓄、分、泄的关系，选定整体防洪方案，并阐明工程效益。

城镇防洪总体规划编制的详细步骤如下：

（1）基础资料的收集、整理、分析与评价。

（2）进行现场实地踏勘，熟悉并核对有关地形、地貌及工程设施情况。

（3）收集国家及地方有关部门制定的现行法律、标准、规范和规定，并广泛征求有关部门、单位对城镇防洪规划的意见和要求。

（4）研究分析城镇的洪水特性及洪灾成因。

（5）选定规划水平年（一般应分近期和远期两种）。

（6）确定规划原则和防洪标准。

（7）初步拟订城镇防洪规划的总体设想，并考虑近远期结合提出若干方案。

（8）划分各排水区的汇水范围，并计算其汇水面积。

（9）各排水区设计洪峰流量计算。

（10）进行水力计算，验算现有河道沟渠的排洪能力，或确定新建河道沟渠的断面尺寸。

（11）进行水文统计分析，确定各控制断面的设防洪潮水位。

（12）根据水文水力计算结果，确定各规划方案中主要工程措施的形式、规模、尺寸和平面位置。

（13）对规划方案进行技术和经济等方面的综合分析比较，并推荐出现实可行的总体规划方案。

（14）对推荐方案中的主要工程措施（包括堤防、护岸、泵站、水库、排洪沟、防洪闸等）进行多方案比较并选定最佳方案。

（15）落实与工程措施相配合的非工程措施。

（16）对超标准的特大洪水提出对策性方法。

（17）对推荐方案进行工程量、材料数量和投资估算。

（18）对推荐方案进行社会、经济和环境效益的分析和评价。

（19）绘制城镇防洪规划平面图和其他有关图表。

（20）编制城镇防洪规划说明书。

（21）报请上级主管部门审核批准并执行。

3.2　城镇防洪总体规划设计的基础资料

3.2.1　自然条件

（1）地形图和河道（山洪沟）纵横断面图

地形图是防洪规划设计的基础资料，搜集齐全后，还要到现场实地踏勘、核对。

对拟设防和整治的河道和山洪沟，必须进行纵横断面的测量，并绘制纵横断面图。横断面施测间距根据河道地形变化情况和施测工作量综合确定，一般为 100～200m。在地形变化较大地段，应适当增加断面，纵、横断面施测点应相对应。

（2）地质资料

水文地质资料对于堤防、排洪沟渠定线，以及防洪建筑物位置选择等具有重要作用，主要包括：设防地段的覆盖层、透水层厚度以及透水系数；地下水埋藏深度、坡降、流速及流向；地下水的物理化学性质。水文地质资料主要用于防洪建筑物的防渗措施选择、抗渗稳定计算等。

工程地质资料主要包括：设防地段的地质构造、地貌条件；滑坡及陷落情况；基岩和土的物理力学性质；天然建筑材料（土料和石料）场地、分布、质量、力学性质、储量以及开采和运输条件等。工程地质资料不仅对于保证防洪建筑物安全具有重要意义，而且对于合理选择防洪建筑物类型、就地选择建筑材料种类和料场、节约工程投资具有重要作用。

（3）水文气象资料

水文气象资料主要包括：水系图、水文图集和水文计算手册；实测洪水资料和潮水位资料；历史洪水和潮水位调查资料；所在城镇历年洪水灾害调查资料；暴雨实测和调查资料；设防河段的水位流量关系；风速、风向、气温、气压、湿度、蒸发资料；河流泥沙资料；土的冻结深度、河道变迁和河流凌汛资料等。

水文气象资料对于推求设计洪水和潮水位，确定防洪方案、防洪工程规模和防洪建筑物结构尺寸具有重要作用。

（4）地方建筑材料

不同城镇根据其所处的位置不同，建筑材料也有差别，用于防洪的建筑材料各异。在易发生洪水的城镇，需要建设一些防洪材料场，囤积一定量的防洪应急材料，以供发生洪水时应急。这些材料的信息，对城镇防洪总体规划也有一定的帮助。

3.2.2 防洪工程沿革

城镇防洪工程沿革资料可以让我们对城镇的防洪历史和对该流域洪水的治理情况有一个非常清楚的了解，使我们的防洪总体规划更加具有针对性，不会犯历史上曾经犯过的错误，这对防洪总体规划的制定是有百利而无一害的。

3.2.3 社会经济

社会经济资料对于确定防洪保护范围、防洪标准，对防洪规划进行经济评价，选定规划方案具有重要作用。

防洪与社会经济系统协调发展是衡量社会经济不同发展阶段，防洪能力与社会经济发展程度之间的关系，具体体现在以时空为参照系，防洪能力与社会经济发展程度相互作用的界面特征。

3.2.4 城镇规划与相关规划

城镇规划与相关规划资料主要包括：城镇总体规划和现状资料图集；城镇给水、排水、交通等市政工程规划图集；城镇土地利用规划；城镇工业规划布局资料；历年工农业发展统计资料；城镇居住区人口分布状况；城镇国家、集体和家庭财产状况等。

根据城镇具体情况，还要收集其他资料。如城镇防洪工程现状，城镇所在流域的防洪规划和环境保护规划，建筑材料价格、运输条件；施工技术水平和施工条件；河道管理的有关法律、法令；城镇地面沉降资料、历次城镇防洪工程规划资料、城镇植被资料等，这些资料对于搞好城镇防洪建设同样具有重要作用。

3.2.5　历次洪水灾害调查

收集历次洪水灾害调查资料包括：历次洪水淹没范围、面积、水深、持续时间、损失等，研究城镇洪水灾害特点和成灾机理，对于合理确定保护区和防护对策，拟订和选择防洪方案，具有重要作用。对于较大洪水，还要绘制洪水淹没范围图。

3.3　城镇防洪能力

3.3.1　保护范围确定

城镇防洪保护范围根据当地城镇洪水致灾特点和城镇特点确定。城镇防洪保护范围是规划水平年份的整个城镇发展规划的范围，但在城镇规划范围内，地面高程在设计洪水位以上的面积可不予考虑。

另外，城镇规划范围内保留的水体面积，在保护区财产和灾害分析计算中扣除，城镇防洪保护范围可依据历年的较大洪水淹没范围大致确定。

图 3.2 为某市 1954 年洪水淹没图。近年来几次较大洪水灾害调查分析表明，洪水淹没范围大致为钢厂码头以上干流以及支流两岸，因此其防洪保护范围应为此淹没范围及其周边地区，面积大约为 40km²。

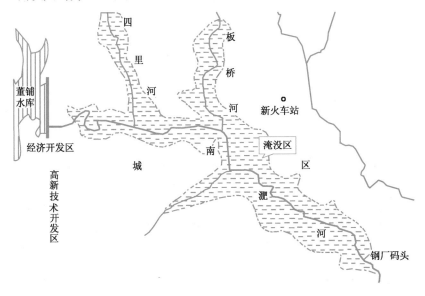

图 3.2　某市 1954 年洪水淹没范围示意图

3.3.2　防洪能力论证

城镇的防洪能力，就是在现有防洪工程状况下，城镇可以抵御的最大洪水，可以用洪水的重现期或洪水的安全流量、水位等表示。

根据城镇洪水的类型，分析城镇的防洪能力。河流流经的城镇，其防洪能力取决于现有河道行洪能力；受山洪危害的城镇，其防洪能力主要取决于山洪沟和排洪沟渠的排洪能力；受海潮危害的城镇，其防潮能力取决于潮水位和海堤高度；受泥石流危害的城镇，其安全性取决于泥石流沟治理、拦截、排导等措施。

堤防、水库、河道是城镇内蓄、泄洪水的重要工程。堤防防洪能力通过堤防安全水位与各种频率的洪水位对比加以论证。堤防安全水位等于河流沿线堤防或岸边高程减去超高。各频率洪水位计算应在城镇历次洪水灾害调查和水文资料分析基础上进行。

现有河道行洪能力论证，一般在选定的洪水控制断面上进行，按拟订的控制水位在水位—流量关系上查算相应行洪能力，或者根据安全流量查算安全水位。如有洪水顶托、分流降落、断面冲淤、河道设障等因素影响时，应对控制断面的水位—流量关系进行调整，然后进行水面曲线计算，求得控制断面的设计水位。

图 3.3 为某市干流河流的堤顶线和 20 年一遇水面线，从图中可以看出，亳州路桥以上大部分河段两岸标高低于 20 年一遇设计水面线，亳州路桥—长江路桥现状堤顶高于 20 年一遇堤顶标高，长江路桥—屯溪路桥现状堤顶与 20 年一遇水面线接近，但略低于 20 年一遇设计堤顶线，超高不足。因此，该河流现状防洪能力接近 20 年一遇。

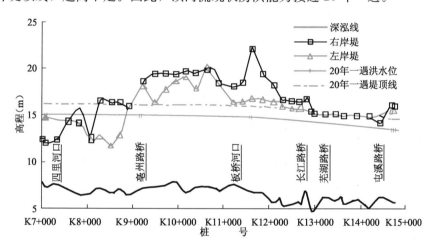

图 3.3　某河段特征线示意图

3.4　城镇防洪设计防洪标准

3.4.1　防洪标准的含义

（1）定义

城镇防洪标准是指城镇应具有的防洪能力，也就是城镇逐个防洪体系的综合抗洪能力。在一般情况下，当发生不大于防洪标准的洪水时，通过防洪体系的正确运用，能够保证城镇的防洪安全。具体表现为防洪控制点的最高水位不高于设计洪水位，或者河道流量不大于该河道的安全泄量。防洪标准与城镇的重要性、洪水灾害的严重性及其影响直接有关，并与国民经济发展水平相适应。

（2）表达方式

归纳总结国内外防洪安全管理方面的资料，防洪标准的表达方式通常有以下三种：

1）以调查、实测某次实际发生的历史洪水作为城镇防洪标准。例如，长江中、下游沿岸城镇，都以 1954 年洪水位为防洪标准；淮河沿岸城镇，也是以 1954 年洪水作为防洪标准；黄河中、下游沿岸城镇以 1958 年洪水为防洪标准等。这种方法具有通俗易懂、效益明确的优点，但该标准的高低不甚明确，它与调查或实测时间系列长短以及该时期洪水状况有关。

2）以可能最大洪水（或潮位）或其 3/4、2/3、1/2 作为城镇防洪标准。只有特别重要城镇的特别重要保护对象（如核电站的主厂房和大型水库）才采用可能最大洪水（或潮位）作为防洪标准。例如，北京市永定河三家店至卢沟桥河段的左岸堤防、秦山核电站主厂房、大亚湾核电站主厂房、大伙房水库等，均采用可能最大洪水（或潮位）作为防洪标准。

3）采用洪水的重现期或出现的频率表示城镇防洪标准。这种方法在我国城镇防洪等许多部门普遍采用。这种方法虽然比较抽象，而且在发生次特大洪水后数据有变化，但是，它对城镇防洪安全程度和风险大小比较明确，能满足风险和敏感性分析需要各不同量级洪水出现频率的要求；计算理论和方法比较成熟，任意性比较小，容易掌握。因此，设计规范采用这种方法表达城镇防洪标准。

3.4.2　城镇等级、洪灾类型与防洪标准的关系

（1）城镇等级和防洪标准

我国城镇大小不仅人口差别很大，而且在政治、经济、文化上的重要程度相差甚大。一般地讲，人口愈多、重要程度愈高者，其防洪标准应当愈高；反之，其防洪标准就要低些。为了科学制定不同城镇的防洪标准，需要对有防洪任务的城镇，按人口多少和重要程度划分等级。《防洪标准》GB 50201—2014 按常住人口和社会经济地位的重要程度划分其防洪工程的等级，见表 3.1。

城市防护区的防护等级和防洪标准　　　　　　　　表 3.1

防护等级	重要性	常住人口（万人）	当量经济规模（万人）	防洪标准［重现期（年）］
Ⅰ	特别重要	≥150	≥300	≥200
Ⅱ	重要	<150，≥50	<300，≥100	200～100
Ⅲ	比较重要	<50，≥20	<100，≥40	100～50
Ⅳ	一般	<20	<40	50～20

注：当量经济规模为城市防护区人均 GDP 指数与人口的乘积，人均 GDP 指数为城市防护区人均 GDP 与同期全人均 GDP 的比值。

（2）洪灾类型和防洪标准

城镇防洪工程等级相同时，不同类型的洪水造成的灾害程度和损失大小是不同的。同一城镇遭受不同洪灾威胁时，采用不同的防洪标准。位于山区、平原和海滨不同地域的城镇，根据现行标准《城市防洪工程设计规范》GB/T 50805—2012，其防洪工程的设计标准应根据防洪工程的等别、灾害类型按表 3.2 分析确定。

不同洪灾类型城镇防洪工程设计标准 　　表 3.2

城镇防洪工程等别	设计标准(重现期,年)			
	洪水	涝水	海潮	山洪
Ⅰ	≥200	≥20	≥200	≥50
Ⅱ	≥100 且<200	≥10 且<20	≥100 且<200	≥30 且<50
Ⅲ	≥50 且<200	≥10 且<20	≥50 且<100	≥20 且<30
Ⅳ	≥20 且<50	≥5 且<10	≥20 且<50	≥10 且<20

注：1. 根据受灾后的影响、造成的经济损失、抢险难易程度以及资金筹措条件等因素合理确定。
　　2. 洪水、山洪的设计标准指洪水山洪的重现期。
　　3. 涝水的设计标准指相应暴雨的重现期。
　　4. 海潮的设计标准指高潮位的重现期。

（3）防洪标准的意义

城镇防洪标准是城镇防洪规划、设计、施工和运行管理的一项重要依据，防洪标准定得越高，城镇越安全，防洪效益也就越高，但所需的工程投资也就越大。相反，防洪标准定得越低，所需工程投资越小，但城镇防洪安全性和防洪效益也越低。所以，确定城镇防洪标准是一项比较复杂、难度较大的工作，不仅是一个安全、技术性问题，也是一个包含政治、经济等社会因素在内的综合性政策问题，需要从上述各方面进行综合分析论证，在"规范"规定的范围内合理确定。对社会经济地位重要、受洪灾后损失和影响巨大、需要防洪费用相对较少的，应选用较高的防洪标准；对社会经济地位相对较次要、受洪灾后损失和影响较小、需要防洪费用相对较多的，宜选用较低的防洪标准。

3.4.3 防洪标准的确定

1. 确定方法概述

目前，我国城镇主要依据现行《防洪标准》GB 50201—2014、《城市防洪工程设计规范》GB/T 50805—2012 和相关行业标准以等级划分为主要方法制定防洪标准。城镇防洪标准应综合分析城镇防洪特点、方式及城镇自身特点等因素，进行大量的调查分析工作后进行确定，但由于实际工作中很难兼顾所有影响因素，因此主要依据城镇的重要程度（其社会经济地位）和人口规模将城镇分为 4 个等级，不同等级对应不同的防洪标准。然而，在确定城镇防洪标准时，主要是根据城镇的常住人口数量来确定相应的等级，并充分考虑城镇的经济发展水平、资产总量等因素，这样可能会导致防洪标准的确定与实际情况之间存在偏差。根据国内外经验，目前研究较多、理论体系相对健全的防洪标准确定方法主要有经济分析方法、风险分析方法和综合评价模型法。

（1）经济分析方法。某种意义上，选定合适的防洪标准是合理处理防洪安全与经济投入的关系。通过不同防洪标准的防洪效益（或减免的洪灾经济损失）与需要投入的防洪费用（包括建设投资和年运行费）的对比分析，选定经济防洪标准是相对合理的方法之一。为论证和阐明防洪工程效益，我国水利系统开展了规模浩大的建国防洪工程经济效益价值计算，取得了阶段性成果，初步形成了一套防洪工程经济效益计算方法。目前，国内对防洪工程建设项目广泛开展了经济评价工作，许多学者采用经济分析方法来推荐防洪标准。该方法的评价指标一般包括效益净现值、内部收益率、效益费用比、边际效益费用比等，认为净现值大于零、内部收益率大于规范要求的社会折现率、效益费用比大于 1 的工程项目是经济合理的（指标越大，方案越优），边际效益费用比为1，对应防洪标准为最优经济防洪标准。

（2）风险分析法。基于风险分析方法确定防洪安全标准，依据的是个体或社会可承受的风险水平，即社会将承担该水平以下的风险。该方法是目前国内外研究较多的方法，近些年来，国内部分学者对单一水库和梯级水库防洪标准进行了研究，对风险分析方法进行了有益和必要补充。以美国为代表的一些国家在确定大坝和洪泛区防洪标准时引入了洪水风险分析方法，通过风险—效益—费用的研究，根据当地社会允许承受的风险水平（或可接受风险），确定防洪标准。

（3）综合评价模型法。该方法在确定防洪标准时，需要综合考虑政治、经济、社会、环境等各方面的因素。首先，建立评价指标体系，然后利用模糊数学等工具对定性指标进行量化，采用层次分析法确定各层指标间的权重，最后利用优选模型对由多个防洪标准方案组成的方案集进行评价，得到各个方案的综合评价指标值，综合指标值最大的方案对应的防洪标准为最优防洪标准。利用综合评价模型法进行防洪标准优选时，所建立的评价指标主要从政治效果、社会效果、经济效果、生态环境效果几个方面来考虑。

现行的以等级划分为主要方法制定的防洪标准，经过了长期的生产实践验证，可以认为实现了经验上的安全性和经济性统一，为制定各种类型保护对象的防洪标准提供了直接依据，在生产应用中易于操作和界定，避免了任意性。虽然该方法在划分等级时忽略了一些影响防洪标准的因素，但其应用范围广、时间长、基础好的特点决定了今后长时期内仍将是确定防洪标准的主要方法。后3种方法在理论概念上较好，实现了防洪标准确定方法的统一，但普遍存在基础数据获取难度大、指标定量化困难、人为决策因素对结果影响大、操作性较差的问题，容易出现人为提高和降低防洪标准的问题，在基础资料薄弱、技术力量较差时，制定防洪标准的难度很大，因此，建议在有条件时作为制定防洪标准的辅助决策手段。

2. 影响城镇防洪标准的因素

现行的城镇防洪标准的确定主要依据《城市防洪工程设计规范》GB/T 50805—2012、《防洪标准》GB 50201—2014。《城市防洪工程设计规范》规定：对有防洪任务的城镇，其防洪工程的等级应根据防洪保护对象的社会经济地位的重要程度和人口数量确定。《防洪标准》规定：各类防护对象的防洪标准，应根据防洪安全的要求，并考虑经济、政治、社会、环境等因素，综合论证确定。有条件时，应进行不同防洪标准所可能减免的洪灾经济损失与所需的防洪费用的对比分析，合理确定。《防洪标准》同时规定：城镇各个防护区可分别制定不同的防洪标准，位于山丘、平原、洼地、滨海的城镇，可根据其情况在标准规定范围内制定防洪标准。

综上所述，城镇的防洪标准的确定取决于城镇的常住人口数量和城镇在国家政治、经济中的地位，又与洪灾损失、城镇所在地的环境、自然地形与地貌等因素密切相关。

（1）人口数量。人口因素是公认的制定防洪标准时应当考虑的首要因素。在《防洪标准》GB 50201—2014 中，即是以此为主要依据划分城镇等级，并制定防洪标准。但是由于我国人口众多，随着城镇化进程的加快，城镇规模与制定防洪标准时的情况已经大相径庭；有许多城镇的经济发展很快，城镇影响与日俱增，但是其防洪标准却没有相应的提高。尤其是常住人口超过150万人的Ⅰ、Ⅱ级，更应深入研究其防洪需求、细化城镇防洪标准。

（2）经济与受灾损失。防洪保障与社会经济的发展相辅相成，既相互促进，又相互制约。社会经济的发展，一方面对防洪保障提出更高的要求，另一方面又为防洪设施建设提供物力、财力、技术等条件。防洪设施的建设，一方面可以保障社会经济安全、稳定地发展，另一方面又需要消耗一定的人力、物力、财力。投入过多，会使得当地的社会经济发展因资金的短缺而受到制约，影响经济发展与人民生活水平的提高；投入过少，又会使人民的物质财产安全受到威胁，一旦发生大的洪水灾害，就会给人民的生活和社会经济发展带来极大的影响。因此，必须合理地确定城镇防洪标准，保障社会经济能够稳定、快速地发展。

（3）城镇级别。通常根据该城镇所具有常住人口规模、经济总量确定城镇级别。城镇级别通常由其政治、地理、经济、历史等多方面因素综合决定，不同等级的城镇其具有的社会及政治影响是截然不同的。在同一个区域内，不同级别城镇的防洪标准必然不同，城镇级别越高，防洪标准也就越高。

（4）城镇防御对象。应分析城镇防洪的主要防御对象。防御洪水、海潮则适用国标《防洪标准》GB 50201—2014（该规范中将防洪、防潮统称为防洪，对由于山崩、滑坡、冰凌、泥石流等引发洪水未做具体规定）和行业标准《城市防洪工程设计规范》GB/T 50805—2012（两个规范规定基本相同），防御山洪、泥石流则适用《城市防洪工程设计规范》。

（5）城镇防护方式。应分析城镇防洪方式，即考虑城镇在流域中所处地理位置，视城镇防洪安全是依赖于流域的防洪工程体系还是依赖于某个单项防洪工程而区别对待。当城镇位于流域的上中游时，城镇防洪安全依赖于流域的防洪工程体系。

（6）洪水流路与城镇的相对位置。历史资料与直观考查证实，城区与河流的距离越远，受到洪水灾害的可能性也就越小，遭受洪灾后的损失也越小；距离越近，遭受洪灾的可能性越大，相同量级的洪水造成的灾害程度也越大。应分析洪水流路与城镇的相对位置，当河流从城镇中穿过时，应考虑由于河流分隔分区防御，根据各分区的重要程度和常住人口数量确定各自防洪标准，简单地套用整个城镇的防洪标准无疑是不经济的。此外，确定城镇防洪标准还应与城镇总体规划相协调，为城镇发展留有空间，预测设计水平年人口增长后情况。

（7）城镇自然因素。应分析城镇自然地形地貌，当城镇位于山区、丘陵区，地形起伏较大、城区高程相差悬殊时，应考虑不同量级的洪水可能的淹没范围，根据淹没区的重要程度和常住人口数量确定防洪标准，而不能简单地套用整个城镇。城镇所处地区的气候因素也应进行分析。位于亚热带的城镇和位于寒、温带的城镇因雨季长短、暴雨频率的不同而导致洪水特征不同，对应的防洪方式和防洪标准也应有所区别，而不应简单地套用防洪标准。

3. 确定防洪标准的注意事项

（1）江河沿岸城镇堤防的防洪标准，应与流域堤防的防洪标准相适应。城镇堤防的防洪标准应高于流域堤防的防洪标准；当城镇堤防成为流域堤防组成部分时，不论城镇大小，其堤防的防洪标准均不应低于流域堤防的防洪标准。长江中、下游沿岸城镇大都属于这种情况。

（2）江河沿岸城镇，当城镇上游规划有大型水库或分（滞）洪区时，城镇防洪标准可以分期达到。近期主要依靠堤防防御洪水，其防洪标准可以低一些；待上游水库或分（滞）洪区建成投入运转后，城镇防洪标准再达到或超过防洪规范要求的防洪标准。

（3）江河下游沿岸城镇和沿海城镇，地面高程往往低于洪（潮）水位，依靠堤防保卫城镇安全，堤防一旦决口，必将全城受淹，后果不堪设想。防洪标准应在规范规定的范围内选用防洪标准的下限。

（4）当城镇防洪可以划分几个防护区单独设防时，各防护区的防洪标准，应根据其保护区的重要程度和人口多少，选用相应的防洪标准，这样可以使重要保护区采用较高的防洪标准，而不必提高整个城镇的防洪标准。重要性较低和人口较少的防护区，可以采用较低的防洪标准，以降低防洪工程投资。例如，本溪市区有 14 条山洪沟，其设计防洪标准系根据保护对象重要程度和人口多少，分别选用 10 年、20 年和 50 年一遇的防洪标准。

（5）在城镇防治山洪、泥石流设计中，排洪渠道设计，一般不考虑规划中水土保持措施削减洪峰的作用，仍按自然条件下设计洪峰流量计算排洪渠需要的泄洪断面。水土保持措施实施后的削减洪峰作用，可作为增加防洪安全度的一个有利因素。

（6）兼有城镇防洪作用的港口码头、路基、涵闸、围墙等建筑物、构筑物，其防洪标准应按城镇防洪和该建筑物、构筑物防洪较高者来确定；即不得低于城镇防洪标准，否则，必须采取必要的防洪保安措施。

3.4.4　防洪建筑物的防洪标准、级别、安全超高

1. 城镇建筑物的防洪标准

（1）城镇防洪标准与防洪建筑物防洪标准的区别

城镇防洪标准与城镇防洪建筑物的防洪标准是有区别的。城镇防洪标准是城镇防洪体系的防洪标准，而不是某一种防洪建筑物的防洪标准。城镇防洪标准根据城镇防洪等级和洪灾类型，在中华人民共和国标准《城市防洪工程设计规范》GB/T 50805—2012 规定的范围内确定；防洪建筑物防洪标准则根据其在城镇防洪体系中的地位和作用确定。各种防洪建筑物可以采用不同的防洪标准，例如：大型水库大坝，因为防洪安全非常重要，其防洪标准可以高于城镇防洪标准；堤防在城镇山洪防治体系中，往往只保护市区的一部分，其防洪标准可以低于城镇防洪标准；只有当堤防是城镇唯一的防洪措施时，其防洪标准才等于城镇防洪标准。

（2）各类防洪保护对象及防洪建筑物的防洪标准

在城镇范围内的各类防护对象的防洪标准，应符合国家标准《防洪标准》GB 50201—2014 中对各类防护对象的防洪标准的规定。各类防洪保护对象及防洪建筑物的防洪标准如下：

1）工矿企业的防洪标准

冶金、煤炭、石油、化工、林业、建材、机械、轻工、纺织、商业等厂矿企业。应根据其规模分为四个等级，各等级的防洪标准按表 3.3 的规定确定。

工矿企业等级和防洪标准　　　　　　　　　　　　　　　　表 3.3

等　　　级	工矿企业规模	防洪标准（重现期，年）
Ⅰ	特大型	200～100
Ⅱ	大型	100～50
Ⅲ	中型	50～20
Ⅳ	小型	20～10

注：各类工矿企业的规模，按国家现行规定划分。

工矿企业的防洪标准，还应根据受洪水淹没损失大小、恢复生产所需时间长短等适当调整。根据防洪经验，稀遇高潮位通常伴有风暴，且海水淹没大，因此滨海中型及以上工矿企业按以上标准计算的设计高潮位低于当地历史最高潮位时，应采用当地历史最高潮位校核。对于地下采矿业的坑口、井口等重要部位，以及洪水淹没可能引起爆炸或导致毒液、毒气、放射性等有害物质大量泄漏、扩散的工矿企业，防洪标准应提高一、二等进行校核，或采取专门防洪措施。对于核工业或与核安全有关的厂区、车间及专门设施，防洪标准高于200年一遇，核污染严重的应采用可能最大洪水校核。

① 滨海的中型及以上的工矿企业，当按表3.3的防洪标准确定的设计高潮位低于当地历史最高潮位时，应采用当地历史最高潮位进行校核。

② 当工矿企业遭受洪水淹没后，损失巨大，影响严重，恢复生产所需时间较长的，其防洪标准可采取表3.3规定的上限或提高一等。

③ 工矿企业遭受洪灾后，其损失和影响较小，很快可恢复生产的，其防洪标准可按表3.3规定的下限确定。

④ 地下采矿业的坑口、井口等重要部位，应按表3.3规定的防洪标准提高一等进行校核，或采取专门的防护措施。

⑤ 当工矿企业遭受洪水淹没后，可能引起爆炸或会导致毒液、毒气、放射性等有害物质大量泄漏、扩散时，其防洪标准应符合下列的规定：

A. 对于中、小型工矿企业，其规模应提高两等级后，按表3.3的规定确定其防洪标准。

B. 对于特大、大型工矿企业，除采用表3.3中Ⅰ等的最高防洪标准外，尚应采取专门的防护措施。

C. 对于核工业与核安全有关的厂区、车间及专门设施，应采用高于200年一遇的防洪标准。

2）铁路的防洪标准

国家标准轨距铁路的各类建筑物、构筑物，应根据其重要程度或运输能力分为三个等级，各等级的防洪标准按表3.4中的规定，并结合所在河段、地区的行洪和蓄、滞洪的要求确定。

国家标准轨距铁路各类建筑物、构筑物的等级和防洪标准　　　　表3.4

等级	重要程度	运输能力（10^4t/年）	防洪标准（重现期，年）			
			设计			校核
			路基	涵洞	桥梁	技术复杂、修复困难或重要的大桥或特大桥
Ⅰ	骨干铁路和准高速铁路	≥1500	100	50	100	300
Ⅱ	次要骨干铁路和联络铁路	1500～750	100	50	100	300
Ⅲ	地区（包括地方）铁路	≤750	50	50	50	100

注：1. 运输能力为重车方向的运量。
　　2. 每对旅客列车上下行各按每年 $70×10^4$t 折算。
　　3. 经过蓄、滞洪区的铁路，不得影响蓄、滞洪区的正常运用。

工矿企业专用标准轨距铁路的防洪标准，应根据工矿企业的防洪要求确定。

3）公路的防洪标准

汽车专用公路的各类建筑物、构筑物，应根据其重要性和交通量分为高速、Ⅰ、Ⅱ 三个等级，各等级的防洪标准按表 3.5 的规定确定。

汽车专用公路各类建筑物、构筑物的等级和防洪标准　　　　　表 3.5

等级	重　要　性	防洪标准（重现期，年）				
		路基	特大桥	大、中桥	小桥	涵洞及小型排水构筑物
高速	政治、经济意义特别重要的，专供汽车分道高速行驶，并全部控制出入的公路	100	300	100	100	100
Ⅰ	连接重要的政治、经济中心，通往重点工矿区、港口、机场等地，专供汽车分道行驶，并部分控制出入的公路	100	300	100	100	100
Ⅱ	连接重要的政治、经济中心或大工矿区、港口、机场等地，专供汽车行驶的公路	50	100	100	50	50

注：经过蓄、滞洪区的公路，不得影响蓄、滞洪区的正常运用。

一般公路的各类建筑物、构筑物，应根据其重要性将交通量分为 Ⅱ～Ⅳ 三个等级，各等级的防洪标准按表 3.6 的规定确定。

一般公路各类建筑物、构筑物的等级和防洪标准　　　　　表 3.6

等级	重　要　性	防洪标准（重现期，年）				
		路基	特大桥	大、中桥	小桥	涵洞及小型排水构筑物
Ⅱ	连接重要的政治、经济中心或大工矿区、港口、机场等地的公路	50	100	100	50	50
Ⅲ	沟通县城以上等地的公路	25	100	50	25	25
Ⅳ	沟通县、乡（镇）、村等地的公路		100	50	25	

注：1. Ⅳ级公路的路基、涵洞及小型排水构筑物的防洪标准，可视具体情况确定。
　　2. 经过蓄、滞洪区的公路，不得影响蓄、滞洪区的正常运用。

4）航运的防洪标准

江河港口主要港区的陆域，应根据所在城镇的重要性和受淹损失程度分为三个等级，各等级主要港区陆域的防洪标准按表 3.7 的规定确定。

江河港口主要港区陆域的等级和防洪标准　　　　　表 3.7

等级	重要性和受淹损失程度	防洪标准（重现期，年）	
		河网、平原河流	山区河流
Ⅰ	直辖市、省会、首府和重要的城镇的主要港区陆域，受淹后损失巨大	100～50	50～20
Ⅱ	中等城镇的主要港区陆域，受淹后损失较大	50～20	20～10
Ⅲ	一般城镇的主要港区和陆域，受淹后损失较小	20～10	10～5

① 海港主要港区的陆域，应根据港口的重要性和受淹损失程度分为三个等级，各等级主要港区陆域的防洪标准按表 3.8 的规定确定。

海港主要港区陆域的等级和防洪标准   表 3.8

等　　级	重要性和受淹损失程度	防洪标准（重现期，年）
Ⅰ	重要的港区陆域，受淹后损失巨大	200～100
Ⅱ	中等的港区陆域，受淹后损失较大	100～50
Ⅲ	一般的港区陆域，受淹后损失较小	50～20

注：海港的安全主要是防潮水，为统一起见，本标准将防潮标准统称防洪标准。

② 当港区陆域的防洪工程是城镇防洪工程的组成部分时，其防洪标准应与该城镇的防洪标准相适应。

5）民用机场的防洪标准

民用机场应根据其重要程度分为三个等级，各等级的防洪标准按表 3.9 的规定确定。

民用机场的等级和防洪标准   表 3.9

等　　级	重　要　程　度	防洪标准（重现期，年）
Ⅰ	特别重要的国际机场	≥100
Ⅱ	重要的国内干线机场及一般的国际机场	≥50
Ⅲ	一般的国内支线机场	≥20

当跑道和机场的重要设施可分开单独防护时，跑道的防洪标准可适当降低。

6）管道工程的防洪标准

跨越水域（江河、湖泊）的输水、输油、输气等管道工程，应根据其工程规模分为三个等级，各等级的防洪标准按表 3.10 的规定和所跨越水域的防洪要求确定。

输水、输油、输气等管道工程等级和防洪标准   表 3.10

等　　级	工　程　规　模	防洪标准（重现期，年）
Ⅰ	大型	100
Ⅱ	中型	50
Ⅲ	小型	20

注：经过蓄、滞洪区的管道工程，不得影响蓄、滞洪区的正常运用。

从洪水期冲刷较剧烈的水域（江河、湖泊）底部穿过的输水、输油、输气等管道工程，其埋深应在相应的防洪标准洪水的冲刷深度以下。

7）水库和水电站工程的防洪标准

水库工程水工建筑物的防洪标准，应根据其级别按表 3.11 中的规定确定。

水库工程水工建筑物的防洪标准   表 3.11

水工建筑物级别	防洪标准（重现期，年）				
	山区、丘陵区			平原区、滨海区	
	设　计	校　核		设　计	校　核
		混凝土坝、浆砌石坝及其他水工建筑物	土坝、堆石坝		
Ⅰ	1000～500	5000～2000	可能最大洪水（PMF）或10000～5000	300～100	2000～1000
Ⅱ	500～100	2000～1000	5000～2000	100～50	1000～300

续表

水工建筑物级别	防洪标准（重现期，年）				
	山区、丘陵区			平原区、滨海区	
	设　计	校　核		设　计	校　核
		混凝土坝、浆砌石坝及其他水工建筑物	土坝、堆石坝		
Ⅲ	100～50	1000～500	2000～1000	50～20	300～100
Ⅳ	50～30	500～200	1000～300	20～10	100～50
Ⅴ	30～20	200～100	300～200	10	50～20

注：当山区、丘陵区的水库枢纽工程挡水建筑物的挡水调试低于15m，上下游水头差小于10m时，其防洪标准可按平原区、滨海区栏的规定确定；当平原区、滨海区的水库枢纽工程挡水建筑物的挡水高度高于15m，上下游水头差大于10m时，其防洪标准可按山区、丘陵区栏的规定确定。

土石坝一旦失事将对下游造成特别重大的灾害时，Ⅰ级建筑物的校核防洪标准，应采用可能最大洪水（PMF）或10000年一遇；Ⅱ～Ⅳ级建筑物的校核防洪标准，可提高一级。

①混凝土坝和浆砌石坝，如果洪水漫顶可能造成极其严重的损失时，Ⅰ级建筑物的校核防洪标准，经过专门论证，并报主管部门批准，可采用可能最大洪水（PMF）或1000～5000年一遇。

②低水头或失事后损失不大的水库枢纽工程的挡水和泄水建筑物，经过专门论证，并报主管部门批准，其校核防洪标准可降低一级。

③水电站厂房的防洪标准，应根据其级别按表3.12中的规定确定。河床式水电站厂房作为挡水建筑物时，其防洪标准应与挡水建筑物的防洪标准相一致。

水电站厂房的防洪标准　　　　　　　　　　　　　　　　　　　　表3.12

水工建筑物级别	防洪标准（重现期，年）	
	设　计	校　核
Ⅰ	200	1000
Ⅱ	200～100	500
Ⅲ	100～50	300
Ⅳ	50～30	200
Ⅴ	30～20	50

④抽水蓄能电站的上下调节池，若容积较小，失事后对下游的危害不大，修复较容易的，其水工建筑物的防洪标准，可根据其级别按表3.12中的规定确定。

8）灌溉、排水和供水工程的防洪标准

灌溉、排水和供水工程主要建筑物的防洪标准，应根据其级别分别按表3.13和表3.14中的规定确定。

灌溉和治涝工程主要建筑物的防洪标准　　　　　　　　　　　　　表3.13

水工建筑物级别	防洪标准（重现期，年）
Ⅰ	100～50
Ⅱ	50～30
Ⅲ	30～20

续表

水工建筑物级别	防洪标准（重现期，年）
Ⅳ	20～10
Ⅴ	10

注：灌溉和治涝工程主要建筑物的校核防洪标准，可视具体情况和需要研究确定。

供水工程主要建筑物的防洪标准 表 3.14

水工建筑物级别	防洪标准（重现期，年）	
	设　计	校　核
Ⅰ	100～50	300～200
Ⅱ	50～30	200～100
Ⅲ	30～20	100～50
Ⅳ	20～10	50～30

9）堤防工程的防洪标准

江、河、湖、海及蓄、滞洪区堤防工程的防洪标准，应根据防护对象的重要程度和受灾后损失的大小，以及江河流域规划或流域防洪规划的要求分析确定。

堤防上的闸、涵、泵站等建筑物、构筑物的设计防洪标准，不应低于堤防工程的防洪标准，并应留有适当的安全余度。

潮汐河口挡潮枢纽工程主要建筑物的防洪标准，应根据水工建筑物的级别按表 3.15 中的规定确定。

潮汐河口挡潮枢纽工程主要建筑物的防洪标准 表 3.15

水工建筑物级别	1	2	3	4	5
防洪标准（重现期，年）	>100	100～50	50～20	20～10	10

注：潮汐河口挡潮枢纽工程的安全主要是防潮水，为统一起见，本标准将防潮标准统称防洪标准。

对于保护重要防护对象的挡潮枢纽工程，如确定的设计高潮位低于当地历史最高潮位时，应采用当地历史最高潮位进行校核。

10）火电厂的防洪标准

火电厂应根据其装机容量分为三个等级，各等级的防洪标准按表 3.16 中的规定确定。

火电厂等级和防洪标准 表 3.16

等　级	规划容量（10^4kW）	防洪标准（重现期，年）
Ⅰ	≥240	≥100
Ⅱ	240～40	≥100
Ⅲ	<40	≥50

① 在电力系统中占主导地位的火电厂，其防洪标准可适当提高。

② 工矿企业自备火电厂的防洪标准，应与该工矿企业的防洪标准相适应。

③ 核电站核岛部分的防洪标准，必须采用可能最大洪水或可能最大潮位进行校核。

11）高压和超高压输配电设施的防洪标准

对于 35kV 及其以上高压和超高压输配电设施，按其电压划分为三个等级，根据电压等级按表 3.17 中的规定确定。

高压和超高压输配电设施的等级和防洪标准　　　　　　　　表 3.17

等　级	电　压（kV）	防洪标准（重现期，年）
I	≥500	≥100
II	500～220	100
III	220～35	50

注：±500kV 及以上的直流输电设施的防洪标准按 I 等采用。

①　对于 35kV 以下中、低压输配电设施的防洪标准，根据所在地区和主要用户的防洪标准确定。

②　工矿企业专用输配电设施的防洪标准与该工矿企业的防洪标准相适应。

12）通信设施的防洪标准

公用长途通信线路，应根据其重要程度和设施内容分为三个等级，各等级的防洪标准按表 3.18 中的规定确定。

公用长途通信线路的等级和防洪标准　　　　　　　　表 3.18

等　级	重要程度和设施内容	防洪标准（重现期，年）
I	国际干线，首都到各省会（首府、直辖市）的线路，省会（首府、直辖市）之间的线路	100
II	省会（首府、直辖市）至各地（市）的线路，各地（市）之间的重要线路	50
III	各地（市）之间的一般线路，各地（市）至各县的线路，各县之间的线路	30

①　公用通信局、所，应根据其重要程度和设施内容分为两个等级，各等级的防洪标准按表 3.19 的规定确定。

公用通信局、所的等级和防洪标准　　　　　　　　表 3.19

等　级	重要程度和设施内容	防洪标准（重现期，年）
I	省会（首府、直辖市）及省会以上城镇的电信枢纽楼，重要市内电话局，长途干线郊外站，海缆登陆局	100
II	省会（首府、直辖市）以下城镇的电信枢纽楼，一般市内电话局	50

②　公用无线电通信台、站，应根据其重要程度和设施内容分为两个等级。各等级的防洪标准按表 3.20 的规定确定。

公用电通信台、站的等级和防洪标准　　　　　　　　表 3.20

等　级	重要程度和设施内容	防洪标准（重现期，年）
I	国际通信短波无线电台，大型和中型卫星通信地球站，1 级和 2 级微波通信干线链路接力站（包括终端站、中继站、郊外站等）	100
II	国内通信短波无线电台、小型卫星通信地球站、微波通信支线链路接力站	50

交通运输、水利水电工程及动力设施等专用的通信设施，其防洪标准可根据服务对象的要求确定。

13）文物古迹和旅游设施的防洪标准

不耐淹的文物古迹，应根据其文物保护的级别分为三个等级，各等级的防洪标准按表 3.21 中的规定确定。对于特别重要的文物古迹，其防洪标准可适当提高。

文物古迹的等级和防洪标准　　　　　　　　　表 3.21

等　　级	文物保护的级别	防洪标准（重现期，年）
Ⅰ	国家级	＞100
Ⅱ	省（自治区、直辖市）级	100～50
Ⅲ	县（市）级	50～20

① 受洪灾威胁的旅游设施，应根据其旅游价值、知名度和受淹损失程度分为三个等级，各等级的防洪标准按表 3.22 的规定确定。

② 游览的文物古迹的防洪标准，应根据其等级按表 3.21、表 3.22 中较高的考虑确定。

旅游设施的等级和防洪标准　　　　　　　　　表 3.22

等　　级	旅游价值、知名度和受淹损失程度	防洪标准（重现期，年）
Ⅰ	国线景点，知名度高，受淹后损失巨大	100～50
Ⅱ	国线相关景点，知名度较高，受淹后损失较大	50～30
Ⅲ	一般旅游设施、知名度较低，受淹后损失较小	30～10

2. 防洪建筑物的级别

城镇防洪建筑物，按其作用和重要程度分为永久性建筑物和临时性建筑物；永久性建筑物又分为主要建筑物和次要建筑物。

由于洪水对各种建筑物可能造成的危害不同，现行标准《城市防洪工程设计规范》，除了按照城镇大小划分等级外，还按照防洪建筑物的作用和重要性进行分级。各种防洪建筑物级别按表 3.23 中确定。

防洪建筑物级别　　　　　　　　　　　　表 3.23

城镇等级	永久性建筑物级别		临时性建筑物级别
	主要建筑物	次要建筑物	
Ⅰ	1	3	3
Ⅱ	2	3	4
Ⅲ	3	4	5
Ⅳ	4	5	5

注：1. 主要建筑物是指失事后使城镇遭受严重灾害并造成重大经济损失的建筑物，例如堤防、防洪闸等。
　　2. 次要建筑物是指失事后不致造成城镇灾害或者造成经济损失不大的建筑物，例如丁坝、护坡、谷坊。
　　3. 临时性建筑物是指防洪工程施工期间使用的建筑物，例如施工围堰等。

3. 防洪建筑物的安全超高

（1）城镇防洪建筑物安全超高的规定，主要是考虑洪水计算可能存在的误差、泥沙淤积造成水位的暂时抬高等各种不利因素的影响，而采取的一种弥补的措施；同时，安全超高的规定也为防洪抢险提供了有利条件。城镇防洪建筑物的安全超高应符合表 3.24 中的规定。

安全超高　　　　　　　　　　　　　　表 3.24

安全超高（m）　　安全级别 建筑物名称	安全级别			
	1	2	3	4
土堤、防洪墙、防洪闸	1.0	0.8	0.6	0.5
护岸、排泄渠道、渡槽	0.8	0.6	0.5	0.4

注：1. 安全超高不包括波浪爬高。
　　2. 越浪后不造成危害时，安全超高可适当降低。

（2）建在防洪堤上的防洪间和其他建筑物，其挡水部分的顶部高程不得低于堤防（护岸）的顶部高程。

（3）临时性防洪建筑物的安全超高，可较同类型建筑物降低一级。海堤允许越浪时，超高可适当降低。

思　考　题

1. 城镇防洪总体规划的主要任务有哪些？

2. 简要列出城镇防洪总体规划的基本原则。

3. 简要列出城镇防洪总体规划的方法和步骤。

4. 简要说明外洪防治和内洪防治有什么关系。

5. 防洪工程沿革和社会经济对城镇防洪总体规划的作用有哪些？

6. 城镇防洪标准是如何定义的，有哪几种表达方式？

7. 分析说明影响城镇防洪标准的因素有哪些，确定防洪标准有哪些需要注意的地方。

8. 理解记忆水库和水电站工程的防洪标准和堤防工程的防洪标准。

9. 理解安全超高的含义，安全超高是否包括波浪爬高？

第4章 城镇防洪措施

4.1 城镇防洪的工程措施

为了保护城镇、工矿区不受洪水侵袭，必须根据保护区特点，因地制宜地进行防洪工程规划，采取切实可行的防护措施。其中，工程措施是国内外防洪采用的主要措施之一，即通过河道整治，修建防洪堤防、排（截）洪沟、防洪闸等防洪工程，避免或减小城镇遭受洪水灾害造成的生命财产损失。采用何种防洪工程措施，应根据流域的自然地理条件和洪水、泥沙特性以及社会经济条件，本着除害与兴利相结合，上、中、下游兼顾，干支流全面规划，统筹考虑。一般是通过在上游兴建控制性水库，拦蓄洪水、削减洪峰；在中下游平原进行河道整治、加固堤防、开辟蓄滞洪区，调整和扩大洪水出路，使其形成一个完整的防洪工程体系，以达到预期的防洪目标。

4.1.1 堤防

1. 概述

沿河、渠、湖、海岸或行洪区、分洪区、围垦区的边缘修筑的挡水建筑物称为堤防。堤防是世界上最早广为采用的一种重要防洪工程。其主要作用是约束水流，限制洪水泛滥，提高河道的泄洪排沙能力，防止风暴潮的侵袭，保护居民安全和工农业生产。堤防对于防御历时长、洪水量大的洪水较为有效，因此在平原地区的城镇，它是主要的工程措施。美国密西西比河下游 6.5 万 km² 的冲积平原和沿岸城镇 250 万人口以及工业交通均靠堤防保护。成为中国精华地带防洪安全的屏障。作为防洪工程的重点，我国著名的堤防工程有黄河下游的黄河大堤、长江中游荆江大堤、淮河中游的淮北大堤、洪泽湖大堤、里运河大堤、珠江的北江大堤、海河的永定河大堤以及钱塘江海堤等。

2. 堤防防洪标准和工程级别

堤防的防洪标准通常根据防护对象的重要程度和洪灾损失情况来和防护区范围大小确定。由于堤防工程的重要性不同，其设计和管理的要求也不同，一般是将堤防划分为不同级别，根据不同级别确定相应的防洪标准，见表4.1、表4.2。

堤防工程的级别　　　　　　　　　　　　　　　　　表 4.1

防护对象	项　　目	防护对象的级别和防洪标准				
		1	2	3	4	5
城镇	重要程度	特别重要城镇	重要城镇	中等城镇	一般城镇	—
	非农业人口（万人）	≥150	150～50	50～20	≤20	—
乡村	防护区耕地面积（万亩）	≥500	500～300	300～100	100～30	≤30
	防护区人口（万人）	≥250	250～150	150～50	50～20	≤20

续表

防护对象	项　目	防护对象的级别和防洪标准				
		1	2	3	4	5
工矿企业	主要厂区(车间)	特大型	大型	中型	中型	小型
	辅助厂区(车间)生活区	—	—	特大型	大型	中小型

堤防工程的防洪标准　　表 4.2

堤防工程的级别	1	2	3	4	5
防洪标准（重现期，年）	≥100	100～50	50～30	30～20	20～10

3. 堤防分类

防洪堤防的种类很多，根据不同的分类标准，可分为如下几类：

（1）按抵御水体性质的不同分为河堤、湖堤、水库堤防和海堤。

河堤：位于河道两岸，保护两岸不受洪水淹没，是一种主要的堤防。由于河水涨落较快，洪水期一般仅持续一个月左右，最长也不超过两个月。因此，河堤承受高水位压力时间不长，故断面可以小些。

湖堤：位于湖泊四周，用以围垦湖滨低洼地带和发展水产事业。由于湖中水位涨落较慢，高水位持续时间较长，一般可达五六个月之久，且水面辽阔，故断面较河堤大，临水面应有较好的防浪护面，背水面需有一定的排渗措施。

水库堤防：设在水库回水末端，用以减少占用耕地面积或搬迁村庄。由于其是根据水库的兴建而设，故不单独作为城镇的防洪考虑。

（2）按筑堤材料不同分为土堤、石堤、土石混合堤及混凝土、浆砌石、钢筋混凝土防洪墙。

由于混凝土、浆砌石混凝土或钢筋混凝土的堤体较薄，习惯上称之为防洪墙，而将土堤、石堤或土石混合堤称为防洪堤。通常，土堤是堤防工程的首选堤型，具有就地取材、施工方便、对堤基变形适应性强、便于加修改建、投资少等优点，但占地多、体积大、易受水流风浪破坏。在土料充足时，应优选均质土堤，土料不足时，也可采用土石混合堤，而石料充足则选用石堤。混凝土和钢筋混凝土防洪墙的优点为占地少、抗风浪冲刷能力强，但建成后改扩建困难。在我国大城镇中心市区段，由于地方狭窄，土地昂贵，多数无条件修建土堤，同时结合城镇环境的需要，宜采用混凝土或钢筋混凝土防洪墙，而在城镇郊区宜选择防洪堤。

（3）按堤体断面的不同分为斜坡式堤、直墙式堤、直斜复合式堤防。

（4）按堤防防渗设计的不同分为均质土堤、斜墙式或心墙式土堤等。

（5）按堤防建设性质的不同分为新建堤防和老堤的加固、扩建、改建等。

同一堤线的各堤段可根据具体条件采用不同的堤型，但在堤型变换处应做好连接处理，必要时应设过渡段。

4. 堤线布置

堤线即堤防的沿程走向和位置。堤线布置实际上就是确定河道的整治线，应根据防洪规划，密切结合防洪工程总体布置，综合地形和地质条件、洪水和潮流方向、河流和海岸线变迁、现有工程状况、防汛抢险和维护管理要求，按被保护区的范围确定，同时还应考虑与涵闸、道路、码头、交叉构筑物、沿河道路、滨河公园、环境美化以及排涝泵站等构筑物配合修建，并尽量利用原有的防洪设施。在定线时，应和整个河流的治理规划相协调，应遵循以下原则：

（1）堤线应与河势流向相适应，并与汛期洪水的主流线大致平行，与中水位的岸边线保持一定距离。一个河段两岸堤防的间距或一岸高地一岸堤防之间的距离应大致相等，不宜突然放大或缩小。为保证中水位时的水流方向，河道弯曲处应采用较大的弯曲半径。

（2）堤线应尽可能顺直，各堤段平缓连接，不宜局部突出、硬性改变自然情况下的水流流向，避免急弯和折线。湖堤、海堤应尽可能避开强风或风暴潮正面袭击。

（3）注意堤线通过岸坡的稳定性，防止水流对岸边的淘刷危及堤身的稳定。堤线与岸边要有一定距离，如果岸边冲刷严重，则要采取护岸措施，如果由于堤身重量引起岸坡不够稳定，堤线应向后移，加大岸边与堤身距离。应尽可能地走高埠老地，使堤身较低、堤基稳定，以利堤防安全。

（4）堤线的起点应设于水流较平顺的地段，以免产生严重冲刷，堤端需嵌入原岸 3～5m。若设在河滩上的防洪堤对过水断面有严重挤压时，则防洪堤的首段，应布置成八字形的喇叭口，以便水流顺畅通过，避免水流从堤外漫流并发生淘刷。

（5）堤线宜选择在较高的地带上，不仅基础坚实，增强堤身的稳定程度，还可节约土方。

（6）堤防工程应尽可能利用现有堤防和有利地形，修筑在土质良好、比较稳定的滩岸上，不宜跨过深潭、深沟，尽可能避开软弱地基、古河道、强透水地基，以免产生漏水和沉陷。

（7）堤线布置应避免挖压占地、拆迁房屋，避开文物遗址，有利于防汛抢险和工程管理。

（8）堤脚与滩缘的距离，一般宜根据河岸可能遭受冲刷的情况选定，注意堤脚不能靠近河岸或滩缘，以防水流淘刷危及堤身安全。

（9）堤防设计必须上下游统筹兼顾，左右两岸互相结合，避免束窄河道。

（10）防护堤内各防护对象的防洪标准相差较大时，可采用隔堤分别防护。

5. 堤防间距

堤防间距是指河流两岸堤防中心线间的距离。河堤堤距设计，应按堤线选择的原则，根据河道纵横断面、水力要求、河流特性及冲淤变化、河段的地形特点、流量大小、水流特性并结合城镇用地情况及被保护的范围等因素，分别计算不同堤距的河道设计水面线、设计堤顶高程线、工程量及工程投资等技术经济指标，综合权衡对设计有重大影响的自然因素和社会因素最后确定。

河道一边靠山的山区城镇，可采用一边筑堤的措施以节省工程量。平原川道地区因河床宽阔，可沿河槽对称布置堤防，形成复式过水断面，小水在河槽，大水上滩地（图 4.1）。

6. 堤顶高程

堤防顶高程是指土（石）堤或防洪墙顶的基准标高（图 4.2），其应按设计洪水位或设计高潮位加堤顶超高确定。

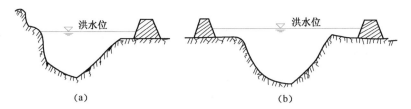

图 4.1　防洪堤布置示意图

（a）河谷城镇一侧筑堤；（b）平原川道对称筑堤

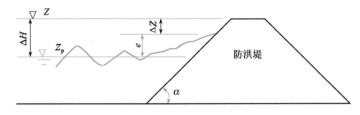

图 4.2　堤顶高程示意图

$$Z_H = Z_p + \Delta Z \tag{4.1}$$

$$\Delta Z = R_P + e + A \tag{4.2}$$

式中　Z_H——堤顶高程，m；土堤顶面高程应高出设计静水位以上 0.5m；

　　　Z_p——设计洪水位或设计高潮位，m；

　　　ΔZ——堤顶超高，m；1、2 级堤防堤顶超高值不应小于 2.0m；

　　　R_P——设计波浪爬高，m；

　　　e——设计风壅水面高，m；海堤中，设计高潮位如包括此数，则不另计；

　　　A——安全加高，m。

当堤顶设计防浪墙时，墙后土堤堤顶高程应高于设计洪（潮）水位 0.5m 以上。

（1）设计洪（潮）水位

设计洪水位决定了堤防的高度，关系到堤防安全，因此，对其要慎重分析计算，有条件时最好用比降法和推求水面曲线法相互论证。

对于河堤设计洪水位，当沿程有设计流量的观测水位时，可根据控制站设计水位和水面比降推算，并考虑桥梁、码头、拦河等建筑物产生的壅水影响；当沿程无接近设计流量的观测水位时，应根据控制站设计水位，通过推求水面曲线确定。所求水位应用上下游水文站水位检验。

对于湖堤设计洪水位，可以直接对湖水位进行频率分析确定，并考虑进出湖的径流影响。

对于海堤设计潮水位，尽可能利用实测潮位资料，采用极值 I 型分布和 P-Ⅲ型分布等潮位频率分布数学模型推求。

（2）设计波浪爬高

1）在风的直接作用下，确定正向来波在单一斜坡上爬高的方法如下：

当 $m = 1.5 \sim 5.0$ 时，$R_P = \dfrac{K_A K_V K_P}{\sqrt{1+m^2}} \sqrt{HL} \tag{4.3}$

当 $m < 1.25$ 时，$R_P = K_A K_V K_P R_0 \overline{H} \tag{4.4}$

当 $1.25 < m < 1.5$ 时，可由 $m = 1.5$ 和 $m = 1.25$ 的计算值按内插法确定。

式中 R_P——累积频率为 P 的风浪爬高，m；

$\quad K_A$——斜坡的糙率渗透性系数，根据护面类型查表 4.3；

$\quad K_V$——经验系数，由风速 v(m/s)、堤前水深 d(m)、重力加速度 g(m/s^2)组成的无维量，查表 4.4；

$\quad K_P$——爬高累积率换算系数，查表 4.5；

$\quad m$——斜坡坡度系数，$m = \cot\alpha$，α 为斜坡坡角（°）；

$\quad \overline{H}$、L——堤前风浪的平均波高和波长，m；

$\quad R_0$——无风情况下，光滑墙面（$K_A = 1$）、$\overline{H} = 1$m 时爬高值（m），按表 4.6 确定；

糙率渗透性系数 K_A　　　　　　　　　　　　　　　　　　表 4.3

护面类型	K_A	护面类型	K_A
光滑不透水护面（沥青混凝土）	1.0	抛填两层块石（透水基础）	0.50~0.55
混凝土及混凝土护面	0.9	四脚空心方块（安放一层）	0.55
草皮护面	0.85~0.90	四脚锥体（安放两层）	0.40
砌石护面	0.75~0.80	工字形块体（安放两层）	0.38
抛填两层块石（不透水基础）	0.60~0.65		

经验系数 K_V　　　　　　　　　　　　　　　　　　表 4.4

$v/\sqrt{gd}$	<1	1.5	2	2.5	3	3.5	4	≥5
K_V	1	1.02	1.08	1.16	1.22	1.25	1.28	1.30

爬高累积率换算系数 K_P　　　　　　　　　　　　　　　　表 4.5

	$\overline{H}/d$	P(%)	0.1	1	2	3	4	5	10	13	20	50
(1)	<0.1		2.66	2.23	2.07	1.97	1.90	1.84	1.64	1.54	1.39	0.96
(2)	0.1~0.3	$R_P/\overline{R}$	2.44	2.08	1.94	1.86	1.80	1.75	1.57	1.48	1.36	0.97
(3)	>0.3		2.13	1.86	1.76	1.70	1.65	1.61	1.48	1.40	1.31	0.99

注：$\overline{R}$——平均爬高。

R_0 值　　　　　　　　　　　　　　　　　　表 4.6

$m = \cot\alpha$	0	0.5	1.0	1.25
R_0	1.24	1.45	2.20	2.50

2）对带有平台的复式斜坡堤的风浪爬高，可先确定该断面的折算坡度系数 m_e 后，再按坡度系数为 m_e 的单坡断面近似确定其爬高。

（3）设计风壅水面高

设计风壅水面高指风沿水域吹过所形成的水面升高，即风壅水面超过静水面的高度，在有限风区的情况下，可按式（4.5）计算：

$$e = \frac{Kv^2 F}{2gd}\cos\beta \tag{4.5}$$

式中　e——计算点的风壅水面高度（m）；

$\quad K$——综合摩阻系数，取 $K = 3.6 \times 10^{-6}$；

$\quad v$——水面上 10m 高度处的风速（m/s）；

F——从计算点作水域中线的平行线与对岸的交点到计算点的距离（m）；

d——水域的平均水深（m）；

β——风向与水域中线的夹角（°）。

（4）安全加高

堤防工程的安全加高主要是为了消除水文计算等误差对堤防工程安全带来的不利影响，通常根据堤防等级和类别来确定（表 4.7）。

堤防工程安全加高值　　　　　　　　　　　　　　　　　表 4.7

堤防工程级别		1	2	3	4	5
安全加高值（m）	不允许越浪的堤防工程	1.0	0.8	0.7	0.6	0.5
	允许越浪的堤防工程	0.5	0.4	0.4	0.3	0.3

1. 海堤工程由于经常在软基上筑堤，沉降量较大，有的一二年后就沉陷 1m 以上，使其防御标准大大降低，因此，在确定海堤高程时，应进行沉降量计算，并考虑沉陷预留量。

（5）预留沉降

对一般的土堤堤防，堤顶高程公式中没有考虑其建成后的沉降值，因此在施工中要预留，可根据堤基地质、堤身土质及填筑密实度等因素分析确定，宜取堤高的 $3\%\sim8\%$，也可参照表 4.8 采用。若存在土堤高度大于 10m、堤基为软弱土层、为非压实土堤或压实度较低的土堤等情形之一时，沉降量通过计算确定。海堤工程由于经常在软基上筑堤，沉陷量较大，有的一、二年后就沉陷 1m 以上，使其防御标准大大降低，因此，在确定海堤高程时，应进行沉陷量计算，并考虑沉陷预留量。

土堤预留沉降值（m）　　　　　　　　　　　　　　　　　表 4.8

堤身的土料		普 通 土		砂、砂卵石	
堤基的土质		普通土	砂、砂卵石	普通土	砂、砂卵石
堤高 （m）	<3	0.20	0.15	0.15	0.10
	3~5	0.25	0.20	0.20	0.15
	5~7	0.25~0.35	0.20~0.30	0.20~0.30	0.15~0.25
	>7	0.45	0.40	0.40	0.35

4.1.2　护岸与河道整治

1. 护岸整治线

河道防护整治的基本原则是全面规划、综合治理、因地制宜、因势利导。在防洪规划设计时，为满足行洪要求，并使河流符合河床演变规律，保持河道的相对稳定，兼顾航运、环保等要求，需要根据河流水文、地形、地质等条件及泄洪需要，拟订比较理想的河槽，即整治线。设计洪水时的水边线称为洪水整治线，中水时河流主槽的水边线称为中水整治线，枯水时的水边线称为枯水整治线。其中中水、枯水整治线较重要，尤以中水整治线最为重要。中水整治线的位置，应根据整治目的和要求，按照因势利导的原则，从河道演变分析中得出的结论来确定。

拟订整治线主要是指确定其位置、走向和曲线特征，这是确定堤岸防护工程布置位置的依据。防洪规划整治线应尽量利用现有防洪工程及抗冲刷的坚固河岸，并与沿河建筑红线保持一定距离。两岸整治线的间距应考虑整治后洪水水面线的变化，通过技术经济比较确定。

整治线走向应结合上下游河势，尽量与洪水主流流向一致，并兼顾中、枯水流向，使之交角尽量小，以减少洪水期的冲刷和淤积。起点和终点应与上下游防洪设施相协调，一般选择在地势高于设计洪水位、河床较为稳定坚固的河岸位置，或已建的桥梁、码头、取水口、护岸等人工构筑物位置。

整治线线形应力求顺直，兼顾其他。整治线的主要曲线特征包括弯曲半径（R）、河弯间距（L_m）、弯曲宽度（B_m）、河弯跨度（T）、直线段长度（l）等（图4.3）。根据河道比降、来沙量和河岸的可冲性等因素，弯曲半径一般取4～6倍的整治线间距，两弯曲

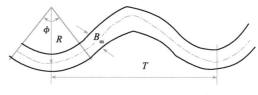

图4.3 整治线示意图

段之间的直线过渡段长度不宜过长，一般不应超过3倍整治线间距，通航河段的洪、枯水流向应吻合，以利航道稳定。

整治线的平面布置一方面应使河道具有足够的泄洪断面，与城镇规划及现状相适应，兼顾交通、航运、取水、排水、环保等部门的要求，并应与河流流域规划相适应；另一方面应与滨河道路相结合，在条件允许时与滨河公园和绿化相结合，并应尽量利用现有防洪工程（如护岸、护坡、堤防等）及抗冲刷的坚固河岸，以减少工程投资，同时要左右岸兼顾，上下游呼应，尽量与河流自然趋势相吻合，一般不宜做硬性改变。

2. 堤岸防护

护岸是保护江（河）岸、海岸、湖岸等岸边不被水流冲刷，保证汛期行洪岸边稳定，保护城镇建筑、道路、码头安全的工程措施。护岸布置应减少对河势的影响，避免抬高洪水位。

堤岸防护包括堤防堤脚和岸滩两类情况。一类是在堤外无滩或滩地极窄，要依附堤身和堤基修建护坡和护脚的防护工程，包括修建护岸及坝等，称为护岸工程；另一类是堤前有滩地，滩地受水流冲刷，危及堤防或岸上设施安全，因而修建依附岸滩的防护工程，称为护滩工程。

根据护岸淹没情况可分为在枯水位以下的下层护岸，在枯水位与设计洪水位之间的中层护岸和在设计洪水位以上的上层护岸。常用护岸类型有坡式护岸、重力式护岸、板桩及桩基承台护岸、坝式护岸等。护岸选型应根据河流和河（海）岸特性、城镇建设用地、航运、建筑材料和施工条件等综合分析确定。

护岸长度根据风浪、水流、潮汐及堤岸崩塌趋势等分析确定。护岸顶部高程根据水流、岸滩情况确定，对于险工段应超过设计洪水位0.5m以上；堤岸前有窄滩的，应与滩面相平或略高于滩面。护岸工程的护脚延伸范围，对深泓逼岸段则延伸至深泓线，并满足最大冲刷深度要求，水流平顺段可防护至坡度1：3～1：4的缓坡河床处。堤岸防护工程的护脚顶部平台应高于枯水位0.5～1.0m；护岸防护工程与堤岸本身应连接良好。

护岸设计应考虑的荷载有：自重和其上部荷载、地面荷载、墙后主动土压力和墙前被动土压力、墙前水压力和墙后水压力、墙前波吸力、地震力、船舶系缆力、冰压力等。

3. 重力式护岸

重力式护岸，又称墙式护岸，是依靠本身自重、填料重量和地基强度维持自身和构筑物整体稳定性的挡土墙式护岸，其具有整体性好、易于维修、施工比较简单等优点，适用于河道狭窄、堤外无滩地、易受水流冲刷、保护对象重要、受地形条件或已建建筑物限制的塌岸河段。

重力式护岸的结构形式很多，按其墙身结构分为整体式、方块式、扶壁式，其所用材料有钢筋混凝土、混凝土和浆砌块石等。选择重力式护岸结构形式时，应根据岸边的自然条件、当地材料以及施工条件等因素，经技术经济比较确定。

（1）整体式护岸：砌石和混凝土整体式护岸，在城镇防洪工程中应用最为广泛。按其墙背形式分，有仰斜、俯斜和垂直3种。近年来又出现了卸荷式和衡重式等一些新形式。

1）仰斜式（图 4.4），墙背主动土压力较小，墙身断面较小，造价较低。适用于墙趾处地面平坦的挖方段。

2）俯斜式（图 4.5），墙背主动土压力较大，墙身断面较大，造价较高，但墙背填土夯实比较容易。适用于地形较陡或填土的岸边。

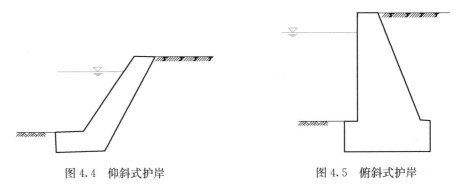

图 4.4　仰斜式护岸　　　　　　　　　　　图 4.5　俯斜式护岸

3）墙背垂直式（图 4.6），它介于仰斜式与俯斜式之间。适用条件和俯斜式相同。

4）卸荷式（图 4.7），卸荷板起减小墙身土压力的作用，墙身断面小，地基应力均匀。

5）衡重式（图 4.8），克服底宽大、地基应力不均匀的改进形式，但不如卸荷板式经济。

图 4.6　垂直式护岸　　　　图 4.7　卸荷式护岸　　　　图 4.8　衡重式护岸

（2）空心方块式及异形方块式护岸（图 4.9、图 4.10）：混凝土和钢筋混凝土预制方块，形状有方形、矩形、工字形及 T 字形等。方块安装后，空心及空隙部分，全部或部分填充块石。该结构较整体式节省混凝土，造价较低，但整体性和抗冻性较差。南方沿海城镇护岸和海港码头使用较多。

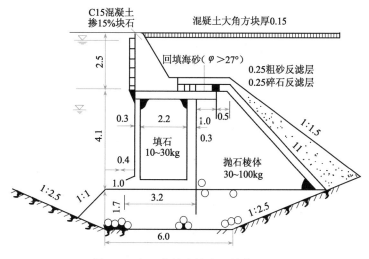

图 4.9 空心方块式护岸（单位：m）

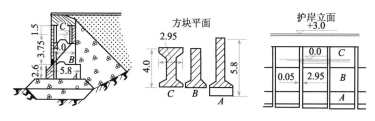

图 4.10 异形方块式护岸（单位：m）

（3）扶壁式护岸（图 4.11）：墙身为预制或现浇的钢筋混凝土结构。此种形式断面尺寸小，适用于地基承载力低缺乏石料的地区。该结构在南方采用较多，构件壁厚一般为 0.20m 左右。

4. 坡式护岸

坡式护岸，又称为平顺护岸，是用抗冲材料直接铺在岸坡及堤脚一定范围，形成连续的覆盖式护岸。坡式护岸对河床边界条件改变较小，对近岸水流影响也较小，是城镇防洪工程中常用的护岸形式，应优先选择。

坡式护岸设计坡度常较天然岸坡陡，以节省工程量。当岸坡高度较大时，宜设置戗道。

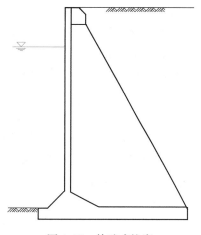

图 4.11 扶壁式护岸

坡式护岸常用的结构形式有干砌石、浆砌石、抛石、混凝土和钢筋混凝土板、混凝土异形块等，其中以砌石应用得最多，应根据流速、波浪、岸坡性质、冻结深度以及施工条件等因素，经技术经济比较确定，在季节性冻土地区应特别注意冰冻对砌石的破坏。

（1）坡式护岸分类

按照施工条件和构筑物所处位置不同，坡式护岸可分为上、中、下三层（图 4.12、图 4.13）。由于各层护岸的条件和要求不同，因此，各层结构和材料也不相同。

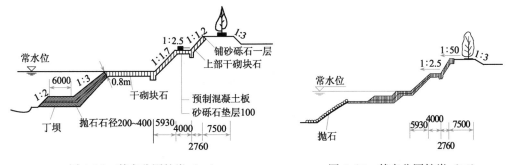

图 4.12　某市公园护岸（一）　　　　　图 4.13　某市公园护岸（二）

下层护岸常淹没在水中，遭受水流冲刷最严重，整个护岸的破坏往往从这里开始，所以要求下层护岸能够承受水流的冲刷，防止淘底和适应河床变形。

中层护岸经常承受水流冲刷和风浪袭击，由于水位经常变化，护岸材料处于时干时湿的状态，因此要求抗朽性强。一般多采用砌石、混凝土预制板，较少采用抛石和草皮。

上层护岸主要是防止雨水冲刷和风浪的影响。一般是将中层护岸延至岸顶，并做好岸边排水设施。有的在岸边顶部设置防浪墙，并兼作栏杆用。

（2）材料、坡度和厚度

砌石和抛石护岸，应采用坚硬未风化的石料，砌石下设垫层、反滤层或土工织物。浆砌石、混凝土和钢筋混凝土板护岸应在纵横方向设变形缝，缝距不宜大于 5m。

坡式护岸的坡度和厚度，应根据岸边土质、流速、风浪、冻结、护砌材料和结构形式等因素，通过定量分析计算确定。坡度主要是根据岸边稳定确定，护岸厚度主要根据护岸材料、流速、冰冻等确定。抛石护岸的厚度不宜小于抛石粒径的 2 倍，水深流急处应加厚，坡度宜缓于 1∶1.5。柴排护岸的坡度不应陡于 1∶2.5。

坡式护岸的下层护岸应设置护脚。基础埋深宜在冲刷线以下 0.5～1.0m。若施工有困难时，可采用抛石、沉排、沉枕等护底防冲措施。

5. 坝式护岸

坝式护岸是河岸、海岸间断式护岸的主要形式，可以选用顺坝、丁坝或丁坝与顺坝结合的丁顺坝，适用于河道凹岸冲刷严重、岸边形成陡壁状态，或者河道探槽靠近岸脚，河床失去稳定的河段，主要作用是导引水流、防冲、落淤、保护河（海）岸。

（1）作用与分类

1）顺坝

顺坝能使水流冲刷岸边落淤形成新的枯水岸线，以增大弯曲半径，还能引导水流按指定方向流动，以改善水流条件，所以又叫导流坝。

顺坝有透水和不透水两种，一般多做成透水的，如铅丝石笼、打桩编柳及打桩梢捆等。不透水的顺坝，一般为砌石结构，适应河床变形能力较差，坝体易损坏，所以应用较少。

顺坝轴线与水流方向相同，由于顺坝不改变水流结构，水流平顺，因此应优先采用，但建成后就不宜再调整，且坝头附近易淤积。

2）丁坝

丁坝具有挑流导沙作用，能将泥沙导向坝格内淤积，不仅防止河岸冲刷，同时也减少下游淤积。

按丁坝束窄河床的相对宽度可分为长丁坝、短丁坝和圆盘坝。丁坝越长，束窄河床越甚，挑流作用越强，反之，挑流作用较弱，如图 4.14、图 4.15 所示。圆盘坝是由河岸边伸出的半圆形丁坝（也叫磨盘坝），由于圆盘坝的坝身很短，对水流影响较其他丁坝小，多用于保护岸脚和堤脚。

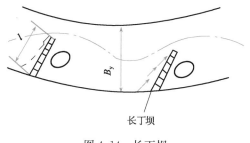

图 4.14　长丁坝

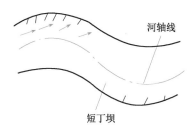

图 4.15　短丁坝

按丁坝外形可分为普通丁坝、勾头丁坝和丁顺坝。普通丁坝为直线形，勾头丁坝在平面上呈钩形。

顺坝和短丁坝护岸应设置在枯水水位以下，可按以下情况选定：

在冲刷严重的河岸、海岸，可采用顺坝或短丁坝保滩护岸；在波浪为主要破坏力的河岸、海岸，通航河道以及冲刷河岸凹凸不规则的河段，宜采用顺坝保滩护岸；在受潮流往复作用而产生严重崩岸，以及多沙河流冲刷严重河段，可采用短丁坝群保滩护岸。

（2）基本构造

坝式护岸工程由坝头、坝身和坝根三部分组成（图 4.16）。应做好坝头防冲、坝身稳定和坝根与岸边的连接，避免水流绕过坝根冲刷河（海）岸。

在中细砂组成的河床或在水深流急处修建不透水坝式护岸工程宜采用沉排护底，坝头部分应加大护底范围，铺设的沉排宽度应满足河床产生的最大冲刷的情况下坝体部不受破坏。

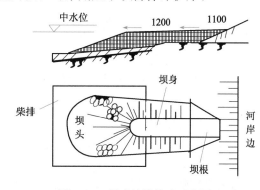

图 4.16　坝式护岸构造示意图

为了防止水流绕穿坝根，可以在河岸上开挖侧槽，将坝根嵌入其中，或在坝根上下游适当范围加强护岸。丁坝坝头水流紊乱，受影响力大，应特别加固。

6. 护岸冲刷计算

水流速度超过岸坡、河床土允许流速时，或建筑物束窄河道时，会产生冲刷。河道整治和护岸、土堤护坡、护脚等均需要进行冲刷计算。

（1）平行水流冲刷计算

水流流向平行于河道时，对岸边和河底的冲刷深度，可采用下式计算：

$$h_B = h_p \left[\left(\frac{v_p}{v_H} \right)^n - 1 \right] \tag{4.6}$$

式中　h_B——局部冲刷深度，从水面起算，m；

h_p——冲刷后水深，一般用近似设计水位最大深度代替，m；

v_p——主河槽计算水位时的平均流速，m/s；

v_H——河床容许的不冲流速，m/s；

n——河槽平面形状系数，与防护岸坡在平面上的形状有关。

（2）斜冲水流冲刷计算

由于水流斜冲河岸（图 4.17），水位升高，岸边产生自上而下的水流淘刷坡脚，其冲刷深度按下式计算：

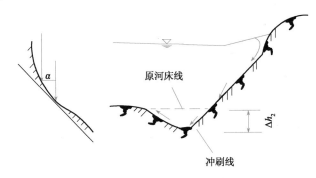

图 4.17　斜冲水流冲刷

$$\Delta h_p = \frac{23\tan\frac{\alpha}{2}\overline{v}^2}{\sqrt{1+m^2}g} - 30d \qquad (4.7)$$

式中　Δh_p——从河底算起的局部冲刷深，m；

α——水流流向与岸坡夹角，(°)；

m——防护建筑物迎水面边坡系数；

d——坡脚处土计算粒径，mm。

7. 河道整治

（1）河道整治的意义

以城镇防洪为目的的河道整治主要包括河道疏浚、截弯取直。当河流上游来沙量超过河流挟沙能力时会造成泥沙淤积，河槽变形，影响过水能力，对因泥沙淤积影响防洪的河段需要进行整治。另外，由于水流和河槽相互作用，天然河道特别是平原河道总是弯曲的，将有利于防洪、灌溉，但河流过度弯曲也有不利之处，例如，弯道曲率过大会阻水，增加上游壅水高度，对防洪不利；迎流顶冲还会引起凹岸坍塌，影响堤防和沿岸建筑设施安全；河流曲折迂回，占地多，河势恶化，影响城镇布局；增加堤线长度和防洪工程投资等。因此，对过度弯曲的河流也需要结合城镇规划、防洪、河势等进行整治。

（2）河道整治的要求

河道疏浚断面，首先要清除障碍物，保证设计断面，满足设计洪水安全下泄的要求，并兼顾市政有关部门的需要，同时考虑设计断面适合河道演变的自然规律，具有良好的稳定性。

截弯取直及疏浚（挖槽）的方向应与江河流向一致，并与上、下游河道平顺连接，以减少河道的冲淤变化，保持河床稳定，有利于防洪安全。

（3）河道疏浚、扩宽与清障

河道疏浚可以改善河道水力条件，加大河道宣泄洪水能力，降低洪水位，减轻洪水对城镇的威胁，对于受条件限制，无法实施其他河道整治措施的城镇市区段河道，更为重要。

疏浚河段应包括保护区附近河段和其下游的一段河道。如果疏浚河段长度 L 太短，由于下游的壅水作用，保护区范围河段水位不能降低到预期水位。因此应根据疏浚后的水面曲线，通过技术经济分析比较，合理选择疏浚长度，使疏浚后保护区河段洪水位降到安全水位以下，如图 4.18 所示。

河道扩宽和清障也是河道整治主要措施，二者也需要有足够的长度，以保证扩宽和清障后，城镇范围内的设计洪水位能够降低到安全水位以下。

（4）截弯取直

在城镇防洪工程中，河道截弯取直可以达到改善水流条件，去除险工和有利于洪水宣泄和城镇建设的目的。截弯取直后，随着流速增大，上游河段可能产生冲刷，下游河段可能产生淤积，因此，必须进行河道冲淤分析计算，并注意水面线的衔接，改善冲淤条件。

截弯取直有内截和外截两种方式。内截时新河位于弯曲段内侧最窄处，进口在上游弯顶稍下方，出口在下游弯顶稍上方，路线较短，土方量少。外截时新河位于弯曲段外侧，进口在上游弯顶上方，出口在下游弯顶稍下方，路线较长，土方量也稍大。一般进口角 $\theta = 25° \sim 30°$，以利正面引水排沙；出口角 $\theta' = 20° \sim 30°$，以利于将泥沙引向下游（图 4.19）。

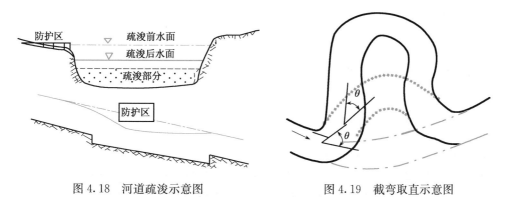

图 4.18　河道疏浚示意图　　　　图 4.19　截弯取直示意图

截弯取直的老河轴线长与新河轴线长之比值称为截弯比 ε：

$$\varepsilon = L'/L \tag{4.8}$$

式中　L——新河长度；

　　　L'——老河长度。

新河路线短，洪水位降落较多，占地也少，但新河路线太短，新河发展过快，可能引起下游严重冲刷和河势恶化，而新河太长，又起不到截弯取直的作用，故一般截弯比取 3～7。

同时，还要控制新河的弯曲度。新河弯曲半径 R 按下式估计：

$$R = 40\sqrt{\omega} \tag{4.9}$$

式中　ω——过水断面面积（m²）；

　　　R——新河弯曲半径（m）。一般要求 $R > (3 \sim 5)B$，B 为平滩水位时的河宽。

经截弯取直后，河道一般比较顺直，过水能力可以按均匀流公式进行计算，同时还要计算河流的挟沙能力。

中小河流一般采用一次开挖新河，同时堵死老河的方式。大河流一般采用开挖部分新河作为引河，引河冲刷逐渐成河，老河流逐渐淤死的方式。引河流速应大于泥沙启动速度。泥沙启动速度按下式计算：

$$v_0 = 4.6 d^{1/3} H^{1/6} \tag{4.10}$$

式中　v_0——泥沙启动速度（m/s）；

　　　d——泥沙粒径（mm）；

　　　H——水深（m）。

当截弯河段在截弯前有足够的水位流量资料时，截弯取直前后的水位变化可以用下面方法简单估算。

某一河段设计流量为 Q_0，老河道长度为 L，起点处水位为 Z_0，终点处水位 Z_1。Z_0 可以由设计流量 Q_0 和起点处的水位—流量关系查算，Z_1 可以由设计流量 Q_0 和终点处的水位—流量关系查算。根据实测资料还可以分析整理各种起点断面其他水力参数，如水位与起点断面流量模数的关系为 $Z—K$，以及截弯前上、下游水位关系 $Z_0—Z_1$ 等。

截弯后，新河道长度为 L'，设计流量 Q_0 时新河起点处断面水位为 Z'_0，终点处断面水位为 Z'_1，起点的水位—流量关系为 $Z'_0—Q$。其中，Z'_0 可以采用试算方法计算：

首先假设通过设计流量 Q_0 时新河终点断面水位没有显著变化，即 $Z'_1 = Z_1$，与起点断面水位为 Z'_0 对应的流量模数 K，可用 Z'_0 在 $Z—K$ 关系上查得，然后用曼宁公式计算相应的对应新河流量：

$$Q' = K \sqrt{\frac{Z'_0 - Z'_1}{L'}} \tag{4.11}$$

若 $Q' = Q_0$，则新河起点断面水位为 Z'_0，假设值正确，否则重新假设计算。试算时范围取：$Z_1 < Z'_0 < Z_0$。

4.1.3　城镇山洪防治

1. 概述

山洪是指通过山丘区城镇的小河，以及周期性流水的山洪沟发生的洪水，其具有暴涨暴落，历时短暂，水流速度快，冲刷力强，破坏力大的特点。山洪防治即根据地形、地质条件植被以及沟壑发育情况，因地制宜，选择缓流、拦蓄、排泄等工程措施，形成以水库、谷坊、跌水、陡坡、排洪渠道等工程措施（图 4.20）与植树造林修梯田等生物措施相结合的综合防御体系，以削减洪峰和拦截泥沙，减免洪灾损失，保护城市安全。

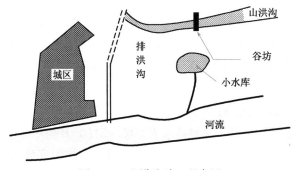

图 4.20　山洪防治工程布置

山洪大小不仅与降雨有关，而且与各山洪沟的地形、地质、植被、汇水面积等因素有关，每条山洪沟自成系统。所以，山洪防治应以各山洪沟汇流区为治理单元，进行集中治理和连续治理，并尽量利用山前水塘、洼地滞蓄洪水，以尽快收到防治效果，提高投资效益。

2. 山洪沟治理

山洪沟治理的主要目的是控制水土流失，使山洪沟不再发育，以避免或减轻山洪对下游城镇的威胁。多年实践证明，以植物措施和工程措施相结合的综合治理措施收效显著。

（1）植物措施

植物措施可以保护沟头、沟坡，防止冲刷，增加摩擦阻力，减小流速，而且效果逐年增长。然而，在沟道中建立植被有一定困难，因为沟床一般都是无有机物质、无植物有效养分的脊薄土，地下水位埋藏很深，因此需要因地制宜选择适宜的植物种类，最好在当地冲沟或冲沟附近寻找生长良好的灌木和草类进行培养、种植。

（2）沟头防护

沟头防护，是为了防止山坡径流集中流入山洪沟，而引起沟头上爬（即"沟头溯源"）。

沟头防护形式有蓄水式和排水式两种。如沟头附近有农田，一般应采用以蓄为主的形式，把坡水尽可能地拦蓄起来加以利用；如沟头附近无农田，一般应采用以排为主的形式。有时为了增加山坡土壤的含水量，以便植树种草，也可以修建以蓄为主的沟头防护。

（3）谷坊

谷坊横截山洪沟后，由于抬高了水位，减缓了水力坡降与流速，使洪水中挟带的泥沙在谷坊前沉积下来，水流从溢流口溢出后进行集中消能，从而防止了沟底下切和沟壁坍塌，有效地减小了山洪的破坏力和含沙量，可从根本上改变各段山洪沟的纵坡，并通过与其他措施配合可减轻或免除山洪对下游城镇的威胁。

常采用的谷坊有土石混合谷坊和砌石谷坊，也有采用铅丝石笼谷坊和混凝土谷坊等，应根据当地建筑材料情况选用。

（4）跌水和陡坡

1）作用和组成

跌水和陡坡是调整山洪沟或排洪渠道底纵坡的主要建筑物，当山洪沟、排洪渠道等通过地形高差较大地段时，需要采用陡坡或跌水消能，连接上下游渠道。跌水是使水流在某一断面突然降落的建筑物；陡坡实际上是急流槽，地形变化均匀，它的坡度大于临界坡度。

跌水一般修建在纵坡较陡的沟槽段、纵坡突然变化的陡坎处、台阶式沟头防护以及支沟入干沟的入口处。当坡度大于1：4时，采用跌水为宜，可以避免深挖高填。跌水高差在3m以内，宜采用单级跌水，否则宜采用多级跌水。在地形变化均匀的坡面上，坡降在1：4～1：20范围内，特别是地下水水位较高的地段修建陡坡比跌水经济。

2）跌水的组成

按照结构和功能，跌水可以划分为进口段、跌水段和出口段（图4.21）。

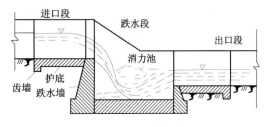

图4.21 跌水布置

跌水进口段由进口翼墙、护底、跌水口组成。进口翼墙主要起导流作用，促使水流均匀收缩，避免冲刷；护底具有防止进口的沟底冲刷和减少跌水墙、侧墙及消力池渗透压力的作用；跌水口是进口段和跌水段的分界断面，应使水流在跌水前不产生壅水和落水，常用形式有矩形、梯形和抬堰式三种。

跌水段由跌水墙、消力池组成。跌水墙有直墙式、斜墙式和悬背式三种形式；消力池的作用是促成淹没式水跃，消除能量，使水流平顺过渡到下游而不产生冲刷。

跌水出口段主要是护砌或消力池以下的海漫段，起继续消能作用，包括翼墙和护底。

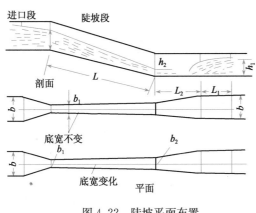

图 4.22　陡坡平面布置

在跌水水舌与直立跌水墙之间，应考虑通气问题，不通气或通气不好，水舌会产生附壁效应，影响跌水墙的稳定。

3）陡坡的组成

陡坡可以划分为进口段、陡坡段和出口段三个部分（图 4.22）。

陡坡起消能和连接上下游水面的作用，多用矩形或梯形。其进口段同跌水的进口段，出口段包括消力池和下游扩散部分，起进一步消能和与下游水面衔接的作用。

4）布置的主要要求

跌水和陡坡设计，应注意水面曲线平顺衔接。水面曲线计算，可采用分段直接求和法和水力指数积分法。跌水和陡坡水面衔接包括进口和出口，进出口段均应设导流翼墙与上下游沟渠护岸相衔接，且进口段要注意尽量不改变渠道水流要素，使得水流平顺进入跌水或陡坡，出口段一般要设置消力池消能，消力池深度、长度等尺寸应经过计算确定。

进口导流翼墙的单侧平面收缩角可由进口段长度控制，但不宜大于 15°，长度 L 由沟渠底宽 B 与水深 H 比值确定：当 $B/H < 2.0$ 时，$L = 2.5B$；当 $2 \leqslant B/H < 3.5$ 时，$L = 3.0B$；当 $B/H \geqslant 3.5$ 时，L 宜适当加长。出口导流翼墙的单侧平面扩散角，可取 10°～15°。海漫长度应满足使水流流速降至下游沟渠的容许流速，大致为下游沟渠水深的 2～6 倍。

跌水和陡坡进出口段护底长度应与翼墙平齐，在护砌始末端应设防冲齿墙，跌水和陡坡下游应设消能或防冲措施。

跌水和陡坡平面布置宜采用扭曲面连接，也可采用变坡式或八字墙式连接。陡坡段平面布置应力求顺直，陡坡底宽与水深的比值宜控制在 10～20m 之间，以避免产生冲击波。

3. 排洪渠道

排洪渠道是指拦截、排泄山洪的渠道，包括排洪明渠、排洪暗渠和截洪沟（图 4.23），其作用是将山洪安全排至城镇下游河道，是减免山洪危害的重要措施之一。

（1）排洪明渠

1）排洪明渠定线

排洪渠道常采用排洪明渠，其渠线布置应与城镇规划密切配合，尽量避免或减少拆迁和新建交叉建筑物，并充分利用现有排洪设施，以降低工程造价、减少工程量。

排洪明渠宜采用挖方渠道，使洪水在地面以下，比较安全。填方渠道运行与堤防工程相似，所以填方应按照堤防要求进行设计，使得回填土达到设计密实度。当流速超过不冲流速时，还要采用防护措施，防止水流冲刷。

2）河渠横断面

河渠横断面设计除了满足防洪要求外，还要注意外观，典型形式如图 4.24 所示。排洪明渠的过水断面可采用矩形或梯形，梯形明渠的边坡视地质、土和护砌材料选取。

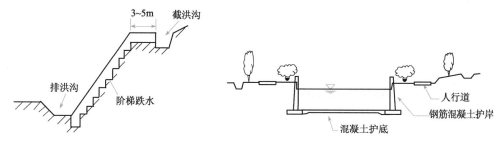

图 4.23　截洪沟与跌水　　　　　图 4.24　城镇防洪河渠典型断面

3）排洪明渠设计纵坡

排洪明渠设计纵坡根据渠线、地形、地质以及与山洪沟连接条件和便于管理等因素技术经济比较后确定，应接近天然纵坡，以使水流平稳，土石方量较少。当天然纵坡大于 1：20 或局部高差较大时，可设置陡坡或跌水。

4）排洪明渠衔接

排洪明渠断面变化时，应采用渐变段衔接，根据水工模型试验和经验，渐变段的长度可取水面宽度之差的 5～20 倍，以使水流平顺、与上下游水流均匀衔接。避免水流速度突变而引起冲刷和涡流现象。

5）进出口平面布置

排洪明渠进出口平面布置，宜采用喇叭口或八字形导流翼墙，导流翼墙长度可取设计水深的 3～4 倍。排洪渠道出口受河水或潮水顶托时，宜设防洪闸，防止河水倒灌。采用涵闸，有时还要配置排涝泵站，在关闸时，采用机排，防止产生内涝。排洪明渠也可在出口处或在回水范围内设置回水堤与河（海）堤连接以防止河水倒灌。

6）弯曲段设计

在排洪渠道走向改变处，为了水流平缓衔接，不产生偏流和底部环流，防止产生淘刷破坏，宜设置弯曲段平顺连接。排洪明渠弯曲段的弯曲半径，不得小于最小容许半径及渠底宽度的 5 倍。

由于离心力的作用，弯曲段凹岸将产生水位壅高现象。在弯曲段凹岸的渠顶标高应考虑水位壅高的影响。

7）护砌

当排洪明渠水流流速大于土的最大容许不冲流速时，应采取防护措施防止冲刷。防护形式和防护材料，应根据土的性质和水流流速确定。

8）沉砂池

排洪渠道进口处宜设置沉砂池，拦截山洪泥沙。山洪沟上游比降大，流速大，洪水挟带大量泥沙，到中下游沟底比降变小，流速变小，泥沙容易淤积，在排洪渠道进口处宜设置沉砂池，可以拦截山洪粗颗粒泥沙，是减轻渠道淤积的有效措施。在沉砂池淤满后应及时清淤。

（2）排洪暗渠

我国许多城镇处于丘陵地区，山洪沟通过市区，可改明渠为暗渠，或部分采用暗渠以解决带来的城镇环境和交通的一系列问题。

排洪暗渠的泄洪能力一般按照均匀流计算。除了满足明渠的设计要求外，为避免泥沙淤积暗渠，暗渠水流流速应大于 0.7m/s。排洪暗渠纵坡变化处，应注意避免上游产生壅水，断面变化时可改变渠底宽度，使深度保持不变。排洪暗渠为无压流时，设计水位以上的净空面积不应小于过水断面面积的 15%，可以弥补洪水计算误差。

排洪暗渠进口处要设置安全防护措施，以免泄洪时发生人身事故。但不宜设置格栅，以免杂物堵塞造成洪水漫溢。暗渠受河水倒灌而引起灾害时，在出口应设置闸门。

为维修和清淤方便，排洪暗渠应设置一定数量的检查井，间距可取 50～100m。在暗渠走向变化处应加设检查井。

（3）截洪沟

山坡上的雨水径流虽较山洪沟的洪水弱些，但由于雨水径流常侵蚀山坡，使其产生许多小冲沟，尤其是植被较差的山坡更严重，每当暴雨时，雨水将挟带大量泥沙冲至山脚下，使山脚下或山坡上的建筑物及路基受到危害。为此，位居山麓坡底的城镇、工矿区可在山坡上选择地形平缓、地质条件较好地带或在坡脚下修建截洪沟（图 4.25、图 4.26），拦截山坡上的雨水径流，将其积蓄沟内或送入附近排洪沟中，以保证安全。

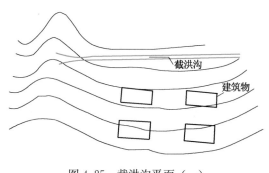
图 4.25　截洪沟平面（一）

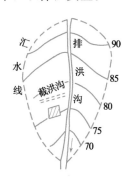
图 4.26　截洪沟平面（二）

1）布置基本原则

截洪沟是排洪沟的一种特殊形式，应根据城市规划或厂区规划总平面要求，结合地形及城市排水沟、道路边沟等统筹布置，一般应沿等高线开挖。为了多拦截一些地面水，截洪沟应均匀布设，沟的间距不宜过大，沟底应保持一定坡度，使水流畅通，避免发生淤积。

图 4.27　截洪沟布置示意图

山丘城镇，因建筑用地需要改缓坡为陡坡（切坡）的地段，为防止坍塌和滑坡，在用地的坡顶应修截洪沟。坡顶与截洪沟必须保持一定距离，水平净距 L（图 4.27）不小于 3～5m，当山坡质地良好或沟内进行铺砌时，距离可小些，但不宜小于 2m；湿陷性黄土区，沟边至坡顶的距离应不小于 10m。

截洪沟的横断面多采用梯形或矩形（图4.28），其主要沟段及坡度较陡的沟段，不宜采用土明沟，应以块石、混凝土铺砌或采用其他加固措施。

2）布置要求

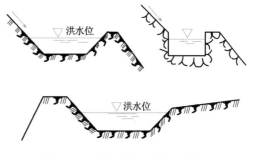

图 4.28　截洪沟断面形式示意图

截洪沟应根据实地调查的山坡土质、坡度、植被情况及径流计算，综合分析可能产生冲蚀的危害进行设置，一般设于山坡植被差、坡陡、水流急、径流量大处。当建筑物后面山坡长度小于 100m 时，其雨水径流可作为市区或厂区雨水排出。

截洪沟的平面布置，分散排放较集中排放安全但造价较高。实际工程中应根据具体情况经技术经济比较后确定，一般应避免在山坡上设置过长的截洪沟。

3）构造要求

截洪沟起点沟深应满足构造要求，不宜小于 0.3m，沟底宽应满足施工要求，不宜小于 0.4m。为保证截洪沟排水安全，应在设计水位以上加安全超高，一般不小于 0.2m。截洪沟弯曲段，在有、无护砌时，中心线半径分别不小于沟内水面宽度的 2.5 倍、5 倍。

截洪沟与排洪沟或山洪沟相接处，高差较大时，应修建跌水或陡坡。在地形允许的情况下，尽量采用阶梯式跌水，并在跌水或陡坡的末端考虑必要的消能设施。

截洪沟外边坡为填土时，边坡顶部宽度不宜小于 0.5m。截洪沟排出口应设计成喇叭口形，使水流顺畅流出。

4）截洪沟的护砌

如截洪沟流速大于不冲流速时，需护砌以防冲刷。在截洪沟威胁特别大的地段，对主要沟段或旁山主要截洪沟，也需加以护砌。

（4）排洪渠道防护

1）防护范围

沟渠的防护范围需根据设计流速、地质及距建筑物距离等因素来确定。

① 全部防护：对重要保护对象以及当渠道内水流速度大于边坡和渠底土质的最大容许不冲流速时，应全部防护，形式如图 4.29 所示。

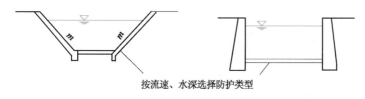

按流速、水深选择防护类型

图 4.29　渠道全部防护

② 边坡防护：当渠道内水流流速小于渠底土质的最大容许不冲流速，但大于边坡（一侧或两侧）土质的最大容许不冲流速时，可只进行边坡防护，形式如图 4.30 所示。

2）防护类型

为防止沟渠冲刷，应根据设计流速、沟渠土质、当地护砌材料等因素选择护砌类型，常用的有砌石和混凝土预制板防护。为防止堤身材料被淘刷，有时需要设置反滤层。

图 4.30　边坡防护

4.1.4　防洪闸与交叉构筑物

1. 防洪闸分类及作用

防洪闸系指城镇防洪工程中的挡洪闸或拦洪闸、分洪闸、排（泄）洪闸和挡潮闸等。

挡洪闸或拦洪闸是用来防止洪水倒灌的防洪建筑物，一般修建在江河的支流河口附近。若闸上游河道或调蓄建筑物的调蓄能力较小，容纳不了洪水持续时间内积蓄的水量时，需要设置提升泵站与挡洪闸联合运行。

分洪闸是用来将超过河道安全泄量的洪峰流量，分流入海或其他河流，或蓄（滞）洪区，或经过控制绕过被保护市区后，再排入原河道，以达到削减洪峰流量，降低洪水位，保障市区安全的目的。

排（泄）洪闸一般多建在城镇下游，是用以排泄蓄（滞）洪区和湖泊的调节水量，或分洪道分流流量的泄水建筑物。

挡潮闸是在为防止涨潮河段涨潮时潮水向河道倒灌，而在入海河口附近或支流河口附近修建的防潮建筑物，其也有保护江河淡水资源免受海水污染的作用。

2. 防洪闸闸址选择

防洪闸闸址应根据其功能和运用要求，综合考虑地形、地质、水流、泥沙、潮汐、航运、交通、施工和管理等因素，经技术经济比较确定。一般而言，防洪闸应选择质地均匀、压缩性小、承载力大、抗渗、稳定性好的天然地基，并位于水流流态平顺，河床、岸坡稳定的河段。其中，泄洪闸和排滞闸宜选在河段顺直或截弯取直处；中心线与主河道中心线的交角不宜大于 60°分洪闸应选在被保护城镇上游，位于河岸稳定的弯道凹岸顶点稍偏下游处或直段，其闸孔轴线与河道水流方向的引水角不宜太大；一般不大于 30°挡潮闸宜选在海岸稳定地区，以接近海口为宜，并应避免海岸受冲刷。对于水流流态复杂的大型防洪闸闸址选择，应有模型试验验证。

3. 总体布置

（1）防洪闸的构造

防洪闸由进口段、闸室段和出口段三部分组成，如图 4.31 所示。

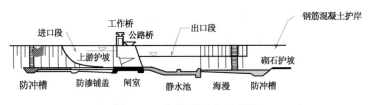

图 4.31　防洪闸组成示意图

1）进口段

进口段包括铺盖、防冲槽、进口翼墙和上游护坡。铺盖以一定坡度与其上游的防冲槽衔接，起防渗同时兼顾上游防冲和闸室抗滑稳定的作用，多采用黏土、混凝土或钢筋混凝土等材料。防冲槽是水流进入防洪闸的第一道防冲线，多采用砌石或堆石。进口翼墙能促成水流的良好收缩，引导水流平顺进入闸室，同时起挡土、防冲和防渗作用，有直角式、八字式等。上游护坡具有防止岸坡冲刷的作用。

2）闸室段

闸室段由基础部分的闸底板以及上部的闸墩、闸门、岸墙、边墩、工作桥和交通桥等组成。为过流通畅，闸底板标高不应低于闸下出口段末端的河底标高，而闸底板与闸上游河床标高之间的关系，视防洪闸类型和建闸条件而定。对于挡洪闸、防潮闸，为了避免汛期闸室底板壅高上游水位，闸底板标高不应高于闸上游河床标高。对于分洪闸，由于抬高闸底板可以减少河流推移质的进入，降低闸门高度和造价，故闸底板可以高于上游河底高程。

3）出口段

由护坦、海漫、防冲槽、出口翼墙、下游护坡组成。护坦可削减闸室以下水流动能，保护水跃范围内河床不被冲刷。海漫则继续削减水流动能，调整水流，降低流速。下游防冲槽可防止水流对海漫的冲刷破坏。出口翼墙和下游护坡则分别具有引导出闸水流均匀扩散和避免水流对下游河床岸坡冲刷的作用。

分洪闸、进洪闸等出口段一般还设有静水池进行消能。

（2）墙顶标高

防洪闸的胸墙和岸墙顶标高不得低于岸（堤）顶标高；泄洪时不得低于设计洪水位加安全超高；关闸时不得低于设计挡洪（潮）水位加波浪高和安全超高。

在有泥沙淤积的河道上，闸顶标高的确定应考虑泥沙淤积后水位抬高的影响；对建在软弱地基上的防洪闸，应考虑地基沉降的影响；挡潮闸则还应考虑关闸时潮位壅高的影响。

（3）防洪闸与两岸的连接

防洪闸与两岸的连接，应保证岸坡稳定和侧向防渗的要求，有利于水闸进、出水流条件，提高消能防渗效果，并减轻闸室底板边荷载的影响。防洪闸与两岸连接的建筑物，包括闸室岸墙、刺墙以及上下游翼墙，具有挡土、导流和阻止侧向绕流，保护两岸不受过闸水流冲刷，使水流平顺地通过防洪闸的作用。

（4）闸门和启闭机

在挡水高度较高，孔径较大，且需要用闸门控制流量时，宜采用弧形闸门；在有排凌或过水要求时，宜采用大孔径平面钢闸门；在采用分离式底板时，宜选用平板钢闸门。对于防洪闸，在启闭机选择以及闸门设计中，都应考虑动水启闭的要求，同时，对于大型防洪闸，闸上下游需要设置一道或两道检修门槽，并配备检修闸门。

由于位于大江大河上的防洪闸对水流及生态环境的影响较大，有的还有通航要求，因此闸门形式应根据对水闸影响的细致研究合理选择。

（5）消能防冲与防渗排水

消能防冲布置应根据地基情况、水力条件及闸门控制运用方式等因素来确定，宜采用底流消能。护砌、消力池、海漫、防冲槽等的布置应按控制的水力条件确定。

为了使闸基渗流处于安全状况，要设置防渗排水设施，应根据地质、闸上下游水位差、消能措施、闸室结构和两岸的布置等因素综合考虑，形成完整的防渗排水系统。

（6）上下游护岸

修建防洪闸后，由于河道束窄，水流流态发生变化，流速增大，因此，防洪闸上下游的护岸布置应根据水流流态、河岸土质的抗冲能力以及航运要求等因素确定。

（7）防洪闸与其他设施的结合

防洪闸结合城镇桥梁修建时，闸孔、桥孔布置和结构形式应互相适应，桥下净空应满足防洪要求，闸孔、桥孔跨度应相互协调，既满足桥梁构件模数的要求，又满足闸孔、启闭机设计的要求。闸室布置、闸墩长度与桥梁宽度、启闭机布置、工作（检修）闸门布置应相互协调等。防洪闸应结合岸墙、翼墙设置鱼道，但不得影响闸的防洪功能。

（8）观测设备

对重要的或采用新结构及地基十分复杂的防洪闸，宜设置必要的观测设备，以检验其在实际工作的各种状况，从而评价工程质量及设计、施工的合理性，并对安全程度做出估计。一般的观测项目有：垂直位移、水平位移、挠度、倾斜、表面接缝和表面裂缝、扬压力（包括浮托力和渗透压力）、渗透水位、渗流量等，以及温度、应力、应变、土压力、基岩变形观测等，所需设置的观测项目视工程具体情况选定。

4. 水力计算与消能防冲

闸孔水力计算，按闸门的开启度分为孔流和堰流。一般根据闸孔开启度 e 和从堰顶算起的闸前水深 H 的比值 e/H 大致判别：闸底坎为平顶形状时，$e/H \leqslant 0.65$ 为孔流，$e/H > 0.65$ 为堰流；闸底坎为曲线形状时，$e/H \leqslant 0.75$ 为孔流，$e/H > 0.75$ 为堰流。

堰型分为实用堰、宽顶堰和薄壁堰，根据堰顶宽度 δ 和堰前堰顶水头 H 比值 δ/H 判别：薄壁堰 $\delta/H < 0.67$；实用堰 $0.67 < \delta/H < 2$；宽顶堰 $2.5 < \delta/H < 10$；明渠 $\delta/H > 10$。防洪闸一般采用实用堰或宽顶堰。

进行水力计算时，首先判断是堰流还是孔流，再判断堰的形式，最后按水流是否受下游水位影响，分为自由出流和淹没出流，据此选用相应的计算公式。

闸下消能设计包括判断是否需要设置消力池、消力池的深度和长度设计计算、下游防冲槽和海漫段设计计算等，应根据闸门控制运用条件，选用最不利的水位和流量组合进行计算。一般选用最大单宽能量作为控制条件，计算如下式：

$$E = \gamma \Delta H q \tag{4.12}$$

式中　γ——水的重度；

　　　ΔH——上下游水位差，m；

　　　q——单宽流量。

4.1.5　泥石流防治

1. 泥石流及其危害

（1）泥石流的概念

泥石流是指在山区小型流域内，突然暴发的饱含有大量泥沙和石块的特殊固体径流，其固体物质的体积含量可达 30%～80%。一次泥石流输送的泥沙、石块可达数千万吨。从城镇防洪和工程治理角度看，当山洪重度达到 $14kN/m^3$ 时，固体颗粒含量占总体积的30％，已超过流量计算的误差范围，泥沙含量已不可忽视。从水土流失的角度看，流动体重度大于 $14kN/m^3$ 已属于极强度侵蚀，不能通过一般的水土流失治理方案解决。

（2）泥石流的分类

泥石流按其物质成分可分为三类：

1）泥石流，由大量黏性土和粒径不等的砂粒、石块组成；

2）泥流，以黏性土为主，含少量砂粒、石块，黏度大、呈稠泥状；

3）水石流，由水和大小不等的砂粒、石块组成。

泥石流按其物质状态可分为两类：

1）黏性泥石流，即含大量黏性土的泥石流或泥流。其特征是：黏性大，固体物质占40％～60％，最高达80％，其中的水不是搬运介质，而是组成物质，稠度大，石块呈悬浮状态，暴发突然，持续时间亦短，破坏力大。

2）稀性泥石流，以水为主要成分，黏性土含量少，固体物质占10％～40％，有很大分散性。其特征是：水为搬运介质，石块以滚动或跃移方式前进，具有强烈的下切作用，其堆积物在堆积区区呈扇状散流，停积后似"石海"。

此外，泥石流还可按其成因分为冰川型、降雨型；按其发生的沟谷形状分为沟谷型、山坡型等。

（3）泥石流的危害

泥石流是必须注意防治的一种自然灾害，在运动时其流速从每秒钟几米至十多米，历时从几分钟到数十小时不等，来势迅猛、破坏力极强，一次冲淤量可达几米至数十米，给汇流路线上的山区、山前区城镇和居民区的交通和环境带来巨大的危害。泥石流不仅可以像山洪那样淹没城镇，还可以在顷刻之间挟带大量泥沙、块石在沟口堆积起来，埋没沟口地区，而泥石流中的大石块会撞击破坏建筑物，且大量砂石汇入河流可能堵塞或改变河道。从时间过程来看，泥石流的危害可分为短时的（如泥石流的撞击、淹没、堵江等）和逐年积累的（如河床的逐年淤高、扇形地的逐年扩大等）。

一般以作用强度作为衡量泥石流对建筑物破坏程度的综合指标。根据形成条件、作用性质和对建筑物的破坏程度等因素，可以对泥石流的作用强度进行分级。我国划分为严重、中等和轻微三级。

泥石流分布广泛，我国25个省、市、自治区的山区都有泥石流活动，且主要分布在西南、西北地区，其次是东北、华北地区。华东、中南部分地区及台湾省、湖南省等山地，也有泥石流零星分布。

（4）泥石流的防治措施

泥石流防治一方面要采取各种坡面和沟道的工程手段，减轻泥石流的危害程度；另一方面要采用行政、法律等管理手段及预警预报措施。对城镇防治来说，应以防为主，尽量减小泥石流规模。对已发生的泥石流则以拦为主，将泥沙拦截在流域内，尽量减少泥沙进入城市。

泥石流防治的主要措施有：生物措施，即采用植树造林、种植草皮及合理耕种等方法，使流域内形成一种多结构的地面保护层，以拦截降水，增加入渗及汇水阻力，保护表土免受侵蚀；工程措施，主要包括预防、拦截和排导三个方面，应在不同的自然和经济条件下选用不同的类型组合；综合治理，即同时采用生物防治和工程措施并结合行政管理等措施，以有效地防治泥石流的危害。

从水文条件来看，水不仅是泥石流的一部分，而且是泥石流的搬运载体。因此，泥石流防治工程设计，应根据山洪沟特性及当地条件，采用综合治理措施，即在上游宜采用生物措施和截洪沟、小水库调蓄径流；泥沙补给区采用固沙措施；中上游宜采用拦截、停淤措施；通过市区段宜修建排导沟。

泥石流防治工程应突出重点，以大中型为重点，即重点防范和治理严重的、危害大的泥石流沟，并根据城镇等级及泥石流作用强度选定设计标准。

2. 治理泥石流的工程措施

（1）拦挡坝

在城镇上游修建拦挡坝拦截泥石流，是世界各国防治泥石流的主要措施之一，其形式主要有采用大型拦挡坝与其他辅助水工建筑物相配合的美洲型以及成群的中、小型拦挡坝辅助以林草措施的亚洲型。

拦挡坝一般由坝身、护坦及截水墙组成。为防止冲刷，有时在截水墙前再建一段临时性护坦。泥石流拦挡坝的断面形式，由坝体类型和建筑材料决定，为避免大石块翻过坝体撞击坝身，则坝的下游面最好垂直。坝顶过流部分用坚固和整体性强的材料建造，以防石块越坝时的影响和磨损。坝身应嵌入两岸岸壁不少于 1~2m，纵横方向每隔 1~1.5m 设一泄水孔以尽快排出坝内积水。为使水流不淘刷岸壁，在坝顶上修建矩形、梯形、V 形及条形的溢流口（图 4.32），否则要修建导流墙。

| 矩形溢流口 | 梯形溢流口 | V形溢流口 | 条形溢流口 |

图 4.32　拦挡坝的溢流口

拦挡坝坝型的选用应根据当地材料、地质、地形、泥石流性质、规模和技术经济条件等因素来确定，常用的有重力坝（图 4.33）、土坝、格栅坝等。

拦挡坝宜选择在上游地形开阔、容积较大的卡口处，易于满足应用期的拦蓄要求。以护床固沟为主的坝，应布置在侵蚀强烈的沟段或崩滑体下游。坝址还应该选择在基础条件较好和离建筑材料较近的区段。

拦挡坝可单级或多级设置，且以成群建筑为多，一般 2~5 座为一群（图 4.34），但在条件合适时也可采用单个建筑。拦挡坝的间距由坝高及回淤坡度决定，在布置时可先定坝的位置，然后计算坝的高度，也可以先决定坝高后计算坝的间距。

拦挡坝坝高应满足淤积容积、减缓冲刷和稳定滑坡的需要，坝体高度随拦挡坝建设目的的不同而不同，以拦挡泥石流固体物质为主的坝体高度主要决定于所需库容；以减缓冲刷为主的坝体高度主要决定于沟床淤积后可能增加的宽度；以拦挡淤积物质稳固滑坡为主的坝体高度应使拦挡的淤积物质所产生的抗滑力不小于滑坡的剩余下滑力，并保证淤积物不被滑坡的推力所剪破。

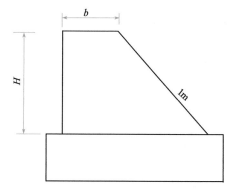

图 4.33 浆砌块石重力坝的轮廓尺寸

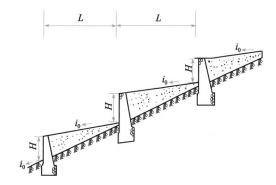

图 4.34 坝群布置示意图

拦挡坝基础的主要问题是冲刷，决定于地基土质、泥石流性质和规模等因素。拦挡坝的坝下冲刷由侵蚀基准面下降、泥沙水力条件改变的冲刷和坝下冲刷三部分组成。拦挡坝基础埋深，要根据冲刷情况和土的冻结深度等因素确定。

消力槛通常设置于拦挡坝下游，是拦挡坝防冲和消能的有效措施之一，一般高出沟床 0.5～1.0m，消力池长度一般可取坝高的 2～4 倍。

（2）停淤场

停淤场即使泥石流停淤的一块平坦而宽阔的场地，比较适合于黏性泥石流及含大石块较多的水石流。在小型泥石流集中的地区，可将相邻两条泥石流沟改到共同的低洼处，形成停淤场。稀性泥石流流到停淤场后，流动范围扩大、流深及流速减小，大部分石块因失去动力而沉积；黏性泥石流流到停淤场后，由于具有残留层而粘附在流过的地面上。

由于泥石流停淤场要占用大片的土地，且影响城镇环境，所以使用较少，但在泥石流有可能堵断河道而严重影响城镇，且在城镇周围又有河湾等无利用价值土地时，或在城镇上、下游有较广阔的平坦地面条件时，设置停淤场是一种很好的拦截方式。对于泥石流扇形地上的小城镇，可用部分扇形地作为停淤场，以保证城镇安全。

停淤场一般都设置在坡度小、面积大的沟口扇形地带，应使一次泥石流的淤积量不小于总量的 50%，设计年限内的总淤积高度不超过 5～10m。停淤场的设计，主要计算停淤场需要的最小长度，以使黏性泥石流中 40%～60% 的泥石或稀性泥石流中某种粒径的石块能够停积下来，并计算可能停积的数量。

在泥石流停淤场内设置拦坝以及导流坝可使泥石流流过更多的路程，扩散到更大的面积上，并尽可能多地停留在停淤场内。

（3）排导沟

排导沟即排导泥石流的人工沟渠，是城镇排导泥石流的必要建筑物。当保护对象上游因种种原因不能修建拦挡建筑物，或技术经济不合理时，可将泥石流用排导沟排入大河或适当地段，以保证城镇的安全。

为使排导沟具有良好的排导效果，同时保证其安全，排导沟宜顺直，布置在坡降大、长度短和出口处有堆积泥沙场地的地方，且要保持一定的纵向坡度。城镇的泥石流排导沟应考虑避免穿越繁华和人口密集的地区及可能引起堵江和堵塞河道而造成洪水水位提高的地段。

由于泥石流沟通过市区，总是对其附近建筑物造成一定威胁，设计和管理诸方面的些

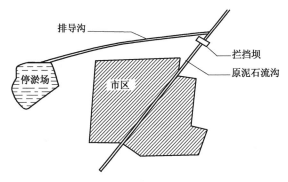

图 4.35　改沟工程布置示意图

许失误都可能造成严重后果，因此，当地形条件允许时，可通过由拦挡坝和排导沟或隧洞组成的改沟（图 4.35）将泥石流改向，即在通过市区的泥石流沟上游修建拦挡坝阻挡泥石流进入城镇，并在拦挡坝上游修建一段排导沟或隧洞，引导泥石流进入附近沟道或城镇市区以外指定的落淤区。

排导沟与天然沟连接的进口可用堤坝与天然沟道直接连接，也可采用八字墙连接，但连接处的平面收缩角不宜大于 $10°\sim15°$，否则容易引起泥石流冲越堤坝等事故。另外，排导沟沟口应避免洪水倒灌和扇形地发育的回淤影响。

排导沟宜采用较大而均一的坡度，以增大流速，减少淤积，其最小坡度与泥石流性质有关，一般不宜小于表 4.9 数值。

排导沟沟底设计纵坡参考数值　　　　　　　　　　　　表 4.9

泥石流性质	重度（kN/m³）	类　　别	纵坡（‰）
稀性	14～16	泥流	3～5
		泥石流	5～7
	16～18	泥流	5～7
		泥石流	7～10
		水石流	7～15
黏性	18～32	泥流	8～12
		泥石流	10～18

排导沟横断面形式由泥石流性质、建筑材料及防护方法决定，一般多采用梯形及矩形。如果是黏性泥石流沟且沟道为下挖断面时，可采用梯形断面的土质渠道；如果沟道断面是填筑而成，则沟道要加防护，若用护坡防护，断面采用梯形，若用挡土墙防护，断面多采用矩形。由于矩形断面或底宽较大的梯形断面，在经几次泥石流流动后就会变成底部较窄的梯形断面，所以为防止梯形断面的两侧坡淤积，边坡坡度常采用 1：1，且一般不小于 1：1.5。

由于较窄的沟道能使泥石流有较大的流速，减少淤积，也可以增加不发生泥石流时水流对沟底淤积物的冲刷，因此泥石流排导沟宜采用窄而深的断面，其宽度可参照天然流通段沟槽的宽度确定。但较窄的沟道需要较大的沟深，施工维护困难，故沟底宽度应根据可能的沟深综合考虑。排导沟的宽度还可以采用流态控制法、流速控制法等方法进行计算设计。

排导沟设计深度是指排导沟沟岸顶到沟底之间的垂直距离，排导沟沟口还应计算扇形地的堆积高度及其对排导沟泥石流的影响。

在各种类型的泥石流中，稀性泥石流因其泥沙含量低，而对排导沟侧壁的冲刷最为严重；黏性泥石流虽然一般冲刷较轻，但平时也会发生一般洪水，对侧壁造成一定程度的冲刷，因此城镇泥石流排导沟的侧壁一般都应加以护砌。排导沟护砌材料应根据泥石流性质、流动速度、当地建材情况等选择，可采用浆砌块石、混凝土和钢筋混凝土等结构。

渡槽是在泥石流沟与城镇道路相交，尤其是因开挖而使得道路高度低于泥石流沟底时采用的一种排导泥石流的建筑物。

4.2 城镇防洪的非工程措施

4.2.1 概述

1. 防洪减灾非工程措施的意义

远古时期，人们在河流两岸生产和生活，洪水袭来时撤离躲避，或择丘陵高地而居，是一种自发适应洪水的行为。用现代眼光审视，可称其为原始的防洪减灾非工程措施。随着科学技术和生产力的发展，人们有能力修筑水库和堤防，并在这些防洪工程保护下不断向洪泛平原的高风险地区扩张。在漫长的历史时期里，防洪工程一直是防御洪水最主要的措施。

20 世纪中叶以来，无论人们如何加高加固堤防，洪水的威胁和危害依然存在。在经济发达国家，条件较好的防洪工程多已建成，由于社会和生态环境保护等方面的原因，继续修建防洪工程遇到了越来越大的阻力和困难，而经济欠发达国家则因防洪工程投资巨大和防洪工程效益费用比日趋下降等因素，也深感修建大型防洪工程十分困难；各地超标准洪水频繁发生，迫切需要提高防洪标准，然而防洪工程的防洪标准毕竟是有限的，在看似坚固的防洪工程的保护下，人口和财产不断往洪水高风险地区集中，洪泛区随意围垦，使得洪水潜在的危险更大。一旦发生更大的洪水，损失不堪设想。在防洪工程方面，人们越来越意识到，防洪工程的安全保障是有限的，洪水灾害不可避免，人们不可能完全希望于防洪工程措施解决洪水灾害问题。

基于上述事实，人们的防洪思想和策略发生了很大的变化，提出了"洪水管理""自然治水""还河流以空间"等全新的防洪思想观念。正是在这样的背景下，现代意义下的防洪减灾非工程措施被提出来并受到了广泛的认同。

由此可见，防洪非工程措施是在防洪工程措施不足以解决洪水灾害的背景下提出的，因此在一定意义上它可以被视为防洪工程措施的一种补充。但是，从防洪减灾的策略思想考察可见，它是一类独立的防洪减灾策略思想，体现了人类尊重洪水规律，主动协调人与洪水关系的自然观和社会发展观。倘若把防洪工程措施的防洪策略思想理解为使洪水"远离"人类，即将洪水阻挡于人类生活和生产区域之外，则防洪减灾非工程措施的策略思想可以理解为使人类"远离"洪水，即人类通过调整自身行为尽可能避让洪水的袭击，以达到防止和减轻洪水灾害的目的。通俗地说，防洪减灾工程措施着眼于"管水"，而防洪减灾非工程措施着眼于"管人"。可见，防洪工程措施和防洪非工程措施分别从不同的角度处理人与洪水的关系，体现了两种不同的防洪策略思想，都是不可缺少的，它们的正确结合才能最有效地达到防洪减灾的目的。

2. 城镇防洪非工程措施的特点

城镇防洪非工程措施的特点主要体现在以下几个方面：

（1）城镇防洪非工程措施不改变洪水本身特征

城镇防洪工程措施是通过控制洪水本身，将洪峰流量、洪水位等洪水特征降低到安全线以下，以避免或减轻城镇水灾害损失；而城镇非工程防洪措施是改变保护区和保护对象本身的特征，减少城镇洪水灾害的破坏程度，或改变和调整灾害的影响方式或范围，将不利影响降低到最低限度。

（2）城镇防洪非工程措施的保护对象为城镇的局部范围

城镇防洪工程措施的保护对象是整座城镇，不过分考虑个别防护对象；而城镇防洪非工程措施考虑的是城镇内的小范围土地、少数人口以及局部的居住区和设施。

（3）城镇防洪非工程措施是决策灵活投资较少的主动措施

城镇防洪工程措施主要着眼于现有或永有的设施和土地的保护，是被动保护措施或事后补救措施，制约因素多，难度高，工程量大，一般需要较大的投资；而城镇防洪非工程措施主要着重于城镇防洪规划，是采取的主动措施，制约因素少，事前决策灵活，一般费用较低。

（4）城镇防洪非工程措施属于管理问题

城镇防洪工程措施主要涉及工程建设，是工程技术问题；而城镇防洪非工程措施涉及法律法规、行政管理、经济、技术等方面，很大程度上是一个管理问题。

（5）城镇防洪非工程措施的防洪减灾指标是随机性指标

城镇防洪工程措施的防洪指标明确，如洪水重现期、设计流量、水位、工程投资、防洪效益等；而城镇防洪非工程措施的防洪减灾指标具有随机性，如风险度、减灾度等。

3. 主要的城镇防洪非工程措施

非工程措施是针对防洪工程措施提出来的。它是不改变洪水的自然特性，而且通过行政法令、政策、社会保险及现代化技术手段，来达到防止和减少洪水灾害损失，实质上是一种科学的组织管理措施。

在欧洲，几乎所有采取的防洪减灾措施都不仅包含了工程措施，而且更注重非工程措施，有的甚至还有反对工程的倾向。工程措施和非工程措施相结合，是今后我国防洪工作长期的方针。图4.36将调节洪水的可能措施分为工程和非工程措施两类。

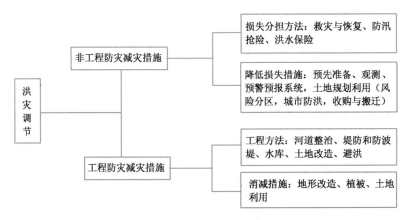

图 4.36　防洪减灾措施的分类

防洪非工程措施是调整人类活动以缓解洪水灾害的措施，侧重于规范人的防洪行为和减轻或缓解洪水灾害发生后的影响。因此，城镇防洪非工程措施可以分为两大类，一类为改变对洪水的适应能力或抗损失能力，包括洪泛区管理、汛前准备和应急计划、洪水预报和警报、避洪、土地利用规划、土壤生物工程等；另一类为改变损失的分担形式，包括救灾、防汛抢险和洪水保险。主要的城镇防洪非工程措施内容有：

（1）对洪泛区进行管理。通过政府颁布法令或条例，对洪泛区进行管理。一方面，对洪泛区利用的不合理现状进行限制或调整，如有的国家采用调整税率的政策，对不合理开发洪泛区采用较高税率，给予限制；对进行迁移，防水或其他减少洪灾损失的措施，予以贷款或减免税收甚至进行补助以资鼓励。另一方面，对洪泛区的土地利用和生产结构进行规划、改革，达到合理开发，防止无限侵占洪泛区，以减少洪灾损失。在防洪区内兴建各项安全措施工程等。

（2）建立洪水预报和警报系统。在洪水到达之前，利用卫星、雷达和电子计算机，把遥测收集到的水文气象数据，通过无线电系统传输，进行综合处理，准确作出洪峰、洪水量、洪水位、流速、洪水到达时间、洪水历时等洪水特征值的预报，密切配合防洪工程，进行洪水调度；及时对洪泛区发出警报，组织抢救和居民撤离，以减少洪灾损失。一般来说，洪水预报精度愈高，预见期愈长，减少洪水灾害损失的作用就愈大。

（3）避洪、制定撤离计划。避洪和制定撤离计划是一种旨在降低洪水对建筑物或建筑物内某部分灾害的调节措施，可以分为三类：

1）抬高或搬迁建筑物；

2）修建挡水或防水墙以阻止洪水进入建筑物；

3）将家庭贵重物品放置于防水处。制定撤离计划是在洪泛区设立各类水标志，并事先建立救护组织、抢救设备，确定撤退路线、方式、次序以及安置等项计划，根据发布的方式警报，将处于洪水威胁地区的人员和主要财产安全撤出。

（4）土壤生物工程技术。沿河岸抛锚固定的种植是这一技术的基础。土壤生物工程和生物技术工程是一种保护坡面冲刷和侵蚀的既经济又环保的方法，这些方法为河槽的工程改善提供了可选方案。一般而言，生物工程措施也必须考虑洪水的出路。土壤生物工程技术在美国和欧洲得到了广泛的支持，它不仅安装花费较少，而且维护费用也较低。将土壤生物工程措施和非工程措施结合，对满足可持续目标和改善洪泛区面貌将会有一个大的促进。

（5）进行救灾与实行洪水保险。依靠社会筹措资金、国家拨款或国际援助进行救济。凡参加洪水保险者定期缴纳保险费，在遭受洪水灾害后按规定得到赔偿，以迅速恢复生产和保障正常生活。

（6）制定超标准洪水防御措施。针对可能发生的超标准洪水，提出在现有防洪工程设施下最大限度减少洪灾损失的防御方案、对策和措施。

（7）制定、执行有关防洪的法规、政策。将古今中外成功的防洪经验和应当吸取的教训，以法规、政策的形式规定下来，把防洪工作纳入法制轨道。

工程措施和非工程措施相结合，是今后我国防洪工作长期的方针。

4.2.2　洪水保险

1. 作用和意义

洪水保险是按契约方式集合相同风险的多数单位，用合理的计算方式聚资，建立保险基金，以备对可能发生的事故损失，实行互助的一种经济补偿制度。简要的说法是：集体承担风险就是保险。主要是做到风险分散，报失分摊。实行洪水保险可以减缓受洪灾居民和企业的损失，使其报失不是一次承受而是分期偿付。这对加强我国防洪安全保障体系的建设、加强防洪的全面管理、减轻国家救灾资金的支出以及提高洪泛区居民的生活水平有着重要的意义。洪水保险是一种改变损失承担的方式，是一项主要的防洪非工程措施。实行洪水保险是我国救灾体制和社会防洪保障的重大改革。

洪水保险体现了国家对洪泛平原进行合理开发的政策导向。在洪泛平原的开发与管理中发挥保险的功能优势，可以有效地控制洪泛区内经济的盲目发展和降低洪灾损失。如果单纯限制洪泛区的发展，实施起来阻力较大，运用防洪保险作为经济杠杆，来调整和控制洪泛区的经济发展，实施有关洪泛区的管理法规是一种更有效的办法。

保险的功能是把不确定的不稳定的和巨额的灾害损失风险转化为确定性的、稳定的和小量的开支。洪水保险与洪泛区管理结合在一起可以有效地控制洪灾区内经济的盲目发展和降低灾害损失。

广大居民和单位参加了洪水保险，每年要缴纳保险费用，使其增加防洪意识、树立经常性的防灾观念，另外还可动员更多的社会力量来关心防洪事业、促进防洪建设的发展。

2. 模式

洪水保险模式就是指洪水保险如何开展，如何运作。其包括的内容有洪水保险的资金来源、组织结构、承保范围和对象、承保方式、保险责任和理赔额度、再保险方式、技术支撑、相关法律法规、政府和保险公司在洪水保险中的作用以及洪水保险的实施效果等。

根据我国的实际情况，现阶段宜采用法定和自愿保险相结合的方式。在洪水保险机制方面可考虑采用以下三种模式：

（1）保单

保单即由保险公司独立承担全部风险办理洪水保险业务，由水利、防汛部门提供洪水风险范围和受损机遇等资料。

（2）代办

代办即由保险公司代为办理保险业务，所有风险由当地洪水保险基金管理部门负担，保险公司只收取一部分手续费。

（3）共保

共保即水利、防汛部门和保险公司合作，风险共担。

3. 洪水保险

（1）洪水保险基金

洪水保险基金是洪水保险履行补偿的基础，是洪水保险的核心问题。洪水保险基金的性质是一种特殊形式的防洪后备基金；是由洪水保险费缴纳聚集起来的，其费率的大小是按概率论的原理，计算同一保险事项在一定时期内保险额的损失率来决定的；要保持其独立性，严格按专项控制，保证补偿的可靠性；要长期积累，保持适度平衡。

根据我国的实际情况，洪水保险基金的筹措要坚持"谁受益、谁出资；多受益，多出资"的原则，其构成包括在防洪受益地区的工矿企业、农村乡镇企业和农民个体户应缴纳洪水保险费或责任保险费；行、蓄洪区在非行、蓄洪年份也要按照规定缴纳保险费；在由国家集中承担洪灾救济体制转变为洪水保险机制过程中，在一定时期内，国家要给予扶持，为洪水保险基金的筹措给予一定补助。洪水保险基金是非营利性的，因此，国家给予免征利税的政策。

（2）洪水保险

洪水保险可以分为两种方式，一种称为法定保险，又称强制保险，是国家以法律、法令的行政政策手段来实施的；二是自愿保险，是由保险双方当事人在自愿的基础上协商、订立保险合同而成立的。美国是最早实行洪水保险的国家之一，初期采用自愿原则，由联邦政府补贴。美国国会于 1978 年通过《洪水保险计划修正方案》，实行强制性的洪水保险计划。由美国地质调查局等政府机构负责绘制洪水淹没面积图，百年一遇水位以下面积为法定的洪泛区，洪水保险事务局负责编制保险费率，标明洪泛区内各段的保险费率。在法定洪泛区范围内的社区，在洪水保险费率颁布之日起的一年内参加保险，逾期将处以罚款，银行不得向未参加保险的地区发放基建贷款，受灾后政府也取消对这些社区的受灾补助及减免税收的权利。美国联邦水资源委员会估算，若洪泛区各社区都参加洪水保险，不但每年都可以节省 10 亿美元抗洪救灾开支，而且使保险基金逐渐积累，2015 年前后，美国洪水保险计划依靠保险基金可以达到完全自给，无需国家再拨款补贴。

由于我国现阶段农村经济并不富裕，国家的财政扶持也有一定限度，当前的洪水保险主要解决生产生活问题，宜采用定项保险，如农村主要保农作物和住房，采用低保额、低保费率的标准；要区别不同的洪水风险程度制定不同的标准。对行蓄洪区、工程防护区和自然洪泛区三种类型要区别对待，制定出不同的政策。

4.2.3 洪水预警系统

洪水预警系统利用现代化的通信和自动化设备，将江河流域内各雨量、水位站点的降雨和洪水信息，实时地采集和传输到洪水控制中心，经过数据处理和分析，及时掌握流域洪水动态，并利用数学模型，做出未来沿岸洪水预报，再通过现代化通信设备向社会发出洪水警报。

洪水预报是根据洪水的形成和运动规律，利用过去和实测的水文气象资料，对未来一定时段内的洪水发展情况所作的预测预报分析。洪水预警是防洪减灾非工程措施的核心内容之一。预测洪水并及时发出预警对于防洪减灾意义重大。

洪水预报预警系统一般由信息采集子系统、信息处理子系统、通信子系统、防汛决策与警报子系统等子系统组成，各组成部分在系统中所处的位置和相互关系如图 4.37 所示。

图 4.37 洪水预报预警系统组成

该系统的组成图也可以看做是系统的信息流图。信息采集子系统完成水情、雨情的采集、整理，通过通信子系统，把各种信息传到信息处理子系统，经过信息处理子系统得到的洪水预报信息，通过通信子系统传到决策警报子系统，供防汛指挥部决策和向社会各界发布洪水警报。

（1）信息采集子系统

信息采集子系统的水、雨情报数据由预报流域的水文站或气象站提供。降雨量也可以由雷达估计得到，比如美国的洪水预警系统的降雨量有相当一部分是由雷达估计得到。

（2）信息处理子系统

该子系统的作用是对采集的信息进行处理，再利用预报模型进行预报计算，最后生成成果文件。

（3）通信子系统

通信是防汛工作的生命线，防汛通信网承担着传输防汛信息，为各部门信息联网，发出调度命令指挥防洪、抢险、救灾等任务。

（4）决策警报子系统

1）决策

预报区域防汛指挥部负责进行防洪形势分析和防洪决策商讨，提出重大防洪措施并下达防汛命令，为此，通过通信子系统，指挥部能及时获取水情、工情、灾情和洪水预报及未来天气形势等各种信息，同时为了便于决策，汛前，应该制定预报区域的防洪预案，确定警戒水位和各级预案水位，详细列出各种水位时淹没的单位和居民区，绘制洪水淹没图，确定在各种预案情况下可以采取的各种防汛措施，因此，防汛指挥部可以迅速进行决策，并及时向上级防汛指挥部汇报汛情、灾情和采取的防汛措施，向下一级指挥部和各有关单位下达防汛命令，指挥防汛抢险工作，如图 4.38 所示。

图 4.38　决策警报子系统过程示意图

2）警报

洪水灾害突发性强，洪水易涨易落，对广大人民群众生命财产安全危害性极大，为了将汛情和防汛决策命令尽快传达给各单位和广大人民群众，预警系统有多种途径，以便尽快将信息传递出去。其主要方式有：

通过计算机网络和传真机、程控电话接受防汛指挥部指令；

利用邮电局的 168 自动声讯服务台建立水情信息热线电话；

利用预报区域广播电台中波波段和调频立体声音箱向社会发布洪水信息；

利用寻呼机发布洪水信息；

深夜洪水达警戒水位并将上涨到第三级预案水位（20 年一遇）时，出动警车向居民发出警报；

现在，随着地理信息系统（GIS）、遥感系统（RS）及全球卫星定位系统（GPS）技术（称为"3S"技术）的发展，将"3S"技术应用到洪水预警系统，使洪水预警系统具有较强的空间表现能力，以电子地图方式管理和显示流域水系、地形地貌、站点分布、行政区划等信息，实现流域内水文站点的多媒体信息查询及实况洪水的监控。通过访问实时数据库中的雨、水情数据，建立空间的关联分析，将各有关报汛站的雨情数据实时信息在电子地图上显示出来，生成降雨量等值线图和暴雨分布可视化图，实现降雨量空间分析；调用洪水频率分析模块，建立了洪水淹没分析模型，实现淹没分析可视化与灾情评估，为防洪抢险、保护人民生命财产安全决策提供更加有力的支持。

我国现在已经开发出部分洪水预警系统,并已应用到实际当中了,例如:福建省洪水预警预报系统、柳州市洪水预警预报系统、汉江洪水预警系统等。这些洪水预警系统在各自地区抗洪中发挥了重要的作用。但是就全国而言,洪水预警系统还是相当缺乏,因此,今后这个方面的工作重点是建设洪水预警系统,争取全国每一个流域都建立独立的洪水预警系统。

4.2.4　洪水抢险

1. 洪水抢险准备工作

洪水抢险工作是一项系统工程,它涉及社会的各个方面;抢险又是一项政策性、技术性很强的应急工作。因此,洪水抢险的前期准备工作,既要有宏观的全局控制意识,又要有微观可操作的实施办法。

汛前准备工作主要有以下几个方面:

(1) 舆论宣传

利用广播、电视、报纸等多种方式,宣传防汛抗灾的重要意义,增强抗洪减灾意识,加强组织纪律性,服从命令听指挥。同时加强法制宣传,使有关防汛工作的法规、办法家喻户晓,防止和抵制一切有碍防汛抢险行为的发生。

(2) 组织准备

防汛抢险具有时间紧、任务急、技术性强、群众参与等特点,多年的防汛抢险实践,尤其是1998年抢险的实践证明,要取得抢险工作的全面胜利,一靠及时发现险情,二靠抢险方法正确,三靠人力、物料和后勤保障跟得上。人防工程在抢险工作中占有重要的地位,主要包括健全防汛抢险的领导机构、组织好防汛抢险队伍、做好抢险队伍的技术培训工作等内容。

1) 健全机构

各级防汛抗旱指挥部是防汛抢险的指挥中心,每年汛前要健全、完善防汛指挥机构。防汛抗旱指挥部与水利、水文、气象、交通运输、物资供应、邮电通信等相关部门形成一个有效的指挥网络,实行纵向垂直领导与横向矩阵式领导相结合。

2) 组织队伍

多年的防汛抢险实践证明,堤防抢险采取专业队伍与群众队伍相结合,军民联防是行之有效的。因此需要建立专业防汛队伍、群众防汛队伍和解放军、武警部队抢险队伍。专业防汛队伍由国家、省、市防汛指挥部临时指派的专家组与各基层河道管理单位的工程技术人员及技术工人组成,是防汛抢险的技术骨干力量。

3) 抢险技术培训

防汛抢险技术培训是防汛准备的一项重要内容,除利用广播、电视、报纸和因特网等媒体普及抢险常识外,对各类人员应分层次、有计划、有组织地进行技术培训。

(3) 技术准备

技术准备是指险情调查资料的分析整理和与堤防有关的地形、地质、水情、设计图纸的搜集等。主要包括:

1) 险情调查

此项工作应在汛前进行。首先是搜集历年险情资料,进行归纳整理;其次是掌握上一年度及往年对险工险段的整治情况。根据上述资料，对重大险工险情进行初步判断，并告知于民。

2）收集技术资料

汛前应收集堤防的设计资料及相关建筑物的设计图纸，绘制堤防的纵剖面图，标注出堤防地质特征、堤顶高程、堤坡坡比、历年最高水位线、堤脚处的自然地面高程。配备堤防辖区的 1∶5000 地形图和（1∶5000）～（1∶10000）堤防带状地形图。

3）堤防汛期巡查

汛前对堤防工程应进行全面检查，汛期更要加强巡堤查险工作。检查的重点是险情调查资料中所反映出来的险工、险段。巡查要做到两个结合，即"徒步拉网式"的工程普查与对险工险段、水毁工程修复情况的重点巡查相结合；定时检查与不定时巡查相结合。巡查范围包括堤身、堤（河）岸、堤背水坡脚 200m 以内水塘、洼地、房屋、水井以及与堤防相接的各种交叉建筑物。检查的内容包括裂缝、滑坡、跌窝、洞穴、渗水、塌岸、管涌（泡泉）、漏洞等。

（4）抢险物料准备与供应

防汛物料是防汛抢险的重要物质条件，必须在汛前筹备妥当，以满足抢险的需要。汛期发生险情时，应根据险情的性质尽快从储备的防汛物资中选用合适的抢险物料进行抢护。如果物料供应及时，抢险使用得当，会取得事半功倍的效果，化险为夷。否则，将贻误战机，造成抢险被动。

各级防汛指挥部按照一定的防汛物资储备定额进行储备，用后应及时补充。主要储备砂石料（砂料、石子、块石）、铅攀 S 袋类（编织袋或麻袋）、土工合成材料（编织布、无纺布、复合人工膜及相应的软体排）、篷布、麻绳、救生器材（冲锋舟、橡皮船、救生衣、救生圈）、发电机组等。

2. 险情的分类

正确判别堤防险情，才能进行科学、有效的抢护，取得抢险成功。在防汛抢险中，对于险情处理所采取的措施，应科学准确，恰如其分。险情重大，如果没有给予充分的重视，就可能贻误战机，造成险情恶化。反之，如果对轻微险情投入了大量的人力、物力，待到发生较大或严重险情时，就可能人困马乏，物料短缺，也会酿成严重后果。因此有必要对险情进行恰当的分类，对堤防进行安全评估，区别险情的轻重缓急，以便采取适当有效的措施进行抢护。

堤防险情一般可分为：漏洞、管涌（泡泉，翻沙鼓水）、渗水（散浸）、穿堤建筑物接触冲刷、漫溢、风浪、滑坡、崩岸、裂缝、跌窝、冲塌等。

（1）漏洞

漏洞即集中渗流通道。在汛期高水位下，堤防背水坡或堤脚附近出现横贯堤身或堤基的渗流孔洞，俗称漏洞。根据出水清浊可分为清水漏洞和浑水漏洞。如漏洞出浑水，或由清变浑，或时清时浑，则表明漏洞正在迅速扩大，堤防有发生蛰陷、坍塌甚至溃口的危险。因此，若发生漏洞险情，特别是浑水漏洞，必须慎重对待，全力以赴，迅速进行抢救。

（2）管涌（泡泉，翻沙鼓水）

汛期高水位时，沙性土在渗流力作用下被水流不断带走，形成管状渗流涌出的现象，即为管涌，也称翻沙鼓水、泡泉等。出水口冒沙并常形成"沙环"，故又称沙沸。在黏土和草皮固结的地表土层，有时管涌表现为土块隆起，称为牛皮包，又称鼓泡。管涌一般发生在背水坡脚附近地面或较远的潭坑、池塘或洼地，多呈孔状冒水冒沙。出水口孔径小的如蚁穴，大的可达几十厘米。个数少则一两个，多则数十个，称作管涌群。

管涌险情必须及时抢护，如不抢护，任其发展下去，就将把地基下的沙层掏空，导致堤防骤然塌陷，造成堤防溃口。

（3）渗水

高水位下浸润线抬高，背水坡出溢点高出地面，引起土体湿润或发软，有水溢出的现象称为渗水，也叫散浸或泅水，是堤防较常见的险情之一。当浸润线抬高过多，出溢点偏高时，若无反滤保护，就可能发展为冲刷、滑坡、流土，甚至陷坑等险情。

（4）穿堤建筑物接触冲刷

穿堤建筑物与土体结合部位，由于施工质量问题，或不均匀沉陷等因素发生开裂、裂缝，形成渗水通道，造成结合部位土体的渗透破坏。这种险情造成的危害往往比较严重，应给予足够的重视。

（5）漫溢

土堤不允许洪水漫顶过水，但当遭遇超标准洪水等原因时，就会造成堤防漫溢过水，形成溃决大险。

（6）风浪

汛期江河涨水后，水面加宽，堤前水深增加，风浪也随之增大，堤防临水坡在风浪的连续影响淘刷下，易遭受破坏。轻者使临水坡淘刷成浪坎，重者造成堤防坍塌、滑坡、漫溢等险情，使堤身遭受严重破坏，以致溃决成灾。

（7）滑坡

堤防滑坡俗称脱坡，是由于边坡失稳下滑造成的险情。开始在堤顶或堤坡上产生裂缝或蛰裂，随着裂缝的逐步发展，主裂缝两端有向堤坡下部弯曲的趋势，且主裂缝两侧往往有错动。根据滑坡范围，一般可分为深层滑动和浅层滑动。堤身与基础一起滑动为深层滑动；堤身局部滑动为浅层滑动。前者滑动面较深，滑动面多呈圆弧形，滑动体较大，堤脚附近地面往往被推挤外移、隆起；后者滑动范围较小，滑裂面较浅。以上两种滑坡都应及时抢护，防止继续发展。

（8）崩岸

崩岸是在水流冲刷下临水面土体崩落的险情。当堤外无滩或滩地极窄的情况下，崩岸将会危及堤防的安全。堤岸被强环流或高速水流冲刷淘深，岸坡变陡，使上层土体失稳而崩塌。每次崩塌土体多呈条形，其岸壁陡立，称为条崩；当崩塌体在平面和断面上为弧形阶梯，崩塌的长、宽和体积远大于条崩的，称为窝崩。发生崩岸险情后应及时抢护，以免影响堤防安全，造成溃堤决口。

（9）裂缝

堤防裂缝按其出现的部位可分为表面裂缝、内部裂缝；按其走向可分为横向裂缝、纵向裂缝、龟纹裂缝；按其成因可分为沉陷裂缝、滑坡裂缝、干缩裂缝、冰冻裂缝、振动裂缝。其中以横向裂缝和滑坡裂缝危害性最大，应加强监视监测，及早抢护。

（10）冲塌

冲塌一般表现为洪水偎堤走溜，淘刷堤脚，堤坡失稳，发生坍塌。该险情一般长度大、坍塌快，如不及时抢护，将会冲决堤防。水深流急坍塌长的堤段，应采用垛或短丁坝群导溜外移，保护堤防。

3. 抢护方案的制定

正确鉴别险情，查明出险原因，因地制宜，根据当时当地的人力、物力及抢险技术水平，制定科学、恰当的抢护方案，并果断予以实施，才能保证抢险成功。防汛抢险时间紧，困难多，风险大，应争取主动，把险情消灭在萌芽状态或发展阶段。因此，在出现重大险情时，应根据当时条件，采取临时应急措施，尽快尽力进行抢护，以控制险情进一步恶化，争取抢险时间。在采取临时措施的同时，应抓紧研究制定完善的抢护方案。

（1）险情鉴别与出险原因分析

正确的险情鉴别及原因分析，是进行抢险的基础。只有对险情有正确的认识，选用抢险方法才有针对性。因此，首先要根据险情特征判定险情类别和严重程度，准确地判断出险原因。对于具体出险原因，必须进行现场查勘，综合各方面的情况，认真研究分析，做出准确的判断。

（2）预估险情发展后势

险情的发展往往有一个从无到有、从小到大、逐步发展的过程。在制定抢险方案前，必须对险情的发生、发展有一个准确的预估，才能使抢险方案有实施的基础。例如，长江干堤1998年洪水期出现的管涌（泡泉）险情，占各类险情总和的60%以上。对出现在离堤脚15倍水头差范围以内的管涌，就应该引起特别的注意。如果险情发展速度不快，或者危害不大，如有的渗水、风浪险情等，可采取稳妥的抢护措施；如果险情发展很快，不允许稍有延缓，则应根据现有条件，快速制定方案，尽快进行抢护，与此同时，还应从坏处打算，制定出第二、第三方案，以便第一、第二方案万一抢护失败，能有相应的措施跟上，如果条件许可，几种方案可同时进行。

（3）制定抢护方案

制定抢护方案，要依据险情类别和出险原因、险情发展速度以及险情所在堤段的地形地质特点，现有的与可能调集到的人力、物力以及抢险人员的技术水平等，因地制宜地选择一种或几种抢护措施。在具体拟订抢护方案时，要积极慎重，既要树立信心，又要有科学的态度。

（4）制定实施办法

抢险方案拟订以后，要把它落到实处，这就需要制定具体的实施办法，包括组织。如指挥人员、技术人员、技工、民工等各类人员的具体分工，工具、物料供应、照明、交通、通信及生活的保障等。应特别注意以下几点：①人力必须足够，要考虑到抢险施工人数、运料人数、换班人数及机动人数；②物料必须充足，应根据制定的抢险方案进行计算或估算，要比实际需要数量多出一些备用量，以备急需；③要有严格的组织管理制度，在人、料齐备的条件下，严密的组织管理往往是抢险成功的关键；④抢险必须连续作战，不能间断。

（5）守护监视

在险情经过抢护稳定以后，应继续守护观察，密切注视险情的发展变化。险情的发生，其情况往往是比较复杂的，一处工程出险，说明该堤段肯定有缺陷；一处险情抢护稳定后，还可能出现新的险情。因而，继续加强巡查监视，并及时做好抢护新险的准备是十分必要的。

4.2.5 善后救灾与灾后重建

在洪水发生之前，社会各相关部门要未雨绸缪，从思想、组织到物、技术等各方面精心准备；在洪水到来和洪灾即将发生之时，采取一切可能的措施，全力抗洪，奋勇抢险，制止洪水灾害的发生或将灾害损失减至最轻。洪灾发生后，"一处受灾，八方支援"，各级政府要迅速动员一切社会力量，安置和救助灾民，帮助灾区修复水毁设施，恢复生产、重建家园。

1. 善后救灾

我国的救灾工作由国家民政部门主管。多年来的救灾工作方针是"依靠群众，依靠集体，生产自救，互助互济，辅之以国家必要的救济与扶持"。这个救灾方针的基本精神是，坚持生产自救，通过恢复和发展灾区的生产，克服自然灾害带来的困难。

善后救灾工作的主要任务是，转移安置灾民和安排好灾民的生活。

（1）转移安置灾民

水灾发生后，首当其冲的是转移安置灾民。这项工作的一般做法是：动员灾民就近投靠亲友，无可投奔者集体安置；遵照由近及远的原则，尽量就近安置；动员灾民自愿离开危险地点，不听劝告者，要采取强制措施；充分发挥当地干部的作用，做好物资发放、医疗卫生、治安保卫等各项工作；做好接收灾民地区的接待、安置工作，使灾民感受到"宾至如归"的温暖。

（2）安排灾民生活

为了妥善安排受灾地区的群众生活，国家每年都在财政预算和物资供应方面拨出巨款用于灾民紧急救济以解决他们的吃饭、穿衣、住房和治病困难。国家对于救灾款物的发放和管理，要求严格掌握专款专用、专物专用和重点使用的原则，以保证灾区人民都有饭吃、有衣穿、有房住，没有大的疫病流行，不出现大批灾民外流，人心稳定，社会秩序井然。

2. 灾后重建

灾区的灾后重建工作，主要包括帮助灾民恢复生产、重建家园和修复水毁工程设施两个方面。

（1）帮助灾民恢复生产、重建家园。当洪水消退，善后安置工作告一段落，要立即组织灾区恢复生产，开展生产自救工作。灾区恢复生产是多方面的，其中农业生产的恢复最为重要。实践经验证明，灾区恢复最能奏效的办法莫过于组织灾民开展生产自救，尽快恢复农业生产。只要灾区进行耕种后，不仅可以减轻灾情和缩短灾期，而且更有利于增强抗灾信心，减少发生灾荒和外流现象。恢复农业生产主要包括：①疏通沟渠、排除积水；②保护畜力，安排好牲畜的饲料供应与喂养；③做好种子、化肥的调运与供应等。

洪灾发生后，灾民两手空空，一无所有。在重建家园中，首先要解决的是灾民的住房问题。住房的修复、重建通常是因陋就简，先临时后永久。建房资金要多渠道、多层次筹集，如国家补一点，灾民拿一点，亲友帮一点，集体筹一点，政策优惠一点，要确保入冬前灾区人民全部搬进过冬住房。

（2）修复水毁工程设施

洪水灾害的破坏性强，摧毁力大，每次暴发洪水特别是大洪水以后，常会出现一些水毁工程，原有工程的效能遭到破坏。例如，水利工程被冲毁，防洪工程失效，交通路桥、供水供电系统、邮电设施被破坏等。因此，每次洪水灾害过后，各类水毁工程都要按所属系统，负责进行修复或重建。

国家历来很重视防洪工程设施的修复或重建。每年除防汛事业费外，中央政府还列有防御特大洪水专项经费，用于补助特大洪水的抢险、堵口、复堤等项目。遇洪水灾害比较严重的年份，国家还特别采取"以工代赈"和加大水利投资等特殊政策，以加快水毁水利工程的复建速度。

思 考 题

1. 堤防的作用是什么，按筑堤材料的不同可分为哪几类，各有什么特点？

2. 写出土（石）堤或防洪墙的堤顶高程公式，其中各因素应如何确定？

3. 简述土堤堤身设计的内容及特点。

4. 何谓护岸整治线，整治线具有哪些特征？

5. 常用的护岸类型有哪些，其各自的特点、分类及适用条件是什么？

6. 简述河道整治的意义和要求。

7. 简述山洪沟治理的作用和特点。

8. 简述谷坊、跌水、陡坡、排洪明渠、排洪暗渠和截洪沟的作用和设置特点。

9. 简述城镇涝灾与洪灾的区别以及治涝工程系统。

10. 简述防洪闸分类、作用及主要设计要求。

11. 防洪闸闸址选择应考虑哪些因素？

12. 简述防洪闸总体布置的基本内容及要求。

13. 交叉建筑物的设置位置有哪些，其设计特点如何？

14. 何谓泥石流，其形成条件是什么，有何特征？

15. 泥石流有哪些运动状态种类及危害？

16. 防治泥石流有哪些措施？

17. 拦挡坝有哪些坝型？

18. 简述治理泥石流的工程措施及适用条件。

19. 简述防洪非工程措施的内涵、意义及其特点。

20. 简述城镇防洪的工程与非工程措施的主要区别，及主要的城镇防洪非工程措施内容。

21. 何谓防洪区，何谓洪泛区，洪泛区的规划应该遵守的基本原则有哪些？

22. 何谓洪水保险，其主要作用是什么，如何运作？

23. 简述洪水预报预警系统组成及其各组成部分在系统中所处的位置和相互关系。

24. 简述险情的分类，如何搞好洪水抢险？

25. 如何采用试算法获得单式断面天然河道水面曲线？

26. 泥石流防治工程设计需要考虑哪些参数？

第5章　防洪工程评价与管理

5.1　防洪工程评价

城镇防洪工程可减免城镇洪水灾害损失，为城镇创造了安全的生产、生活和建设环境，具有重大的社会效益、经济效益和环境效益。本节对防洪工程建设的环境影响评价和国民经济评价进行了阐述，并结合实例对防洪工程社会综合评价进行了详细分析。

5.1.1　城镇防洪工程环境影响评价

城镇防洪工程建设会带来一些环境问题，诸如施工期的大气、水体、噪声污染，占用土地、人口迁移、水文环境影响等。城镇防洪工程设计应把维护和改善城镇生态环境作为一项重要目标，遵照国家和地方有关规范、法规和技术标准等进行工程设计环境影响评价，使防洪工程在城镇的经济、社会与环境各方面得到协调发展。

（1）城镇防洪工程环境影响的主要内容

城镇防洪工程环境评价要以城镇环境规划和江河环境规划为基础，注意与环境规划目标的协调，一般应拟订近期和远期两个规划水平年的环境保护目标，并尽可能规定相应的标准和要求。评价范围一般应与城镇防洪工程规划范围相一致，重点在于城镇保护区范围，对为城镇防洪而兴建的上游蓄（泄）洪等防洪工程，其环境影响评价的范围应是工程影响范围。城镇防洪工程环境评价内容主要有以下几条。

1）调查防洪工程的环境现状，提出主要环境问题，拟订防洪工程的近、远期规划环境目标；

2）对城镇防洪工程规划方案进行环境影响的识别、预估和评价；

3）研究维护和改善环境的对策、措施，完善规划方案；

4）编写环境影响文章，进行专题报告。

（2）城镇防洪工程的主要环境影响

城镇防洪工程的环境目标主要是防治水害，改善生产、生活环境，保护人民生命财产安全。除此以外，城镇防洪工程与城镇供水、航运结合起来，综合考虑其他目标，如：合理开发利用水资源，防止河流湖泊枯竭、地面沉降，防治土壤盐渍化、沼泽化、沙漠化；改善居民生活用水条件，保障人群健康；保护和改善江河、湖泊、地下水等的水质；合理开发利用土地资源，保护森林、植被，防治水土流失；保护文物古迹以及风景名胜；保护自然保护区以及珍稀、濒危动植物资源等。

城镇防洪工程的环境影响一般要经过较长的时间才能逐步凸显出来。为对防洪工程建设和运行造成的环境影响进行全面了解，掌握和评价环境质量状况以及发展趋势，应对防洪工程的施工期和工程运行期环境进行经常性监测，包括水库和河流水质、降水、蒸发、泥沙等方面。

城镇防洪工程可减免城镇洪水灾害损失，具有重大的社会效益、经济效益和环境效益，但不可避免也会对环境带来不利影响。

1）城镇防洪工程的有利影响

① 保障城镇人民生命财产安全

城镇一般是国家和地区的政治、经济、文化中心和交通枢纽，洪水灾害发生时，会影响城镇以至周边地区的社会安定和经济发展。城镇防洪工程在一定意义上是一项重大的环境保护工程。搞好城镇防洪建设，可保障城镇人民的生命财产安全，为城镇创造安全的生产、生活和建设环境。

② 减免洪涝灾害对城镇生态环境的破坏

洪水灾害发生时，大量污废水随洪水涌入市区，将会污染城镇环境；洪水过后，地面积水以及各种漂浮物有利于蚊蝇孳生，加剧疾病传播风险；洪水使大量城镇植被被淹，生态环境遭到严重破坏。实施城镇防洪工程后，城镇生态环境的破坏问题也将随洪水灾害防治而得以解决。

③ 有利于航运和改善水环境

为防治城镇洪水灾害而进行的疏浚河道等措施加大了河道泄洪能力，增大了河道断面，因此可以降低河道洪水位，改善河道航运条件。城镇河道往往因城镇排污等原因，底泥污染严重，河道疏浚清淤的同时，能减轻底泥污染，改善河道水质。

④ 为有效利用水资源和城镇经济发展创造条件

防洪水库作为一种重要的城镇防洪设施，不仅减轻了洪水灾害损失，拦蓄的洪水还可以作为城镇供水水源。随着城镇发展，需水量增加，城镇用水供需矛盾日益突出，城镇防洪与城镇供水相结合，有利于城镇生态环境良性循环，为城镇经济发展创造有利条件。

2）城镇防洪施工期间的不利影响

① 对大气环境的影响：主要来自防洪工程施工和运输，表现为大气中粉尘、TSP、NO_x 增加。

② 噪声污染：主要来自施工机械和运输车辆，主要集中在施工现场及其周边地区和运输道路两旁。

③ 水体环境污染：主要来自施工中的泥沙、污泥、施工材料废料，以及生产、生活污水等。施工污染物进入河流，可以导致水体质量恶化甚至堵塞河道；河道清淤清出的淤泥处理不当，可能造成二次污染。

城镇防洪工程施工期间对大气、环境、水体的不利影响，可以通过加强施工管理、合理安排施工场地布局、对施工废料和淤泥进行合理处置等措施加以解决。

3）城镇防洪工程建成后对城镇环境的影响

① 对城镇微气候的影响

城镇防洪工程对城镇微气候的影响主要来自上游蓄水工程和市区堤防工程影响。城镇防洪堤防高出地面太高，可能因挡住了城镇的通风口而影响城镇的微气候。上游修建蓄洪水库，水面扩大，也会影响城镇的微气候，但主要集中在城镇的上游郊区。

堤防工程以其投资少、运行管理方便而广泛应用于城镇防洪工程。为了尽量降低对城镇防洪工程的不利影响，一般是将上游蓄水工程与下游河道堤防工程结合，降低堤防高度，这样既可保证防洪，又降低了不利影响。

② 对城镇自然景观的影响

城镇内江河、湖泊、花草、林木、房屋、路桥、植被等构成了城镇独特的自然景观。城镇防洪建筑物的随意插入以及防洪堤对景观的分割，可能改变原来的自然景观因素的协调性，影响原来的城镇布局和结构形态。一般可通过美学措施将防洪工程建筑物等与城镇景观自然地融合起来，减轻防洪工程对城镇自然景观的破坏。

③ 对河流水质和河势的不利影响

蓄洪工程的修建，拦蓄了汛期径流的同时，也拦蓄了枯季径流，使市区河流枯季流量大幅度减小，污水量与径流量的对比随之发生变化，导致河流水质恶化。上游蓄水或河道拓宽增大防洪能力，降低了洪水位，水流流速和挟沙能力降低，可能造成河道泥沙淤积，反过来影响防洪。为减轻防洪工程对河流河势的影响，一般采取河道经常性清淤、疏浚的办法解决。为减轻防洪工程对城镇河道水质的影响，应严格限制污水排放，治理环境污染。

④ 对城镇土地占用和移民的影响

城镇防洪工程难免占地和产生移民，安置移民是一项难度大、影响深远、政策性很强的工作。因此，在城镇防洪工程规划设计时，要注意少占地，同时对移民要做好安排，调整好库区的产业结构。市区堤防选型是减少土地占用的重要措施，一般市区应选择占地少的混凝土或钢筋混凝土作防洪墙堤防。另外应该将堤防与道路、房屋等结合起来，既可发挥防洪墙的综合利用功能，也有利于移民的安排。

（3）城镇防洪工程环境影响评价步骤

城镇防洪工程环境影响评价应按环境状况调查、环境影响识别、预估和总体评价等步骤进行。

1）环境状况调查

进行环境状况调查，目的在于了解城镇防洪规划范围及其影响地区的自然环境和社会环境状况，为拟订环境规划表，进行环境影响的预估、评价提供依据。调查内容有：

① 自然环境：一般包括气候、水文、泥沙、水质、地貌、地质、土壤等。

② 社会环境：一般包括人口、土地、工业、农业、人群健康、景观、文物、污染状况以及洪、涝、旱、碱、渍、沙、潮灾害等。

③ 生态环境：一般包括水生生物、陆生生物以及珍稀动植物等。

2）环境影响识别、预估和总体评价

环境影响识别，即筛选识别影响要素。环境影响要素，是指由于人类的活动改变了环境介质（空气、水体或土壤等）而使人类健康、人类福利、环境资源等发生变化的物理、化学或生物等因素。不同的人类活动项目有不同的环境影响要素；同一环境影响要素也可以来自不同项目。建设项目的影响可能是有利影响，也可能是不利影响。

环境影响评价，首先要根据建设项目性质建立环境影响要素名录，然后根据对影响性质和程度的预估，筛选出主要影响要素，并应预估规划方案实施对其影响的性质和程度。预估应尽可能采用定量分析方法，难以定量的，可定性描述。

城镇防洪工程规划方案对环境要素的影响预估结果，应与规划目标对比，若规划方案对环境造成的不利影响较大，或达不到规划环境的目标时，应研究对策和措施，必要时应修改规划方案或调整规划环境目标的标准和要求。

环境影响总体评价是从宏观上评价各规划方案对城镇环境的影响，分析各规划方案的环境影响差异，为规划方案的比选提供依据。环境影响总体评价的方法应力求简便，总体评价的结果应有简明的文字说明和明确的结论。

5.1.2　城镇防洪工程经济评价

城镇防洪工程经济效益计算和经济分析评价，对于已建、拟建或改、扩建工程项目都具有重要意义。城镇防洪项目可行性研究与初步设计应进行经济评价，对城镇防洪的方案进行效益、费用等指标分析计算，论证方案的可行性，并根据论证结果选择最优方案。

工程管理或防汛主管部门在当年洪水发生后，分析计算年度防洪经济效益，是管理工作的一项重要内容；分析计算某地区或流域一定时期内的防洪经济效益，或工程建成运行若干年后的防洪经济效益，可以展示其防洪工作的成果。

1. 防洪工程经济评价特点、计算原则和步骤

（1）评价特点及主要内容

工程经济评价包括国民经济和财务评价。城镇防洪工程属于社会公益事业的水利建设项目，主要产生社会效益，一般没有财务收入，因此可只进行国民经济评价，而不进行财务评价。当国民经济评价合理时，应进行财务分析，提出维持项目正常运行需由国家补贴的资金数额和需采取的经济优惠措施及有关政策。

防洪工程的修建，不能直接创造财富，而是除害。其工程效益，只有遇到原有工程不能防御的洪水出现时，才能体现出来。防洪工程所减免的洪灾损失，即为本工程的防洪效益，其特点有：

1）社会公益性。防洪工程的防护对象是一个地区，受益的也是该地区各行各业和全体居民，属社会公益性质，一般没有财务收益。

2）不确定性。水文现象一般并无固定的周期性，洪水的年际和年内变化很大，具有随机性特点。防洪工程可能短期内遇上一次或几次大洪水，也可能长时间，甚至是工程有效寿命期内都不会遇上大洪水。

3）间接性与可变性。防洪措施的效能在于减免洪灾造成的损失和不良影响，所获得的主要是间接效益，并且难以估量，包括社会效益和环境效益。

城镇防洪国民经济评价主要包括：洪灾损失调查和分析计算；防洪经济效益分析计算测算；防洪费用分析计算；防洪经济评价。按照工程建成与否，分为已建工程经济评价和拟建工程经济评价；按照评价的范围，分为单项防洪工程和流域综合防洪工程的经济效益评价；按照评价的时期长短，分为当年防洪经济效益评价和工程长期经济效益评价。

城镇防洪工程作为水利建设项目，其经济评价应遵循费用与效益口径对应一致的原则计及资金的时间价值，以动态分析为主，辅以静态分析。具有综合利用功能的城镇防洪项目，国民经济评价应把项目作为整体进行评价。进行城镇防洪项目的经济评价，必须重视社会经济资料的调查、分析和整理等基础工作。调查内容应结合项目特点有目的地进行。引用调查的社会经济资料时，应分析其历史背景，并根据各时期的社会经济状况与价格水平进行调整、换算。

（2）计算原则

1）对规划设计的待建防洪工程防洪效益，采用动态法计算；对已建防洪工程的当年

防洪效益，一般采用静态法计算。

2）只计算能用货币价值表示的因淹没而造成的直接经济损失和工业企业停产与电力、通信中断等原因而造成的间接经济损失。

3）各企事业单位的损失值、损失率、损失增长率，按不同地区的典型资料分析，分别计算选用。

4）投入物和产出物价格对经济评价影响较大的部分，应采用影子价格，其余的可采用财务价格。

（3）计算步骤

防洪经济评价的计算步骤：

1）了解防洪保护区内历史记载发生洪灾的年份、月份，各次洪水的洪峰流量及洪水历时。根据水文分析，确定致灾洪水的发生频率。

2）确定各频率洪水的淹没范围。根据各频率洪水的洪峰流量及与区间洪水的组合情况，推求无堤情况下各频率洪水的水面线，并将水面线高程点绘在防洪保护区的地形图上，即可确定各频率洪水的淹没范围。现场调查时应对此水面线进行复核修正。

3）历史洪水灾害调查。通过深入现场调查及查阅有关历史资料，分类统计各行业的直接损失、间接损失及抗洪抢险费用支出。调查工作可通过全面调查和典型调查分别进行。若防洪保护区范围小，行业单一，可进行全面调查；若防洪保护区范围较大，需调查的行业较多，调查内容复杂，则需采用典型调查的方法，可选择2～3个具有代表性的洪灾典型区进行。

4）防洪效益计算。根据所修建防洪工程的防洪作用，在洪水频率—财产损失值关系曲线上，分析修建防洪工程后所能减免的洪水灾害，绘制出修建工程后洪水灾害损失值与洪水频率关系曲线，并依此计算多年平均防洪效益。

5）国民经济评价。根据防洪工程的投资、年费用及多年平均防洪效益，采用经济内部收益率、经济净现值和经济效益费用比等评价指标进行防洪工程的经济评价。经济内部收益率不小于社会折现率、经济净现值不小于零、经济效益费用比不小于1的工程项目，是经济合理的。

2. 防洪工程经济评价

对综合利用的枢纽工程，应采用影子价格分别计算多年平均效益及各项功能的年效益，提出经调整后的项目整体的固定资产投资、年运行费用及流动资金，采用国家规定的12%的社会折现率，计算经济净现值，并计算项目整体的经济内部收益率，与规定的社会折现率进行对比分析。有防洪任务的枢纽工程，在合理计算各项功能效益的前提下，经济评价指标一般较水电工程要低，若不满足12%社会折现率要求时，可按照7%的社会折现率做进一步计算，评价项目整体的经济合理性。

对同时包括堤防及护岸工程的项目可以将其视为一个整体，其效益计算范围、工程标准等均采用同一数值。护岸工程不能以洪水重现期或频率的概念反映其标准高低，但可将其视为保护堤防工程达到设计标准的一项工程措施，在效益和费用的计算上按整体考虑。单一的护岸工程可以按照前述的效益与费用计算法，进行项目经济评价。

对整体可以明确划分为多个单独成立的项目时，除对项目整体进行国民经济评价外，还应对可分解的独立项目进行评价，考察每个单项的经济合理性，为工程分期实施提供参考依据。在实际操作中，为简化计算也可仅对项目整体进行评价。

仅对防洪工程的局部地段实施整治加固工程措施的项目，在计算防洪效益的工程费用后，应检查效益和费用的计算口径是否一致，如不一致应进行调整。

对防洪保护范围是由几个独立的防洪工程共同保护的情况，在对其中一部分防洪工程实施整险加固措施时，仍遵循效益与费用计算口径一致的原则，对计算范围内的防洪效益按比例进行分摊后计算经济评价指标。

对项目整体进行国民经济评价计算后，应对其评价指标进行必要的分析。对评价指标较低、甚至不满足规范要求的，应分析诸如项目的社会经济状况以及与确定的防洪标准是否协调，采取的工程措施是否合理等原因，从而进一步论证该项目的必要性和合理性。对评价指标超出社会折现率的项目，同样应从项目区的社会经济状况、经济发展水平、重要设施及财产组成等方面进行合理分析说明。

（1）城镇洪灾损失评估

城镇洪水灾害主要是指由于河流洪水泛滥或山洪暴发，冲毁或淹没城镇造成的一系列灾害。洪灾损失主要可分为以下五类：人员伤亡损失；城乡房屋、设施和物资损坏造成的损失；商业停业、交通、电力、通信中断等造成的损失；农林牧副渔各业减产造成的损失；防汛抢险和救灾等费用支出。

作为一种常见的自然灾害，洪水灾害与其他灾害相比有自身特点。

洪水本身发生具有随机性，洪灾损失还受许多除洪水本身特征之外的其他随机因素的影响，这些影响因素也具有随机性，因此洪水灾害发生和灾害损失具有随机性。

洪水灾害既可造成经济损失，还可在社会、环境等方面造成严重影响。因而，洪灾损失的影响是多方面的，可以分为政治、社会、经济、环境等方面，还包括对整个城镇和相邻地区的经济发展等方面的影响。

城镇水灾可以划分为直接经济损失和间接损失。直接损失是指洪水淹没造成城镇人、（财）物、生产等方面的损失；间接损失是指由直接损失带来的连锁损失。

由于城镇在国民经济中的特殊地位，城镇洪水灾害与农村洪水灾害相比也具有一些不同之处：如由于城镇人员财产集中，同样量级洪水单位面积上的损失要比农村高得多；城镇淹没区上的财产往往集中在一些大型工矿企业上，一旦遭受洪水，这些企业的损失占有相当大的比例；城镇财富的集中又造成洪灾损失与城镇地形具有更为密切的关系。洪水灾害损失具有逐年增加的趋势。随着社会经济的发展，洪水淹没区的人口和财富也在不断增长和聚集，土地不断增值，因此，同样的洪水，洪灾损失将不断增加。

洪灾损失有的可以用货币表示（如经济损失）；有些则难以用货币表示（如人员伤亡）。在不能用货币表示的损失类型内，有的可以用数量表示，有的只能定性描述。如人员伤亡虽然不能用货币表示，但可以用数量表示，但像洪水对人们心理上的伤害、对社会稳定的影响等则只能定性描述。

1）城镇洪灾损失调查

城镇洪水灾害研究、防洪效益计算和防洪措施方案选择都依赖于洪水灾害调查。洪水灾害调查的目的是研究当地洪水灾害成灾机理和规律，以对未来可能发生的洪水灾害损失进行预测。洪水灾害调查分全面调查和典型调查两种方法。全面调查方法就是对实际发生的一系列洪水的淹没区上的各种灾害损失进行详细调查，这种调查方法工作量大，实际操作困难，所以一般采用典型调查方法。典型调查方法就是在洪水淹没区上选取具有代表性的典型进行调查，从而估计出整个淹没区洪灾损失的方法。

城镇洪灾损失调查包括防洪保护区社会经济调查和洪灾损失调查两方面。

① 防洪保护区社会经济调查：社会经济调查是一项涉及面广、工作量大的工作，应尽力依靠当地政府的支持，取得可靠的数据。调查方法，可全面调查、抽样调查或典型调查，也可二者结合。对防洪保护区的城邦乡镇和农村，应实地调查，以取得各项经济资料；对城区调查应以国家统计部门的有关资料为准；对铁路、交通、邮电部门，亦应获得有关部门的统计数据。

② 洪灾损失调查

洪灾损失包括：直接损失、间接损失以及抗洪抢险的费用支出。

在利用洪水调查分析成果对未来洪水灾害损失进行预测时，要考虑城镇经济的发展造成的洪灾损失的增加倾向，还应包括对洪灾损失增加方面的调查。

洪灾损失调查的主要内容：

A. 工商业、机关事业单位损失：包括固定资产、流动资金，因淹没减少的正常利润和利税收入等。固定资产损失值包括不可修复的损失和可修复的修理费和搬迁费；为维持正常生产的流动资金损失包括燃料、辅助料及成品、半成品的损失，停产、半停产期间的工资、车间及企业管理费、贷款利息、折旧及维持设备安全所必需的材料消耗等，减产利税应为停产（折合全停产）期间内的产值损失与利税率之积；其他损失包括因受灾需建临时住房费用、职工救济费、医药费等。

B. 交通损失：包括铁路、公路、空运和港口码头的损失部分。还可分为固定资产损失、停运损失（即实际停运日计算）、间接损失及其他损失。停运损失指因铁路、公路停运所造成的对国家利润上交损失。间接损失是指因铁路、公路停运，使物资积压、客运中断对各方面所造成的损失。

C. 供电及通信损失：供电损失包括供电部门的固定资产损失和停电损失。停电损失按停电时间和日停电损失指标确定。通信线路损失，包括主干线及各支线路损失与修复所需的人员工资等费用。

D. 水利工程设施损失：根据洪水淹没和被冲毁的水利设施所造成的损失，包括水库、堤防、桥涵、穿堤建筑物、排灌站等项，应分别造册，分项计算汇总。

E. 城郊洪灾损失调查，包括调查农作物蔬菜损失及住户的家庭财产损失等。

上述各项经济损失，均应按各频率洪水的淹没水深与损失率关系，计算出各频率洪水财产综合损失值，并绘制成洪水频率与财产综合损失值关系曲线。

2）洪灾损失率、财产增长率、洪灾损失增长率的确定

① 洪灾损失率：是指洪灾区内各类财产的损失值与灾前或正常年份各类财产值之比。损失率不仅与降雨、洪水有关，而且有地区特性。不同地区、不同经济类型区其损失率不同。各类财产的损失率，还与洪水淹没历时、水深、季节、范围、预报期、抢救时间和抢救措施等因素有关。

② 财产增长率：是指洪灾损失或兴修工程后的减灾损失，一般与国民经济建设有密切关系。因此，在利用已有的各类曲线时，必须考虑逐年的洪灾损失增长率。由于国民经济各部门发展不平衡，社会各类财产的增长不同步，必须对各类社会财产值的增长率及其

变化趋势，进行详细分析。

③ 洪灾损失增长率：是用来表示洪灾损失随时间增加的一个参数。由于洪灾损失与各类财产值和洪灾损失率有关，因此，洪灾损失增长率与各类财产的增长率及其洪灾损失率的变化，与洪灾损失中各项损失的组成比例变化有关，在制定其各类财产的综合增长率时，应充分考虑这类因素。洪灾损失增长率是考虑有关资金的时间因素和财产值，随时间变化而进行的一种修正及折算方法。

计算步骤：

A. 预测洪灾受灾区的国民经济各部门、各行业的总产值的增长率；

B. 测算各类财产的变化趋势，分段确定各类财产洪灾损失的变化率；

C. 计算各有关年份的财产值、洪灾损失值及各类财产损失，占总损失的比例；灾害损失增长率；

D. 计算洪灾综合损失增长 β，可按式（5.1）、式（5.2）求得：

$$\beta = \sum \lambda_i \phi_i \tag{5.1}$$

$$\phi_i = S_i / \sum S_i \tag{5.2}$$

式中　λ_i——第 i 类社会财产值的洪灾损失增长率；

ϕ_i——第 i 类社会财产值的损失占整个洪水淹没总损失的比例；

S_i——第 i 类财产洪灾损失值，万元；

i——财产类别，参见相关资料。

（2）城镇防洪经济效益

1）城镇防洪经济效益特点

城镇防洪经济效益就是防洪工程减免的洪水灾害经济损失或增加的土地利用价值。按照防洪工程作用的时空边界可划分为直接效益和间接效益。直接效益是防洪工程减免的由于洪水直接造成的损失值；间接效益是指减免的由洪水直接损失带来的经济和社会活动受阻，从而产生的效益。计算防洪效益应包括间接效益，一般取直接效益的百分比。按照防洪效益是否可以量化表示，可以分为有形效益和无形效益。有形效益是指可以用实物或货币指标直接定量表示的防洪效益；无形效益是指无法用实物或货币指标直接定量表示的防洪效益。例如，洪水造成的各种固定财产损失、流动资产损失等，可以用货币指标表示，属于有形效益；而由于洪水造成的财产损失、人口死亡等引起的精神损失则无法定量表示，属于无形效益。

防洪工程措施既有正面影响，也有负面影响。正面影响即正效益，是指防洪工程对外界产生的有利影响和积极作用，即防洪工程所得部分。负面影响即负效益，是指工程对外界造成的不利影响或消极作用，如对名胜古迹造成的不可恢复的淹没损失等，河道工程的占地等。因此，对社会、经济环境造成的不利影响，应采取补救措施，未能补救的应计算其负效益。

2）年均防洪效益

① 减免洪水灾害损失方面的效益

城镇防洪工程减免洪水灾害损失方面的效益，以多年效益和特大洪水年效益表示。一般采用系列年法或频率法计算其多年平均效益，作为国民经济评价基础，同时还应计算设计年以及特大洪涝年的效益，供项目决策研究。多年平均防洪效益计算一般采用系列法

（实际发生年法）和频率曲线法，前者适用于已建防洪工程，后者适用于拟建防洪工程。

用来计算防洪效益的系列年应具有较好的代表性，如缺少特大洪水年，应进行适当处理。具有综合利用功能的城镇防洪工程除了应根据项目功能计算各项效益外，还应计算项目的整体效益。

城镇防洪规划中的工程多年评价防洪效益一般采用频率曲线方法，通过有、无项目对比分析计算。首先计算出有、无工程情况下各种设计洪水的洪水损失系列，计算式如下：

$$S_p = f(p) \tag{5.3}$$

式中　p——洪水频率；

　　　S_p——发生频率为 p 的洪水时的损失（万元），其计算与次洪损失相同。

将以上计算成果绘制在频率格纸上。为消除误差，可光滑曲线连接，即洪水损失曲线，如图 5.1 所示。

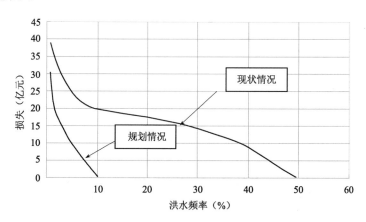

图 5.1　防洪效益示意图

根据两条曲线即可得到各种频率对应的防洪效益：

$$B_p = S_p' - S_p \tag{5.4}$$

式中　B_p——工程的防洪效益（万元）；

　　　S_p'——有工程情况下的洪水损失（万元）；

　　　S_p——无工程情况下的洪水损失（万元）。

则工程多年防洪效益可按下式计算：

$$\overline{B} = \sum_{i=0}^{n}(P_{i+1} - P_i)(B_{i+1} + B_i)/2 \tag{5.5}$$

式中　$\overline{B}$——多年平均防洪效益（万元）；

　　　i——频率所划分的区间端点，$i=0$，1，2，…，n；

　　　P_i——区间端点的频率；

　　　B_i——频率 P_i 对应的效益（万元）。

或

$$\overline{B} = \overline{S} - S' \tag{5.6}$$

式中　$\overline{S}$——无工程情况下多年平均洪灾损失（万元）；

　　　S'——有工程情况下的洪水损失（万元）。

间接经济损失可以用直接经济损失按照一定比例折算。

② 增加土地利用价值方面的效益

防洪工程建成后将提高城镇防洪能力，改变土地原来的功能，使原来荒地、农地或低洼地变成城镇建设用地，土地利用价值增加，从而产生防洪效益。

增加土地利用价值方面的效益计算方法目前研究还很少。有的文献建议，按用有无工程情况下土地净收益的差值计算，但具体计算方法还不成熟。

因防洪增加的城镇土地利用价值，已基本体现在减免损失中，所以一般不再单独计算。

③ 防洪措施总效益

考虑资金的时间价值的防洪总效益按下式计算：

$$B = \sum_{i=0}^{n} \overline{B} \left(\frac{1+f}{1+i_s} \right)^i \tag{5.7}$$

式中 B——工程防洪总效益（万元）；

$\overline{B}$——工程多年平均防洪效益（万元）；

f——防洪效益增长率；

i_s——社会折现率；

n——使用年限；

i——年序号，$i=0$，1，2，…，n。

（3）城镇防洪费用、评价指标与准则

1）防洪费用

城镇防洪建设项目的费用，包括项目的固定资产投资、年运行费用和流动资金。

① 固定资产投资。固定资产投资包括防洪工程达到设计规模所需的国家、企业和个人以各种方式投入的主体工程和相应配套工程的全部建设费用，应使用影子价格计算。在不影响评价结论的前提下，也可只对其价值在费用中所占比例较大的部分采用影子价格，其余的可采用财务价格。防洪工程的固定资产投资，应根据合理工期和施工计划，给出分年度施工安排。

② 流动资金。防洪工程的流动资金应包括维持项目正常运行所需购买燃料、材料、备品、备件和支付职工工资等的周转资金，可按有关规定或参照类似项目分析确定。流动资金应以项目运行的第一年开始，根据其投产规模分析确定。

③ 年运行费。防洪工程的年运行费应包括项目运行初期和正常运行期每年所需支出的全部运行费用，包括工资及福利费、材料、燃料及动力费、维护费等。项目运行初期各年的年运行费，可根据其实际需要分析确定。

2）评价指标与准则

① 一般规定

A. 防洪工程的经济评价应遵循费用与效益计算口径对应一致的原则，计算资金的时间价值，以动态分析为主，辅以静态分析。

B. 防洪工程的计算期，包括建设期、初期运行期和正常运行期。正常运行期可根据工程的具体情况研究确定，一般为 30～50a。

C. 资金—时间价值计算的基准点应设在建设期的第一年年初，投入物和产出物除当年借款利息外，均按年末发生和结算。

D. 进行防洪工程的国民经济评价时，应同时采用 12%、7% 的社会折现率进行评价，供项目决策参考。

② 评价指标和评价准则

防洪工程的经济评价，可根据经济内部收益率、经济净现值及经济效益费用比等评价指标和评价准则进行。

A. 经济内部收益率（EIRR）。经济内部收益率以项目计算期内各年净效益现值累计等于零时的折现率表示。其表达式为：

$$\sum_{i=1}^{n}(B-C)_t(1+EIRR)-t=0 \tag{5.8}$$

式中　EIRR——经济内部收益率；

　　　B——年效益（万元）；

　　　C——年费用（万元）；

　　　n——计算期（a）；

　　　t——计算期各年序号，基准点的序号为零；

　　　i——年序号，$i=0$，1，2，…，n；

$(B-C)_t$——第 t 年的净效益（万元）。

工程的经济内部收益率不小于社会折现率时，该项目在经济上是合理的。

B. 经济净现值（ENPV）。经济净现值是用社会折现率（i_s）将计算期内各年的净效益折算到计算初期的现值之和表示。其表达方式为：

$$ENPV=\sum_{i=1}^{n}(B-C)_t(1+i_s)^{-t} \tag{5.9}$$

当经济净现值不小于零时，该项目在经济上是合理的。

C. 经济效益费用比（EBCR）。经济效益费用比以项目效益现值与费用现值之比表示。其表达式为：

$$EBCR=\frac{\sum_{i=1}^{n}B_t(1+i_s)^{-t}}{\sum_{i=1}^{n}C_t(1+i_s)^{-t}} \tag{5.10}$$

式中　EBCR——经济效益费用比；

　　　B_t——第 t 年的效益（万元）；

　　　C_t——第 t 年的费用（万元）。

其余符号同前。

当经济净现值效益费用比不小于 1 时，该项目在经济上是合理的。

D. 进行经济评价，应编制经济效益费用流量表，反映项目计算期内各年的效益、费用和净效益，并用以计算该项目的各项经济评价指标。

（4）城镇防洪方案技术经济比较

对于拟建城镇防洪工程项目，可以采用不同的设计标准、工程规模和措施，形成一个以上的可能方案。方案比较的目的就是通过几种可能方案的全面分析对比，合理地选用最优方案，方案比较应根据国民经济评价结果确定。

方案比较时可视项目的具体条件和资金情况，采用差额投资经济内部收益率法、经济净现值法、经济净年值法、经济效益费用比法、费用现值法或年费用法进行。

1）差额投资经济内部收益率法

两个方案的差额投资经济内部收益率（$\Delta EIRR$）用两方案的计算期内各年净效益流量差额的现值，累计等于零时的折现率表示。差额投资经济内部收益率不小于社会折现率（$\Delta EIRR \geqslant i_s$）时，投资现值大的是经济效果好的方案。进行多个方案比较时，应按投资现值由大到小依次两两比较。

差额投资经济内部收益率的计算公式：

$$\sum_{i=1}^{n}\left[(B-C)_2 - (B-C)_1\right]_t (1+\Delta EIRR)^{-t} = 0 \tag{5.11}$$

式中　$\Delta EIRR$——差额投资经济内部收益率；

$(B-C)_2$——投资现值大的方案年净效益流量（万元）；

$(B-C)_1$——投资现值小的方案年净效益流量（万元）。

2）经济净现值法

应比较各方案的经济净现值（$ENPV$）。经济净现值大的是经济效果好的方案，经济净现值的计算公式如下：

$$ENPV = \sum_{i=1}^{n} (B-I-C'+S_v+W)_t (P/F, i_s, t) \tag{5.12}$$

式中　　$ENPV$——经济净现值（万元）；

B——效益（万元）；

I——固定资产投资和流动资金之和（万元）；

C'——年运行费（万元）；

S_v——计算期末回收的固定资产余值（万元）；

W——计算期末回收的流动资金（万元）；

n——计算期（年）；

$(P/F, i_s, t)$——现值系数；

i_s——社会折现率。

3）经济净年值法

应比较各方案的经济净年值（$ENAW$）。经济净年值大的是经济效果好的方案。经济净年值的计算公式如下：

$$ENAW = \left[\sum_{i=1}^{n} (B-I-C'-S_v+W)_t (P/F, i_s, t)\right](A/P, i_s, n) \tag{5.13}$$

式中　　$ENAW$——经济净年值（万元）；

$(P/F, i_s, t)$——现值系数；

$(A/P, i_s, n)$——资金回收系数。

4）经济效益费用比法

应比较各方案的经济效益费用比（$EBCR$），经济效益费用比大的是经济效果好的方案。

5）费用现值法

应比较各方案的费用现值（PC）。费用现值小的是经济效果好的方案。费用现值的计算公式：

$$PC = \sum_{i=1}^{n} (I + C' - S_v + W)_t (P/F, i_s, t) \tag{5.14}$$

6）年费用法

应比较各方案的等额年费用（AC）。等额年费用小的是经济效果好的方案。等额费用的计算公式：

$$AC = \left[\sum_{i=1}^{n} (I + C' - S_v + W)_t (P/F, i_s, t) \right] (A/P, i_s, n) \tag{5.15}$$

3. 防洪工程财务评价

按照国家有关规定，城镇防洪工程属于地方性的公益性工程，在目前没有实行征收防洪费的情况下，防洪工程可以不进行财务评价。但是，城镇防洪工程作为水利工程，其规划设计和管理必须考虑水资源的综合开发利用；城镇上游的防洪水库等工程可以考虑与城镇供水、发电、渔业、旅游目标等结合；城镇市区的防洪墙、河道等可以考虑与商业、旅游、停车场等结合。这些项目目标都有一定的财务收入，应进行财务评价。

一般城镇的防洪问题与城镇的缺水问题往往同时存在，进行城镇防洪建设时必须考虑水资源的综合利用。因此，进行与防洪工程同时建设开发项目的财务评价，对于防洪工程方案选择、防洪经费筹措和防洪工程的建设具有重要作用，必须加以重视。

5.1.3 防洪工程综合评价

1. 防洪工程综合评价原则

评价方案的优劣，要从社会、经济、环境、技术等各个方面加以论证。选择方案既要考虑防洪效益，还要考虑城镇供水等综合效益；既要使工程达到防洪要求，还要要求方案经济和技术上可行；既要满足当前效益，还要考虑长期影响；既要满足城镇本身防洪要求，还要照顾上下游和流域防洪要求。

不同防洪措施如堤防、水库、分（蓄）洪区等，它们的性质不同，另外所在地的社会、经济和环境条件不同，因此综合影响评价的项目和方法应有所不同。选择防洪方案还要考虑方案实施的难易以及工程建成后的管理问题。

城镇防洪综合评价一般应该遵循以下基本原则：

（1）单目标与多目标相结合的原则

城镇防洪规划方案评判，要从技术、社会、经济、环境、资源等多方面进行多目标的综合评价，最后达到对方案优劣的单目标的转化。

（2）定性分析与定量分析相结合的原则

防洪效益综合分析应采取定量分析与定性分析相结合的方法，凡是能用货币定量表示的应尽量用货币表示；不能用货币表示但能用实物指标定量表示的，尽可能用实物指标表示；既不能用货币表示又不能用实物指标定量表示的，则可进行定性描述。

（3）模糊性与精确性相结合的原则

城镇防洪规划方案评判采用的技术参数要求尽可能精确，但许多指标如社会影响、环境影响具有模糊性。模糊性与精确性也是相对的，一定条件下可以相互转化。

（4）宏观分析与微观分析相结合的原则

城镇防洪规划方案评判应从国民经济宏观分析出发，与国民经济发展相互一致，但应兼顾各部门、地方的利益。

（5）权威决策与专家群体决策相结合的原则

技术权威的经验是非常宝贵的，但其局限性也是显然的。不同技术领域、不同部门专家的群体决策可以避免权威的决策片面性。

（6）现状分析与预测研究相结合的原则

城镇防洪工程的方案评判，要考虑到现状条件下防洪要求，但由于城镇防洪工程的影响是深远的，因而对其可能造成的影响要进行预测。

2. 综合评价模型

（1）综合评价的系统结构

对于防洪规划方案，单因素指标的评价相对简单（如工程投资等，在其他指标不变时，越低越好）；但多因素指标的评价较为复杂，关键问题是如何对各因素进行综合。

防洪规划方案评价具有递阶层次结构特点，按照层次分析方法可以将系统划分为目标层、准则层和方案层（图5.2）。

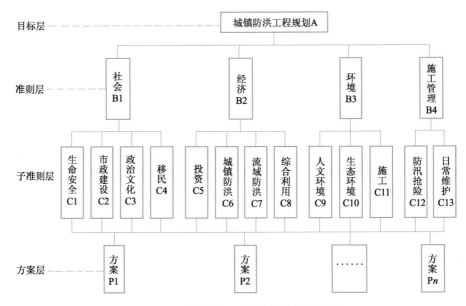

图5.2 城镇防洪工程综合评价层次结构

结合城镇防洪特点，城镇防洪方案评判的层次结构大致为：

1）目标层

城镇防洪的目标层A，主要是反映城镇防洪工程的防洪目标，根据各项指标，综合反映各方案的优劣程度，从中选择最优方案。

2）准则层

B1：对社会发展有利准则，主要反映工程对社会安定和发展的效应；

B2：对经济发展有利准则，主要反映工程对促进国民经济各部门、地区经济发展，保护国家和人民生命财产安全的效应；

B3：对环境有利准则，主要反映工程对生态环境的效应；

B4：便于施工管理准则，主要反映方案实施的难易程度。

由于准则层的指标划分过于笼统，不利于指标评价。所以有必要对准则层进一步细化。

3）子准则层

子准则层可细分为若干方案指标 C1，C2，C3，…，Cn。

4）方案层

方案层由根据城镇的具体情况拟订的各个方案组成，分别用 P1，P2，P3，…，Pn 表示。具体城镇的防洪问题可以采用许多不同的方案：如可以采用以拦洪为主，也可以采用以蓄洪为主，或拦蓄结合；可以采取分洪措施，也可以采用泄洪措施；可以修建大型集中控制工程，也可以修建小型分散控制工程；可以采用市区整体防洪，也可以采用分片封闭防洪；对拟订的城镇防洪标准可以一次提高到设计标准，也可以分期分批逐步实施。另外，城镇防洪工程与市政工程、流域防洪规划方案的协调问题，也可以有不同的解决办法，由此就有不同的防治方案。城镇防洪规划设计首先要根据城镇的地形、水系、城镇条件初步拟订各种可能的规划方案，然后分别对各方案进行工程投资、效益、综合影响、社会经济、技术条件等多方面的分析论证。

各层次之间具有一定联系，为便于评判，层内各因素应尽可能保持独立。各城镇的层次结构可以根据其具体情况增加或删减，或者采用不同的层次结构。

（2）城镇防洪方案综合评价模型

设某城镇防洪工程有 m 个方案供选择，每个方案可以以 n 个因素加以评价，评价的最终结果取决于各个单因素评价结果和所有评价因素的综合。

设第 i 个方案的综合评价结果指标为 a_i，m 个方案组成方案的综合评价矩阵（向量）为：

$$A=(a_1,a_2,\cdots,a_i,\cdots,a_m) \tag{5.16}$$

按指标的性质可以选择综合指标最大（小）的方案作为最优方案。因为综合评价指标是许多单因素指标的综合，难以直接获取，所以一般综合评价是以单因素评价为基础，即通过单因素评价指标的综合进行评价。

设第 i 个方案相对于第 j 个因素的优度指标为 r_{ij}，则构成了单因素评判指标矩阵 R：

$$R=(r_{ij})m\times n \tag{5.17}$$

设每个方案可根据 n 个因素进行评判，各个因素的重要程度不同，分别用权重 W_j 表示，构成权重矩阵 W：

$$W=(w_1,w_2,\cdots,w_i,\cdots,w_m) \tag{5.18}$$

由此计算综合评价向量 A：

$$A=W\times R \tag{5.19}$$

3. 评价指标和权重

在前面的综合评价模型中，需要确定单因素评价指标和各因素在综合评价中的权重指标。指标确定按各自性质可以采用不同的方法，如标准化方法、专家评判方法、模糊数学方法、序列测度方法等。

（1）标准化方法

有些评价因素本身具有定量指标，并表示相应因素的优劣性质。如工程投资、经济效益、人口伤亡数、工程占地面积等。这些因素的评价指标可以直接通过无量纲化、归一化等标准化方法获取其优度指标（或劣度、关系密切程度等）。为了便于与其他评价指标综合，一般采用归一化方法。计算式如下：

设有几个评价对象，则其归一化评价指标为：

$$r_i = U_i / \sum_{i=1}^{n} U_i \tag{5.20}$$

式中　r_i——第 i 个因素归一化评价指标；

　　　U_i——第 i 个因素本身具有的评价指标。

（2）序列测度方法

序列测度方法适用于评价对象的各个不同评价因素指标具有同等重要性，即具有相同的权重的场合，这时各对象的评价因素指标组成评价序列。事先根据各评价对象的指标拟订参考对象（一般是最优指标集），各评价对象的优劣程度就可以用相应对象评价因素序列与参考序列的关系密切（相似）程度表示。描述对象关系密切程度的量很多，如数理统计中相关系数等。但由于评价因素一般不会超过 10 个，相关系数精度差，故一般采用灰色数学中的灰关联系数方法。

评判前，首先根据各指标含义拟订最优指标集：

$$X_0 = \{x_0(1), x_0(2), \cdots, x_0(j), \cdots, x_0(n)\}$$

式中　$x_0(j)$——第 j 个指标在所有方案中的最优值（最大或最小值），这是一个假想方案（对象）。显然，其他方案的指标与该假想方案越接近就越优。优劣程度用灰关联系数表示。

设 $X_i(j) = \{x_0(1), x_0(2), \cdots, x_0(j), \cdots, x_0(n)\}$ 为第 i 方案的指标集，则

第 i 个方案第 j 个指标的优度值（灰关联系数）定义为：

$$r_{ij} = \frac{\min_i \max_j |x_0(j) - x_i(j)| + k \max_i \max_j |x_0(j) - x_0(i)|}{|x_0(j) - x_i(j)| + k \max_i \max_j |x_0(j) - x_0(j)|} \tag{5.21}$$

式中　k——分辨系数，一般 $k \leqslant 0.5$。

由此构造评价矩阵 R。

（3）层次分析比较方法

指标权重和许多评价指标本身不是定量指标，具有"模糊"或"灰色数"性质，评价中要首先予以量化（可以采用层次分析方法）。层次分析方法一般采用两两比较方法，用 1、3、5、7、9 表示一个因素相对于另一个因素"同样""稍微""明显""极端"重要。用 2、4、6、8 表示相邻中间值。因素 i 与因素 j 比较和因素 j 与因素 i 比较互为倒数。此方法称为九标度法。

1）九标度法

九标度法构造的评价矩阵：

$$B = (b_{ij}) n \times m \tag{5.22}$$

矩阵 B 是正互反矩阵，即对任意 i、j 有：

$$b_{ij} > 0$$

$$b_{ij} = \frac{1}{b_{ij}}$$

$$b_{ii} = 1$$

若 $b_{ij} \times b_{ji} = b_{ik}$，即矩阵 B 满足一致性，则 B 的秩为 1，具有唯一特征根 n。特征根 n 对应的归一化的特征向量表示了诸因素相对于上层因素的权重（重要性），称为权向量。因此根据评价矩阵对各因素的评价问题就转化为求评价矩阵的特征向量问题。

评价问题一般不需要特征向量的精确解，近似解即可满足要求。推求特征向量近似解的常用方法有和法和方根法等。方根法采用以下步骤：

首先计算矩阵每行元素的几何平均值：

$$w'_i = n\sqrt{\prod_{j=1}^{n} b_{ij}}, i = 1, 2, \cdots, n \tag{5.23}$$

将 w'_i 正规化处理，则得权向量近似解：

$$w'_i = \frac{w'_i}{\sum_{i=1}^{n} w'_i}, i = 1, 2, \cdots, n \tag{5.24}$$

得权向量 $w = (w_1, w_2, \cdots, w_n)$

和法与方根法相似，只是将几何平均值改为算术平均值即可。

2）三标度法

九标度法较为精确，但实际应用中较难实施。一般代之以三标度法构造标度矩阵：

$$C = (c_{ij})_{n \times n} \tag{5.25}$$

式中 c_{ij} 表示因素 i 比因素 j 重要；$c_{ij} = 1$ 表示因素 i 与因素 j 同等重要；$c_{ij} = 0$ 表示因素 i 没有因素 j 重要。

三标度矩阵不是正互反矩阵，可采用以下办法转换为正互反矩阵：

令 $d_i = \sum c_i, d_{max} = \max(d_i), d_{min} = \min(d_i)$

当 $d_i > d_j : b_{ij} = (d_i - d_j)(d_{max}/d_{min} - 1)/(d_{max} - d_{min}) + 1$

当 $d_i = d_j : b_{ij} = 1$

当 $d_i < d_j : b_{ij} = b_{ji} - 1$

由此得正互反矩阵 B。

3）矩阵的一致性

以上各个矩阵均要满足一致性，即用于评判的各个方案之间的优劣不能产生矛盾。由于构造评价矩阵时带有一定主观性，所以，评价矩阵一般不完全满足一致性，但这种不一致性只要限制在一定范围内即可。设 $\lambda_{max} = \sum_{i=1}^{n} (BW_i)/(nw_i)$

其中 B 为矩阵，W 为其特征向量。

引进偏离一致性指标：

$CI = (\lambda_{max} - n)/(n - 1)$

$CR = CI/RI$

RI 为随机一致性指标。

当 $CR < 0.1$ 时，即认为满足一致性要求，否则需调整判断矩阵。

4. 防洪工程综合评价示例

某市水系及防洪工程示意图如图 5.3 所示，防洪标准为 100 年一遇。现进行防洪方案的论证选择。

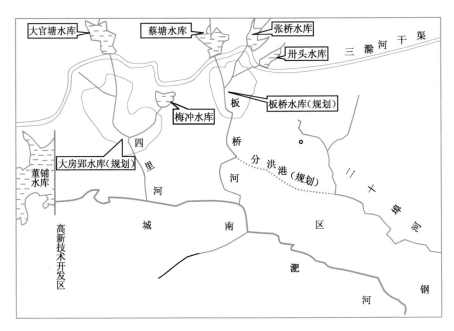

图 5.3 某市水系及防洪方案示意图

（1）备选方案

根据地形、水系和历次城镇防洪规划，拟订 7 个方案：

方案 P1：加高加固屯溪路以上原防洪堤（墙），河道维持现状；

方案 P2：加高加固滁河干渠上大官塘、张桥、蔡塘、卅头和梅冲五座中小型农用水库；

方案 P3：在板桥河上兴建板桥水库；

方案 P4：开挖板桥河分洪道；

方案 P5：在四里河上兴建大房郢水库；

方案 P6：在四里河上兴建大房郢水库，并加高加固滁河干渠上张桥、蔡塘（板桥河上）两座中型农用水库；

方案 P7：在四里河上兴建大房郢水库，并在板桥河上兴建板桥水库。

各方案的主要指标见表 5.1。

各方案评价指标简表 表 5.1

评 价 指 标		方案 P1	方案 P2	方案 P3	方案 P4	方案 P5	方案 P6
社会影响	市政建设	6	5	4	3	2	1
	移民（人）	1600	1900	9300	2700	11800	12000
经济影响	投资（亿元）	1.97	2.61	2.79	4.66	2.35	2.63
	流域防洪（亿元）	0	0.18	0.25	0.33	0.50	0.58
	综合利用（亿元）	5	4	3	5	2	1
环境影响	城镇景观	6	5	4	3	1	1
	生态环境	5	6	2	4	1	3

评 价 指 标		方案 P1	方案 P2	方案 P3	方案 P4	方案 P5	方案 P6
施工管理	施工	5	6	2	4	1	3
	防汛抢险	4	5	3	6	2	1
	日常维护	5	6	2	4	1	3

1，2，…，6 为方案比较优劣序号，以最小为优

（2）方案评价

下面从社会、经济、环境等方面对以上 7 个方案进行综合论证。

方案 P1：加高加固屯溪路以上原防洪堤（墙），河道维持现状。根据规划范围，南淝河干流自合作化路桥到屯溪路桥为主要市区河段，其中合作化路桥至亳州路桥段长 2.15km，只有局部堤防，防洪标准不足 5 年一遇，需新建防洪堤；亳州路桥段至板桥河口段长 2.40km，板桥河口至屯溪路桥段长 3.1km，防洪标准接近 20 年一遇，需进一步加高加固堤防。初步估计投资亿元。该方案的优点非常明显，不需要大量移民。但是，几乎全部堤防均需新建或加高加固。防洪堤高达 4m 以上、堤距大、占地多、拆迁量大、公园破坏严重，实施困难；汛期洪水位高，缺乏安全感；沿线公路需要向后退建，沿线桥梁均需改建，影响市内交通；市区洪水位抬高，增加了支流和下游的治理难度；无城镇供水效益，不利于水资源的综合利用。

方案 P2：加高加固滁河干渠上五座中小型农用水库。控制面积 101km²，移民 1900 人。该方案控制面积小，区间洪水仍然很大；水库距市区较远，削峰效果不好；水库分散，不利于汛期调度；另外，五座水库为反调节水库，施工困难且无城镇供水效益。

方案 P3：在板桥河上兴建板桥水库。坝址到河口 13.28km，控制面积 110.5km²，有水库淹没，需移民 9300 人，投资亿元，其中防洪分摊 1.47 亿元。有城镇供水效益。

方案 P4：开挖板桥河分洪道。板桥河分洪道将板桥河上游来水引到二十埠河，以减轻板桥河对市区的洪水压力。根据地形条件，分洪道全长 4.7km，分洪标准 100 年一遇，控制面积 135.0km²，估计投资亿元。该方案控制面积较大，但不利于水资源的综合利用。该方案将洪水分至二十埠河，实际上是洪水的转嫁；分洪效果还依赖于分洪闸的调度；土方量大，工期长；分洪渠道沿线汛期行洪，枯水期无水，势必造成严重的环境问题。

方案 P5：在四里河上兴建大房郢水库。坝址到河口全长 5.18km，防洪标准 100 年一遇，控制面积 184.0km²，移民 11800 人；估计投资亿元，其中防洪分摊 1.64 亿元；有城镇供水效益。该方案控制面积较大，削峰效果好；除了防洪外，可以为城镇提供优质水源；市区堤防工程量小，拆迁量少，洪水位低，有利于与交通、排涝等市政设施协调。缺点是淹没面积大，移民多。

方案 P6：在四里河上兴建大房郢水库，并加高加固滁河干渠上张桥、蔡塘（板桥河上）两座中型农用水库。该方案控制面积 244.4km²，移民 120 人；估计投资 2.35 亿元，其中防洪分摊 1.64 亿元；有城镇供水效益；具有方案 P5 的优点，同时可以进一步削峰；但因水库控制工程分散，汛期控制调度困难，势必影响防洪调度效果。

方案 P7：在四里河上兴建大房郢水库，并在板桥河上兴建板桥水库。该方案的优点是可以将该市防洪标准提高到 300 年一遇，缺点是移民和占地多。

（3）评价结果

方案 P1 对市区不利影响最大，特别是 4m 高堤防的不利影响无法消除，不宜采用该方案。

方案 P2 和 P6 涉及几座农用水库的加高加固问题，因与灌溉水库连在一起，故施工困难，并且因这些农用水库离市区较远，削减洪峰效果不明显，管理也不方便。所以方案 P2 和 P6 也不宜采用。

因方案 P3 和方案 P7 中的板桥水库，单独修建时其控制面积比单独修建大房郢水库时的小，若都修建已超过设计防洪标准，近期没有必要，所以方案 P3 和方案 P7 不宜选择。

方案 P4 开挖分洪道，将对分洪道沿线带来严重环境问题，分洪效果也依赖于分洪闸的具体操作。另外，这是一种洪水转嫁方案，同时对拟建的一个工业开发区带来威胁，所以也不宜采用。

方案 P5 通过上游修建大房郢水库蓄洪，市区洪水压力减轻，市区堤防工程只需局部加固或增建，对市区不利影响小。另外，上游水库还可作为城镇水源，有利于水资源综合利用，因此宜采用方案 P5。

防洪工程评价不仅针对工程措施本身，对防洪工程的管理工作进行评价是防洪工程后评价工作的一个重要工作内容。防洪工程的设计、建设只是为防洪工程发挥效益提供了一个载体，工程能否发挥效益很大程度取决于工程管理工作的状况。开展防洪工程管理工作后评价对促进防洪工程管理水平的提高和工程效益的发挥都有着重要意义。评价的结果可以为工程的后期管理提供决策依据，促使采取相应的管理措施；也可为以后的工程项目设计提供正确的经验，避免重复走弯路。

5.2 防洪工程管理

城镇防洪工程管理，是为有效实现防洪工程的预期效果，对城镇防洪工程建成运行期间有关管理机构、人员、范围、规章制度、管理设施、管理经费等进行的管理。管理的内容应为堤防、水库等防洪工程正常运用、工程安全和充分发挥工程效益创造条件，促进防洪工程管理正规化、制度化、规范化，不断提高现代化管理水平。管理要符合安全可靠、经济合理、技术先进、管理方便的原则，并在实践和试验研究的基础上，积极采用新理论、新技术。

5.2.1 防洪工程管理原则及内容

防洪工程的管理主要是指对堤防工程、河道工程、水库工程、水闸工程等进行养护维修、检查观测和控制运用等方面的管理工作，是为了确保工程安全、充分发挥工程效益、积极利用水土资源开展的综合性经营。

防洪工程建成后，由于经常受到外界因素的影响，工程状态会不断变化，必须通过及时、系统的检查观测，才能掌握其动态，判断这些工程运行是否正常。及时发现不正常现象，认真分析，采取加固补救措施，尽力消除安全隐患，从而确保工程安全。另一方面，应对已建防洪工程制定有关法律、法规，并用法律手段加强管理，防止为了个人利益破坏防洪工程，使防洪工程效益大大下降，甚至失去防洪效益或造成垮坝失事的负面影响。防洪工程的管理措施应根据工程评价的结果及时进行调整，从而保证防洪工程的长期的正常有序运行。

下面从组织管理、法制管理、技术管理这三个方面简要介绍城镇防洪工程管理工作的基本内容。

（1）组织管理

防洪工程管理工作专业性较强，要建立健全管理机构，一般按受益范围对防洪工程进行分级管理，要有必要的人员、技术设备和经费支持。

（2）法制管理

法制管理包括制定并实施管理法规。管理法规包括社会规范和技术规范，是人们在水利工程设施及其保护范围内从事管理活动的准则。我国已制定的《中华人民共和国防洪法》《中华人民共和国水法》《中华人民共和国河道管理条例》《中华人民共和国防汛条例》《水库大坝安全管理条例》等，对防洪工程管理均提出了要求。如在堤防管理方面，由于情况复杂，必须建立一些法规，禁止人为在堤上破口挖洞；而对河道的管理则要通过有关法规禁止在河道内设阻水障碍物，以保证河道泄洪的通畅；对水库大坝也应有一些禁止破坏的法规；对蓄滞洪区内的建设也必须有明确规定，以减少蓄洪时的损失。

（3）技术管理

防洪工程技术管理主要包括对工程的检查观测、养护维修和调度运用。检查观测的任务主要是监视工程的状态变化和工作情况，掌握工程变化规律，为正确管理运用提供科学依据，及时发现不正常迹象。工程检查分为经常检查、定期检查、特别检查和安全鉴定。养护维修有经常性的养护维修和大修、抢修。调度运用的目的是确保工程安全，选用优化调度方案，合理安排除害与兴利关系。

5.2.2 防洪工程管理组织与措施

1. 管理机构

城镇防洪工程实行按行政统一管理的管理体制，统一指挥，分级、分部门负责。按照城镇规模和防洪主体工程的性质规模，实行一、二、三级管理机构。管理机构和人员编制以及隶属关系的确定，是一项政策性很强的工作，一般应按照国家有关规定予以确定。

在工程管理设计中管理机构和人员编制应确定以下内容：

（1）确定工作任务和管理职能；

（2）确定管理机构建制和级别；

（3）确定各级管理单位的职能机构；

（4）确定管理人员编制人数。

一般堤防工程按照水系、行政区划及堤防级别和规模组建重点管理、分片管理或条块结合的管理机构，按三级或二级设置管理单位。第一级为管理局，第二级为管理总段，第三级为管理分段。

水库工程按照水库等级规定，先确定水库主管部门，据此确定与主管部门级别相适应的水库管理单位的机构规格。按照管理单位级别要低于主管部门级别的原则设置，见表5.2。

水库等级和主管部门级别　　　　　　　表 5.2

工程规格	水库等级划分							水库主管部门级别
	水库总库容（亿 m³）	水库坝高（m）	防洪		灌溉面积（万亩）	城镇及工矿企业用水	水电站装机容量（万 kW）	
			保护城镇及工业区	保护农田面积（万亩）				
大（一）型	>10		特别重要	>500	>150	特别重要	>120	省级
大（二）型	10～1	80 及以下	重要	500～100	150～50	重要	120～30	县级以上
中型	1～0.1	60 及以下	中等	100～30	50～5	中等	30～5	县级以上

依据水库管理单位的规格、工程特点和有关部门现行的有关规定设置水库管理单位机构，并按精简的原则确定人员编制。

对于城镇防洪工程，一般设置统一的管理机构，负责协调整个城镇的防洪工程。然后按照堤防、水库、排涝泵站等主体工程设置相应的主体工程管理单位。管理单位按照工程特点设置相应职能机构，如工程管理、规划设计、计划财务、行政人事、水情调度、综合经营等科室，以及各主体工程管理单位。管理机构应以精简高效为原则，遵照国家有关规定，合理设置职能机构或管理岗位，尽量减少机构层次和非生产人员。

2. 管理单位生产、生活区建设

（1）主要内容

管理单位的生产、生活区建设，应与主体工程配套。本着有利管理、方便生活、经济适用的原则，合理确定各类生产、生活设施的建设项目、规模和建筑标准。

按建筑性质和使用功能，管理单位生产、生活区建设项目区分为五类：

1）公用建筑：包括各职能科室的办公室及通信调度室、档案资料室、公安派出所等专用房屋；

2）生产和辅助生产建筑：包括动力配电房、机修车间、设备材料仓库、车库、站场、码头等；

3）利用自有水、土资源，开发种植业、养殖业及其相应产品加工业所必需的基础设施和配套工程；

4）生活福利及文化设施建设：包括职工住宅、集体宿舍、文化娱乐室、图书阅览室、招待所、食堂及其他生活服务设施；

5）管理单位庭院环境绿化、美化设施。

（2）生产、生活区选址

生产、生活区场地要位置适中，交通较便利，能照顾工程全局，有利工程管理，方便职工生活；地形地质条件较好，场地较平整，占地少，基础设施建设费用较省；对长远建设目标有发展余地。

（3）生产、生活用房

（4）生产、生活区其他设施

生产、生活区的庭院工程和环境绿化美化设施，应通过庭院总体规划和建筑布局，确定所需的占地面积。

生产、生活区建设，应根据当地的水源、电力、地形等自然条件，因地制宜，建设经济适用的供水排水、供电、交通系统。生产、生活区必须配置备用电源，备用电源的设备容量，应能满足防汛期间电网事故停电时，防汛指挥中心的主要生产服务设施用电负荷的需要。

3. 管理范围和保护范围

为保证防洪工程安全和正常运行，根据当地的自然地理条件、土地利用情况和工程性质，规划确定工程的管理范围和保护范围，是管理设计的重要内容之一，也是进行工程建设和管理运用的基本依据。两者相辅相成，构成工程系统完整的安全保障体系。

（1）工程管理范围

城镇防洪工程管理范围，是指城镇防洪系统全部工程和设施的建筑场地（工程区）和管理用地（生产、生活用地）。这一范围内的土地，必须在工程建设前期，通过必要的审批手续和法律程序，实行划界确权、明确管理单位的土地使用权。

1）堤防工程

堤防工程的管理范围包括：

① 堤防堤身，堤内外戗堤，防渗导渗工程及堤内、外护堤地。护堤地是城镇防洪堤防工程管理范围的重要组成部分，它对防洪、防凌、防浪、防治风沙、优化生态环境以及在抗洪抢险期间提供安全运输通道，有着重要的作用。护堤地范围，应根据工程级别并结合当地的自然条件、历史习惯和土地资源开发利用等情况进行综合分析确定。

② 穿堤、跨堤交叉建筑物：包括各类水闸、船闸、桥涵、泵站、鱼道、伐道、道口、码头等。

③ 附属工程设施：包括观测、交通、通信设施、测量控制标点、护堤哨所、界碑、里程碑及其他维护管理设施。

④ 护岸控导工程：包括各类立式和坡式护岸建筑物，如丁坝、顺坝、坝垛、石矶等。护岸控导工程的管理范围，除应包括工程自身的建筑范围外，还应按不同情况分别确定建筑范围以外区域：邻近堤防工程或与堤防工程形成整体的护岸控导工程，其管理范围应从护岸控导工程基脚连线起向外侧延伸30～50m，并且延伸后的宽度，不应小于规定的护堤地范围；与堤防工程分建且超出护堤地范围以外的护岸控导工程，其管理范围的横向宽度应从护岸控导工程的顶缘线和坡脚线起分别向内外侧各延伸30～50m，纵向长度应从工程两端点分别向上下游各延伸30～50m；在平面布置上不连续，独立建造的坝垛、石矶工程，其管理范围应从工程基脚轮廓线起沿周边向外扩展30～50m。河势变化较剧烈的河段，根据工程安全需要，其护岸控导工程的管理范围应适当扩大。

⑤ 综合开发经营生产基地：是指工程管理单位利用自有的土地资源，发展种植业、养殖业和其他基础产业所需占用的土地面积。

⑥ 管理单位生产、生活区建筑：包括办公用房屋、设备材料仓库、维修生产车间、砂石料堆场、职工住宅及其他生产生活福利设施。

划定堤防管理范围要考虑所在河道的管理范围。我国河道管理条例规定，有堤防的河道的管理范围为两岸堤防之间的水域、沙洲、滩地、行洪区、两岸堤防和护堤地；无堤防河道的管理范围根据历史最高洪水位或者设计洪水位确定。

2）防洪水库工程

防洪水库工程区管理范围包括：大坝、输水道、溢洪道、电站厂房、开关站、输变电、船闸、码头、渔道、输水渠道、供水设施、水文站、观测设施、专用通信及交通设施等各类建筑物周围和水库土地征用线以内的库区。其确定应考虑所在地区的地形特点。

对于山丘区水库，大型水库上游从坝轴线向上不少于150m（不含工程占地、库区征地重复部分），下游从坝脚线向下不少于200m，上、下游均与坝头管理范围端线相衔接；中型水库上游从坝轴线向上不少于100m（不含工程占地、库区征地重复部分），下游从坝脚线向下不少于150m，上、下游均与坝头管理范围端线相衔接。大坝两端以第一道分水岭为界或距坝端不少于200m。对于平原水库，大型水库下游从排水沟外沿向外不少于50m；中型水库下游从排水沟外沿向外不少于20m。大坝两端从坝端外延不少于100m。

溢洪道（与水库坝分离的）：由工程两侧轮廓线向外不少于50~100m，消力池以下不少于100~200m。大型取值趋向上限，中型取值趋向下限。其他建筑物：从工程两侧轮廓线向外不少于20~50m，规模大的取上限，规模小的取下限。

生产、生活区（含后方基地）管理范围包括：办公室、防汛调度室、值班室、仓库、车库、油库、机修厂、加工厂、职工住宅及其他文化、福利设施，其占地面积按不少于3倍的房屋建筑面积计算。有条件设置渔场、林场、畜牧场的，按其规范确定占地面积。

水库工程管理范围的土地应与工程占地和库区征地一并征用，并办理确权发证手续，待工程竣工时移交水库管理单位。

（2）工程保护范围

工程保护范围，是为防止在邻近防洪工程的一定范围内，从事石油勘探、深孔爆破、开采油气田和地下水或构筑其他地下工程，危及工程安全而划定的安全保护区域。在工程保护范围内，不改变土地和其他资源的产权性质，仍允许原有业主从事正常的生产建设活动。但必须限制或禁止某些特殊活动，以保障工程安全。

1）堤防工程

在防洪堤防工程背水侧紧邻护堤地边界线以外，应划定一定的区域，作为工程保护范围。堤防工程背水侧和临水侧都应划定保护范围。堤防工程背水侧保护范围从堤防背水侧护堤地边界线起算，其横向宽度参照表5.3规定的数值确定。堤防工程临水侧的保护范围，已经属于河道管理范围，按《河道管理条例》规定执行。

堤防工程保护范围数值表　　　　　　　　　　　表5.3

工程级别	1	2、3	4、5
护堤地宽度（m）	200~300	100~200	50~100

2）防洪水库工程

防洪水库工程的保护范围分成工程保护范围和水库保护范围。

工程保护范围是为保护水库枢纽工程建筑物安全而划定的保护范围。工程保护范围边界线外延，主要建筑物不少于200m，一般不少于50m。

水库保护范围主要是为防止库区水土流失及其污染水质而划定的保护区域。由坝址以上，库区两岸（包括干、支流）土地征用线以上至第一道分水岭脊线之间的陆地，都属于水库保护范围。

4. 工程观测及措施

（1）工程观测

1）观测目的和布置要求。城镇防洪工程观测设施设计，应根据工程类型、级别、地形地质、水文气象条件及管理运用要求，确定必需的工程观测项目。要求通过观测手段，达到以下目的：

① 监测工程安全状况。监测了解水库、堤防、防洪闸等主体工程及附属建筑物的运用和安全状况，它是工程观测的首要目的。

② 检验工程设计。检验工程设计的正确性和合理性。

③ 积累科技资料。为堤防工程科学技术开发积累资料。

工程观测设计内容应包括观测项目选定、仪器设备选型、观测设施整体设计与布置、编制设备材料清册和工程概算、提出施工安装与观测操作的技术要求等。埋设的观测设备，应安全可靠，经久耐用。

2）工程观测项目

工程观测项目按其观测目的和性质可分为两类。一类为基本的观测项目，如水位、潮位、堤身沉降、浸润线及堤表面观测，这类观测项目是维护工程安全的重要监测手段；另一类是专门观测项目，如堤基渗压、水流形态、河势变化、河岸崩坍、冰情、波浪等，这类观测项目是针对某种环境因素的不利影响而设置的，具有地域性和选择性。

各观测项目的选点布置及布设方式，应进行必要的技术经济论证。

3）堤身沉降、位移观测

大坝、堤身沉降量观测，可利用沿堤顶埋设的里程碑或专门埋设的固定测量标点定期或不定期进行观测。地形地质条件较复杂的堤段，应适当加密测量标点。堤身位移观测断面，应选在堤基地质条件较复杂，渗流位势变化异常，有潜在滑移危险的堤段。每一代表性堤段的位移观测断面应不少于3个，每个观测断面的位移观测点不宜少于4个。

大坝、堤防工程竣工后，无论是初期运行或正常运行阶段，都要定期进行沉降和位移观测（主要是垂直位移）。

4）渗流观测

汛期受洪水位浸泡时间较长，可能发生渗透破坏的大坝、堤段应选择若干有代表性和控制性的断面进行渗流观测。渗流观测项目主要有堤身浸润线、堤基渗透压力及减压排渗工程的渗透控制效果等。必要时，还需配合进行渗流量、地下水水质等项目的观测。渗流观测项目，一般应统一布置，配合进行观测。必要时，也可选择单一项目进行观测。

观测断面应布置在有显著地形地质弱点，堤基透水性大、渗径短，对控制渗流变化有代表性的堤段，设置的测压管位置、数量、埋深等，应根据场地的水文和工程地质条件、建筑物断面结构形式及渗透控制措施的设计要求等进行综合分析确定。结合进行现场和试验室的渗流破坏性试验，测定和分析堤基土的渗流出溢坡降和允许水力坡降，判别堤基渗流的稳定性。

5）水文、水位、潮位观测

水文、水位观测，是做好工程控制运用、监测工程安全、搞好城镇防洪调度的重要手段。城镇防洪水库流域上应设置雨量站，水库应建设水库水文站。堤防工程沿线，应选择适当地点和工程部位进行水位或潮位观测，适当位置应建设水文站，监测了解堤防沿线的水情、凌情、潮情及海浪的涨落变化；调控各类供水、泄水工程的过流能力、流态变化及消能防冲效果；与有关的工程观测项目进行对比观测，综合分析观测资料的精确度和合理性等。其观测站或观测剖面，一般应选择在以下地点：

① 水位或潮位变化较显著的地段；

② 需要观测水流流态的工程控制剖面；

③ 大坝溢洪道、水闸、泵站等水利工程的进出口；

④ 进洪、泄洪工程口的上下游；

⑤ 与工程观测项目相关联的水位观测点；

⑥ 其他需要观测水位、潮位的地点或工程部位。

6）专门观测项目

专门观测项目包括对水流流态、河床冲淤变化及河势变化，滩岸崩坍、冰情、波浪等观测项目。

汛期应对堤岸防护工程区的近岸及其上下游的水流流向、流速、浪花、漩涡、回流及折冲水流等流态变化进行观测，了解水流变化趋势，监测工程防护效果。河型变化较剧烈的河段应对水流的流态变化、主流走向、横向摆幅及岸滩冲淤变化情况进行常年观测或汛期跟踪观测，监测河势变化及其发展趋势。汛期受水流冲刷岸崩现象较剧烈的河段，应对崩岸段的崩塌体形态、规模、发展趋势及渗水点出溢位置等进行跟踪监测。

受冰冻影响较剧烈的河流，凌汛期应定期进行冰情观测，其观测项目有：

① 冰期水流冰盖层厚度及冰压力；

② 淌冰期浮冰体整体移动尺度和数量；

③ 发生冰塞、冰坝河段的冰凌阻水情况和壅水高度；

④ 冰凌对河岸、堤身及附属建筑物的侵蚀破坏情况。

受波浪影响较剧烈的堤防工程，应选择适当地点进行波浪观测。波浪观测项目包括波向、波速、波高、波长、波浪周期及沿堤坡或建筑物表面的风浪爬高等。观测站设置的位置，应选择在堤防或建筑物的迎风面水域较开阔、水深适宜、水下地形较平坦的地点。

7）观测设备配置

为保证工程观测工作的正常进行，并获得准确可靠的观测资料，应配置必需的观测仪器及设备。常规的仪器设备，包括控制测量仪器、地形测量仪器、水下测量仪器（设备）、水文测量仪器（设备）、渗流观测仪器（设备）、其他仪器（设备）。

（2）交通和通信设施

1）交通设施

① 交通道路

交通道路是为工程管理和防汛任务服务的交通系统，由对外交通和对内交通两部分组成。对外交通是指工程与外部区域性交通网络相连接的上坝、上堤公路；对内交通是指利用坝顶、堤顶或顺堤戗台作为对内交通干道使之与所属的工程区段、管理处所、附属建筑物和附属设施等管理点相连接的交通系统。

对外交通，应根据工程管理和抗洪抢险需要，沿堤线分段修建与区域性水陆交通系统相连接的上堤公路，以保证对外交通畅通；对内交通，应利用堤顶或背水坡顺堤戗台作为交通干道，连接各管理处所、附属建筑物、险工险段、附属设施、土石料场、生产企业、场站码头、器材仓库等，以满足各管理点之间的交通联系。内外交通系统，应根据工程管理和防汛任务的需要，满足行车安全和运输质量的要求，设置必需的维修、管理、监控、防护等附属设施。

在水库工程管理范围内的主要道路和连接各建筑物的道路应为永久路面。对外交通道路要与正式公路相接，大型水库道路标准为二级以上；中型水库道路标准为四级以上。在道路适当地点应设置回车场、停车场和车库，并设置路标和里程碑。

② 交通工具

各级堤防和防洪水库管理单位应根据管理机构的级别和管理任务的大小，配置必需的交通工具，并可建设适当规模的码头。堤防单位配置标准可参见表5.4。只设Ⅰ级管理机构，建制在Ⅱ级以下的基层管理单位，考虑其管职工作的独立性和特殊性，可比照相同级别管理单位的配置标准，适当增加车船配置数量。

堤防工程管理单位车船数量配置表　　　　　　　　　　　　　　表 5.4

管理单位级别	交通设备名称、数量（辆、艘）						
	载重车	越野车	大客车	面包车	机动车	快艇	驳船
Ⅰ级	6	2	1	2	2	1	2
Ⅱ级	2	1	1	1	1	1	
Ⅲ级	1	1	1				

2）通信设施

① 通信设施规划

城镇防洪工程管理单位应建立为工程的维修管理、抗洪抢险、防凌防潮服务的专用通信网络。通信范围包括：防汛指挥机构之间的专用通信；各级管理单位的内部通信；与邮电通信网的通信。一般应具备选呼、群呼、电话会议等功能，支持预警、疏散广播功能，以及数据传输功能，保证防汛指挥中心能及时获得信息，准确、迅速地处理各种险情。为保证堤防通信的可靠性，通信设施应有多种通信方式互为备用。防汛期间通信网的可通率应不低于99.9%。

防洪工程管理通信与其他通信不同，应急管理部门根据需要，按统一规划，与工程同步进行的原则进行建设，通信网的站点宜紧靠堤段，减少通信距离。通信网的外部接口应符合统一的技术标准。通信网的站点设置采用专用通信线路架设，应沿堤线附近布局。有条件时，应尽量利用国家现有通信网络，合理确定各通信站点位置、通信方式、容量。通信网频率的选择应在国家和地方无线电管理机构规定的水利防汛专用频率范围内选定，通过技术经济比较，择优选用。

水库对外要建立与主管部门和上级防汛部门以及水库上、下游主要水文站和上、下游有关地点的有线及无线通信网络。

② 通信设备的配置要求

通信设备必须采用定型产品和经国家有关部门技术鉴定许可生产的产品。选用的设备应技术先进，运行可靠，使用方便，维护简单。通信网络站点的有线通信和无线通信，应具有相互转接的功能，并应与邮电网联网，在洪涝灾害较严重的地区，管理单位的通信设施应优先考虑无线通信方式。同时除配置固定台外，还应配置车载台、手持机、船载台。

各级管理单位之间的通信联络设备选型时应考虑设备系统兼容。

③ 通信设备的布置

通信机房内的电话交换机房、载波室和微波机房设在同一楼层内，无线电设备的机房应尽量靠近天线，通信电源室宜布置于一楼或靠近通信室，通信设备布置还应符合有关专业设计规范。

④ 通信系统供电

管理单位与上级指挥机构和当地政府应保证通信联络畅通无阻。因此，除了通信方式和通信设备本身的可靠性外，还必须具有稳定可靠的电源。当汛期灾情发生时，可能造成市电中断和对外交通中断，故城镇防洪主体工程管理单位的通信设备必须配备备用电源，同时还必须为备用的柴油发电机组储备一定数量的燃料。

思　考　题

1. 城镇防洪工程环境影响评价的主要内容有哪些？
2. 城镇防洪工程建成后对城镇环境的影响主要体现在哪些地方？
3. 简述防洪工程环境影响评价步骤。
4. 简述防洪工程经济评价的计算原则。
5. 城镇洪灾损失评估有哪些特点？
6. 防洪综合评价原则有哪些？
7. 城镇防洪工程管理的一般原则和基本内容是什么？
8. 在工程管理设计中管理机构和人员编制应确定哪几项内容？
9. 按建筑性质和使用功能分类，管理单位的生产、生活区建设项目可分为哪几类？
10. 城镇防洪工程管理范围指的是什么，堤防工程的工程管理范围有哪些？
11. 工程观测包括哪几个方面内容，观测的配套设备的配置有哪些要求？

第2篇　城镇雨水管理篇

第6章　城镇雨水管理概论

6.1　概　　述

6.1.1　城镇化及其影响

1. 城镇化

城镇化是由农业为主的传统乡村社会向以工业、服务业、高新技术产业和信息产业为主的现代城镇社会逐渐转变的历史过程。城镇化过程伴随着自然土地利用形式和土地覆盖物的显著变化，城镇空间的快速扩展已使以植被为主的自然景观逐渐被建筑、道路等人工不透水建筑物所取代，原自然排水为主逐渐转向人工排水管网系统，并不断完善。

流域是以分水岭为界的河流、湖泊、水库或海洋等所有水系所覆盖的区域，以及由水系构成的集水区，流域内水文现象与流域特性有密切关系。城镇流域可以归纳为一个收集并转运城镇雨水的自然地理单元，其流域范围内的组成和结构包括自然形成及人工构建的排水网络，也包含未受干扰的自然部分和人为主导的景观元素。

随着人类足迹的不断延伸，目前30%～50%的陆地表面形态被改变了，这部分改变的面积当中只有不到10%可以归为城区，但城镇化的影响远远不只局限于城镇本身的范围内。例如有些发达城镇的生产、生活资料供应及废物处理处置，需要高达500～1000倍于城镇本身面积的农业、林地、湿地、海洋等功能区。

2. 城镇下垫面类型

在城镇范围内，不管基于何种土地利用方式，比较典型的下垫面主要包括以下几类。

屋面。屋面常常布置成水平或倾斜面结构，水平面可以蓄滞5～10mm深的雨水，同样条件下倾斜面该部分雨量可忽略。根据是否与排水系统联系，屋面雨水可分为两种，一种是屋面雨水直接汇入雨水系统或通过车道汇入雨水系统；另一种屋面雨水直接进入花园等透水面，只有部分雨水能最终进入雨水系统。屋面建筑材料类型不同，对屋面雨水的污染也会显著不同，如屋面面板及排水沟使用镀锌或镀铜材料，屋面初期雨水会受到严重的重金属污染，有时锌浓度甚至高达5mg/L。

停车场。停车场主要的不透水面可归为沥青或水泥铺装，部分未铺装停车场地面，因过于密实而不利于雨水下渗，也可作为不透水面。停车场地面由于汽车频繁的开进、开出及短时间的维修保养，会积累大量的污染物而污染降雨径流。

仓储用地。这部分地面主要用于工业和商业区原材料、产品的存储和中转，同停车场地面类似，仓储用地基本可以视为不透水面，因此来自于工商业活动导致的污染对降雨径流有重要的影响。

道路。占据大部分城镇不透水面的城镇道路通常是用沥青或水泥铺装的，因此产生了大部分降雨径流。道路交通负荷以及道旁植物带分区与街道雨水污染种类及负荷有较大的正相关性，例如绿化率高的住宅区道路雨水经常会出现比较严重的磷污染。

其他不透水面。除了以上介绍的典型不透水面，城镇里还有自行车道、人行道、运动场、娱乐场等铺装或未铺装低渗透地表工程，并根据它们各自的特点，设计成与排水系统直接相连或不连接。大部分的研究表明，这部分不透水面产生的雨水径流量较小，污染程度比较轻。

人工景观和草坪。这部分地面是城镇范围内的透水面。自然地面具有一定的洼地储蓄能力，降雨时雨水暂存于地面草坪、水坑等洼地区域，雨后慢慢蒸发到大气中或渗流至地下水。这部分雨水总量一般很大，但随地面地形起伏变化比较大。人为扰动过的城镇土壤比当地自然土壤更密实，储水能力及渗透性都会降低，城区地面下垫面变化幅度较小，可以估算洼地储蓄能力，一般铺装地面洼地储蓄值为 1～5mm 降雨量，草地为 5～10mm。雨水降落在人工景观带和草坪上之后会产生部分雨水径流，并裹挟出大量的景观绿化施用的化肥及杀虫剂等污染物，特别是暴雨时节，这部分下垫面的雨水冲蚀现象会比较严重，会大大加剧雨水径流的总悬浮物污染负荷。

未开发区域。未开发区域不完全等同于自然区域，部分之前被人为扰动过，但由于长期未开发使用长满了植物，其他部分是未被人为扰动过的自然区域。在衡量雨水径流量及污染负荷时，未开发区域一般类似于自然状态下的降雨径流特征。

3. 传统城镇化对雨水的影响

（1）城镇降水径流

下垫面环境的改变对区域生态系统造成了明显的影响，地面水文条件的改变使得城镇地区年径流总量增加，径流汇流速度明显加快，地面蒸发和下渗能力降低，河流枯水位下降，而雨季容易导致城区内涝。

自然条件下，降雨形成后，地面上的绿化植物能截留 25% 的雨水，城镇内的河渠、湖泊和池塘也可以存储一部分雨水，约 10%，落在泥土地面上的雨水约 25% 可以下渗至地下，其余约 40% 的降雨通过蒸发作用回归大气中，如图 6.1（左图）所示。随着城镇化导致不透水硬化地面（如水泥地面、柏油路面等）面积的增加，落在不透水硬化地面的雨水形成地面径流并通过雨箅子等排水口进入雨水管网，再排至受纳水体，如图 6.1（右图）所示。当城区不透水地面达到 75% 以上时，由于大部分的自然绿色植被被硬化层所代替，使得只有 15%

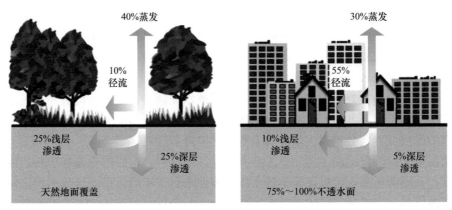

图 6.1　自然环境（左图）及城镇地区（右图）降雨分配图

的降雨能被贮存或下渗，而55％的降雨转化成了地面径流，对城镇市政排水设施带来了极大的挑战。同时，由于降雨形成径流快速流走了，导致蒸发量剧减，蒸发的降雨量只占到30％，进而打破了常规水循环规律，影响到城镇生态环境的平衡。

（2）城镇内涝

城镇是人口、经济和社会发展的重要区域和集聚中心，同时也是自然灾害易发和频发区域，随着气候变暖和城镇化进程的加快，特别是发展中国家城镇化的加速，洪涝灾害已成为影响世界各国城镇安全和经济社会发展的主要自然灾害，并且有愈演愈烈之势。图6.2是1950年以来全球洪水灾害发生情况，表明大约有52.2％的洪灾事件发生在2000年～2011年间，只有2％的洪灾事件发生在1950年～1959年间，3.9％发生在1960年～1969年间，6.6％发生在1970年～1979年间，13.2％发生在1980年～1989年间，21.9％发生在1990年～1999年间。表6.1是自1950年以来世界各洲洪灾引起的居民死亡情况，表明城镇防洪管理相对完善的发达国家能有效应对洪灾带来的危害，而亚洲、非洲等发展中国家占多数的大洲，由于缺乏有效的洪灾管理策略，洪灾往往造成大量的人身伤亡。

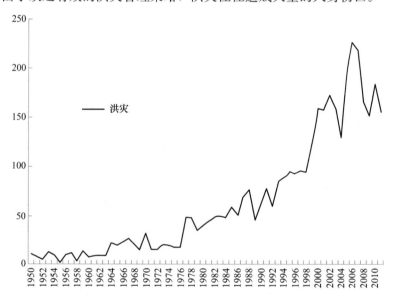

图6.2　1950年～2011年间全球洪水灾害发生情况

世界各洲洪灾引起的居民死亡情况（1950年～2011年）　　　　　表6.1

洲名	居民死亡数量	占全球比值（％）
亚洲	2268968	96.13
欧洲	7846	0.33
美洲	61857	2.62
非洲	21134	0.90
大洋洲	463	0.02

全球气候变化大背景下，改革开放经济高速增长，带来的我国城镇化速度的加快，导致了我国近年来面临着严峻的城镇防洪排涝困境。中国近些年城镇变化日新月异，但内涝问题始终伴随城镇发展左右。城镇内涝是指由于强降雨或连续性降雨超过城镇排水能力致使城镇内产生积水灾害的现象。据国家防汛抗旱总指挥部办公室统计，2008年～2010年

间，全国大约有 62% 的城镇发生了内涝，内涝灾害次数 3 次及以上的城镇有 157 个，见表 6.2；2011 年、2012 年和 2013 年我国分别有 136 座、184 座和 234 座城镇受淹，其中大多数为暴雨内涝。目前，城镇洪涝灾害极大地影响了城镇的正常运行，内涝有愈演愈烈之势，包括北京、上海、广州、武汉、重庆等大城镇都发生过严重的内涝灾害。

表 6.2

2008 年～2010 年间中国 351 个城镇内涝调研情况

城镇内涝	发生次数（次）			最大积水深度（cm）			持续时间（h）		
	1～2	≥3	小计	15～50	≥50	小计	0.5～12	≥12	小计
数量	81	137	218	54	262	316	220	57	277
比例	23%	39%	62%	15.4%	74.6%	90%	62.7%	16.2%	78.9%

近 10 年来，北京、上海等发达城镇系统开展了雨水控制与利用的研究和工程应用，在技术与管理方面取得了快速发展，但总体上我国城镇的市政、水务及环境等相关领域的工程设计、建设与管理体系仍限于传统方式，偏重于防洪排涝控制和雨水的安全排放。城镇内涝形成的原因有：世界性气候变暖、极端天气变化、热岛效应以及城镇地形所致，还有城镇表面不断城镇化的同时，城镇的地下空间，特别是排水设施不完善所致。主要表现在以下几方面。

1）城镇规划与建设方面

当前城镇内涝问题突出，反映出规划与建设中防洪排涝系统的薄弱，整体规划建设理念滞后，城镇建设急功近利，片面追求高楼和路面数量，忽视了市政、排水、园林和绿化等方面的综合规划，导致城镇热岛效应的产生及地面硬化对径流系数和汇水面积的影响。大规模的城镇建设改变了原有的自然排水系统，不透水面积增加，河流、湖泊和湿地等城镇水系减少，导致城区径流系数增大、汇流时间减少，同时地面洼地等储蓄调蓄单元对雨水的调节作用变弱，加剧了雨水出现的频率和强度。另一方面，城镇建设占用行洪河道建筑逐渐增多，行洪河道不断变窄，洪水位不断升高，导致雨水不能及时排出造成内涝。

统计表明，我国地级市中心城区平均水面率不足 3%，低于城镇防洪规划对水面率的基本要求。以素有"百湖之市"的武汉为例，从 2002 年到 2012 年的 10 年间，湖泊由 200 余个缩减至 160 余个，湖面的消失对于城镇自然水系是严重的破坏，也间接破坏了城镇水的良性循环。而与之相对应的，武汉市城镇建设区总面积逐年增加，从 2006 年的 455.06km² 到 2011 年的 507.54km²，城区不透水面积大量增加，加大了径流流量并缩短了径流洪峰时间，导致近年来，武汉逢暴雨就涝，严重地影响了城镇的可持续发展。

2）城镇排水系统设计及配置方面

过去，城镇排水系统设计，大部分城镇普遍采取设计规范的下限，导致城镇排水系统的排涝能力远远不能满足大重现期的雨水排放要求。我国城镇建设有重地上轻地下的思想倾向，对城镇地下基础设施建设重视不足。排水工程是一个复杂、多层次的系统，由雨水收集、管网、泵站、河道等组成。许多城镇排水系统建设不够完善，当城镇发生短时大降雨时，城镇排水系统难堪重负。部分城镇对已建成的排水工程，特别是雨水收集系统和河道，缺乏必要的维护管理，导致雨水不能及时排出，由于淤积、障碍物、垃圾渣土等原因，使河道断面人为缩小，导致河道排水不畅。为满足城市化排涝要求，《室外排水设计规范》GB 50014—2006（2016 年版）要求，城市中心城区：特大城市 3～5 年一遇，大城市 2～5 年一遇，中等城市和小城市 2～3 年一遇；非中心城区排水设施的设计暴雨重现期为 2～3 年一遇。

城镇基础设施长期投入不足，历史欠账多，也是内涝频现的重要原因。据《2009中国城镇建设统计年鉴》，用于市政基础设施的财政性资金，仅有4%投入到排水系统建设维护中，难以按标准规定进行定期养护。目前，我国城镇排水网普及率为64.8%左右，与发达国家接近100%的普及率相比差距较大。

3）城镇雨强及过程预报精度方面

城镇内涝多是由于城镇局地强降雨引起的，如果能结合地面气象站观测、雷达测雨、中尺度天气模式模拟结果等，提前捕捉发生暴雨的征兆，准确预报城区降雨的雨强、范围、中心区位置、历时和重点影响范围等，能极大地提升城镇的灾害防范能力，将内涝影响的程度降至最低。目前，小范围、中小尺度的城镇天气预报难度很大，存在较大的不确定性，预报结果与实际误差较大，城镇局地强降雨的定量预报准确性不高。

4）城镇内涝应急问题

现代城镇发生暴雨，内涝的形成一般是短时间的，造成的灾害和影响往往也因城镇地形而不同。当前，我国城镇应急管理在指挥系统、预警机制和社会动员能力等方面还有待加强，各部门协调联动机制不够健全。另一方面，应加大对城镇地面积水应急快速排出、地面积水应急蓄滞和雨水管道探测与清淤等装备的研发和应急储备工作。

（3）城镇非点源污染

非点源污染也称为面源污染，是相对点源污染而言，其污染源呈面状分布，是指大气、地面和地下的污染物从非特定的地点，在降水（或融雪）的淋洗和冲刷下，通过径流过程而汇入受纳水体（包括河流、湖泊、水库和海湾等）并引起水体污染。随着我国城镇化进程加快，城镇降雨径流污染日趋严重，城镇人类活动强度增大导致地表累积污染物数量和种类急剧增加，造成城镇地表径流污染程度加重，由此对城镇水环境质量和饮用水供给安全构成了极大的威胁。因此，不可避免的存在雨水径流非点源污染、暴雨和城市化双重作用引发的严重洪涝灾害、严重缺水和雨水资源的大量流失、地下水位下降、生物栖息地及多样性减少等生态环境恶化问题。

近几十年来，随着我国河流、湖泊、水库等水质问题的日益加剧，上至大的中心城市，下至普通乡镇都建起了集中性城镇污水处理厂和工业污水处理站，城镇点源污染问题得到了一定的缓解，但是水质问题并没有得到有效的解决，因此立足于控制点源污染的同时有必要关注城镇非点源污染问题。

在我国，非点源污染问题日益严重，在太湖、滇池等重要湖泊，非点源污染已经成为水质恶化的主要原因之一，输入湖泊的污染物50%以上来自非点源污染，工业废水、城镇污水和非点源污染对滇池富营养化问题的贡献率分别为9%、24%和67%，见表6.3。

我国部分湖泊、水库富营养化农业非点源污染贡献率　　　　　表6.3

名称	TP 贡献率（%）	TN 贡献率（%）
密云水库	94.0	75.0
太湖	66.0	75.0
巢湖	51.7	69.5
洱海	92.5	97.1
滇池	26.7	44.5
滇池外海	42.0	53.0

　　雨水污染问题一直没有引起足够的重视，直到 20 世纪 70 年代，大量的研究表明雨水径流的污染特性类似于生活污水，特别是悬浮物和有机物污染，也包含有大量的重金属、盐类、富营养化合物、石油类、油脂及病原体等多种污染物。雨水的大量直接排放导致受纳水体水质持续恶化，严重限制了水体的饮用水、水生栖息地、娱乐、农业和景观功能的发挥。

　　工业生产、贮存及运输过程中会产生大量的有毒有害有机化合物、无机化合物以及重金属污染物等，是降水径流污染的一个极其重要的来源。城镇地区施工工地也是径流污染的一个重要来源，虽然单个工地面积小、施工周期短，对径流污染的贡献值不大，但城镇里往往会有多个工地在同时施工，降雨引起的工地现场土壤冲蚀问题累积量很大，导致降雨径流悬浮物含量严重超标。

　　（4）水资源短缺

　　我国城镇正常年份的缺水量约为 60 亿 m³，在全国 657 座城镇中，300 多座缺水，110 座严重缺水，很多城镇随着人口的增长和规模的扩大，对水资源的需求还在不断增加，缺水情况只会越来越严重。目前，我国沿海地区水资源短缺日益严重，11 个沿海省所辖的 52 座沿海城镇中，极度缺水 18 座、重度缺水 10 座、中度缺水 9 座、轻度缺水 9 座，近 90% 的城镇存在不同程度缺水问题。同时，全国废污水排放量的增加导致多数城镇地下水受到一定程度污染，日趋严重的水污染不仅降低了水体的使用功能，进一步加剧了水资源短缺的矛盾，而且还严重威胁到城镇居民的饮水安全和健康。同时，随着城镇化速度的加快，城镇不透水地面也在迅速增加，城镇不透水面积的变化会显著改变地下水的补给。有研究表明，城镇不透水面积每增加 18%，地下水补给率就会降低至目前值的 20%~40%，从而造成了区域水循环系统的不平衡，地下水位不断下降，也进一步加剧了城镇水资源短缺的形势。

　　一方面，我国城镇建设面临严峻的水资源短缺问题，另一方面，雨水作为非常有价值的"水源"并没有得到充分利用，我国 99% 的城镇都采用快排模式，许多严重缺水的城镇直接流失了 70% 以上的雨水。

　　城镇地区的暴雨径流量一般是很可观的，往往大于城镇总用水量，而这部分水量在沿海地区一般未作为资源考虑，基本通过排水系统排到海里。深圳人均水资源量为 432m³，仅为全国的 1/5，全省的 1/6，成为全国严重缺水的 7 大城镇之一，多年平均和供水保证率为 97% 的可利用量分别为 5.97 亿 m³ 和 3.5 亿 m³，本地水资源利用效率仅为 32%，其供水水源主要依靠境外调水，水资源短缺越来越成为制约深圳市经济社会发展的瓶颈。另一方面，深圳市降雨量充沛，多年平均降雨总量为 35.87 亿 m³，形成的地表径流量高达 19 亿 m³，雨水利用在深圳有着广阔的发展前景，将能较好地缓解城镇的水资源短缺问题。

　　（5）生态安全

　　下垫面环境的改变对区域生态系统造成了明显的影响。降雨径流是病原菌的良好载体，降雨径流的污染导致沿海养殖场细菌含量过高，致使美国近 40% 的贝壳类养殖场的贝类海产品被禁止或限制食用，2006 年美国上报的 15000 次海滩及游泳场关闭事件中有近 40% 与此有直接关系，全美国 97% 的降雨样本中检测出了农药残留，94% 的鱼类组织样本中检测出了有机氯化合物。

　　不透水面模型（Impervious Cover Model，ICM）是一个评价流域不透水面与河流健康状况之间关系的有效管理工具，其侧重点在于区域总不透水面与河流水化学指标（水质参数）、生物指标（大型底栖无脊椎动物多样性、鱼类多样性、昆虫多样性）、物理水文指标（水温、基流量、洪峰流量、河岸侵蚀）以及综合指标［生物完整性指数（Index of Biotic Integrity，IBI）、栖息地质量指数（Habitat Quality Index，HQI）］等指标间的关系，见表6.4。

基于美国典型城镇地表水系的 ICM 评价河流健康状况情况　　　　表 6.4

指标参数	自然本底值	11%<IC≤25%	25%<IC≤60%	IC>60%
年径流量占年降水量比值	2%~5%	10%~20%	25%~60%	60%~90%
漫滩洪水频率	0.5 次/年	1.5~3 次/年	3~7 次/年	7~10 次/年
自然水系占比	100%	60%~90%	25%~60%	10%~30%
植物带比例	本底值	50%~70%	30%~60%	<30%
径流流行距离	本底值	1.6~3.2km	3.2~16km	径流基本流出
影响范围（区域面积）	本底值	1.5~2.5 倍	2.5~6 倍	6~12 倍
典型河流栖息地分布情况	好	一般	低	低，甚至没有
城郊河流温差增加值	0℃	1.1~2.2℃	2.2~4.4℃	>4.8℃
富营养化合物负荷	本底值	1~2 倍	2~4 倍	4~6 倍
雨天细菌超标情况	本底值	有时	经常	普遍
渔业污染报告	无	极少	有潜在健康影响	引起重视
水生生物多样性	很好	一般，某些情况下也不错	一般	差
鱼类物种多样性	很好	一般，某些情况下也不错	差	很差

注：IC 为不透水面。

6.1.2　城镇雨水管理发展历程

雨水管理主要是指在法律、政策、经济等条件的保障或约束下，通过规划、设计、工程、管理等途径来减少或消除城镇降雨径流过程中潜在的城镇内涝、下游洪水、河道侵蚀、非点源污染等问题，以及在特定条件下对雨水进行收集与利用的一种系统化的管理方式。目前，西方发达国家的雨水管理，已经从传统的水量控制，过渡到水量和水质并重，并力求将防洪排涝、非点源污染与雨水利用及城镇景观融合，以实现水环境和城镇开发的协调可持续发展。下面通过介绍美国城镇雨水管理发展的历史来简要了解雨水管理。

美国城镇雨水管理的发展在时间上总体可划分为市政卫生工程、水量调控、水质管理和可持续发展四个主要时期。

（1）市政卫生工程时期

主要时间跨度从 19 世纪初至 20 世纪 70 年代，包括城镇排水的产生与发展、雨污分流的逐步建立。任何城镇在建立之初都要考虑和解决城镇的给水和排水问题。19 世纪初期，美国进入快速城镇化阶段，乡村人口大量涌入城镇，导致城镇污染加重，环境质量恶化。出于城镇公共卫生安全的考虑，城镇排水作为一项公共事业出现并迅速发展，原有的沟渠等自然排水通道逐渐被市政排水管网所取代，城镇产生的生活污水以及雨水开始通过管道排入受纳水体。进入 20 世纪 50 年代，美国立法规定对城镇污水进行集中处理，考虑到同时处理生活污水和雨水并不经济，城镇的排水系统渐渐过渡到雨污分流，即生活污水和雨水分别从不同的管道汇入处理构筑物或受纳水体。

（2）水量调控时期

城镇的公共卫生安全问题得到较好解决的时候，美国雨水管理模式开始转向水量调控时期，主要时间跨度从 20 世纪 70 年代至 90 年代，主要目标是补偿应对城镇扩张对原有水文过程的改变，从而缓解城镇内涝、下游洪水、河道侵蚀等问题。伴随着城镇的发展与扩张，城镇不透水地面面积不断增加，这一变化改变了城镇地区降雨的产流与汇流过程，加剧了城镇内涝。总体上，水量调控主要经过了两个阶段：滞留调蓄和总体规划。

滞留调蓄就是通过自然或人工构建的水塘、洼地以及其他措施将降雨径流暂时滞蓄，减缓其汇入雨水管网和受纳水体的时间。这样，每次降水时河流的径流峰值可以被调控，减少大洪水发生的概率，但同时河流下游水位可能会长时间处于高位，对下游造成威胁。单一地块已经解决的问题，可能在流域尺度上存在潜在不可控的隐患，因此，就需要在整个流域尺度上进行核算和优化，滞留调蓄逐渐转变为总体规划，通过流域尺度上的水文与水力学模型来进行不同条件下的分析与模拟，给出对不同规模洪水进行调控的解决方案。

（3）水质管理时期

由水量导致的城镇雨水问题得到一定的解决后，美国城镇雨水管理就转向了水质管理阶段，主要时间跨度从 20 世纪 90 年代至 21 世纪初，其主要动力是不断严格的规范、标准和逐步完善的法律、法规体系，也有越来越多的研究表明城镇的雨水径流是主要的非点源污染源。

美国政府 1987 年颁布的《水质法案》正式将雨水的排泄纳入到美国国家污染物排放削减体系（National Pollutant Discharge Elimination System，NPDES）中，要求对雨水径流的排放分阶段进行控制。随后美国环保局出台了一系列具体化的要求对雨水的水质进行控制和管理，在这一时期内，城镇修建了大量的雨水渗透池等雨水水质处理构筑物。进入到 20 世纪 90 年代，管理部门进一步要求对上游径流变化加以控制，并要求在考虑包括城镇发展模式、土地利用方式、交通模式等在内的一系列问题的基础上进行流域尺度的水质管理，以解决不断提升的雨水水质诉求。

（4）可持续发展时期

进行流域尺度的水质管理，需要协调众多利益群体的关系，实施过程中，时间和经济成本都很高，从而引出了可持续发展理念。从 21 世纪初至今，城镇雨水管理的可持续发展模式得到了极大的发展，目的是解决现有的城镇问题并实现可持续发展。

美国城镇雨水管理的可续持发展主要体现在几方面：①城镇发展与人类活动对水文过程的干扰最小化；②尽量利用分散的、场地尺度的技术手段或管理措施；③对雨水进行资源化利用或补给地下水；④减少工程措施，鼓励非工程措施的应用；⑤合理使用并拓展生态系统功能。雨水管理的可持续发展模式使雨水管理从被动应对转向对城镇雨水问题产生根源的应对，针对性强，时间和经济优势明显。

我国目前还属于发展中国家，经济的高速发展，导致城镇化进程的加快，大部分城镇城区规模正不断拓展，现阶段和未来一段时期内的主要工作还是城镇市政排水系统的建立、改造与完善，首先解决好雨污分流、城镇排涝、防汛等问题，除了北京、上海、深圳等少数几个城镇，大多数城镇对非点源污染控制和雨水资源化利用等方面开展的研究和工程实施相对较少。因此，可以借鉴美国等发达国家雨水管理方面的先进经验，在实施雨水管理的过程中，把完善排水管网系统作为当前的首要任务，同时城镇规划与建设要进行前瞻性的思考和总体性的把握，综合处理好城镇雨水的防洪排涝、面源污染和雨水资源化等问题。

6.2 城镇雨水管理的意义

我国城市化进程正处在快速发展时期。在此背景下，伴随着城市人口激增和城市规模的扩张，城市水系统和自然水过程受到影响，水生态系统退化严重，自然水体水质恶化，水患问题日益突出。加强城镇雨水管理，具有十分重要的意义，主要表现在以下几个方面：

6.2.1 城镇雨水管理有利于降低城市内涝的影响

由于人类活动的影响，天然流域受到破坏，土地利用状况改变，混凝土建筑、柏油马路、工业区、商业区、住宅区、停车场、街道等不透水面积大量增加，建筑密度不断提高，导致城市地表径流汇流时间缩短，径流量和洪峰流量增大，发生洪涝灾害的风险大增，危害加剧。据住房和城乡建设部 2010 年对国内 351 个城市专项调研显示，2008 年～2010 年间，有 62% 的城市发生过不同程度的内涝，其中内涝灾害超过 3 次以上的城市有 137 个，在发生过内涝的城市中，57 个城市的最长积水时间超过 12 小时。同时随着城市人口资产密度提高，同等雨水强度的灾害损失在增加；城市空间立体开发，雨水不仅给各种地下设施易带来灭顶之灾，高层建筑也会因交通、供水、供气、供电等系统的瘫痪而难免损失；城市资产类型复杂化，计算机网络等信息类资产设施受水灾破坏所造成的损失难以估量，且恢复困难；城市对生命线系统的依赖性及其在区域经济贸易活动中的中枢作用增强，洪水灾害的影响范围远远超出受淹范围，间接损失甚至超过直接损失。

6.2.2 城镇雨水管理有利于控制雨水径流污染

我国多数城市的水环境受到一定程度的点源污染和面源污染，尤其面源污染成为城市化进程中面临的新挑战。由于城市中人类活动强，土地不透水面积比例高，径流来势猛，流量大，水质差，初雨污染严重。在发达国家城市基本完成二级处理以后，受纳水体中的污染物主要来自降雨径流。降雨对地表沉积物冲刷是引起城市地表径流污染的主要根源，是仅次于农业面污染源的第二大污染源。在我国，随着城市化进程的快速发展，城市非点源污染也逐渐成为影响河流湖泊水质的主要因素之一。我国大部分城市采用雨污合流排水系统，一些分流制管系存在严重的混接、错接和乱接现象，污水溢流问题严重。大量雨水进入污水管道，还增大了污水处理厂的负荷，增加了运营能耗和处理成本。

6.2.3 城镇雨水利用有利于减缓水资源短缺的矛盾

我国是一个干旱、缺水严重的国家，人均水资源仅为世界平均水平的四分之一左右，且时空分配极不均衡。调查显示，全国 660 座城市中，供水不足的达 400 个，严重缺水的 110 多个，城市年缺水量达 60 亿 m³，城市经济因缺水所造成的影响难以估计。近年来城市人口和城市面积急剧膨胀，使城区及周边地区的生态系统发生变化，对水资源和水环境造成巨大压力，使本来就捉襟见肘的城市地表水资源呈进一步减少的趋势。

为应对城市水资源的短缺，很多城市超采地下水并由此引发了地面沉降等相关的环境地质问题。花巨资兴建的南水北调工程，可缓解北方城市水资源短缺的问题，但对当地水生态平衡带来的影响需要重新认识。

6.3　城镇雨水综合管理模式

发达国家雨水管理早期以排水基础设施为主导，在 20 世纪 70 年代逐步转向径流水量与水质并重的控制阶段，水量控制方式融入城镇规划并与城镇多样化功能相整合，水质控制方式则在法律规范及政策推动下，由分散的场地控制方式逐渐转向流域尺度的综合管理。

进入 20 世纪 90 年代发展至今，城镇雨水管理方式更加全面，建立了从微观尺度到流域尺度范围内的水量与水质的控制体系。通过排水基础设施与自然生态系统的规划设计来共同实现降雨径流控制与利用，辅以完善的规范标准和政策作为管理系统长期实施的保障。微观尺度城镇用地将各种雨水管理技术设施与绿地规划设计相结合；中观尺度的城镇区域严格控制不透水地表的面积，广泛构建的城镇绿地作为天然排水系统；流域尺度内注重河流、湖泊、湿地等自然资源的保护与恢复。在近 20 年的发展历程中，基于城镇为避免或减缓洪涝灾害的现实需求和生态主义思潮对人的影响，雨水调控方式得以较大程度的拓展；与此相比，雨水管理水质控制方式的拓展则是基于环境保护运动的引导，通过法律法规的管理监督来要求人们应用各种水质治理的技术措施，并着眼于流域尺度对水质进行整体的协调管理。

雨水管理系统的规划和设计分为以下四个层次：大流域管理规划、小流域管理规划、城区排水系统规划、场地实施规划（图 6.3）。功能关系见表 6.5。

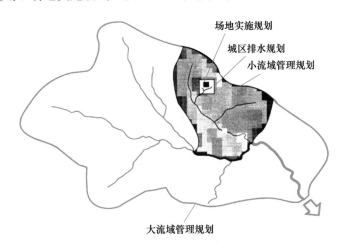

图 6.3　雨水管理规划地理关系

雨水管理规划功能关系   表 6.5

管理层次	功能区划
大流域管理规划	河流流域总体规划
	降雨评估
	水质评估
	供水评估
小流域管理规划	小流域功能区划
	评估环境状况及排水管网需求
	评估防洪等级及环境约束条件
	建立并制定排水系统的政策及标准
城区排水系统规划	划分城区雨水管理区域
	评估当地环境承载力
	评估雨水管理目标
	确定管理手段
场地实施规划	雨水管理重点区域划分
	雨水管理技术措施规划设计
	评估技术措施可操作及有效性
	场地建设

美国 1977 年修订的《清洁水法案》提出对分散的、没有特定来源的面源污染进行治理，1987 年又通过《水质法案》，要求对雨水排放分阶段进行治理。上述水质法案的颁布使开发建设行为受到严格约束，推动了场地治理措施的应用。地方政府从 1972 年开始逐步推行最佳管理实践的相关技术设施来治理降雨径流的水质，避免对排水系统末端的河流、湖泊等自然水体造成污染，包括过滤设施、低洼绿地、植草沟、湿塘、植被缓冲带、人工湿地等技术措施。

这一时期其他国家也相继推行了水质管理政策，日本在 1970 年制定了《水污染防治法》，通过制定环境管理办法实现雨水污染防治。德国 1976 年出台的《污水征费法》则是以经济手段来控制城镇的污水排放量，规定受到污染的雨水径流必须处理达标才能排放，新建或改建的开发区必须综合考虑雨水利用系统。在德国，政府针对不同公共空间的性质制定了多种措施：屋面雨水汇入周边绿地进行渗透，道路及停车场的雨水在汇入市政排水系统之前需要通过雨水花园或植草沟处理；城镇广场的雨水径流需优先考虑用于水景营造，构筑与造景结合的蓄水池等。另外，在澳大利亚、加拿大等国家也普遍应用植草沟、雨水花园、湿塘、人工湿地等水质处理设施与园林绿地设计相结合，在削减径流峰值流量的同时，通过物理沉淀以及植被和土壤中的微生物来吸收、降解、过滤雨水中的污染物质。

在一系列法律法规的推进下，水质治理的方式逐步从场地治理过渡到流域尺度的协调管理。水质法案不仅要求在场地尺度上采取一系列的措施来缓解径流污染，同时也着眼于流域尺度，特别是对上游地区的水质加以控制。20 世纪 90 年代初，美国环境保护署在流域尺度的雨水排放许可证制度的规范下开始进行流域规划方面的考虑，包括水体用途分类、分区、水质控制指标及控制某区段污染物允许排放的负荷容量等。

流域尺度的水质管理需要综合考虑城镇产业、土地利用方式、交通发展等一系列复杂的问题，同时要协调地方管理部门、开发商、土地所有者、当地居民等不同群体的利益关系，往往管理复杂、协调难度大，且难以取得既定目标。在随后的可持续发展观的引导下，人们开始寻求更加整合、高效而经济的方式来实现雨水调控、雨水水质及资源利用的综合管理，美国、英国、澳大利亚、新西兰、日本等国也相继发展出对这一领域更有针对性的雨水管理体系，即可持续发展雨水管理体系。

可持续雨水管理通过雨水收集调蓄等方式，增加雨水滞留、渗透和蒸发等生态途径，从源头减少雨水汇集，探索群落生境、湿地、渗透池等自然方式进行城镇地表水的污染物过滤、生物降解，通过类似自然水循环过程实现可持续雨水管理目标。

美国联邦水污染法控制修正案中第一次提出最佳管理实践，简称 BMP。起初其应用局限于径流污染控制方面，现在已经发展为一种综合的规划管理措施。BMP 使场地在开发建设的过程中及其后能够模拟开发前的水流系统状态，尽可能少地使用大型的、结构性的控水措施。最佳管理实践对欧洲国家产生了较大影响，德国、法国均广泛使用如植草沟、雨水花园、渗透沟渠等雨水径流控制措施，其中德国在雨水管理的技术应用层面位居世界前列，并建立了完善的雨水利用标准与管理条例。

1998 年，美国首次颁布了《低影响开发指南》，将低影响开发定义为一种可持续的雨水管理战略和方法。这一战略的根本目标是尽量减少场地开发建设对原有区域自然状态的影响，特别是对地表径流、水质质量以及地下水回补量的影响。低影响开发策略能够帮助提升地表水水质，同时稳定附近河流的流量。与最佳管理实践相比，其更强调通过场地上使用一系列技术措施来实现径流的控制。

1999 年，英国建立了可持续城镇排水系统，从预防管理、源头控制、场地控制、区域控制等多层面来处理降雨径流的排放，并规定新建项目必须使用可持续排水系统，其措施与 BMP 在径流产生、迁移、传输段的控制方法类似。20 世纪 90 年代，澳大利亚逐渐建立的水敏感城镇设计与美国的雨水管理体系相比，更关注城镇整体的水循环系统，将流域管理、雨水收集、供水、污水处理、再生水回用等环节整合到一个体系中，考虑各种水系统之间的影响与补充，将城镇水循环与总体规划有机结合。新西兰的低影响城镇设计与开发借鉴了低影响开发与水敏感城镇设计的成功经验，通过适当的规划、投资和管理手段建立了一整套综合的方法来避免传统城镇开发在环境、社会、经济方面的弊端，并同时实现生态系统的保护与恢复。美国、英国及澳大利亚等国已形成了较为成熟的可持续雨水利用、管理体系，该体系以法律法规为基础，切实保障雨水利用的深层次研究与普遍推广。下面主要介绍最佳管理措施及城镇生态排水（低影响开发、可持续城镇排水系统、水敏感城镇设计）等管理体系。

6.3.1　最佳管理措施

1. 理念

伴随着雨水管理进入水量与水质调控并重时期，美国于 20 世纪 70 年代末提出了最佳管理措施（Best Management Practices，BMPs），它是指任何能够调控、预防或降低非点源污染的技术、方法、措施或操作程序，甚至是规划原则，包括工程、非工程措施的操作和维护程序，其最主要的目标是由源头降低潜在污染物并预防污染进入受纳水体，以达成源头控制效果。BMPs 是目前最常用、最有效的非点源污染控制方法，据 2006 年统计，美国农业非点源污染面积比 1990 年降低 65％以上。BMPs 发展到现在开始注重利用综合措施来解决水质、水量和生态等问题，构建 BMPs 系统时，需要综合考虑流域的自然条件、土地利用类型、污染物类型和气候环境等多方面因素。

2. 措施

进行雨水问题调控时，BMPs 提供的技术必须包含三个关键要素：①必须是现有技术条件下切实可行的；②必须是明确界定的；③必须是最佳的。

就功能上来说，BMPs 大致包括 4 项：①源头控制措施，控制来源区域污染物的排放率；②水文改善措施，减少来源区域的水文活动与地表径流污染量；③传输控制措施，通过控制或改变自污染源至受纳水体间的传输路线来减少或稀释污染物；④处理措施，在污染物进入受纳水体前即进行处理。

BMPs 措施的选择主要有两方面的分类要求。若是考虑非点源污染调控的流域特性来进行分类，大致可分为农业 BMPs 和城市 BMPs 两大类；若是以是否具有可见的结构体来进行分类，大致可分为工程性 BMPs 和非工程性 BMPs 两大类。下面先对农业 BMPs 和城市 BMPs 进行简单的介绍。

（1）农业 BMPs

美国 2006 年的水质监测报告数据显示，农业非点源污染已经成为影响美国所有监测水域水质最主要的污染来源，湖泊达到富营养化的水体占 63.3％，其中 50％以上的氮、磷等污染负荷来自农业面源污染，源头上控制污染物进入水体是控制非点源污染最有效的方法。农业 BMPs 是指在流域的农业用地上保证最优种植、环境负面影响最小化的农作方法，以控制营养物质施用量和提高肥料利用率等，最大化地保护土壤和水质。农业 BMPs 一般可分为 5 大类：管理措施、种植措施、耕作措施、工程措施和其他措施。

（2）城镇 BMPs

美国环保局将城镇雨水污染防治 BMPs 定义为：在一定条件下实施的，用于管理雨水径流量和改善其水质最具有成本效率的技术、措施或者结构性控制行为。雨水不仅本身能给受纳水体带来污染，造成水土侵蚀和流失，同时他能成为其他污染物的载体。因此，控制雨水污染的思路就是减少径流，以及截留雨水径流中的污染物。最常见的城镇工程性 BMPs 包括生物滞洪区、干塘、过滤带、绿色屋面、雨水花园、过滤池、透水路面等。城镇区域可渗透性地面比例较低，容易形成暴雨径流。随着住宅建筑面积的不断扩张，可渗透性地面面积越来越小，城镇居民的生活对城镇暴雨径流污染的影响越来越大。

我国目前已经意识到农业 BMPs 的重要性，但是对城镇 BMPs 重视仍然不够。我们要加强城镇工程性 BMPs 的建设，减少并避免城镇积水和内涝的发生，各个社区也要积极修建雨水花园等小型工程性 BMPs，大力改装社区地面透水性铺装，采用物理和生物的方法减少暴雨径流的量和径流中污染物。

按照流域的功能特性，不管是农业 BMPs 还是城市 BMPs，一般都同时包含工程性 BMPs 和非工程性 BMPs，接下来着重介绍这两类。

（1）工程性 BMPs

对于污染物传输过程的控制主要通过某些工程性的措施来实现，其工作原理主要是通过增加受污染水体在工程措施中的水力停留时间，以增加污染物被植物、微生物吸附或硝化的量，从而达到削减污染物的目的。工程性 BMPs 是以径流过程中的污染控制为主要途径，通过延长径流停留时间、减缓径流流速、增加地下渗透、物理沉淀过滤和生物净化处理等技术手段去除污染物。一般按径流控制的方式不同，工程性 BMPs 可分为滞留式、渗透式、过滤式和生物式。

1）滞留式

滞留式 BMPs 主要是利用人工构筑物或天然水塘等使雨水暂时或长时间贮存在一定的区域内，通过增大水力停留时间来减小洪峰流量和去除污染物，其处理过程包括固体沉降、污染物衰减作用等。其中最具代表性的是滞留池、滞留塘以及逐渐普及的雨水贮存桶等。滞留池（塘）作为常见的 BMPs 措施，在城镇雨水控制中应用广泛，其初衷是减小降雨径流洪峰流量及控制雨水排入自然水体的量，即水量的控制，但随着时间的推移，当前已经进入水量与水质并重的阶段。

滞留池对营养元素和重金属有一定的去除效果，但持续削减能力不足，且已经沉淀的营养物易再悬浮重新进入水体；滞留池可以降低雨水径流中微生物的浓度，抑制病原菌的危害。工程性 BMPs 去除污染物能力比较见表 6.6。

工程性 BMPs 去除污染物能力比较　　　　　　　　　　　　表 6.6

BMPs	固体废物	TSS	TP	TN	BOD$_5$	重金属	微生物
入渗沟	40%～60%	40%～60%	40%～60%	20%～60%	40%～60%	60%～80%	40%～60%
草沟		60%～80%	20%～40%	20%～40%	20%～40%	0%～20%	20%～40%
植生滤带		60%～80%	0%～20%	0%～20%	0%～20%	20%～40%	0%～20%
透水性铺面	40%～60%	0%～20%	60%～80%	40%～60%	60%～80%	40%～60%	20%～40%
入渗设施	40%～60%	40%～60%	40%～60%	20%～40%	40%～60%	60%～80%	40%～60%
植物性渠道		20%～40%	20%～40%	0%～20%	20%～40%	0%～20%	20%～40%
入流口控制	80%～100%	20%～40%	0%～20%	0%～20%	0%～20%	0%～20%	0%～20%
湿式滞留池		60%～100%	40%～60%	40%～60%	40%～60%	60%～80%	80%～100%
干式滞留池		40%～60%		20%～40%			
人工湿地		60%～80%	20%～60%	20%～60%	20%～60%	60%～80%	40%～100%

2）渗透式

渗透构筑物的主要作用是减少降雨径流量，并在此过程中补充地下水和减少径流中所挟带的污染物。渗透系统通常包括三层：上层是覆盖的表土层，中间是碎石或其他粗糙物填充的介质层，下层是自然土壤层。透水性路面即是用不同负重能力的覆盖物（如透水混凝土或多孔砖等）替换表层土，可用于公园用地、停车场或人行道表面铺装。渗透系统对降雨径流的削减率达到 90% 以上，对 TSS、TN、TP、重金属等污染物的去除率也在80% 以上，说明其对水量和水质的调控效果都相对较好。

设计渗透式 BMPs 时需要考虑的条件要求较多，主要包括：要选择渗透性较好的土壤，但不能太过于松散；不能选用离地下岩层太近或地下水位较高的土壤，以防雨水不能下渗或快速下渗污染地下水；对于不含砂滤介质层的渗透系统，需要设置植物过滤带、生物滞留系统等对雨水进行预处理，防止细菌、溶解态的氮磷等直接进入地下水系统。

3）过滤式

过滤式 BMPs 是指首先收集并贮存径流污染控制径流水量，然后使其通过砂、有机质、土壤或其他滤料等媒介组成的滤床过滤以达到污染物去除目的的设施。其对固体悬浮物、磷、氮、油脂、重金属、病原菌等大部分污染物具有较好的去除作用，并可按城镇景观需要，设计成建筑物周围或道路两旁的花池，因此也称为雨水花园。通常雨水花园结构主要包括表层的植被、中间的填料、下层的透水土壤，并在底部设有地下排水系统。

过滤式 BMPs 对重金属、TSS、油脂类的去除率一般在 $80\%\sim90\%$，对 TP 的去除率在 70% 以上，对 TN 的去除效果在 20% 以上。而影响其去污的主要限制性因素是填充介质，在设计过滤式 BMPs 时，应根据实际情况合理选择填充介质。

4）生物式

生物式 BMPs 是指主要利用生物的截留作用使雨水中的污染物经沉淀、渗透后得以去除的设施，主要包括植被过滤带、河岸缓冲带等，主要设置在农业或城镇面源污染产生区域的边缘位置，利用当地或人工种植的植物拦截以减少污染物进入受纳水体。植物缓冲带对 TSS、氮、磷、农药以及细菌等具有较好的去除效果，对 TSS 的平均处理率在 80% 以上，对附着于沉积物上的 TN、TP 的去除率在 90% 以上，对农药的去除率一般在 60% 以上。总的来说，生物式 BMPs 能够极大地改善雨水水质，但对降雨径流控制效果不明显。

工程性 BMPs 选择考虑因素及其说明见表 6.7。

（2）非工程性 BMPs

非工程性 BMPs 主要指通过行为改变来减少导致污染物产生的物质使用，最终减少污染输出，一般主要是指农、林地的耕种和管理措施。

工程性 BMPs 选择考虑因素及其说明　　　　　　　　　　表 6.7

考虑因素	说　　明
集水区面积	考虑蓄水能力及为了维持必需水位，池式 BMPs 通常适用于大面积集水区
土壤渗透性	土壤渗透性大小对具有下渗功能的 BMPs 影响显著，BMPs 去污能力一般随渗透性降低而降低
坡度	坡度对 BMPs 选择具有重要影响，入渗沟和草沟适合在坡度 5% 以下，若坡度在 20% 以上，入渗池和植物过滤带则不适用
地下水位	地下水位过高会阻碍雨水入渗，就不适合选择入渗沟等
空间大小	对于较多土地要求的 BMPs 设施（如滞留池），选择时应重点考虑空间影响
深度	为了保持蓄水能力和提供最佳的净化效果，渗透设施需要设计暴雨后具备 2～3 天的排水时间，如果土壤的下渗能力有限，那么设施深度会受到限制
泥沙含量	如过当地冲蚀情况较严重时，适合选择具有泥沙拦截功能的 BMPs 设施
成本	如果考虑成本问题，应尽量采用天然植物性 BMPs 等
气候水文	如果当地气候炎热，则应尽量避免选择易孳生蚊虫的 BMPs 设施
多目标设计	选择 BMPs 设施，应因地制宜地考虑设施的多目标使用，以提升其经济效益
污染特性	构建 BMPs 设施选择具体的参数时，应针对特定的非点源污染特性来衡量

农、林地的耕种措施主要是指通过保护土壤的表层来减轻土壤侵蚀，提高作物对氮、磷等营养元素和农林化学物质的利用率，减缓它们向水体的输入，可以有效减轻农业非点

源污染的形成。耕种措施主要有保护性耕作、等高线种植、合理轮作等。管理措施主要是指通过各种有效的管理方法增加作物对农药、化肥和牲畜废弃物的利用率，降低非点源污染物流向水体的程度。通过实施综合性的管理，促使农业生产者在生产过程中考虑环境与经济因素的影响，从源头上遏制农业非点源污染。管理措施主要包括有害生物综合治理、综合肥力管理以及农田灌溉制度等。详见表6.8。

耕作措施及其效果 表6.8

分类	措施	主要内容	效果
农、林地的耕种措施	保护性耕作	秸秆覆盖土壤情形下完成播种、施肥和化学除草等作业	可以增加入渗，降低地表径流，保持一定的土壤水分，增加土壤肥力和农田系统的生物多样化
	等高线种植	结合秸秆覆盖、免耕覆盖等保护性措施，沿着等高线种植	沿等高线种植同顺坡种植相比，可以减少约30%的土壤流失量，一定程度上降低了农田土壤养分的流失，能够实现对农业非点源污染的控制
	轮作种植	对不同的农作物实行合理轮作种植制度，是一种可持续发展的耕作方式	提高农作物对土壤中营养元素的利用率，避免养分的流失；是能够充分利用有限的水资源，降低地表径流形成的机会
管理措施	有害生物综合治理	防治措施不影响社会安全和破坏生态平衡，包括农业防治、物理防治、生物防治和基因工程防治	通过综合运用有害生物综合治理策略，准确合理使用农药，可以减少农药的使用量和使用频度，降低农药的流失，避免农业非点源污染的形成
	综合肥力管理措施	测土施肥、精确农业技术、选择缓释肥料、进行平衡施肥等管理措施	可以平衡土壤养分供给与作物生长需求，提高肥料的利用率，防止养分流失对环境的污染
	农田灌溉制度	建立合理的灌溉制度与灌溉系统	既能满足作物获得高产量所需水分要求，同时又能减少流入水体的养分和农药数量，使得农业非点源污染对水体的影响程度降到最小

3. 效益

随着研究的深入与科学技术的进步，各种有效的BMPs措施不断出现，采取单项或不同的组合措施，运用各类工程性和非工程性BMPs控制非点源污染的产生、转移，兼顾控制降雨径流，并合理利用雨水资源，发挥BMPs在城镇雨水管理中的综合效率。

BMPs的实施，为达到控制目标需要投入一定的建设费、管理费等经济成本，同时经济成本一定而空间配置不同的方案产生的环境效益往往不同。为了使城镇雨水管理的效益最大化（经济成本最小、污染负荷削减最大、兼顾降雨径流控制和水资源利用），在BMPs实施前有必要对各种不同的方案的效益进行定量评价。

BMPs效益评价包括两个方面：环境效益和经济效益评价。环境效益评价主要有定点观测和模型预测两种方法。定点观测主要是通过观测比较实施治理措施和未实施治理措施的流域产出（泥沙、氮、磷等污染负荷）来评价措施有效性，但该方法耗时长，资金、人力、技术投入也大，在流域尺度应用尤其困难。模型预测是指利用模型模拟方法，在模型相关参数给定及验证的基础上，分别对未实施和实施 BMPs 两种情景进行对照模拟，根据结果评价方案的有效性，这种方法耗时短，具有较强的灵活性和预测性，适合于流域尺度的应用，目前广泛采用此方法。BMPs 经济效益评价包括 BMPs 成本（如建设费、维护费等）和农户实施 BMPs 后收入变化两方面。由于工程性 BMPs 的成本投入占比较大，且农户收入经济数据难以获取，一般只考虑 BMPs 成本计算，成本越小，则经济效益越高。

目前，由于城镇的"空间限制"和提倡"与自然景观的融合"，加之很多城镇即使采取了 BMPs 管理模式，其城镇的扩张和改造对环境造成的强烈影响仍然难以消除。因此，近些年，在美国、英国、澳大利亚等国家开始提出一些更新的、更合理的城镇雨水径流污染控制管理模式，比较突出的是低影响开发模式、可持续城镇排水、水敏感性城镇设计等。与传统的雨水径流管理模式不同，这些管理模式尽量通过一系列多样化、小型化、本地化、经济合算的景观设施来控制城镇雨水径流的源头污染，基本特点是从整个城镇系统出发，采取接近自然系统的技术措施，以尽量减少城镇发展对环境的影响为目的来进行城镇径流污染的控制和管理。

6.3.2 低影响开发

1. 理念

低影响开发（Low Impact Development，LID）是 20 世纪 90 年代末期，由美国东部马里兰州和西北地区的西雅图、波特兰市共同提出的概念。其基本原理是通过分散的、小规模的源头控制机制和设计技术，来控制暴雨所产生的径流和污染，从而使开发区域尽量接近于开发前的自然水文循环状态。LID 的核心是以生态系统为基础，通过合理的场地开发方式，模拟自然水文条件并通过综合性措施从源头上降低开发导致的水文条件的显著变化和雨水径流对生态环境的影响。2009 年美国联邦环保局开始推广"绿色基础设施"的理念，要求将低影响开发技术的设计理念从市政排水方面扩展到市政基础建设的各个方面。

LID 强调雨水控制设施的设计应贯穿于整个场地规划设计过程之中，因地制宜采用绿色屋面、植被浅沟、下凹绿地、渗滤、滞留等措施对雨水径流进行源头控制，在生态化、低能耗地处理雨水径流的同时，减少雨水径流峰值流量和总量，提高径流水质，有效地在源头去除雨水中的营养物质、病原体、重金属离子等，控制雨水冲刷带来的污染物对受纳水体的污染，同时受纳的雨水也可补给地下水。LID 适用于新城开发和旧城改造，对改造城镇的生态环境具有重要的意义。其核心是维持场地开发前后水文特征不变，包括径流总量、峰值流量、峰现时间等（图 6.4）。

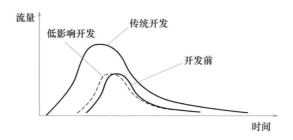

图 6.4　低影响开发水文原理示意图

2. 措施

低影响开发通过各种不同类型的技术措施来收集、滞留、贮存、过滤降雨径流，延缓径流传输的时间，主要采取以下设计策略：

（1）使用透水性铺装以减少城镇区域不透水面积，或增加绿地使不透水地面破碎化以阻滞径流快速形成；适当移除街道、停车场以及园区道路边缘的路沿石和排水沟，让雨水自然流入植被覆盖区域。

（2）技术设施与工程排水设施、自然地表紧密结合，设计改造停车场、人行道以及不透水区域，减缓径流流速、过滤污染物并促进渗透。

（3）布置雨水花园、植草沟、渗井、池塘，增加径流储蓄量并促进雨水下渗，增加径流路线，延长径流传输的时间，减缓径流峰值流量，引导降雨径流进入或通过植物生长的区域，以利于净化水质或涵养地下水。

（4）阻断场地内不透水铺装与排水管网的连接，以地表自然排水的方式逐级削减并分散径流，切断屋面落水管与排水管网的连接，尽量将屋面径流汇至植被区或集水设施。

（5）安装地面储水箱或地下储水设施来贮存雨水，用于灌溉或生活用水。

（6）选择性设置屋面花园，栽植本土植被，尽力营造适应性强且维护方便的景观体系。

低影响开发包含的技术措施，包括结构性措施和非结构性措施，主要有以下六个方面。

（1）保护性设计。如降低硬化路面面积，或通过渗滤和蒸发来处理来自周围的建筑环境汇集的径流，对湿地、自然水岸、森林分布区、多孔土壤区进行有效保护，达到保护开放空间，减小地面径流流量的目的。

（2）渗透技术。通过各种工程构筑物或自然雨水渗透设施使雨水径流下渗、补充土壤水分和地下水的雨水控制和利用模式。渗透不仅能减少地面径流流量，补充地下水，而且对维持受纳水域的水温有着重要作用。

（3）径流贮存。在封闭性下垫面比较集中的低洼区可通过径流贮存实现雨水回用或通过渗滤处理用于灌溉。在削减洪峰流量之后用于景观绿化，如景观水体等。

（4）生物滞留。生物滞留设施可在强暴雨时对汇集的径流进行疏导，降低径流流速，延长径流汇集时间，延迟峰流量。

（5）过滤技术。过滤即使用滤料或多孔介质截留雨水中的悬浮物质，在降低径流流量的同时补充地下水，增加河流基流量，降低温度对受纳水体的影响。

（6）低影响景观。低影响景观利用植物的吸收去除各种污染物，减少硬化下垫面面积，从而提高雨水径流渗透能力。

在进行低影响开发技术设计时，可以根据各种技术设施的运用效果因地制宜地选择单项技术或多种技术进行组合设计。

3. 效益

LID 采用"源头控制"技术代替传统的"终端处理"技术，不仅能够有效提升区域雨水利用效率、防止水质污染和洪涝灾害的发生，也能够有效补充地下水，缓解地下水位下降、地面下沉和减缓沿海地区海水入侵。

LID 的核心是通过结构性和非结构性的综合措施从源头上降低开发导致的水文条件的显著变化，首要目标是实现对降雨径流的有效削减。LID 通常的源头控制和微观控制的技术对城镇地区雨水质量改善有极大的促进作用，对雨水径流进行源头控制，减少雨水径流峰值流量和总量，提高径流水质。有研究表明，LID可以减少约30%～90%的暴雨径流，延迟5～20min的暴雨径流峰值，同时能有效去除雨水径流中的营养元素、重金属及病原菌等污染物。如某商业停车场，应用LID生物滞留技术，其雨水污染物去除效果较好，见表6.9。北京东方太阳城项目区域内的雨水全部通过下凹式绿地、植被浅沟汇集下渗或进入景观水池调蓄利用，运行多年表明LID能有效截留并利用雨水资源、提高小区防涝标准，同时植物景观的设置改善了小区生态环境，并且节省了大量建设雨水管道的成本，经济和环境效益显著。

生物滞留技术的污染物清除效果（去除率，%）　　　　　　　　　表6.9

区域	铜	铅	锌	磷	凯氏氮	铵根
高区	90	93	87	0	37	54
中区	93	99	98	73	60	86
低区	93	99	99	81	68	79

6.3.3　可持续城镇排水

1. 理念

英国在1999年更新的国家可持续发展战略和21世纪议程的背景下，为解决传统的排水体制产生的洪涝多发、污染严重以及对环境破坏等问题，将长期的环境和社会因素纳入到排水体制及系统中，建立了可持续城镇排水系统（Sustainable Urban Drainage Systems，SUDS）。

可持续城镇排水系统要求从源头处理径流和潜在的污染源，保护水资源免于点源与非点源的污染。可持续城镇排水系统由传统的以"排放"为核心的排水系统上升到维持良性水循环高度的可持续排水系统，综合考虑径流的水质、水量、景观潜力、生态价值等。由原来只对城镇排水设施的优化上升到对整个区域水系统优化，不但考虑雨水而且也考虑城镇污水与再生水，通过综合措施来改善城镇整体水循环，如图6.5所示。

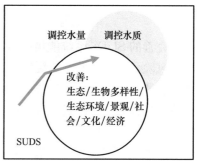

图6.5　可持续排水系统

可持续城镇排水系统可分为源头控制、中途控制和末端控制三种途径。与传统的城镇排水系统相比，可持续排水系统具有以下特点：科学管理径流流量，减少城镇化带来的洪涝问题；提高径流水质，保护水环境；排水系统与环境格局协调并符合当地社区的需求；在城镇水道中为野生生物提供栖息地；鼓励雨水的入渗、补充地下水等。

2. 措施

根据英国环保局的定义，可持续排水系统包括对地表水和地下水进行可持续式管理的一系列技术，包括在条件允许的建筑屋面上种花种草拦截雨水；庭院里设雨水收集设施，用所集雨水浇灌花园和冲洗厕所；路面铺设可渗透的混凝土块、碎石或渗水沥青，从而部分替代传统排水道、排水沟的功能；路边挖沟渠，填满瓦砾石子，减小暴雨的水流流速和流量；在工业用地上利用比传统沟渠更浅更宽的绿色洼地对降水进行暂时贮存和过滤，然后导入排水管道，这可有效减少工业污染物流入河道；在空旷处挖掘池塘，在强降雨天气时可贮存雨水，平时则可美化环境。具体操作时，采用什么排水系统由具体地理条件和环境决定，有时需将多种排水技术结合使用。

3. 效益

一个运行良好的可持续性城镇排水系统对区域社会、文化、经济、生态平衡和景观等都会带来显著的正影响，如图 6.6 所示。

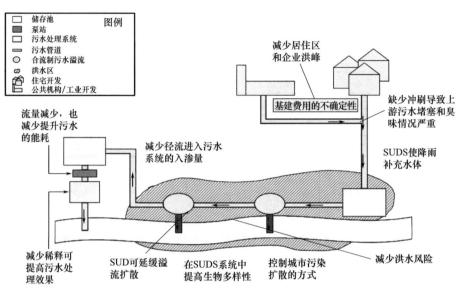

图 6.6　可持续排水系统效益图

完善的 SUDS 系统能极大地降低进入城镇排水管网的降雨径流，降低城镇洪涝灾害发生的风险和损失，并有效缓解城镇污水处理厂负荷，降低污水处理成本；人工构建的排水沟渠和洼地可以有效拦截减缓降雨径流，并在其进入受纳水体之前通过土壤渗透、植物带过滤等过程大幅度削减面源污染；通过在社区构建雨水收集池（塘）或设置集水桶等装置可以收集大量的雨水作为非饮用水来源，缓解城镇水资源紧张的压力；SUDS 构建的各种雨水渗透、贮存及过滤设施提升了回补地下水的雨水数量和效率，可以减轻城镇含水层水位下降及地面沉降问题；湿地、渗透池、植草沟等模拟自然环境的构筑物将更好地维系自然水循环，缓解城镇的热岛效应，栽种的植被和构建的人工湿地等会保持并提升区域的生物多样性，促进当地的生态平衡。邓迪大学的研究人员研究了邓弗姆林东部区域 SUDS 系统的成本问题发现，SUDS 的建设成本是传统城镇排水系统的 50%，年运行成本比传统城镇排水系统低 20%～25%。综上所述，SUDS 系统具有良好的社会、经济和环境效益。

6.3.4　水敏感性城镇设计

1. 理念

水敏感性城镇设计（Water Sensitive Urban Design，WSUD）起源于 20 世纪 90 年代的澳大利亚，强调通过城镇规划和设计的整体分析方法来减少对自然水循环的负面影响和保护水生生态系统的健康。WSUD 体系视城镇水循环为一个整体，将雨水管理、供水和污水管理一体化，避免了传统以排水为主的城镇设计理念，强调提高对雨水的处理和回用。WSUD 系统与其他暴雨管理体系不同，不是专门针对雨水，而是将饮用水、降雨径流、河道生态平衡、污水处理及水的再循环作为城镇水循环的一个整体进行综合管理。

WSUD核心原则包括：关注地表和地下水水质，维持并持续改善集水区的自然水文条件，保护原有自然特征，充分发挥并提升天然水系的功效；保护水质，在降雨径流产生、传输及排放过程中去除污染物；控制城镇开发，减少径流峰值流量，保留并使用有效的土地利用方式来滞留调蓄洪水，减少排放的污水量，减小排水管网的需求；将雨水管理方式与景观相结合，在利用雨水资源的同时提高区域社会、文化和生态价值。

2. 措施

WSUD在城镇雨水管理的基本内容主要包括水量和水质两个方面。在水量方面，城镇洪涝排泄系统上、下游的设计洪峰流量、洪水位和流速不超过现状；在水质方面，城镇雨水需收集处理达标后方可排入下游天然河道或水体，雨水水质处理目标要根据下游水体的敏感性程度来确定。

WSUD主要通过雨水收集、处理、贮存等过程达到降雨径流的水量和水质控制目标，主要包括生物滞留带、渗透性铺装、人工湿地、生态草沟、雨水花园、雨水池等，如图6.7所示。通过构建合适的技术体系，有效地降低降雨径流峰值流量，提升污染雨水的渗透过滤及回补地下水，并促进降落至地表雨水的蒸发效率，在这一过程中保持并提升水的自然循环，同时最大化地使雨水资源得到利用。

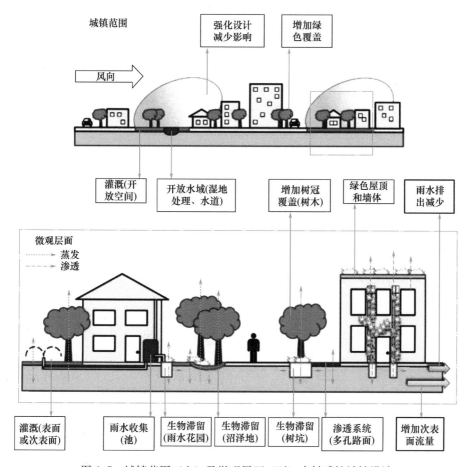

图6.7 城镇范围（上）及微观层面（下）水敏感性城镇设计

3. 效益

WSUD 应用灵活，可以在城镇不同发展类型、不同的尺度等方面运用，并实现降雨径流控制、水质净化、水资源利用等功效，包括现有排水系统升级、新住宅开发、现有住宅改造、工业区、商业区及房地产设计以及道路、人行道和停车场的设计改造。

思 考 题

1. 城镇化进程对降雨雨水径流产生的影响？
2. 城镇雨水问题主要有哪些？
3. 城镇雨水径流与下垫面的关系？
4. 城镇雨水非点源污染的来源及影响？
5. 城镇雨水管理规划层次与内容？
6. 典型的雨水管理模式及其特点？

第7章 城镇雨水管理工程

7.1 概 述

城镇化极大改变了原有的自然地貌和自然流域,形成了城市水文特征,由此产生的城市降雨径流及污染,对城市带来了一些安全、环境、资源和生态问题。

1. 城镇降雨径流形成过程

径流是指降雨及冰雪融水或者在浇地的时候在重力作用下沿地表或地下流动的水流。径流形成过程是指城镇区域内自降雨开始到水量流到水体的出口断面的整个物理过程。该过程是大气降水和区域自然地理条件综合作用的产物。大气降水的多变性和区域自然地理条件的复杂性决定了径流形成过程的错综复杂。降水落到区域地表面上后,首先向土壤内下渗,补给地下水;还有一部分以土壤水形式保持在土壤内,其中一部分消耗于蒸发。当土壤含水量达到饱和或降水强度大于入渗强度时,降水扣除入渗后还有剩余,余水开始流动充填坑洼,继而形成地表流动,汇入雨水口,进入城镇雨水排水系统,形成雨水径流量的过程。

把复杂的降雨径流形成过程,分为产流阶段和汇流阶段。产流是降水和扣除损失后产生径流的过程,汇流是指径流经地表流动和汇流形成雨水排水系统流量的过程。实际上这两个阶段不能截然分开,而是交织或同时进行的。如果城镇雨水排水系统不能及时排出降雨径流,则在低洼的区域形成积水,即内涝。

2. 降雨径流量的计量

暴雨径流是暴雨产生的水流。因其历时短而强度大,故为城镇水文学研究中比较核心的问题。估算其大小的标准一般采用重现期或频率概念,如百年一遇、千年一遇等。20世纪60年代末提出了最大可能降雨的概念。影响暴雨径流的主要气象因素为暴雨强度、笼罩面积和历时长短;主要下垫面因素是区域土壤前期含水量、区域坡度、形状、大小和区域内植被情况。影响暴雨径流的因素较复杂,且整个暴雨径流过程是暴雨因素和区域自然地理条件综合作用的过程,要想用一个数学模式来描述一个复杂过程非常困难,故常对暴雨径流形成过程进行某些概化,提出有一定物理意义的数学模型。

3. 降雨径流的特征

产流不只是一个产水的静态概念,而是一个具有时空变化的动态概念,包括产流面积在不同时刻的空间发展及产流强度随降雨过程的时程变化。同时,产流又不只是一个水量的概念,而是一个包括产流、径流污染形成及溶质输移的多相流的形成过程。

4. 降雨径流污染

降雨径流污水是由城镇降水淋洗大气污染物和冲刷建筑物、地面、废渣、垃圾而形成的污水。主要污染物有:悬浮物、病原体、需氧有机物、植物营养素等。城镇雨水径流污染物组分复杂，浓度季节变化变化大，在降雨初期所含污染物甚至会高出生活污水多倍。可生化性差，排放间歇且无规律，故处理起来难度较大。

城镇降雨径流污染特征。城镇雨水径流污染物的来源复杂，主要含有碳氢化合物、SS和 COD 及一定的重金属和营养物污染物。由于不同城镇雨水径流的实际发生过程受到下垫面等多种可变因素的影响，其所包含的污染物及其浓度也相应有所不同。

城镇降雨径流污染危害。在降雨特别是暴雨时期，降雨在不透水地面上迅速转化为径流，冲刷和挟带大量的污染物质，进入地表水体，形成典型的地表径流非点源污染，成为影响城镇受纳水体水质下降及河口污染的重要因素（Sansalone J J 等，1998）。美国 EPA在 1993 年把城市地表径流列为导致全美河流和湖泊污染的第三大污染源。美国国家研究委员在 2008 年的报告里指出，城镇径流是水质污染的主要原因。同时，在一定程度上也限制了雨水资源再利用。

径流也使河流的温度升高，危害鱼类和其他生物。融化道路和人行道积雪用的盐会污染河流和地下蓄水层。

要有效控制城镇径流需要减少雨水的流速和流量，并减少污染物的排放。要控制好城镇径流，主要是控制雨水汇集过程，并采取有效手段能及时排出雨水，避免形成内涝。应该利用各种雨水排放管理措施和系统来减少城镇径流的影响。在美国，一些所谓的最佳管理做法（BMPs），一些注重于对水量的控制，一些注重于改善水质，另一些措施具备两种功能。

5. 城镇雨水管理主要内容

城镇雨水管理应以问题为导向，城镇雨水管理系统的构成应包括：城镇雨水径流量控制、城镇雨水径流污染控制、城镇雨水利用、城镇水生态安全和监测预警等。

（1）城镇雨水径流量控制，包括：源头减量、中间滞流、末端蓄排，达到控制降雨径流，防治城镇内涝的目的。源头减量采取：渗透地面增加雨水渗透量，降低径流量；中间滞流采取生物滞留塘（池）等措施，减缓径流；末端蓄排采取：自然与人工相结合的储雨设施和排放设施，调蓄调控雨水径流的排放。

（2）城镇雨水径流污染控制，包括：减少初期雨水冲刷效应、对雨水进行渗滤净化、收集的雨水进行末端处理等设施。以改善径流水质，降低面源污染，减轻对环境的影响。

（3）城镇雨水利用，包括：雨水收集、雨水贮存、雨水净化和雨水利用等设施。利用雨水资源，以缓解缺水矛盾。

（4）城镇水生态安全，包括：在上述子系统的基础上，充分利用和结合当地的河湖水系、河岸生态条件，减少城镇雨水对生态安全的影响。

（5）城镇雨水监测管理，包括：监测降水、径流监测、水质监测，充分利用信息技术，在雨水排泄与调蓄的关键节点安装水量在线监测仪器，通过控制阀的启闭，实现水量调度模糊控制模式和实时控制技术，为雨水管理的提供基础支撑。

7.2　城镇雨水水量管理

城镇雨水水量管理主要包括：基于安全的内涝防治的径流量控制管理、基于城镇降雨径流污染控制的雨水水量管理、基于城镇雨水资源利用的径流量控制管理和基于城镇生态恢复或保育的雨水水量管理。

7.2.1 城镇降雨径流的影响因素

城镇降雨径流的主要影响因素有：降雨量、城市地表不透水面积等。

（1）降雨量

当降雨量较小时，由于地面具有足够的下渗量，因此降雨径流基本来自与排水系统有直接水力联系的不透水面；当降雨量很大时，不管是否与排水系统直接相连，城镇不透水面都会产生大量的降雨径流。图 7.1 为亚拉巴马州胡佛市某大型商业中心不同下垫面对雨水径流产流的影响，从图 7.1 中可看出，该研究区降雨量最小时，停车场径流贡献比例达到 80％以上，这个比例值随着降雨量增大到 13mm 而逐渐减小至 55％。

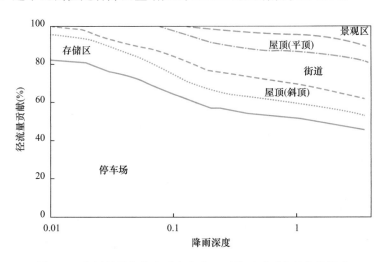

图 7.1　美国胡佛市某大型商业中心下垫面对雨水径流的影响

要保证防范城镇内涝和控制措施有效，就得先对城镇的降雨情况有全面的了解和掌握，研究区域一半以上的降雨时间形成的降雨量不足 19mm，而降雨量大于 76mm 的仅有两次，密尔沃基的降雨事件与径流、径流污染的主要可以细分为以下四种情景。

1）降雨量≤19mm。这部分降雨事件发生的频率很好，往往 2 个星期发生 1～2 次（60％的降雨事件都是属于该类型），但形成的有效径流一般很小，仅占年径流量和年径流污染负荷的 20％左右。这种类型的降雨在有完善排水系统的城镇导致的径流量和污染比较容易控制，但要关注病原菌和重金属污染问题。虽然降雨量小，但在排水系统不完善的地区，也会带来内涝及雨水水质污染问题。

2）19mm＜降雨量≤38mm。这部分降雨事件一般 2 星期发生 1 次，占到年降雨次数的 35％，占年径流事件的 25％，其中的暴雨事件发生时往往形成中等甚至较大的降雨径流，径流量总和一般占到年径流量的 50％，同时向受纳水体排放大量的污染物质。

3）38mm＜降雨量＜76mm。这部分降雨事件往往是大暴雨，发生频率较小，几个月才发生一次，但对城镇造成的损失一般最大，虽然占年降雨事件的 2％，但带来的径流量和污染负荷占到全年的 10％。

4）降雨量＞76mm。这种类型的降雨事件往往作为密尔沃基排水系统设计洪水的依据，往往几年、几十年甚至更长时间发生一次。但是这种类型降雨事件一旦发生，将会产生巨大的径流流量，严重超过城镇雨水排水系统的泄水能力，就会导致严重的城镇内涝灾害。虽然占年降雨事件的不到1%，但带来的径流量和污染负荷占到全年的15%。

加拿大环境署认为完善的城镇排水系统的建立，使得径流总量达到原有自然排水系统的4倍以上。城镇化对下垫面水文特征的改变显著影响了下游系统的平衡：城镇地区年径流总量增加；径流汇流速度明显加快，且快速通过河网水系排出流域范围，地面蒸发和下渗能力降低，河流枯水位下降；雨季由于大量的降雨容易导致城区内涝。

(2) 城镇地表不透水面积

不透水地面与城镇径流的关系。不透水表面（道路、停车场和人行道）是在土地开发过程中建设的。在暴风雨和其他强降水过程中，这些不透水表面（由沥青、水泥、混凝土等建造）以及屋面会使污水流入下水道，而不是让土壤对污水进行过滤。这会导致地下水位的降低（因为地下水的补给减少了）和洪水（因为留在地表的水量增加了）。大多数城镇的雨水排水系统会将未处理的雨水排入溪流、江河和海湾。

由于雨水被引入下水道，地表水的自然渗透就减少了，但水流量和流速却增加了。事实上，如果大小相同，一个典型城镇的不透水覆盖层阻止地表水渗入地下的能力是一个典型林地的五倍。

城镇地表不透水面积比例是反映城镇化水平最常用的指标，随着我国城镇化进程的加快，城镇中以植被为主的自然景观被人工不透水面取代。例如西安，市区面积为$861km^2$，不透水面积达到$369.33km^2$。2004年，北京建成区不透水面积占比为52.9%，到2007年，其不透水面积占比就达57.5%，并有持续扩大的趋势，特别是二环以内不透水面积占比高达70.3%（见表7.1），直接导致北京近五年来几乎年年发生严重的城市内涝。上海市作为中国主要的经济、金融和贸易中心之一，其城镇化水平居全国之首，上海人民广场周边以及浦西苏州河两岸的城市中心区，主要以商业区和高密度住宅区为主，不透水面积比例基本都大于80%。内环线往外到城乡过渡区域，是城市扩张的前缘，不透水面积也较高，比例基本都在50%以上。城市外围的农村及城市内部的公园绿地等不透水面积最低，基本都在30%以下。

北京各环内不透水面积百分比 表 7.1

环线	不透水占比（%）
2 内	70.3
2～3	45.3
3～4	33.53
4～5	25.83
5～6	21.38

城镇不透水面积的增加大大提升了城镇的径流系数，导致城镇降雨径流量增大、洪峰流量提前，同时城镇市政排水设施的建设使得径流汇流时间缩短，径流洪峰提前，径流峰值增大，如图7.2所示。不透水面积的增加意味着城镇区域绿色植被面积的减小，加剧了城区的热岛效应，城镇降雨频率加大。两方面共同作用造成城镇防洪排涝压力逐渐增大。

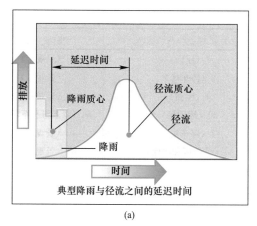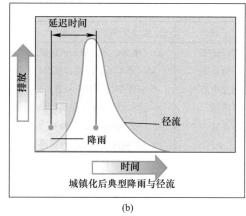

图 7.2 城镇化对城市径流的影响

实际使用时，常用总不透水面（Total Impervious Area，TIA）和有效不透水面（Effective Impervious Area，EIA）表示。TIA 表示表面被构筑物覆盖的下垫面，包括屋面、道路、停车场、仓库等其他硬质铺砌区域，这种定义在水文学上是不准确的，主要有两个原因：一方面是有部分划分为可透水的地面与排水系统直接相连或自身的渗透性比较低，如北方严寒地区薄草坪下层往往是冰碛物土壤，不利于降雨的下渗；另有部分面积对下游径流不产生贡献值，如露台等与可渗透地面无直接水力联系的不透水面。EIA 指的是与排水系统直接相连的下垫面，这部分不透水面对降雨径流产生直接影响，大约有 80% 的有效不透水面与汽车使用有直接关系，包括街道、道路、停车场等。由于 TIA 的局限性，在城镇雨水数值模拟时，常用 EIA 来表示。但是测定 EIA 的过程是很复杂的，实际当中一般是基于遥感（Remote Sensing，RS）和地理信息系统（Geographic Information Systems，GIS），利用遥感成像技术研究不透水面空间分布格局，并通过构建 TIA 与 EIA 之间的数学关系式（7.1）间接估算 EIA。

$$EIA = A(TIA)^B \qquad (7.1)$$

式中 A、B 为常数，取值与城镇化水平关系密切，并具有显著地域性，同时满足如下条件：若 TIA=1%，则 EIA 为 100%；若 TIA=100%，则 EIA 为 100%。通常在高度城镇化地区，A 可取 0.15，B 为 1.41。

Bochis 利用 IKONOS 卫星拍摄高分辨率照片分析，并通过实地调查进一步补充完善了美国亚拉巴马州小色溪流域 2500hm² 范围内的城区土地利用情况，为模型进一步评估雨水量及污染负荷提供准确参数。该研究区域总的不透水面达到 35%，其中 25% 与排水系统有直接水力联系，分类情况见表 7.2。

美国亚拉巴马州小色溪地区城镇地面土地使用情况 表 7.2

土地使用类型	与水系直接相连的不透水面（%）	与水系不直接相连的不透水面（%）	透水面（%）
高人口密度住宅区	14（道路和屋面）	10（屋面）	76（景观带）
中等人口密度住宅区	11（道路和屋面）	8（屋面）	81（景观带）
低人口密度住宅区	6（道路和屋面）	5（屋面）	89（景观带）
公寓	21（道路和停车场）	21（屋面）	58（景观带）

续表

土地使用类型	与水系直接相连的不透水面（%）	与水系不直接相连的不透水面（%）	透水面（%）
多层住宅	28（屋面、停车场和道路道）	7（屋面）	65（景观带）
政府机关	58（停车场、道路和屋面）	3（停车场）	39（景观带）
商业中心	64（停车场、屋面和道路）	4（屋面）	32（景观带）
学校	16（屋面和停车场）	20（运动场）	64（景观带和草坪）
教堂	53（停车场、道路）	7（停车场）	40（景观带）
工业区	39（贮藏区、停车场和道路）	17（贮藏区和屋面）	44（景观带）
公园	32（道路和停车场）	34（游乐场）	34（草坪和未开发区）
墓地	7（道路）	15（停车场）	78（草坪）
高尔夫球场	2（道路）	4（屋面）	94（草坪）
空地	5（道路）	1（自行车道）	94（未开发区和草坪）

7.2.2　城镇雨水系统分类

国外发达国家的城镇雨水排水一般都有两套系统，称为双排水系统（Dual system），包括小排水系统（Minor system）和大排水系统（Major system）。不同雨水排水系统功能与作用的关系如图 7.3 所示。

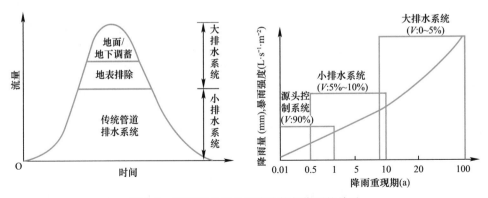

图 7.3　不同雨水排水系统功能与作用的关系

双排水系统是将传统的管道排水系统称为小排水系统（minor system），一般包括雨水管渠、调节池、排水泵站等传统设施，小排水系统主要针对城镇常见雨情，设计暴雨重现期一般为 2～10 年一遇，通过常规的雨水管渠系统收集排放，保证城镇和住区的正常运行。小排水系统本身就是内涝控制系统的主要组成部分。而近年来得到广泛重视和应用的 LID 等源头控制措施越来越多地结合到小排水系统之前或之中，在英国建筑行业研究与咨询协会（CIRIA）2006 年出版的手册中，就将源头控制措施也划分到小排水系统中。

大排水系统主要针对城镇超常雨情，设计暴雨重现期一般为 50～100 年一遇，包括城镇内涝防治工程和排涝工程。主要包含大雨水明渠、洼地、道路、河道和调蓄设施等。通过地表排水通道或地下排水深隧，转输小暴雨排水系统无法转输的径流，是输送高重现期暴雨径流的排水通道。

大排水系统的设施可分为"排放设施"与"调蓄设施"两类，其中，"排放设施"主要包括具备排水功能的地表漫流（竖向控制）、道路（包括道路路面、利用道路红线内带状绿地构建的生态沟渠）、沟渠、河道等地表径流行泄通道，以及转输隧道等地下径流行泄通道，实践中，往往是几种设施的组合。此外，可通过道路低点人行道渐变下凹、小区低洼处围墙底部打通等方式，构建完整、顺畅的地表径流行泄通道。

"调蓄设施"则主要包括调蓄塘/池（含调节塘/池）、调蓄隧道、天然水体等地面和地下设施。在形式上，设施既包括"绿色"设施，也包括"灰色"设施，条件允许时，可优先选择绿色设施。此外，设施可能是未经特别设计，简单利用自然地形或空间条件而形成的，可将其称为"非设计设施"，如由自然地形或利用自然地形形成的地表漫流行泄通道、道路径流行泄通道，及自然沟渠、坑塘等，实践中应优先保护并利用；而简单利用自然地形及空间条件无法达到设计要求时，需要工程师在现状基础上进行设计，合理选择蓄排设施来构建大排水系统。

城镇大排水系统与微排水系统、小排水系统、防洪系统协同作用，地表和地下调蓄、排放设施协同作用，综合达到城镇内涝防治标准。

大排水系统与小排水系统在措施的本质上并没有多大区别，它们的主要区别在于具体形式、设计标准和针对目标的不同。更重要的是，它们构成了一个有机整体并相互衔接、共同作用，综合达到较高的排水防涝标准，发达国家一般按 100 年一遇的暴雨进行校核。

大排水系统的构成及其与低影响开发相关子系统的衔接关系如图 7.4 所示。

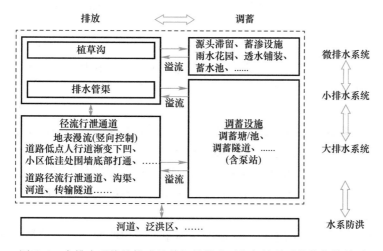

图 7.4　大排水系统的构成及其与低影响开发相关子系统的衔接关系

大排水系统的应用主要通过地表（特殊情况也结合地下设施）"蓄排结合"的方式，它所承担的主要任务是，当遭遇超过管道排水能力的大暴雨或特大暴雨时，应该有一个辅助的地面或地下输送/暂存系统来应对洪涝，以保证城镇交通、房屋等重要设施和人民生命财产免遭灭顶之灾。

目前，在中国现有规划体系中，仅有小排水系统，或叫雨水排水管道系统，还没有明确的大排水系统的概念。

低影响开发模式（海绵城市）与城镇雨水管渠系统及超标雨水径流排放系统有效衔接。应最大限度地发挥低影响开发雨水系统对径流雨水的渗透、调蓄、净化等作用，低影响开发设施的溢流应与城镇雨水管渠系统或超标雨水径流排放系统衔接，如图 7.5 所示。城镇雨水管渠系统、超标雨水径流排放系统应与低影响开发系统同步规划设计，应按照《城市排水工程规划规范》GB 50318—2017、《室外排水设计规范》GB 50014—2006（2016 年版）等规范相应重现期设计标准进行规划设计。

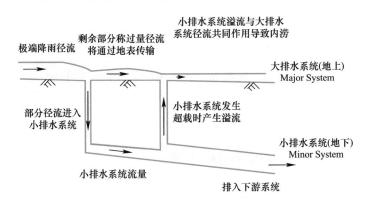

图 7.5　极端降雨过程中小/大排水系统之间水量交换示意图

7.2.3　径流系数

径流系数综合反映流域内自然地理要素对降水-径流关系的影响，主要有以下几种径流系数表示方式。

（1）雨量径流系数（pluviometric runoff coefficient），是指设定时间内降雨产生的径流总量与降雨量之比。重点强调的是设定时间内，在一次降雨中，高峰降雨只占一小段时间，其他时间是比高峰小得多的降雨，此时，雨水下渗的比较多，主要用计算一段时间内雨水可收集量。

（2）流量径流系数（discharge runoff coefficient），是指形成高峰流量的历时内产生的径流量与降雨量之比，主要用于计算雨水最大管径。

（3）径流系数（runoff coefficient）表示，是指任意时段内径流深度 R 与同时段内降水深度 H 之比。用符号 ψ 表示，即 $\psi = R/P$，式中：ψ 为径流系数；R 为径流深度，mm；H 为降水深度 mm。

径流系数主要受集水区的地形、流域特性因子、平均坡度、地表植被情况及土壤特性等的影响。径流系数越大则代表降雨较不易被土壤吸收，亦即会增加排水沟渠的负荷。

径流系数的差异：ψ 值变化于 0～1 之间，湿润地区 ψ 值大，干旱地区 ψ 值小。

7.2.4　城镇雨水径流量控制指标

（1）年径流总量控制率

根据多年日降雨量统计数据分析计算，通过自然和人工强化的渗透、贮存、蒸发（腾）等方式，场地内累计全年得到控制（不外排）的雨量占全年总降雨量的百分比。

理想状态下，径流总量控制目标应以开发建设后径流排放量接近开发建设前自然地貌时的径流排放量为标准。自然地貌往往按照绿地考虑，一般情况下，绿地的年径流总量外排率为 15%～20%（相当于年雨量径流系数为 0.15～0.20），因此，借鉴发达国家实践经验，年径流总量控制率最佳为 80%～85%。

（2）径流峰值流量控制

径流峰值流量是指在径流产生过程中最大的径流量，它对排水管网管径的设计非常重要。城镇化建设改变了流域的水文特性，原有的雨水排水系统不堪重负，很多城镇都出现了不同程度的洪涝灾害，随着城镇化进程的加快，径流峰值增大，若径流峰值大于排水管道的设计流量，会导致排水管网排水不畅，造成不同程度的积水，极易引发城镇内涝。

径流峰值流量控制是低影响开发的控制目标之一。低影响开发设施受降雨频率与雨型、低影响开发设施建设与维护管理条件等因素的影响，一般对中、小降雨事件的峰值削减效果较好，对特大暴雨事件，虽仍可起到一定的错峰、延峰作用，但其峰值削减幅度往往较低。因此，为保障城镇安全，在低影响开发设施的建设区域，城镇雨水管渠和泵站的设计重现期、径流系数等设计参数仍然应当按照《室外排水设计规范》GB 50014 中的相关标准执行。

（3）场地年径流总量控制率

国家《绿色建筑评价标准》GB/T 50378—2019 中 7.2.2 条中规定：场地年径流总量控制率，其定义为：通过自然和人工强化的入渗、滞蓄、调蓄和收集回用，场地内累计一年得到控制的雨水量占全年总降雨量的比例。

设计控制雨量的确定要通过统计学方法获得。统计年限不同时，不同控制率下对应的设计雨量会有差异。考虑气候变化的趋势和周期性，推荐采用最近 30 年的统计数据。设计时应根据年径流总量控制率对应的设计控制雨量来确定雨水设施规模和最终方案，有条件时，可通过相关雨水控制利用模型进行设计计算；也可采用简单计算方法，通过设计控制雨量、场地综合径流系数、总汇水面积来确定项目雨水设施需要的总规模，再分别计算滞蓄、调蓄和收集回用等措施实现的控制容积，达到设计控制雨量对应的控制规模要求。

7.2.5 城镇雨水径流量控制计算方法

（1）城镇年径流总量控制率对应的设计降雨量值的确定

城镇年径流总量控制率对应的设计降雨量值的确定，是通过统计学方法获得的。根据中国气象科学数据共享服务网中国地面国际交换站气候资料数据，选取至少近 30 年（反映长期的降雨规律和近年气候的变化）日降雨（不包括降雪）资料，扣除小于等于 2mm 的降雨事件的降雨量，将降雨量日值按雨量由小到大进行排序，统计小于某一降雨量的降雨总量（小于该降雨量的按真实雨量计算出降雨总量，大于该降雨量的按该降雨量计算出降雨总量，两者累计总和）在总降雨量中的比率，此比率（即年径流总量控制率）对应的降雨量（日值）即为设计降雨量。我国部分城市年径流总量控制率对应的设计降雨量值（依据 1983 年～2012 年降雨资料计算），见表 7.3，其他城市的设计降雨量值可根据以上方法获得，设计降雨量是各城市实施年径流总量控制的专有量值，考虑我国不同城市的降雨分布特征不同，各城市的设计降雨量值应单独推求。资料缺乏时，可根据当地长期降雨规律和近年气候的变化，参照与其长期降雨规律相近的城市的设计降雨量值。

我国部分城市年径流总量控制率对应的设计降雨量值一览表　　　表 7.3

城市	不同年径流总量控制率对应的设计降雨量（mm）				
	60％	70％	75％	80％	85％
酒泉	4.1	5.4	6.3	7.4	7.9
拉萨	6.2	7.1	9.2	10.6	12.3
西宁	6.1	7.0	9.2	10.7	12.7
乌鲁木齐	5.8	7.8	9.1	10.8	13.0
银川	7.5	10.3	12.1	14.4	17.7
呼和浩特	9.5	13.0	15.2	17.2	22.0
哈尔滨	9.1	12.7	15.1	17.2	22.2
太原	9.7	13.5	16.1	19.4	23.6
长春	10.6	14.9	17.8	21.4	26.6
昆明	11.5	15.7	17.5	22.0	26.8
汉中	11.7	16.0	17.8	22.3	27.0
石家庄	12.3	17.1	20.3	24.1	27.9
沈阳	12.8	17.5	20.8	25.0	30.3
杭州	13.1	17.8	21.0	24.9	30.3
合肥	13.1	17.0	21.3	25.6	31.3
长沙	13.7	17.5	21.8	26.0	31.6
重庆	12.2	17.4	20.9	25.5	31.9
贵阳	13.2	17.4	21.9	26.3	32.0
上海	13.4	17.7	22.2	26.7	33.0
北京	14.0	19.4	22.8	27.3	33.6
郑州	14.0	19.5	23.1	27.8	34.3
福州	14.8	20.4	24.1	27.9	35.7
南京	14.7	20.5	24.6	29.7	36.6
宜宾	12.9	19.0	23.4	29.1	36.7
天津	14.9	20.9	25.0	30.4	37.8
南昌	16.7	22.8	26.8	32.0	37.9
南宁	17.0	23.5	27.9	33.4	40.4
济南	16.7	23.2	27.7	33.5	41.3
武汉	17.6	24.5	29.2	35.2	43.3
广州	17.4	25.2	29.7	35.5	43.4
海口	23.5	33.1	40.0	49.5	63.4

对我国近 200 个城镇 1983 年～2012 年日降雨量统计分析，分别得到各城镇年径流总量控制率及其对应的设计降雨量值关系。基于上述数据分析，将我国大陆地区大致分为五个区，并给出了各区年径流总量控制率 α 的最低和最高限值，即 Ⅰ区（85％≤α≤90％）、Ⅱ区（80％≤α≤85％）、Ⅲ区（75％≤α≤85％）、Ⅳ区（70％≤α≤85％）、Ⅴ区（60％≤α≤85％），各地应参照表 7.3 的限值，因地制宜地确定本地区径流总量控制目标，并获得设计降雨量值，如昆明在年径流总量控制率分区中的Ⅲ区，其年径流总量控制率 α 的最低值为 75％，查表 7.3 可得：重庆市年径流总量控制率为 75％对应的设计降雨量值为20.9mm。

值得注意的是：年径流总量控制率，是指对降雨体积进行计算的结果，年径流总量控制率实质上是降雨量控制率。美国采用的是"降雨的年场次控制率"，即一年能控制多少场降雨。以某城镇的降雨数据为例，降雨在 26.4mm 时年径流总量控制率为 85%，该降雨对应的年场次控制率为 90%。因此，径流总量控制率与年场次控制率在概念、数值及计算方法上都是不同的，实际应用中应加以区分。"年场次控制率"可以非常直观地表达能控制一年多少场次的降雨，对于建设单位、政府部门以及公众具有通俗易懂的意义。然而，"年场次控制率"在对径流控制设施的设计和计算上，未能完全体现降雨体积控制量的数值；而"年径流总量控制率"直观地体现了雨水体积量的数值，可以用于评估雨水径流污染程度。

（2）城镇降雨径流控制的一般计算

1）流量法

雨水排水系统要排出一定设计重现期下的雨水流量，可通过推理公式来计算一定重现期下的雨水流量，见式（7.2）。

$$Q = \psi q F \tag{7.2}$$

式中　Q——雨水设计流量，L/s；

　　　ψ——流量径流系数，可参见表 7.4；

　　　q——设计暴雨强度，L/(s·hm^2)；

　　　F——汇水面积，hm^2。

城镇雨水管渠系统设计重现期的取值及雨水设计流量的计算等，还应符合《室外排水设计规范》GB 50014 的有关规定。

由不同下垫面组成的汇水面，其平均径流系数应按下垫面种类按加权平均法计算，即：

$$\psi_{(c,m)} = \frac{\sum_{i}^{n} \psi_{(c,m)i} g F_i}{F} \tag{7.3}$$

式中　$\psi_{(c,m)}$——汇水面平均雨量或流量径流系数；

　　　$\psi_{(c,m)i}$——相应于各类下垫面的雨量或流量径流系数；

　　　F——汇水面面积（hm^2）；

　　　F_i——各类下垫面面积（hm^2）。

2）容积法

径流总量控制是城镇雨水管理极重要的目标之一，也是体现"海绵"功能之关键。它还蕴含了对径流污染物的控制口，其具体指标—年径流总量控制率与美国等发达国家广泛采用的水质控制容积（WQV，可以理解成：为了达到控制径流污染、保证水质的目标所需处理的雨水体积）的目标是对应的，即年径流总量控制率所对应的设计降雨量是计算水质控制容积基本的关键参数。

美国《城市 BMP 的应用》中规定按式（7.4）计算量化指标，显然，径流污染控制量 WQV 由设计降雨量 H 而定，而 H 是一个具有统计学意义的参数，且主要取决于当地的降雨条件。中国城镇年降雨量越大，则径流污染控制的设计降雨量也越大。按控制年内 90% 降雨事件统计计算结果，年降雨量为 >1000、（500～1000）和 <500mm 的城镇的设计降雨量均值分别对应为 36mm、30mm 和 19mm。上述设计降雨量的雨量控制率均在

81%～93%之间，因此按控制年内90%降雨事件确定水质控制量（或设计降雨量）是较为经济合理的。

城镇雨水设施以径流总量和径流污染为控制目标进行设计时，设施具有的调蓄容积一般应满足"单位面积控制容积"的指标要求。设计调蓄容积一般采用容积法进行计算，如式（7.4）所示。

$$V = 10H\varphi F \tag{7.4}$$

式中　V——设计调蓄容积，m^3；

　　　H——设计降雨量，mm，参照表7.3；

　　　φ——综合雨量径流系数，可参照表7.4进行加权平均计算；

　　　F——汇水面积，hm^2。

用于合流制排水系统的径流污染控制时，雨水调蓄池的有效容积可参照《室外排水设计规范》GB 50014 进行计算。

径流系数　　　　　　　　　　　　　　　　　表 7.4

汇水面种类	雨量径流系数 φ	流量径流系数 φ
绿化屋面（绿色屋顶，基质层厚度≥300mm）	0.30～0.40	0.40
硬屋面、未铺石子的平屋面、沥青屋面	0.80～0.90	0.85～0.95
铺石子的平屋面	0.60～0.70	0.80
混凝土或沥青路面及广场	0.80～0.90	0.85～0.95
大块石等铺砌路面及广场	0.50～0.60	0.55～0.65
沥青表面处理的碎石路面及广场	0.45～0.55	0.55～0.65
级配碎石路面及广场	0.40	0.40～0.50
干砌砖石或碎石路面及广场	0.40	0.35～0.40
非铺砌的土路面	0.30	0.25～0.35
绿地	0.15	0.10～0.20
水面	1.00	1.00
地下建筑覆土绿地（覆土厚度≥500mm）	0.15	0.25
地下建筑覆土绿地（覆土厚度＜500mm）	0.30～0.40	0.40
透水铺装地面	0.08～0.45	0.08～0.45
下沉广场（50年及以上一遇）	—	0.85～1.00

注：以上数据参照《室外排水设计规范》GB 50014 和《雨水控制与利用工程设计规范》DB 11/685

【例 7-1】　根据《海绵城市建设技术指南（试行）》，试确定某市年径流总量控制率对应的设计降雨量值。

解：根据低影响开发理念，《某市海绵城市建设方案》中最佳雨水控制量应以雨水排放量接近自然地貌为标准，不宜过大。在自然地貌或绿地的情况下，径流系数为0.15，故径流总量控制率不宜大于85%。根据试点区当地水文站的降雨资料，统计得出降雨量比例，综合考虑该市具体情况，查《海绵城市建设技术指南（试行）》，确定径流总量控制目标为70%，则对应的设计降雨量为26.8mm，如图7.6所示。

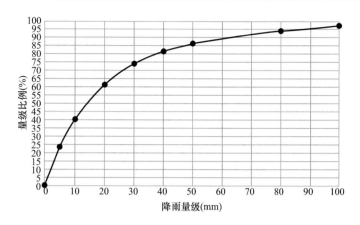

图 7.6 某市不同降雨量对应的量级比例关系图

【例 7-2】 根据当地气象资料，如何确定年径流总量控制率对应的设计降雨量。

解：将当地气象站 30 年及以上的原始降雨数据按日降雨量从小到大排序，扣除小于等于 2mm 的降雨事件的降雨量。年径流总量控制率与设计降雨量为一一对应关系，处理后的数据集为 $\{X_1, X_2, X_3, \cdots, X_{n-1}, X_n\}$。假设需要计算的年径流总量控制率为 P，而 P 对应的降雨量为 X_i，即 $X_i > X_{i-1}$，$X_{i+1} > X_i$，从而有 $\{X_1, X_2, X_3, \cdots, X_{i-1}, X_i, X_{i+1}, \cdots, X_{n-1}, X_n\}$，则年径流控制率为式（7-5）：

$$P_i = \frac{(X_1 + X_2 + X_3 + \cdots + X_{i-1} + X_i) + X_i \cdot (n-i)}{(X_1 + X_2 + X_3 + \cdots + X_{i-1} + X_i + X_{i+1} + \cdots + X_{n-1} + X_n)} \tag{7.5}$$

式中 n 为日降雨量有效值个数。

值得注意的是，该方法的计算结果是扣除了小于等于 2mm 的降雨累计量后的结果，其计算出的年径流控制率的值偏小，即按此结果进行设施设计，实际结果偏大，是偏于安全的，但也增大了投资。

【例 7-3】 试计算场地年径流总量控制率。

项目总用地面积约 8331m²，总建筑面积约 43375m²，年平均降雨量为 1158mm。场地径流措施有透水铺装、下凹式绿地/树池、雨水收集系统，试校核场地径流控制率。

已知条件：①该项目总铺装面积为 13186.80m²，小区内人行道、停车场地、活动场地等，采用透水铺装面积为 7126.70m²，各类透水砖面积为 6492.15m²、透水塑胶面积为 634.55m²，透水铺装总比例为 54.04%等；②各类景观树池花池面积为 212m²，平均蓄水深度为 20～40cm，场地径流控制时，按低值 20cm 计算；③年雨水收集量为 8888m³，雨水年用水量为 6666m³，雨水蓄水池有效蓄水容积为 50m³，清水池有效容积为 15m³。

解：场地年径流总量控制率计算步骤如下：

① 设计降雨控制量：

根据国家标准《绿色建筑评价标准》GB/T 50378—2014，查部分地区年径流总量控制率对应的设计控制雨量，设计达到年径流总量控制率为 55% 时，则设计控制雨量为 11.2mm。

建设项目场地设计降雨控制量：$V = 11.2/1000 \times 8331 = 93.3\text{m}^3$。

② 通过场地铺装可控制的径流量：

该项目场地铺装为道路、绿地、透水地面等，部分屋面采用了屋面绿化，经计算场地的综合径流系数为 0.8，通过场地透水铺装实现的径流控制量为：$V_1 = 93.3 \times 0.2 = 17.7\text{m}^3$。

③ 通过调蓄或收集控制的雨水量：

A. 下凹式绿地收纳容积：V_2＝下凹绿地面积×下凹绿地蓄水深度＝212×0.20＝42.4m³。

B. 景观水体（雨水花园、干塘等）有效调蓄容积：V_3＝景观水体面积×水位变化高度。该项目无景观水体，调蓄容积为 0。

C. 雨水收集池蓄水容积：V_4＝50m³。

④ 因为场地铺装控制降雨量 V_1＝18.7m³，下凹式绿地收纳容积 V_2＝42.4m³，景观水体有效调蓄容积 V_3＝0m³，雨水收集池蓄水容积 V_4＝50m³，所以 $V_1+V_2+V_3+V_4$＝111.1m³，111.1m³＞93.3m³。

即场地实际径流控制量大于设计降雨控制量，故场地径流控制率能达到 55％的要求。

7.2.6 城镇内涝控制策略

（1）国外城镇内涝控制策略

由于各国的气候、城镇建设等条件不同，城镇降雨径流控制策略各有差别，英国、德国、法国、日本的城市降雨径流控制策略，包括：

1）国外城市排水系统建设

法国巴黎、日本东京、德国柏林以及英国伦敦等大都市很少发生城市内涝，重要的原因是这些城市能够按照城市总体规划要求，建设城市排水系统。

巴黎的城市排水管道设计采用多功能设计理念，包括小排水道、中排水道和排水渠三种，其中排水渠中间为宽约 3m 的排水道，两边是宽约 1m 的供检修人员通行的便道；其次，为避免暴雨导致排水管道排水能力暂时性不足，专设了直通塞纳河溢洪口的"安全阀"管道，以便急需情况下能够将雨水直接排放到塞纳河，如遇特大暴雨导致塞纳河水位大涨时，这些溢水口管道会关闭以防止河水倒灌淹没排水管道网络。

在东京，设有首都圈外围排水工程。该工程在 5 条河流的适当位置分别修建大型储水柜，且由巨型管道相连，最终通向江户川（东京都附近最大河流）旁边的一处地下水库（有 20 余万 m³ 容积）。水库装有 4 台高速排水装置，可以向江户川内迅速排出雨水。出现强降雨时，城镇内部排水管道系统就近将雨水排入中小河流，城市雨水径流量过大时则溢流进入首都圈外围排水工程，最终流入江户川。

2）保护城镇天然水系

在城镇规划阶段，东京、柏林、伦敦、巴黎都重视城市天然水系的保护，通过保护城市中原有的河道和湖泊，充分发挥城市水系的防涝功能，让降雨流归河道，为城区蓄水排涝留下空间。比如通过下挖加深河道宽度小于 10m 的小河，硬化其河底和两侧岸壁，在不拓宽河道的前提下增加了河道泄水能力；保留市区周边主要河流宽阔的浅滩，用于雨季泄水和接纳市内排出的雨水。

3）蓄排结合的系统规划

东京转变单纯"排涝泄水"的思路，采用蓄排结合的模式，重视绿地、砂石地面对雨水的自然滞留渗透作用。比如尽可能地保持城市自然地面、减少城区硬化面积，积极推广环保透水沥青、铺设透水地面、下凹式绿地等，减轻了城市下水道系统压力。同时，在校园、体育场、公园绿地、停车场、广场、大型建筑物顶等处修建地下或屋面储雨设施。对东京附近

20 个主要降雨区长达 5 年的观测和调查发现平均降雨量 63.3mm 的地区，产生径流量的降雨厚度由原来的 37.59mm 降低到 5.48mm，雨水径流外排率由 51.8％降低到 5.4％。

柏林将部分公园做成起伏的地形和人工湿地，鼓励社区建立利用雨水的景观，包括在屋面铺设草坪，利用植物存储雨水；对于不能铺设植被屋面的雨水，则通过管道引入地下蓄水池，与地下室的泵站和净水系统相连，构成循环流动水系统。过量雨水则通过地面入渗系统进入城市排水管道排出。

4）城镇排水系统管理

柏林地下管道设计时会预留为施工人员勘察和维修的空间。对全部地下管道进行 24h 实时监控，随时分析水质和洪汛状态，确保柏林不会出现内涝情况。东京运用多种措施，提高下水道使用效率。利用占地较广的地下污水设施所在地地表空间修建了公园、游乐场以及球场等。法国巴黎大量应用诸如地理信息系统定期观察地下排水管道状况，实时追踪下水道是否需要清除，对各段管道每年定期作两次检验，并建立数据库。

5）城镇防涝管理系统

2009 年伦敦建立"洪水预报中心"，对强降雨可能引发的地表水泛滥风险发布预警，并迅速通过电话、手机短信、网站向人们发布警告。按照规定，如果强降雨的可能性达到或超过 20％，该中心即发布预警，建议启动紧急应对程序。东京利用遥感、地理信息系统、数字高程模型等建立模型，来预测和统计各种降雨数据，对各地的排水进行调度，设立降雨信息系统利用统计结果，在一些易发生内涝的地区采取特殊的处理措施。巴黎设立风险预警系统，加强对重点、敏感地区洪涝灾害的预防和应急管理，同时对地下水道网络流量与降水贮存情况进行实时监控，遇到突发情况立即响应，对可能的决策进行风险评估。

（2）我国城镇内涝控制策略

1）城镇内涝控制政策与规范

为了有效防治并解决城市内涝问题，国务院于 2013 年 10 月颁布《城市排水与污水处理条例》，加快城镇排水与污水处理系统规划、设计标准与城镇可持续发展等一系列的改革措施的实施，加强城市排水系统规划、建设和管理，保护城镇天然水系，蓄排结合。

《室外排水设计规范》GB 50014 最新明确提出排水工程设计应依据城镇排水与污水处理规划，并与城镇防洪、河道水系、道路交通、园林绿地、环境保护、环境卫生等专项规划和设计相协调。排水设施的设计应根据城镇规划蓝线和水面率的要求，充分利用自然蓄排水设施，并应根据用地性质规定不同地区的高程布置，满足不同地区的排水要求。注重国际经验，开展源头控制技术、管网优化和内涝防治体系研究；适当提高排水管网标准、优化排水管网设计技术；及时确定内涝防治标准，逐步建立内涝防治体系；加强相关专业规划协调，共同防治城镇内涝发生。

2）典型城镇内涝控制策略

① 临海型城镇

临海城镇，暴雨发生频率高易导致内涝，影响面广、危害性大。对于内涝的防治对策，将排涝与排洪、防潮、环境保护、雨水利用统筹考虑，同时采取"蓄、滞、排、泵"等联合调度措施。

A. 按流域建设大型骨干排涝泵站，解决沿海地区陆面标高低于高潮位易受潮水顶托、旧城区因地势低洼而引起的受涝问题。对城镇内涝点改建或重建排水管道，对支流和沟渠清淤清障，疏通毛细血管，暴雨来临前尽量降低河渠水位，以利排蓄水。

B. 重点河流的综合整治，解决水的出路问题。加强对河道、水库、湖泊、水渠和湿地等城镇地表水体的保护和控制。

C. 建立起雨水综合管理的理念，从雨水下渗到管道末端排出整个过程加以掌握和控制，选择适当的环节对暴雨水进行预处理或调蓄调度等。加大城镇雨水蓄滞、雨水利用、城镇渗透工程、管网实时监控和流量控制、内涝点积水预报预警等技术的开发应用。

② 干旱少雨型城镇

干旱少雨的城镇，全年降雨量不及蒸发量，城镇雨水系统的脆弱与城镇快速化发展的矛盾日益凸显，城镇内涝成为城镇发展的瓶颈。针对性控制对策有：

A. 修订暴雨强度公式。各地区水文特性随气候变化而变化，一般气候变化周期为10～12 年。从 20 世纪 90 年代中期开始，气候变化异常，对现有的暴雨强度公式需修订。

B. 调整雨水管渠的设计重现期。雨水管渠设计重现期的选择决定了管渠流量及断面的大小。根据系统汇流面积大小以及地区的重要性采用不同的重现期。

C. 完善雨水管渠设计流量计算方法。排水系统汇水面积大，降雨雨型独特，汇流情况复杂，应根据每个排水系统的特点，分别采取不同的设计方法，对于汇流面积小于 $5km^2$ 的小汇流雨水系统，产汇流计算应采用推理公式法；对于汇流面积大于 $5km^2$ 的雨水系统，产汇流计算应采用计算机模拟技术的设计方法。

D. 建设城市排涝系统，实行雨水分流，减少洪水进入雨水系统。

③ 山地城市

A. 天然-人工联合雨水排蓄系统。应合理利用冲沟、洼地、水库（湖塘）构建山地城市的可持续排水系统，利用技术和工程手段降低雨水从天空到河流的速度，用小湖泊等设施防止暴雨期间地表水过快地集中涌入排水管线；或让这些冲沟和水库成为城市雨水排水的出口，使城市雨水排水和天然沟壑、湖塘共同形成雨水排水和储蓄体系，不但可以缓解高强度雨水排水的压力，还为雨水利用提供了良好的条件。

B. 山地城市的雨水渗蓄系统。山地城市地质有其特殊性，表层土下往往是岩石，且地质表层构造变化大，渗透性很差的岩石位于浅表地层或岩石裸露。雨水汇集在地面下部，雨水无处排泄，地表、路基长期浸泡，造成地表沉降不均匀。渗透地面或大型雨水储蓄设施，则会施工困难，且建成后也仅仅是表层渗透，降低地表径流效果不理想。

7.3　城镇雨水水质管理

7.3.1　城镇雨水径流水质

城镇雨水径流污染物的来源复杂，一般来说，主要来自大气降水、道路径流以及屋面径流冲刷等。由于不同城市雨水径流的实际发生过程受到下垫面等多种可变因素的影响，其所包含的污染物及其浓度也相应有所不同，但总体上看城市雨水径流污染大都含有碳氢化合物、SS 和 COD 及一定的重金属和营养物污染物，而道路与屋面径流是城市雨水径流污染的主要原因。城镇降雨径流污染主要是由降雨径流的淋溶和冲刷作用产生的，城镇降雨径流主要以合流制形式，通过排水管网排放，径流污染初期作用十分明显。

中国典型城市降雨径流水质见表7.5，美国城市雨水径流水质特征见表7.6，都具有高COD、高SS浓度，低氨氮、磷浓度的特征，COD、SS超过了一般的城市污水的污染负荷。

中国典型城市降雨径流水质 （mg/L）　　　　　　表 7.5

	路面					屋面				
	SS	COD	BOD	TN	TP	SS	COD	BOD	TN	TP
南方城市均值	572.08	316.27	71.11	8.59	0.85	56.82	39.16	18.62	4.22	0.26
北方城市均值	436.01	238.67	39.29	6.65	0.64	148.53	203.94	72.41	8.67	0.49
特大城市均值	552.36	310.94	—	8.17	0.76	102.68	123.12	—	6.98	0.37
中等城市均值	340.03	199.13	—	6.04	0.89	—	25.53	—	3.48	0.39

美国城市雨水径流水质特征　　　　　　表 7.6

污染物	加权平均浓度变化系数	加权平均浓度值中值（mg/L）	90%样本均值（mg/L）
TSS	1.0~2	100	300
BOD$_5$	0.5~1	9	15
COD	0.5~1	65	450
TP	0.5~1	0.33	0.7
SP	0.5~1	0.12	0.21
TKN	0.5~1	1.5	3.3
NO$_3^-$/NO$_2^-$	0.5~1	0.68	1.75
Cu	0.5~1	0.034	0.093
Pb	0.5~1	0.14	0.35
Zn	0.5~1	0.16	0.5

注：90%样本均值是根据样本信息推断置信区间为90%的总体均值，意味着有90%的机会是实际总体均值存在于给定的置信区间内。

7.3.2 城镇雨水径流水质的主要影响因素

（1）下垫面的影响

城镇下垫面可分成3大类：①路面条件。道路的建设坡度可以影响汇流的时间，一般坡度越大，汇流时间越短，继而影响污染指数。②屋面条件。屋面面积可占城市总不可渗透表面的30%以上，其对雨水径流污染的影响一方面源自城镇大气降尘的积累，另一方面则源自屋面自身材质的影响。③绿地、草坪等。使用的化肥是硝酸盐和磷一个重要的来源。

国内外重点关注的雨水径流污染物，主要是COD、TSS、TN、TP等。路面、屋面、绿地，污染物浓度情况一般是路面＞屋面＞绿地。道路雨水径流中的污染物主要来源于轮胎磨损、防冻剂使用、车辆油的泄漏、杀虫剂和肥料的使用、丢弃的废物等，污染成分主要包括有机或无机化合物、氮、磷、金属、油类等。形成高的COD、TSS、重金属、石油类物质等是城区路面雨水中的主要污染物。城镇道路初期雨水主要污染物浓度（如TSS、COD等）非常高，TN、TP也可达地表Ⅴ类水质的数倍，具有很强的污染性。

屋面雨水也具有很高的污染物浓度，但略低于道路初期雨水；城镇绿地植被密度较大，本身对污染物存在一定的截流作用，被雨水浸泡冲刷出来的污染物浓度较低，但也具有一定的污染性。北京、上海城区不同汇水面雨水污染物平均浓度见表 7.7 和表 7.8。降雨初期径流总体上含有的污染物质浓度很高，变化范围也很大，但 EMC 值都远高于地表 V 类水质标准，是水体的重要污染源。同时污染物浓度影响因素众多，不同的研究者在不同地区甚至在同一城镇的研究成果并不相同，可见降雨径流水质特征具有一定的时空变化性和复杂性。德国屋面、道路雨水径流污染物浓度见表 7.9，法国巴黎三种下垫面雨水径流污染特征见表 7.10，由表 7.10 可以看出，在同一地区由于土地利用类型的区别，雨水径流污染物浓度显示很强的差异性。街道雨水径流 SS 与有机物浓度明显高于屋面径流和庭院径流，而屋面雨水径流重金属浓度高于其他区域。城镇道路与街道车辆、人员活动密集，由此导致的各种沉积物明显增加，同时沥青路面的旱季储污能力较强，在降雨冲刷下污染物释放量大，因此城镇道路形成的雨水径流 SS 和 COD 浓度能到达很高的数值。通常认为城镇街道为主要的城镇径流污染物来源。但研究表明城镇建筑屋面径流重金属和氮类污染物贡献量有时甚至会超过城镇道路。屋面建筑材料腐蚀可能雨水径流重金属污染物的主要来源，研究表明建筑屋面雨水径流中 70%～90% 的 Cu、50%～70% 的 Zn 来自屋面金属材料腐蚀。同时由于屋面的清扫不及时，易导致屋面堆积的植物残体及动物粪便释放出 N、P 物质，导致建筑屋面雨水径流中氮类物质浓度升高。城镇绿化带由于过度施肥可能增加富营养化物质的积累量，同时修葺导致植物残体增加，因此城市景观区形成的雨水径流营养元素污染尤为严重。从表 7.9 和表 7.10 可知，德国、法国的屋面、道路雨水径流污染特征与国内相似特征，即高 COD 和 SS。

北京城区不同汇水面雨水污染物平均浓度　（mg/L）　表 7.7

污染物	天然雨水 平均值	屋面雨水 平均值		变化系数	路面雨水 平均值	变化系数
		沥青油毡面	瓦屋面			
COD	43	328	123	0.5～2	582	0.5～2
SS	<8	136	136	0.5～2	734	0.5～2
NH₃-N	—	—	—	2～4	—	0.5～1.5
PB	<0.05	0.09	0.08	0.5～1	0.1	0.5～2
Zn	0.93	1.11		0.5～1	1.23	0.5～2
TP	—	0.94	—	0.8～1	1.74	0.5～2
TN	—	9.8	—	0.8～1.5	11.2	0.5～5
合成洗涤剂	—	3.93①	—	0.5～2	3.50注	0.5～2

① 数据为超出北京地下水人工回灌水质控制标准。

上海地区各种径流水质主要指标的参考值　表 7.8

指标 / 下垫面	屋面	小区内道路	城镇街道
CODCr（mg/L）	4～280	20～530	270～1420
SS（mg/L）	0～80	10～560	440～2340
NH₃-N（mg/L）	0～14	0～2	0～2
pH	6.1～6.6		

德国屋面、道路雨水径流污染物浓度 （mg/L） 表 7.9

	污染物	平均值	低值	中值	高值	90%样本值
屋面径流	COD	47	34.5	47	59.5	67
	TP	0.2	0.1	0.2	0.25	0.3
	无机 N	6	5.25	6	6.8	7.3
路面径流	COD	87	46.6	84.5	117.5	134.1
	TP	0.55	0.25	0.35	0.75	1.5
	无机 N	2.25	1.3	2.1	2.95	4.2
	AFS注	171	83	119	161	
	NH_3-N	0.8	0.6	0.75	0.9	

注：AFS：acid-forming substance，成酸物质。

法国巴黎市不同下垫面雨水径流污染特征 表 7.10

污染物	屋面径流			庭院径流			道路径流			欧共体对污水厂排放要求	法国Ⅱ类水质最高浓度注
	最小	最大	中值	最小	最大	中值	最小	最大	中值		
SS（mg/L）	3	304	29	22	490	74	49	498	92.3	35	
COD（mg/L）	5	318	31	34	580	95	48	964	131	125	
BOD（mg/L）	1	27	4	9	143	17	15	140	36	25	
HC（lg/L）	37	823	108	125	216	161	115	4032	508		
Cd（lg/L）	0.1	32	1.3	0.2	1.3	0.8	0.3	1.8	0.6		1～5
Cu（lg/L）	3	247	37	13	50	23	27	191	61		1000
Pb（lg/L）	16	2764	493	49	225	107	71	523	133		50
Zn（lg/L）	802	38061	3422	57	1359	563	246	3839	550		1000～5000

注：指灌溉、渔业、非洗浴和经深度处理作饮用水等要求；
HC 是汽油蒸发或在不完全燃烧过程中产生的中间分解物，混合气过浓或过稀、燃烧温度偏低、气门重叠角偏大、发动机水温偏低，尾气中的 HC 含量将会明显增加。汽油直接蒸发到大气中，也会造成 HC 的污染。

（2）道路密度的影响

随着道路密度的增加，径流污染负荷一般增大，其中氯化物、铅的对径流污染的影响与城镇道路密度成较好的线性关系，如图 7.7 所示。而在图 7.8 中，随着城镇地区有效不透水面增加，导致径流负荷不断上升，水生生物种类及生物完整性指数逐步下降，当有效不透水面达到 30% 以上时，受纳水体水生生物完整性指数降到 25 以下，而水生生物降到不到 10 种。

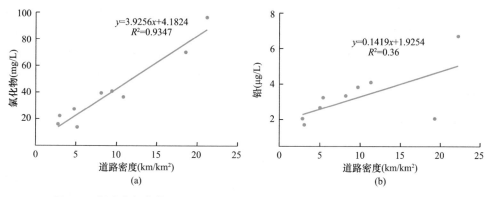

图 7.7 径流中氯化物（左图）、铅（右图）污染负荷与城镇道路密度的关系

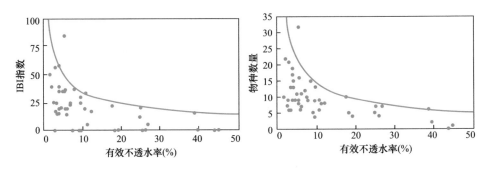

图 7.8　受纳水体生物完整性指数（IBI）、水生生物数量与有效不透水面的关系

降雨落到地面，经过人工改造过的地面产流后，再通过各种天然渠道和人工输运构筑物（管道、排水沟和沟渠等）依次转运至小溪、河流、湖泊、湿地或海洋，这一过程中也包含部分雨水的下渗和蒸发。径流污染对生态环境的严重影响，研究人员早有认识，但径流污染的处理一直很棘手，主要表现在降雨径流过程的复杂性。除了降雨，寒冷季节降雪长时间不融化导致积累的机动车及工业排放的污染物量比较大，融雪径流携带的污染负荷也会对受纳水体带来非常严重的水质污染问题，见表 7.11。降雨径流的产生区域几乎遍布城镇的每个角落，并且是各自分散；另外产生自城镇不同地域的雨水沿途冲刷、收集并转运城市环境中的各种污染物质，这种变化使得源头削弱、收集雨水和控制径流污染都面临着极大的挑战。

美国科罗拉多州博德尔城初降雪及城区积雪污染物浓度对比　（mg/L）　表 7.11

污染物	初降雪	高开发区域积雪	低开发区域积雪
COD	10	402	54
TS	86	2000	165
SS	16	545	4.5
TKN	0.19	2.69	2
NO_3	0.15	0	0
P	—	0.66	0.017
Pb	—	0.95	—

城市非点源污染具有随机性、难以跟踪、污染源范围广、污染物复杂、间歇性发作等特点。降雨径流是非点源污染物迁移的载体，影响降雨径流污染物浓度的主要因素包括城市降雨特征、城市气候、水文特征、大气污染状况、城市卫生清洁程度以及初期冲刷效应。降雨条件、区域特征和初期冲刷对雨水径流水质产生影响，雨水径流水质主要表现为空间差异性和时间差异性。雨水径流水质的时空差异特征及初期冲刷效应对雨水径流污染物控制具有重要的意义。

（3）土地利用类型的影响

由于土地利用类型的不同，雨水水质差异很大，这主要是因为环境气候条件、生活方式和水平差异导致的。即使在同一地区，由于土地利用类型的不同，雨水径流水质也会产生差异。某典型工业区降雨径流污染物排放情况见表 7.11，由于工业区由于车辆运输繁忙，废气排放量大，污染种类繁多，易产生重污染雨水径流，成为雨水径流污染必须重视的区域。

Willett 认为每年进入地表水系的总悬浮物达到 50 亿吨，其中 30％来自于自然作用，70％源自于人类活动。这 70％中有一半来自于农田侵蚀，另外建筑活动也带来了大量的悬浮物，源于建筑活动的悬浮物总量是工业区的 8 倍，排放的磷元素总量是工业区的 18 倍，甚至是中耕作物的 25 倍。相对于其他的土地利用方式，工业区产生的污染物种类多、变化大，浓度往往也最大。工业区雨水径流携带的主要污染物如重金属、总磷和 COD 等的污染负荷一般是住宅区和商业区雨水径流污染负荷的 3～6 倍，见表 7.12，城市典型土地利用方式与径流污染类型的关系见表 7.13。

某典型工业区降雨径流污染物排放情况 表 7.12

参数	工业区降雨径流年排放总量	降雨径流年排放总量比值（工业区/（住宅区＋商业区的比值））
径流总量（m³/hm²/a）	6580	1.6
TS（kg/hm²/a）	6190	2.8
TP（kg/hm²/a）	4320	4.5
TKN（g/hm²/a）	16500	1.2
COD（kg/hm²/a）	662	3.3
Cu（g/hm²/a）	416	4.0
Pb（g/hm²/a）	595	4.2
Zn（g/hm²/a）	1700	5.8

城镇典型土地利用方式与径流污染类型的关系 表 7.13

参数	住宅区	商业区	工业区	城市快速路	建筑活动
流速	低	高	中等	高	中等
流量	低	高	中等	高	中等
固体碎屑	高	高	低	中等	高
悬浮物	低	中等	低	低	很高
非正常排放物	中等	高	中等	低	低
微生物	高	中等	中等	低	低
有毒物（重金属和有机物）	低	中等	高	高	中等
富营养化元素	中等	中等	低	低	中等
有机残体	高	低	低	低	中等
热污染	中等	高	中等	高	低

为对雨水径流中的污染物进行有效控制，必须掌握雨水径流中的污染物来源，以便采取合理的措施对雨水径流污染物进行有效控制。Bannerman 等人对威斯康星州某居住区按类型分为草地（66.7％）、建筑屋面（12.8％）、小区路面（7.8％）、车道（5.5％）、联络街道（5.1％）和人行便道（1.3％），并研究了其污染贡献率，结果见表 7.12。从表 7.14 中可知其中对雨水径流污染物贡献率最大的是小区路面和小区联络道路，总 Cu 和 SS 负荷贡献率分别为 58％和 80％，透水地面（草地）的污染物负荷贡献率不足 10％。因此，城镇雨水径流污染控制应重点对不透水表面雨水径流进行监控和处理。

居住区（威斯康星州）雨水径流污染物负荷贡献率　　　　　　　表 7.14

污染物	草地（%）	建筑屋面（%）	小区路面（%）	车道（%）	联络街道（%）	人行道（%）
TS	7	<1	56	12	20	5
SS	7	<1	62	9	18	4
TP	14	<1	39	20	19	8
总 Cu	3	1	33	13	45	5
总 Zn	2	2	42	11	38	5
大肠杆菌	5	<1	57	12	21	5

由于城镇中心人类活动频繁，由此产生的雨水径流污染物增多，因此城镇雨水径流污染物浓度通常表现为由城镇中心向城镇郊区逐渐降低的趋势。城镇中的绿化用地滞留和渗透了大量的雨水径流，在小强度降雨条件下，甚至不产生径流。而城镇不透水表面积累的污染物在降雨冲刷下，大部分转移到雨水径流中，形成高污染负荷的径流，因此城镇不透水表面的雨水径流污染物浓度很高。城镇化快速发展，导致人口集中，不透水表面持续增加，因此导致的雨水径流水质持续下降，必须采取合理的措施消除或降低由此带来的城镇水环境威胁。

（4）不同季节的影响

季节变化和降雨强度对城镇雨水径流水质的影响很大，季节变化导致的降雨频率和降雨量的变化是导致径流水质差异的主要原因，雨水径流主要污染物浓度均具备很强的季节性。Lee 等对美国加利福尼亚地区雨水径流水质进行了连续 2 年的监测，发现 TSS、COD、Cu 等污染物均显示了很强的季节差异性。雨水径流污染物浓度在雨季首次降雨时浓度最高，随着雨季降雨的增加，污染物浓度逐渐降低。导致雨水径流水质季节性差异的主要原因是污染物积累量的变化。美国加州地区为典型的地中海气候，季节特征为冬季和春季降雨，夏季干燥，夏季长期不降雨为污染物的积累提供了条件，因此在雨季初期雨水径流污染物浓度会明显升高。雨季前的长期污染物积累过程，是雨水径流污染物浓度季节升高的主要原因，随着雨季的延长，地表积累污染物冲刷量大于积累量，导致地表积累污染物总体呈下降趋势，因此随着雨季的延长，地表雨水径流水质改善。

雨水径流污染物浓度随降雨的进行是不断变化的，通常在径流峰值到达前雨水径流污染物浓度达到峰值，而后随着降雨的进行，污染物浓度不断降低。Lee 等对 34 场降雨径流水质进行了追踪研究，发现当雨水汇流区域小于 100hm^2 时，雨水径流污染物浓度峰值先于流量峰值到达；而当雨水汇流区域大于 100hm^2 时，雨水径流污染物浓度峰值落后于流量峰值到达。其区域不透水面积比例的增加将减少雨水径流污染物浓度峰值到达时间。

城镇地表积累的污染物在降雨期被冲刷转移到雨水径流中。随着降雨的进行，地面积累的污染物被不断削减，因此可供冲刷的污染物不断降低，雨水径流污染物浓度降低。当雨水径流量首次到达峰值前，流量的增加导致冲刷能力增加，从而增加了污染物的冲刷转移量，在积累和冲刷的双重影响下导致污染物峰值时间提前于径流峰值时间。

随着汇流区域的增加，雨水径流形成近端与远端的多层次混合状态，表现为"共稀释"现象，导致了污染物浓度峰值滞后。不透水面积增加，导致降雨的下渗量减少，从而雨水径流的冲刷能力得到提高，地表积累的污染物更容易转移至雨水径流中，不但提高了雨水径流污染物峰值浓度，也促使浓度峰值时间的提前。

7.3.3 城镇雨水径流的初期冲刷 (First Flush) 效应

（1）初期冲刷（First Flush）效应

20世纪80年代末，国外学者在城镇雨水径流污染控制研究中提出了初期冲刷（First Flush）的概念，并针对初期冲刷的定义、成因、影响因素及初期冲刷过程中的污染物迁移规律进行研究。

1）基于浓度初期冲刷。早期对初期冲刷的认识主要基于水径流的污染物浓度随时间的变化规律，研究发现，雨水径流中污染物的浓度峰值常出现在径流初期，认为当初期径流中污染物浓度明显高于后期径流时，即存在初期冲刷。这种基于浓度过程曲线的初期冲刷现象又称为初期冲刷浓度（Concentration First Flush）。这种描述方法的优点是直观而简单，但也有明显的局限性，仅考虑污染物浓度随时间的变化，并未涉及雨水径流量的变化和污染物总量及其在径流过程中的分配。随着研究的深入，又有学者提出初期冲刷质量（Mass First Flush）的概念。当雨水径流初期污染物的累积输送速率大于径流量累积输送速率时，即降雨初期占径流总量较小比例的雨水径流中携带了占次降雨污染负荷较大比例的污染物时，就认为存在初期冲刷。

2）基于质量初期冲刷。该定义更加准确地揭示了初期冲刷的本质特征，更加有利于对降雨初期径流的控制研究。城镇暴雨径流污染初始冲刷效应在城镇径流污染的研究中占有很重要的地位。

3）初期冲刷强度的影响因素。如雨水径流取样的位置、污染物的性质、下垫面情况（如性质、坡度、干净程度等）、管道沉积物、拓扑结构、汇流时间等因素对初期冲刷效应影响较大，初期冲刷现象在较大汇水区域的管道汇流中常常被减弱，甚至被覆盖，越靠近排水管网下游，初期冲刷现象越不明显。如研究镇江城市径流污染时发现不同粒径的污染物迁移能力并不相同。降雨初期随径流迁移而汇入水体的主要为粒径小于 $5\mu m$ 的颗粒物，整个降雨过程中随地表径流迁移的主要为粒径小于 $150\mu m$ 的颗粒物，特别是 $5\sim40\mu m$ 粒径段的颗粒。

（2）初期冲刷程度

初期冲刷是指降雨开始后地表最先产生的那部分径流，相对于整个径流过程，其污染物含量最高的现象，即地表径流所冲刷的污染物主要集中在初期径流中，相应地当初期冲刷发生时可以观察到污染物浓度峰先于径流峰出现。初期冲刷现象往往在小流域范围内更明显，并且在城区的商业区和住宅区相对更严重，工业区雨水径流的重金属污染往往在降雨初期很严重，同时住宅区的营养元素污染也比较严重（除了总氮和有机磷），见表7.15。初期径流的处理对于城镇雨水管理和雨水综合利用具有重要意义，科学的、具有可操作性的初期冲刷判断方法可以为城镇地表径流污染的治理和控制提供科学的依据。比如，在雨季及暴雨来临之前，对街道、停车场、雨水口进行经常性的清扫，可以去除大颗粒及大的有机残体，有效降低初期径流污染负荷。

初期降雨典型污染物浓度与降雨污染浓度均值的比较情况　　　　　　表7.15

参数	商业区	工业区	公共建筑	住宅区	空地	综合区
浊度（NTU）	1.32			1.24		1.26
COD（mg/L）	2.29	1.43	2.73	1.63	0.67	1.71
TSS（mg/L）	1.85	0.97	2.12	1.84	0.95	1.60

续表

参数	商业区	工业区	公共建筑	住宅区	空地	综合区
大肠杆菌指数（个/100mL）	0.87			0.98		1.21
TKN（mg/L）	1.71	1.35		1.65	1.28	1.60
总磷（mg/L）	1.44	1.42	1.24	1.46	1.05	1.45
Cu（μg/L）	1.62	1.24	0.94	1.33	0.78	1.33
Pb（μg/L）	1.65	1.41	2.28	1.48	0.90	1.50
Zn（μg/L）	1.93	1.54	2.48	1.58	1.25	1.59

不同用地类型的初期冲刷程度特征如下：

1）道路。MIchael 在研究洛杉矶西部几条高速公路的初期冲刷特征时发现，降雨初期 10% 的流量能携带质量分数约为 45% 的污染物质，前 30% 的流量能携带质量分数约为 66% 的污染物质。据重庆路面暴雨径流污染研究资料，对于坡度 2.5% 的交通干道来说，TSS 浓度在初期降雨量 2～3mm 时降低速率最快，降幅可达 69%～77%，而且 COD 和 TSS 在 0.01 置信水平上极显著相关，固态有机物是 COD 的主要来源，TSS 表现为有机物的载体。TN 与 COD 在 0.05 置信水平上也呈显著相关。研究分析 2 次典型降雨径流的污染特征，结果表明，路面径流污染严重，污染物平均浓度 SS 为 361mg/L、COD135mg/L、TN7.88mg/L、TP0.62mg/L；长时降雨形成的径流表现出明显初期效应，25% 水量中所含的 SS、TP、DTP 及 PO_4^{3-} 等污染物的量均超过总量的 50%。Sansalone 等在路面径流的研究中得出，初期 20% 径流中的污染负荷占整场降雨的 80%。

2）工业区。上海某工业区 30% 的径流中分别携带了近 70% 的 TSS 和 30% 左右的氮磷污染；居民区除总磷冲刷强度略低外，其他污染物都发生了较明显的初始冲刷，尤其是硝态氮，30% 的径流携带了高于 60% 的污染物量。

3）商住区。商住区径流近平均 55% 的污染负荷为占总径流量 40% 的初期径流所运移，普遍存在中等的初始冲刷效应。深圳福田区的一片商住混合区的降雨初期阶段占径流总量 30%～40% 的径流量携带了 COD、SS 和 BOD_5 分别占总污染负荷 48%～60%、48%～58% 和 48%～68%。

4）排水地块。在 2009 年 6 月 16 日的降雨中，北京木樨园小流域管网径流 TSS，COD，TP 的初始冲刷效应较明显，降雨初期 30% 的径流分别携带了 65% 的 TSS，62% 的 COD 和 56% 的 TP。据北京 2000 年测试资料，当一场雨的降雨量少于 10mm 时，最初 2mm 降雨形成的径流中包含了此场雨径流的 COD 总量的 70% 以上。当降雨量大于 15mm 时，最初 2mm 降雨形成的径流中包含了其 COD 总量的 30%～40%。

5）排水流域。对于城镇大汇水面或较大的管渠系统，初期截流一般采用"半英寸"原则，认为初期 12mm 的径流所含的污染物占全部径流污染物总量的 90% 以上。

7.3.4 初期雨水的确定

初期雨水，顾名思义就是降雨初期时的雨水。但是，由于降雨初期，雨水溶解了空气中大量酸性气体、汽车尾气、工厂废气等污染性气态物质，降落地面后，又冲刷屋面、道路等，使得前期雨水中携带大量的有机物、病原体、重金属、油脂、悬浮固体等污染物，这些污染物使得初期雨水的污染程度较高，有时甚至超过了普通的城镇污水的污染负荷。按对初期雨水的定义依据，目前主要有以下四种：

（1）依据降雨历时确定

初期雨水如果按时间来确定，通过计时器等装置很容易实现和后期雨水的分离，通常也在工程上可以定义降雨前 15min、20min 或 30min 的雨水为初期雨水。部分文献对初期雨水的时间建议值，见表 7.16。

初期雨水取值的时间   表 7.16

城市	初期雨水降雨历时取值（min）
镇江市	10
徐州市	30
济南市	10
新乡市	10～20
南宁市	20
深圳	35～45

《化工建设项目环境保护设计标准》GB/T 50483—2019 规定，初期雨水，指刚下的雨水，一次降水过程中的前 10～20min 的降水量。

1）若计算雨水贮存池的收集时间，应在确定的重现期下，以收集范围内最远点的雨水流到雨水池为基准，再延续至 5min 确定。降雨路面初期径流量可取为前 25～30min 的径流量。

2）不同雨型的影响：南宁市 8 场降雨，不同雨型下，雨水初期冲刷效果强弱顺序为暴雨＞大雨＞中雨＞小雨；除小雨外，其他雨型在降雨 20min 左右时污染物浓度达到平衡；暴雨情况下，污染物浓度在 5min 内降低 50%，15min 内 70%～80% 的污染物随雨水直排或进入城镇排水管网。

3）不同功能区的影响，污染物质量浓度峰值大部分出现在前 5min。美国的控制初期径流的雨水管理措施，即对初期 12.7mm 或者 25.4mm 径流进行控制。

这种初期雨水的定义以降雨历时为主要分析基础，以降雨历时作为分界点，认为在一场降雨过程中，前 20min 的降雨量，径流中富含大量的污染物，在 20min 以后，径流逐渐变清。该理论反映了实际局部地块的暴雨冲刷原理，对小区等硬化面积高，汇水面积小的区域效果较好，在生活小区的初雨利用上有较好的物理基础。但这种初期雨水的定义方式，针对河道、平原等大面积的产流及汇流的区域，其物理基础则不成立，因为该理论忽视了流域产流、汇流原理及其特点。

首先，这个时间不好确定。流域在发生暴雨时，流域饱和快，降雨强度大于土层水量下渗速度形成径流快，径流主要以地表径流为主，地表污染物短时间内能够夹杂进地表径流中，随径流流入下游出口。但当流域发生历时长，强度不大的降雨时，比如南方的春雨，此时，径流主要以壤中流为主，地表径流量小，流动速度慢，污染物的清理速度也相应变慢。因此，流域不能在 20min 内将污染物带入下游，需要的降雨历时要更长一些。

其次，针对流域出口处的径流，其根本为流域上游各产水子流域的产流量汇集的结果，即使发生相同的暴雨过程，各子流域径流到达流域出口处的时间不尽相同，由于这种汇流时间的差别，直接导致的结果是，流域出口处的水流不可能出现所有子流域的"前20min"的降雨量，径流中含有大量的污染物，在 20min 以后，径流逐渐变清的现象，而是径流变清的转折时间会更长，或直至降雨结束，流域出口处的径流一直浑浊，无变清的迹象。

（2）依据降雨径流累积深度确定

对应降雨历时定义初期雨水，在工程上也按降雨径流累积深度定义初期雨水，通过流量计、计量槽等手段可以较为准确计量出降雨量，按照降雨径流累积深度确定初期降雨量。

《建筑与小区雨水控制及利用工程技术规范》GB 50400—2016中对初雨弃流量的建议值为3~5mm。《建筑与小区雨水控制及利用工程技术规范》第5.6.4条规定，初期雨水量应按下垫面实测收集雨水的COD_{cr}、SS、色度等污染物的质量浓度确定。当无资料时，屋面弃流可采用2mm径流厚度，地面弃流可采用3~5mm径流厚度。《石油化工企业给水排水系统设计规范》SH 3015—2003第3.4条条文说明的定义如下："工厂污染雨水也称初期雨水，是指工厂污染区域内的降雨初期的雨水。"该条规定，一次降雨污染雨水总量宜按污染区面积与其15~30mm降水深度的乘积计算。污染雨水流量应根据一次降水污染雨水总量和调节池能力确定。该规范经过对全国几十个城市的暴雨强度公式的分析，绝大部分城市的5min降水量都在15~30mm之间，只有极个别城市稍有出入。因此设计可按15~30mm或5min的降雨量计算。为便于设计选用，该规范推荐用15~30mm降水量。

我国台湾的2个工业区初期径流弃流量为6~8mm时可去除60%以上的非点源污染负荷；当径流污染物负荷削减80%时，对应的弃流量分别为7mm和12mm。深圳市光明新区高铁站附近道路为径流采样区域，该区道路降雨径流存在初期冲刷效应，其中SS、COD要比NH_4^+-N、NO_3^--N、TP和TN的初期冲刷作用明显；综合分析得出初期径流截流率为30%~40%，所对应的污染物负荷比例为42%~70%，定量确定该区道路初期弃流量可控制在8mm左右。武汉市汉阳地区十里铺集水区8次径流污染检测，初期5mm、10mm和15mm降雨径流中TSS的负荷分别占总负荷的48%、68%和78%。初期径流中TSS的负荷与晴天累积天数呈线性正相关关系。部分文献按初期雨水径流累积深度的建议值，见表7.17。

使用初期雨水径流累积深度来定义初期雨水也存在一定的弊端：当两次甚至多次降雨间隔时间较短，后期降雨携带污染负荷明显降低，如果集雨区域面积较大还通过累积深度来计量势必造成大量的清洁水资源的浪费；若降雨量小但持续时间长，过了定义的初期雨水径流累积深度的雨水携带的污染物质也可能超标。

文献建议初期雨水径流累积深度　　　　　　　　　　表7.17

来源	初期雨水径流累积深度（mm）
中国新乡市	8~10
美国	12.7~25.4
《建筑与小区雨水利用工程技术规范》GB 50400—2006	3~5
《石油化工企业给水排水系统设计规范》SH 3015—2003	15~30
中国合肥	12.7
中国深圳	6~8
中国昆明（滇池）	9.7

初期冲刷现象与初期雨水污染物控制效率的不确定性已在国际上被广泛研究和证实。在国际学术交流和文献资料中，"初期雨水"并不是一个被广泛使用的专业术语。以美国为例，近年来各州的雨水手册、指南及法规等重要的文本中，越来越少提及初期雨水及与

之相关的"半英寸原则"（早期有研究认为，控制半英寸初期雨水径流可达到较高的径流污染控制效率），而更普遍地采用80%～95%年降雨场次或降雨总量对应的设计降雨量作为水质控制容积的计算依据。只有在涉及具体的初期弃流装置、雨水利用设施的设计规模问题时，才会提到几毫米、半英寸等初期雨水控制量。在《海绵城市建设技术指南——低影响开发雨水系统规划设计》中，以年径流总量控制率作为核心控制指标，而非初期雨水，也是基于此。

从工程角度看，初期雨水控制主要适用于：

1）作为某些雨水设施的预处理设施。例如，在集中式雨水利用的储蓄设施、调节设施及其他雨水处理设施前端，增设一定规模的初期雨水控制或弃流设施，提高系统整体的效率；

2）作为某些特定条件下或特殊污染物的局部控制措施。例如，可用于处理某些工业园区含高浓度SS的雨水径流、商业街道富含油脂的雨水径流，以及北方城镇市政道路冬季含融雪剂的雪水控制，降低此类高浓度特殊污染物对后续设施、植物、土壤及水体等带来的负面影响。而且在这些源头小汇水面条件下，往往也有较明显的初期冲刷作用；

3）在其他一些初期冲刷明显的小汇水区域进行污染控制。如建筑屋面、小型停车场等，合理控制一定量的初期雨水也能取得较高的控污效率；

4）在一些高密度的老旧城区、市中心商业区及历史文化保护街区，地面和地下空间都极为有限，且短期内难以按总量控制指标完成区域性整改或者整体改造代价过高、难度过大的情况下，利用局部、分散的条件，采用初期雨水控制设施达到部分污染物控制效率，其余难以达标的控制量可以考虑结合末端设施来实现，当然，也需要通过不同方案的技术经济比较，选择优化方案。目前在一些海绵城市试点项目中，正在开展相关工作；

5）在部分西部地区，因为特殊的降雨条件，按一定的"初期雨水"标准进行雨量控制，就能够达到较高的总量控制率。这种情况实际上是"初期雨水"控制和总量控制的"巧合"；

6）其他条件下，基于明确的初期冲刷规律，能够给出清晰的初期雨水和总量控制率的量化关系，可根据项目的具体条件和总量控制的合理分配，将初期雨水控制设施科学、合理地纳入到径流污染控制系统之中。

（3）按降雨径流污染负荷确定

Deletic认为把初期雨水的标准定义为在降雨事件中占整个产流20%的最先产生径流的总污染负荷来确定。Vassilios等研究表明初始冲刷可以用一种数据分析方法来计算，研究表明汇流区域面积越小，其初始冲刷现象就会越明显。Matthias等对地中海地区的雨水径流进行了调研，结果显示，前25%的径流中含有79%的NH_3-N、72%的TSS、70%的VSS。李立青等以汉阳十里铺为研究区域，对城市集水区尺度降雨径流污染过程与排放特征进行研究，发现城市降雨径流浓度污染径流早于径流的峰值，初期雨水的冲刷效应明显，初期15mm的径流TSS的负荷占总负荷的78%，初期径流的污染负荷可通过晴天的积累天数预测。侯立柱等研究了北京市不同下垫面的污染负荷，指出在降雨过程中存在水质突变点，不同下垫面的径流水质在降水的15～20min前后变化较大。

我国正处在加速城镇化的阶段，加强城镇非点源污染管理对于水环境保护目标的实现意义重大。目前中国的城镇非点源污染管理存在严重不足，管理制度不健全、信息基础薄弱和缺少决策支撑是制约管理的主要因素。

（4）按区域污水允许的排放标准确定

初期雨水也可以定义为从开始下雨水到雨水水质优于区域污水允许的排放标准这段时间的内的雨水。这个概念虽客观地定义了初期雨水，理论上也容易被人所认可，但是在雨水径流污染控制方面不具有操作性，工程上还是难以控制和实现。

7.3.5　城镇降雨径流污染控制

（1）城镇降雨径流污染控制的法律法规

美国是最早开展城镇暴雨径流控制研究的国家之一，认为理论研究与管理控制实践相结合是非点源污染防治的必然之路。1972 年，《联邦水污染控制法》首次明确提出控制非点源污染，倡导以土地利用方式合理化为基础的"最佳管理措施"。1977 年，《清洁水法》进一步强调控制非点源污染的重要性。1979 年，美国环保局提出了《点源—非点源排污交易法》。1987 年，《水质法案》明确要求各州对非点源污染进行系统的识别和管理，并给予资金支持。1990 美国环保局开始针对典型较大降雨径流污染来源实施两阶段的"暴雨计划"，第一阶段规定服务人口在 10 万人以上的市政设独立雨水下水道系统（Municipal Separate Storm Sewer Systems，MS4s）、影响范围在 5 英亩以上的建筑活动以及将雨水排放到 MS4s 或直接排放到天然水体的 Ⅱ 类工业必须申领非点源污染许可证；1999 年开始的第二阶段许可证管理体系范围扩大到 10 万人以下的 MS4s、影响范围在 1～5 英亩的建筑活动等。2007 年，《能源独立与安全法案》要求要求所有占地面积超过 5000 平方英尺的联邦开发和再开发项目尽可能的采取技术措施恢复并保持当地的水文特征。为有效地控制城镇面源污染，美国环保部门通过大量的研究和总结，制定了暴雨径流的最佳管理措施（Best Management Practices，BMPs），主要包括：工程措施和非工程措施两大类，其中工程性措施以径流过程控制为核心，如湿地系统、植被控制系统、渗滤系统等；而非工程性措施主要为法律法规、教育等方法等。

欧盟水框架指令明确指出控制污染物扩散是建立良好水生态环境的一个重要因素，因此推动了雨水管理工程的实施。1989 年，欧盟委员会第一次明确提出非点源污染的官方文件。20 世纪 90 年代，发达国家推广的前 10 位环保型农业技术均与非源源污染防治有关；从 80 年代开始，欧洲大多数国家开始将注意力转移到城镇初期雨水径流污染的控制，重点进行源头污染的控制、雨水径流量的削减，主要通过雨水渗塘、地下渗渠、透水性地面、屋面或停车场的受控雨水排放口等工程措施，以及各种"干""湿"池塘或小型调蓄池等控制径流污染。2002 年底，德国雨水池总共 3.8 万座，其中 2.4 万座为溢流截流池，1.2 万座为雨水截流池，2000 座为雨水净化池，总容积为 4000 万 m³。

雨水径流污染的控制效果受经济、技术条件的影响很大，中国相关研究起步较晚，污染控制工程实施过程中缺乏相应的理论指导，难于发挥工程措施的最佳效益。在我们国家对待雨水径流污染的问题整体上还停留在老观念上，倾向靠"雨污分流"来解决城镇点源污染问题，重视末端污水治理控制，忽视雨水径流污染物的全过程控制。对雨水径流导致的面源污染研究较少，没有形成雨水径流污染控制的相关系统理论。因此，应对雨水径流污染的形成、输移、控制等进行全面系统的研究，为我国城镇雨水径流污染控制提供相应的理论、技术依据。

（2）城镇降雨径流污染控制目标

径流污染控制是低影响开发雨水系统的控制目标之一，既要控制分流制径流污染物总量，也要控制合流制溢流的频次或污染物总量。各地应结合城镇水环境质量要求、径流污染特征等确定径流污染综合控制目标和污染物指标，污染物指标可采用悬浮物（SS）、化学需氧量（COD）、总氮（TN）、总磷（TP）等。城镇径流污染物中，SS往往与其他污染物指标具有一定的相关性，因此，一般可采用SS作为径流污染物控制指标，低影响开发雨水系统的年SS总量去除率一般可达到40%～60%。

年SS总量去除率可用下述方法进行计算：

年SS总量去除率＝年径流总量控制率×城镇降雨径流污染控制设施对SS的平均去除率

城镇或开发区域年SS总量去除率，可通过不同区域、地块的年SS总量去除率经年径流总量（年均降雨量×综合雨量径流系数×汇水面积）加权平均计算得出。考虑到径流污染物变化的随机性和复杂性，径流污染控制目标一般也通过径流总量控制来实现，并结合径流雨水中污染物的平均浓度和低影响开发设施的污染物去除率确定。

（3）城镇降雨初期冲刷的截流量控制

由于地表径流对地表面有冲刷作用，初期雨水携带的污染负荷相当高，且难于控制。结合典型城镇道路雨水径流污染现状分析，发现城镇道路雨水中TSS和COD是主要特征污染物，营养物质和重金属污染相对较轻，但经常超出《地表水环境质量》的V类标准。随着降雨历时的增加，雨水径流的表面和传输介质被不断冲洗，污染物含量减小到相对稳定的浓度，一般可认为中期、后期雨水是较清洁的。因此，控制雨水的污染情况主要是控制初期雨水。

一般地，在降雨形成径流的初期污染物浓度最高，随着降雨时间的持续，雨水径流的污染物浓度逐渐降低，最终维持在一个较低的浓度范围。因此，如果能高效截流污染严重的这部分初期雨水，再对其进行处理排放，这对于降雨径流污染的控制有重要作用。

（4）城镇降雨径流污染控制截流量

本节是基于降雨事件法和城镇降雨径流污染控制要求，以确定降雨径流的截流量。90%降雨事件法是把年平均接近90%的降雨径流体积收集起来。被收集的具体降雨是累积发生频率90%的降雨，或者是以年为基础的所有24h降雨中大于或等于90%的降雨，该数值通过当地24h降雨资料频率计算表确定。

该值随各地的降雨模式不同而变化。若所取的累积天数频率为$P\%$，$P\%$所对应的区间降雨厚度上限值为X（即初期雨水截留厚度为X），$P\%$所对应的累积降雨总量为X_1，截留总量为H。那么累积天数频率小于$P\%$的降雨（即降雨厚度小于X）全部截留，累积天数频率大于天数$P\%$的降雨，每场雨部分截流，只截留X（mm）。考虑城镇综合径流系数A，即：

$$H = (X_1 + NX) \cdot A \tag{7.6}$$

式中　H——累积天数频率$P\%$所对应的截留径流量，mm；

$\qquad X_1$——累积天数频率$P\%$所对应的累积降雨量，mm；

$\qquad X$——累积天数频率$P\%$所对应的每天降雨量的区间上限值，mm；

$\qquad N$——累积天数频率大于$P\%$的总降雨天数；

$\qquad A$——城镇综合径流系数。

$$N = (1-P)M \tag{7.7}$$

式中　P——累积天数频率,%

　　　M——总降雨天数,d

【例 7-4】 某地为控制城镇面源污染,要求实现城镇初期雨水的截留量为全年降雨总量的 50%。为实现该目标,采用"降雨事件法"来确定降雨径流的截留厚度。该地 15 年的降雨总量为 13054.983mm。假定要实现全年 50% 的总径流量截留目标,当地的城镇综合径流系数 A 为 0.45~0.68。实际总径流量控制目标则为:50%A,此处,控制目标的径流系数 A 为 0.68,为了实现该目标,采用"降雨事件法"来确定降雨径流截留厚度。计算步骤如下:

(1) 降雨资料频率计算表

"降雨事件法"首先需制作降雨资料频率计算表。具体做法为:第一,将降雨事件系统化,划分降雨区间;第二,列表统计各个小区间内的降雨次数,选择大于 2mm 的降雨事件(假定小于 2mm 的降雨不产生径流,美国为 0.1in,即 2.54mm);第三,计算各区间内的频率和累积频率;第四,计算各区间内的降雨总量和累积降雨总量。

按上述步骤,对该地 1995 年~2009 年共 15 年的降雨资料进行分析,以 2h 作为划分两场降雨的最短时间间隔,将降雨量大于 0.5mm 的降雨算作一场降雨事件,共统计得到1350 天降雨,频率计算见表 7.18。

降雨资料频率计算表　　　　　　　　　　　　　　　　　　　表 7.18

降雨厚度区间 (mm)	总降雨天数	频率 (%)	累积频率 (%)	区间上限值 (mm)	降雨总量 (mm)	累积降雨总量 (mm)
0.5~2.0	344	25.481	25.481	2	343.9	343.9
2.1~3.0	103	7.630	33.111	3	246	589.9
3.1~3.3	33	2.444	35.556	3.3	103.4	693.3
3.4~3.7	54	4.000	39.556	3.7	183.8	877.1
3.8~4.1	38	2.815	42.370	4.1	146.3	1023.4
4.2~4.5	39	2.889	45.259	4.5	160	1183.4
4.6~5.0	33	2.444	47.704	5	134.6	1318
5.1~5.6	51	3.778	51.481	5.6	256.6	1574.6
5.7~6.6	66	4.889	56.370	6.6	375.5	1950.1
6.7~7.5	42	3.111	59.481	7.5	283.5	2233.6
7.6~9.0	67	4.963	64.444	9	520	2753.6
9.1~10.0	45	3.333	67.778	10	385.3	3137.9
10.1~11.4	54	4.000	71.778	11.4	552.9	3691.8
11.5~12.8	39	2.889	74.667	12.8	461.4	4153.2
12.9~15.0	67	4.963	79.630	15	896.9	5050.1
15.1~17.0	31	2.296	81.926	17	456	5506.1
17.1~19.5	27	2.000	83.926	19.5	442	5947.1
19.6~22.5	46	3.407	87.333	22.5	947.7	6896.8
22.6~25.4	38	2.815	90.148	25.4	914.2	7811
25.5~29.5	34	2.519	92.667	29.5	877.8	8687.8

续表

降雨厚度区间（mm）	总降雨天数	频率（%）	累积频率（%）	区间上限值（mm）	降雨总量（mm）	累积降雨总量（mm）
29.6～34.0	23	1.704	94.370	34	706.2	9395
34.1～39.0	22	1.630	96.000	39	757.6	10152.6
39.1～46.0	13	0.963	96.963	46	501	10653.6
46.1～54.0	21	1.556	97.519	54	984.8	11637.4
54.1～62.5	8	0.593	99.111	62.5	465.343	12103.743
62.6～71.0	4	0.296	99.407	71	265.8	12369.543
71.1～100.0	7	0.519	99.926	100	563.34	12932.883
100.1～150.0	1	0.074	100.000	150	122.1	13054.983
＞150.0	0					
合计	1350					

注：1. 雨量小于 0.5mm 不记作一场降雨；2. 各区间频率为该区间降雨天数除以总降雨天数；3. 各区间降雨总量为实际统计值；4. 降雨总量和累积降雨总量两列，可用于不同污染控制目标的分析。

从表 7.18 可知，15 年的降雨总量为 13054.983mm。在式（7.6）中，有累积降雨总量 X_1，累积天数频率 $P\%$，以及目标值 X 三个未知数，必须找到另外两个等式才能得出所需要的累积天数频率。而从天数频率计算表中可以发现，X_1 与 $P\%$、X_1 与 X 分别存在明显的相关关系，具体如图 7.9、图 7.10 所示。

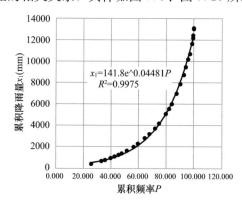

图 7.9 X_1 与 P 的相关关系

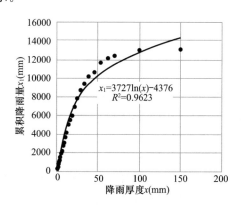

图 7.10 X_1 与 X 的相关关系

图 7.9、图 7.10 可以看出，X_1 与 $P\%$、X_1 与 X 分别存在指数和对数关系。很显然，对于任何一个降雨频率计算表，都存在这样的关系，而且相关度都非常高。在图 7.9 和图 7.10 中相关度分别为 $R^2=0.9975$ 和 $R^2=0.9623$，因此可认为其存在明显的相关关系，即：

$$X_1 = 141.8e^{0.04481P} \tag{7.8}$$

$$X_1 = 3727\ln x - 4376 \tag{7.9}$$

其中，X_1、$P\%$、X 的含义见式（7.6）。

联立式（7.6）、式（7.7）、式（7.8）可得方程组：

$$(X_1 + X(100-P\%) \times 1350/100) \times A = H = 13054.983 \times 50\% \times 0.68$$

$$X_1 = 141.8e^{0.04481P} \tag{7.10}$$

$$X_1 = 3727\ln x - 4376$$

A 取 0.68 时，求得 $P=70.69\%$。

求出累积天数频率 $P\%$，即得出了累积频率为 70.69%。此时，利用该累积频率去找相应的降雨厚度 X 与累积降雨量 X_1，为此，绘制累积场次频率 $P\%$ 和降雨厚度 X，累积降雨量 X_1 的网格散点图，如图 7.11 所示。

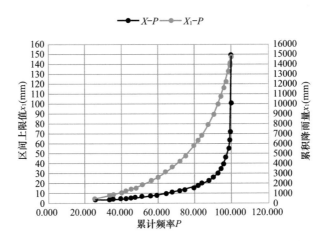

图 7.11　P 与 X、X_1 的关系曲线

根据图 7.11 可以很清楚的看到，$P=70.69\%$ 所对应的降雨厚度 $X=10.9\text{mm}$，累积降雨量 $X_1=3450\text{mm}$。由此可以确定，要满足城镇降雨初期雨水量 50% 的收集目标，各汇水区内实际截留厚度为 $10.9A=10.9\times0.68=7.412\text{mm}$。

7.3.6　城镇雨水利用

20 世纪 80 年代以来，水资源短缺给人们带来的压力越来越大，气候变化和城市化带来的城市雨水问题也越来越严峻，资源与环境的问题逐渐受到人们的广泛关注，雨水利用也受到更多重视。

城镇雨水利用是指有目的地采用各种工程措施或非工程措施，如利用各种人工或自然水体、池塘、湿地或低洼地等对雨水径流实施收集、调蓄、净化和利用，通过各种人工或自然渗透设施使雨水渗入地下，补充地下水源。

城镇雨水利用是解决城市发展过程中，河道行洪压力增大、道路积滞水多发、河湖雨水径流污染等问题和缓解城市缺水局面的重要措施，也可为调节区域气候、改善水环境和生态环境等方面发挥重要作用。

（1）国外城镇雨水利用

发达国家对雨水利用的研究起步早，积累了丰富的经验。国外雨水资源利用的应用范围广、设施齐全、利用方法多种多样，并且制定了一系列关于雨水利用的政策法规，建立了比较完善的雨水收集和雨水渗透系统，取得了较好的经济环境效益。

1）雨水利用法规建设。德国从 1970 年开始便致力于雨水利用技术的研究与开发，目前已经成为国际上雨水利用技术最先进的国家之一。德国制订了一系列有关雨水利用的法律、法规，如规定新建小区均要设计雨水收集设施，否则政府将征收雨水排放设施费和雨水排放费。另外，1989 年德国发布了《雨水利用设施标准》（DIN 1989），对住宅、商业和工业领域雨水利用设施的设计、施工、运行管理、控制与监测等方面制定了标准。美国也十分重视法律制度的完善。针对城镇化引起河道下游洪水泛滥问题，美国科罗拉多州、佛罗里达州和宾夕法尼亚州别制定了雨水管理条例，规定新建开发区要做到"径流零增长"。

2）雨水利用方式。主要有：冲洗厕所、绿化、浇洒道路、渗透补充地下水和进入雨水池或人工湿地，作为水景，或补充作为生活用水。

德国雨水利用基本形成了一套完整、实用的理论和技术体系，因此德国有各种规模和类型的雨水利用工程的成功实例。德国的城市雨水利用方式主要有三种：一是雨水集蓄系统，使用独立的管道系统从屋面、较大的公共社区及周围街道收集污染较轻的雨水，经简单处理后用于冲洗厕所、绿化和浇洒道路，部分地区利用雨水资源节约市政饮用水率达50%；二是雨水截污与渗透系统，城市街道雨水管道口均设有截污挂篮以拦截雨水径流携带的污染物，道路雨水通过路边植生过滤带等渗透补充地下水；三是生态小区雨水利用系统，德国新建小区普遍沿着排水道设有渗透浅沟，表面植有草皮，供雨水径流流过时下渗，同时有部分雨水进入雨水池或人工湿地，作为水景或继续处理利用。

美国从20世纪80年代初开始研究雨水利用，雨水利用常以提高天然入渗能力为目的，主要考虑雨水的截留、贮存、回灌、补充地表和地下水源，以利于改善城镇水环境与生态环境。目前已经在全美许多城镇建立了有效的屋面蓄水和就地入渗池、井、草地、透水地面组成的地表回灌系统。波特兰市"绿色街道"改造设计项目，将部分街道上的停车区域改建成种植区，栽种多种植物以形成一个集雨水收集、滞留、净化、渗透等功能于一体的生态处理景观系统。

日本是一个水资源比较缺乏的国家，为此，日本政府十分重视对雨水的利用。日本于1963年开始兴建滞洪和储蓄雨水的蓄洪池，蓄洪池主要用于冲洗厕所、浇灌草坪，也用于消防和发生灾害时的应急，除去一般住房建储雨罐外，在大型建筑物下建有容积达数千立方米的地下水池来存蓄雨水。早在1980年，日本建设省就开始推行雨水滞留渗透计划，雨水滞留渗透场所一般为公园、绿地、庭院、停车场、建筑物、运动场和道路等。采用的渗透设施有渗透池、渗透管、渗透井、透水铺装、调节池和绿地等。1992年颁布"第二代城市下水总体规划"正式将雨水渗沟、渗塘及透水地面作为城镇总体规划的组成部分，有效促进了城镇雨水资源化进程。

丹麦过去供水主要靠地下水，导致部分地区含水层开采过度。从2000年6月起，丹麦政府开始支持城镇地区安装雨水利用系统以从屋面收集雨水，经简单处理用于冲洗厕所和洗衣服。

澳大利亚对雨水利用非常重视，在悉尼的体育场馆设计中，将雨水、污水的处理和综合利用、生态景观建设和生态保护充分地结合起来，不仅实现了主要场馆的雨水收集、处理和利用，更达到了环境保护、生态建设和社会经济效益的最大化。

英国伦敦世纪圆顶的雨水收集利用系统，利用大型建筑物中的屋面收集雨水用于补充景观水，收集的雨水依次通过一级芦苇床、泻湖及三级芦苇床。该处理系统不仅利用自然方式有效地预处理了雨水，同时很好地融入当地景观中。

3）雨水利用的效益。德国部分地区利用雨水资源节约市政饮用水率达50%；美国加州富雷斯诺市的地下水回灌系统，10年间回灌总量为1.338亿 m^3，其年回灌量占该市年用水量的20%，回补了地下水的同时有效缓解了地面沉降；日本20世纪60年代，开始收集城镇雨水利用，目前是在城镇中开展雨水资源化利用规模最大的国家，至今全国雨水资源利用率已达到 20％左右，日本许多城镇的建筑物上设计了收集雨水的设施，将收集到的雨水用于消防、绿化、洗车、冲厕和冷却水补给等，例如东京江东区文化中心雨水收集设施集雨面积 $5600m^2$，雨水池容积为 $400m^3$，每年可用作饮用水和杂用水的雨水占全年用水量的 45％，东京某相扑馆，每天用水量可达 $300m^3$，其中 1/2 用于冲洗厕所，这些水大部分也来自屋面收集的雨水；丹麦一般当年 7 个月的降雨时期内，从屋面收集起来的雨水量就可以满足全年冲洗厕所的用水，节约 68％冲洗厕所和洗衣服的实际用水量，每年可从居民屋面收集 $6.45 \times 10^6 m^3$ 的雨水，相当于居民总用水量的 22％，占市政总用水量的 7％；新加坡在城镇雨水利用方面做得也比较成功，缓解了水资源的不足，新加坡普遍建有完善的集雨和蓄水系统，共分为六个集雨区，在城镇西部、北部以及东西的商业旺区，建成了十余个水库和蓄水池，以便尽可能地收集雨水，实现了雨水的 100％收集，平均每天可收集雨水 60 万 m^3，能满足约 40％的正常用水量；澳大利亚悉尼奥林匹克公园建立了有效的污废水重复利用系统、雨水收集系统和植物浇灌系统，每年可节约 7.5 亿 m^3 水。

4）雨水利用与节水意识。近年来由于全球气候的持续变暖，环保意识较强的丹麦政府及民众，对于雨水利用愈加重视，建立了一套完善的雨水利用技术相关法律。政府对修建雨水储水箱的居民，政府每年给予 200 澳元的补助，因此家庭雨水收集利用在澳大利亚非常普遍，在农村全面普及雨水利用，主要用于农业灌溉或家庭非饮用水资源。英国伦敦年平均降雨量为 613mm，和北京降雨量接近，面临严峻的水资源短缺问题。对这种人口超过千万、水资源并不丰富的大都市，雨水利用意义重大。

（2）国内城镇雨水利用

我国城镇目前面临的水资源短缺问题严峻，制约了城镇的可持续发展，同时随着经济的持续发展和人民生活水平的逐渐提高，对水资源的需求也不断增长，加剧了城镇缺水矛盾。目前，我国城镇雨水利用目前还处于初期发展阶段，部分城镇和地区也已进入工程实施和推广应用阶段，以下城市为例说明我国雨水的利用情况。

1）北京雨水利用。北京是国内最早开展城市雨水利用研究工作的城市，在技术、政策、应用等方面取得了较好的成果。技术方面，提出了入渗地下、收集回用和调控排放等 3 种城市雨水利用基本技术模式，建立了小区、河道、城乡联调的多层面雨水利用技术体系，形成了小区、公共区域、河道及砂石坑等多种工程模式。在《关于加强建设工程用地内雨水资源利用的暂行规定》（市规发〔2003〕258 号）的基础上，结合《建筑与小区雨水控制及利用工程技术规范》《北京市小区雨水利用工程设计指南》《城市雨水利用工程技术规程》《透水砖铺装施工与验收规程》等标准规范，在中心城区开展了小区、公共绿地、砂石坑、公园等不同形式的雨水利用，截至 2010 年，北京市累计完成雨水利用工程 1355 处，年可综合利用雨水 5000 万 m^3。2008 年的北京奥林匹克场馆在建设中应用了许多雨水利用技术，将收集的雨水用作城市杂用水，或者直接就地入渗，经观察有良好的运行效果。

经过多年的工程建设，雨水利用工程对缓解局部地区防洪压力、涵养地下水、增加可用资源量改善生态环境效果明显。据水利专家测算，北京如果全面建立合理的雨水利用系统，一年能收集雨水 1 亿 m^3，相当于全市居民全年用水量的 5％。

2）天津雨水利用。近年来，天津城市发展的过程中，人口大量集中，城市用水量剧增。夏季强降雨后，雨水资源大量流失，城市内涝严重。随着天津滨海新区的开发建设，天津市提出建设生态城市的发展目标，在雨水利用方面也开展了一些有益的尝试，见表7.19。

天津市 2007 年到 2011 年降水量及蓄水量情况表（亿 m^3） 表 7.19

年份	2007	2008	2009	2010	2011
降雨量	61.08	76.37	72.03	56.07	70.70
蓄水量	5.78	4.72	5.72	6.18	7.36

天津市空港加工区在区内建设了超过20km的环区河道和50万 m^2 的湖面，起到了防汛调蓄、雨水收集、生态景观和雨水再利用一体化的循环利用体系，港区内收集的雨水用于灌溉绿化、道路喷洒、企业循环冷却用水以及消防备用水源。再如，东丽湖万科城居住区建设中，采取了透水铺装路面，雨水能及时地入渗化为地下水资源，绿地也改善了居住区气候，缓解了居住区热岛效应，减轻了城市排水设施负担，同时该居住区还利用雨污排放分离的方法建立了雨水收集系统，将雨水引入小区的人工湖节约了景观用水和绿化灌溉用水。

3）上海雨水利用。上海地区雨水量充沛，年降雨量达到1000mm以上，仅6月～9月降雨量就达580mm以上，常年单场降水量超过50mm的次数达到4～8次，因此，上海市雨水利用潜力巨大。2002年，上海市建成了5个调蓄池来改善苏州河干流的水质；2003年，具有雨水利用功能的生态住宅小区开始修建。2010年上海世博会，多数建筑物均布设有集雨设施，园内的杂用水主要由雨水来承担，不足之处由黄浦江水补充，另外园区设置渗透实施使雨水能过滤渗透至地下，补充涵养地下水资源。上海浦东国际机场航站楼就包括完善的雨水收集系统，该系统用于收集浦东国际机场航站楼的屋面雨水，在暴雨季节每小时收集雨量可达 $500m^3$。

4）深圳雨水利用。深圳政府为了合理地利用好雨水资源，制定了六项雨水利用措施：一是政府加紧制定一系列有关雨水利用的法律法规；二是建立完善的屋面蓄水和由入渗池、井、草地、透水地面组成的地表回灌系统，收集的雨水主要用于改善环境、冲厕所、洗车、浇庭院、洗衣服和回灌地下水；三是大型公用设施区以及居民小区应建立雨水处理设施和中水利用系统；四是道路和人行道应利用透水性强的建筑材料，增加雨水渗透，减轻雨水威胁；五是公共绿地规划用地内应开挖雨水蓄水池及营造人工湿地，开发成生态公园，一方面可以减轻区内雨水威胁，另一方面也增加了自然景观，有利于调节区域内的气候、生态环境，改善城市热岛效应。六道路雨水系统流入明渠河段或涵箱之前，应进行处理，以防污染河流与海岸。

7.4 城镇雨水管理工程技术

城镇雨水管理的工程技术包括：城镇降雨径流控制技术、城镇降雨径流污染控制技术和雨水利用技术和城镇雨水控制系统等，这几方面的技术不是孤立的，是相互联系的，如降雨径流控制，既可以防止灾害为目的的径流峰值流量控制，也可以径流污染控制为前提的径流量控制；径流污染控制既可以水环境保护为目的径流污染控制，也可以雨水利用为目的的径流污染控制；因此，可把这几方面技术与检测和评估技术有机集成，形成城镇雨水管理系统，综合应用各种工程技术，并与非工程措施相结合，达到防止内涝、保证安全；降低污染、保护环境；利用雨水、节约资源的目的，取得良好的社会、环境与经济效益。

7.4.1　城镇降雨径流控制技术

1. 截流井

截流井是截流系统中的重要设施，它既要使截流的污水进入截污系统，达到治理水环境的目的，又要保证在大雨时不让超过截流量的雨水进入到截污系统，以防止下游截污管道的实际流量超过设计流量，避免发生污水反冒或给污水处理厂运行带来冲击。截流井一般设在合流管渠的入河口前，也有设在城区内，将旧有合流支线接入新建分流制系统。溢流管出口的下游水位包括受纳水体的水位或受纳管渠的水位。

截流井的位置，应根据污水截流干管位置、合流管渠位置、溢流管下游水位高程和周围环境等因素确定。

（1）截流井形式

国内常用的截流井形式是槽式和堰式。据调查，北京市的槽式和堰式截流井占截流井总数的 80.4%。槽堰式截流井兼有槽式和堰式的优点。典型截流井形式如下：

1）跳跃式。跳跃式截流井的构造如图 7.12 所示。这是一种主要的截流井形式，但它的使用受到一定的条件限制，即其下游排水管道应为新敷设管道。对于已有的合流制管道，不宜采用跳跃式截流井（只有在能降低下游管道标高的条件下方可采用）。该种井的中间固定堰高度可根据手册提供的公式计算得到。

2）截流槽式。槽式截流井的截流效果好，不影响合流管渠排水能力，当管渠高程允许时，应选用。设置这种截流井（图 7.13）无需改变下游管道，甚至可由已有合流制管道上的检查井直接改造而成（一般只用于现状合流污水管道）。由于截流量难以控制，在雨季时会有大量的雨水进入截流管，从而给污水处理厂的运行带来困难，所以原则上少采用。截流槽式截流井在使用中均受限制，因它必须满足溢流排水管的管内底标高高于排入水体的水位标高，否则水体水会倒灌入管网。

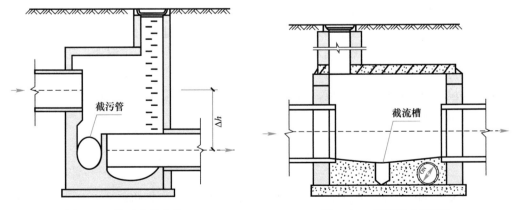

图 7.12　跳跃式截流井　　　　　　　图 7.13　截流槽式截流井

3）侧堰式。无论是截流槽式还是跳跃式截流井，在大雨期间均不能较好地控制进入截污管道的流量。在合流制截污系统中用得较成熟的各种侧堰式截流井则可以在暴雨期间使进入截污管道的流量控制在一定的范围内。

① 固定堰截流井：它通过堰高控制截流井的水位，保证旱季最大流量时无溢流和雨季时进入截污管道的流量得到控制。同跳跃式截流井一样，固定堰的堰顶标高也可以在竣工之后确定。其结构如图 7.14 所示。

② 可调折板堰式。折板堰是德国使用较多的一种截流方式。折板堰的高度可以调节，使之与实际情况相吻合，以保证下游管网运行稳定。但是折板堰也存在着需维护、易积存杂物等问题。其结构如图 7.15 所示。

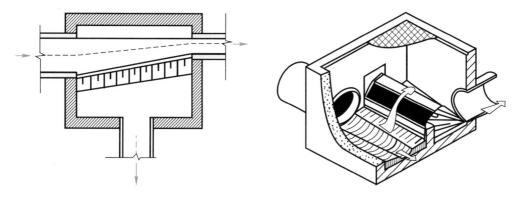

图 7.14 固定堰截流井   图 7.15 可调折板堰截流井

4) 虹吸堰式。虹吸堰式截流井（图 7.16）通过空气调节虹吸，使多余流量通过虹吸堰溢流，以限制雨季的截污量。但其在我国的应用还很少，主要原因是技术性强、维修困难、虹吸部分易损坏。

5) 旋流阀截流井。是一种新型的截流井，它仅仅依靠水流就能达到控制流量的目的（旋流阀进、出水口的压差是其动力来源）。在截流井内的截污管道上安装旋流阀能准确控制雨季截污流量，其精确度可达 0.1L/s。这样，在现场测得旱季污水量之后，就可以依据水量及截流倍数确定截污管的大小。可以精确控制流量使得这种截流方式有别于所有其他的截流方式，但是为了便于维护，一般需要单独设置流量控制井（图 7.17）。

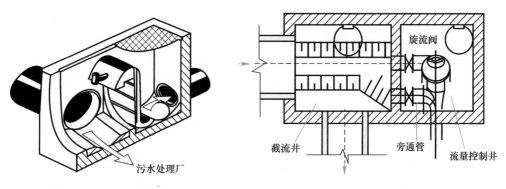

图 7.16 虹吸堰截流井   图 7.17 旋流阀截流井

6) 带闸板截流井。

当要截流现状支河或排洪沟渠的污水时，一般采用闸板截流井。闸板的控制可根据实际条件选用手动或电动。同时，为了防止河道淤积和导流管堵塞，应在截流井的上游和下游分别设一道矮堤，以拦截污物。

（2）防倒流措施

当雨量特别大时排放渠中的水位会急速增高，如截污口标高较低，则渠内的水将倒灌至截流井而进入截污管道，使截污管道的实际流量大大超过设计流量。在此种情况下，需考虑为截污系统设置防倒流措施。

1）鸭嘴止回阀

鸭嘴止回阀为橡胶结构，无机械部件，具有水头损失小、耐腐蚀、寿命长、安装简单、无需维护等优点，将其安装在截流井排放管端口即可解决污水倒灌问题。

2）橡胶拍门

在截流井的溢流堰上安装拍门，可使防倒灌问题直接在截流井的内部解决。拍门采用橡胶材料，水头损失小，耐腐蚀。

（3）截流井水力计算

截流井宜采用槽式，也可采用堰式或槽堰结合式。管渠高程允许时，应选用槽式，当选用堰式或槽堰结合式时，堰高和堰长应进行水力计算。

1）堰式截流井。堰式当污水截流管管径为 300～600mm 时，堰式截流井内各类堰（正堰、斜堰、曲线堰）的堰高，可采用《合流制系统污水截流井设计规程》（CECS91：97）公式计算。

2）槽式截流井。当污水截流管管径为 300～600mm 时，槽式截流井的槽深、槽宽，采用《合流制系统污水截流井设计规程》（CECS91：97）公式计算。

3）槽堰结合式截流井。槽堰结合式截流井的槽深、堰高，采用《合流制系统污水截流井设计规程》（CECS91：97）公式计算：

4）侧堰式溢流井。溢流堰设在截流管的侧面。当溢流堰的堰顶线与截流干管中心线平行时，可采用下列公式计算：

$$Q = M \sqrt[3]{l^{2.5} \cdot h^{5.0}} \tag{7.11}$$

式中　Q——溢流堰溢出流量（m^3/s）

　　　l——堰长（m）；

　　　h——溢流堰末端堰顶以上水层高度（m）；

　　　M——说溢流堰流量系数，薄壁堰一般可采用 2.2。

5）跳越堰式的截流井。通常根据射流抛物线的方程式，计算出截流井工作室中隔墙的高度与距进水合流管渠出口的距离。如图 7.18 所示，射流抛物线外曲线方程式为：

$$X_1 = 0.36v^{2/3} + 0.6y_1^{4/7} \tag{7.12}$$

射流抛物线内曲线方程式为：

$$X_2 = 0.18v^{4/7} + 0.74y_2^{2/3} \tag{7.13}$$

式中　v——进水合流管渠中的流速（m/s）；

　　X_1，X_2——射流抛物线外、内曲线上任一点的横坐标（m）；

　　y_1，y_2——射流抛物线外、内曲线广任一点的纵坐标（m）；

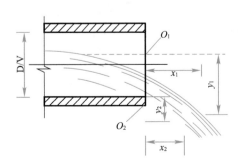

图 7.18　跳越堰计算草图

Q_1—外曲线坐标原点；Q_2—内曲线坐标原点

式（7.12）、式（7.13）的适用条件是：（1）进水合流管渠的直径 $D_g \leqslant 3m$、坡度 $i < 0.025$、流

速 $v=0.3\sim3.0\mathrm{m/s}$。

2. 调蓄池

随着城镇化的进程，不透水地面面积增加，使得雨水径流量增大。而利用管道本身的空隙容量调节最大流量是有限的。如果在雨水管道系统上设置较大容积的调蓄池，暂存雨水径流的洪峰流量，待洪峰径流量下降至设计排泄流量后，再将贮存在池内的水逐渐排出。调蓄池调蓄了洪峰径流量，可削减洪峰，这可以较大地降低下游雨水干管的断面尺寸，提高区域的排水标准和防涝能力，减少内涝灾害。

雨水调蓄池是一种雨水收集设施，主要作用是把雨水径流的高峰流量暂存期内，待最大流量下降后再从调蓄池中将雨水慢慢地排出。达到既能规避雨水洪峰，提高雨水利用率，又能控制初期雨水对受纳水体的污染，还能对排水区域间的排水调度起到积极作用。有些城镇地区合流制排水系统溢流污染物或分流制排水系统排放的初期雨水已成为内河的主要污染源，在排水系统雨水排放口附近设置雨水调蓄池，可将污染物浓度较高的溢流污染或初期雨水暂时贮存在调蓄池中，待降雨结束后，再将贮存的雨污水通过污水管道输送至污水处理厂，达到控制面源污染、保护水体水质的目的。雨水利用工程中，为满足雨水利用的要求而设置调蓄池贮存雨水，贮存的雨水净化后可综合利用。对需要控制面源污染、削减排水管道峰值流量防止地面积水或需提高雨水利用程度的城镇，宜设置雨水调蓄池，如图 7.19 所示。

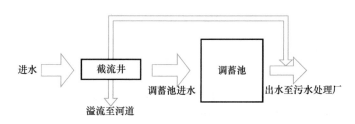

图 7.19　典型合流制调蓄池工作原理图解

如果调蓄池后设有泵站，则可减少装机容量，降低工程造价。雨水调蓄池设置位置的选择：若有天然洼地、池塘、公园水池等可供利用，其位置取决于自然条件。若考虑筑坝、挖掘等方式建调蓄池，则要选择合理的位置，一般可在雨水干管中游或有大流量管道的交汇处；或正在进行大规模住宅建设和新城开发的区域；或在拟建雨水泵站前的适当位置，设置人工的地面或地下调蓄池。

（1）雨水调蓄池形式

调蓄池既可是专用人工构筑物如地上蓄水池、地下混凝土池，也可是天然场所或已有设施如河道、池塘、人工湖、景观水池等。而由于调蓄池一般占地较大，应尽量利用现有设施或天然场所建设雨水调蓄池，可降低建设费用，取得良好的社会效益。有条件的地方可根据地形、地貌等条件，结合停车场、运动场、公园等建设集雨水调蓄、防洪、城镇景观、休闲娱乐等于一体的多功能调蓄池。

根据调蓄池与管线的关系，调蓄类型可分为在线调蓄和离线调蓄。按溢流方式可分为池前溢流和池上溢流，如图 7.20 所示。常见雨水调蓄设施的方式、特点和适用条件见表 7-20。

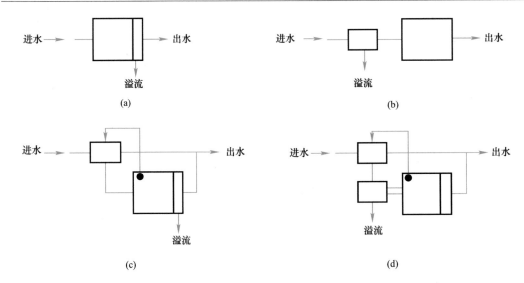

图 7.20　调蓄池型示意图

(a) 贮存池上没有溢流的在线贮存；(b) 贮存池入口前设有溢流的在线贮存；
(c) 贮存池上设有溢流的离线贮存；(d) 贮存池入口前设有溢流的离线贮存

雨水调蓄的方式、特点及适用条件　　　　　　　　　　　　表 7.20

雨水调蓄方式		特点	常见做法	适用条件
调节贮存池	建造位置	地下封闭式	节省占地；雨水管渠易接入；但有时溢流困难	钢筋混凝土结构、砖砌结构、玻璃钢水池等	多用于小区或建筑群雨水利用
		地上封闭式	雨水管渠易于接入，管理方便，但需占地面空间	玻璃钢、金属、塑料水箱等	多用于单体建筑雨水利用
		地上敞开式	充分利用自然条件，可与景观、净化相结合，生态效果好	天然低洼地、池塘、湿地、河湖等	多用于开阔区域
	调蓄池与管线关系	在线式	一般仅需一个溢流出口，管道布置简单，漂浮物在溢流口处易于清除，可重力排空，但自净能力差，池中水与后来水发生混合。为了避免池中水被混合，可以在入口前设置旁通溢流。但漂浮物容易进入池中	可以做成地下式、地上式或地表式	根据现场条件和管道负荷大小等经过技术经济比较后确定
		离线式	管道水头损失小；在非雨期间池子处于干的状态。离线式也可将溢流井和溢流管设置在入口上		
雨水管道调节			简单实用，但贮存空间一般较小，有时会在管道底部产生淤泥		
多功能调蓄			可以实现多种功能，如削减洪峰，减少内涝，调蓄利用雨水资源，增加地下水补给，创造城镇水景或湿地，为动植物提供栖息场所，改善生态环境等，发挥城镇土地资源的多功能	主要利用地形、地貌等条件，常与公园、绿地、运动场等一起设计和建造	城乡接合部、卫星城镇、新开发区、生态住宅区或保护区、公园、城市绿化带、城市低洼地等

（2）调蓄池常用的布置形式

雨水调蓄池的位置，应根据调蓄目的、排水体制、管网布置、溢流管下游水位高程和周围环境等综合考虑后确定。根据调蓄池在雨水排水系统中的位置，其可分为末端调蓄池和中间调蓄池。前端调蓄池位于雨水排水系统的前端，主要用于城镇降雨径流污染控制。中间调蓄池位于一个排水系统的起端或中间位置，可用于削减洪峰流量和提高雨水利用程度。当用于削减洪峰流量时，调蓄池一般设置于系统干管之前，以减少排水系统达标改造工程量；当用于雨水利用贮存时，调蓄池应靠近用水量较大的地方，以减少雨水利用灌渠的工程量。

一般常用溢流堰式或底部流槽式的调蓄池。

1）溢流堰式调蓄池。溢流堰式调蓄池如图 7.21（a）所示。调蓄池通常设置在干管一侧，有进水管和出水管。进水管较高，其管顶一般与池内最高水位相平；出水管较低，其管底一般与池内最低水位相平。设 Q_1 为调蓄池上游雨水干管中流量，Q_2 为不进入调蓄池的超越流量，Q_3 为调蓄池下游雨水干管的流量，Q_4 为调蓄池进水流量，Q_5 为调蓄池出水流量。

当 $Q_1 < Q_2$ 时，雨水流量不进入调蓄池而直接排入下游干管。当 $Q_1 > Q_2$ 时，这时将有 $Q_4 = (Q_1 - Q_2)$ 的流量通过溢流堰进入调蓄池，调蓄池开始工作。随着 Q_1 的增加，Q_4 也不断增加，调蓄池中水位逐渐升高，出水量 Q_5 也相应渐增。直到 Q_1 达到最大流量 Q_{max} 时，Q_4 也达到最大。然后随着 Q_1 的降低，Q_4 也不断降低，但因 Q_4 仍大于 Q_5，池中水位逐渐升高，直到 $Q_4 = Q_5$ 时，调蓄池不再进水，这时池中水位达到最高，Q_5 也最大。随着 Q_1 的继续降低，调蓄池的出水量 Q_5 已大于 Q_1，贮存在池内的水量通过池出水管不断地排走，直到池内水放空为止，这时调蓄池停止工作。

为了不使雨水在小流量时经池出水管倒流入调蓄池内，出水管应有足够坡度，或在出水管上设止逆阀。

为了减少调蓄池下游雨水干管的流量，池出水管的通过流量 Q_5 希望尽可能地减小，即 $Q_5 \ll Q_4$，这样，就可使管道工程造价大为降低，所以，池出水管的管径一般根据调蓄池的允许排空时间来决定。通常，雨停后的放空时间不得超过 24h，放空管直径不小于 150mm。

2）底部流槽式调蓄池。底部流槽式调蓄池如图 7.21（b）所示，图中 Q_1 及 Q_3 意义同上。

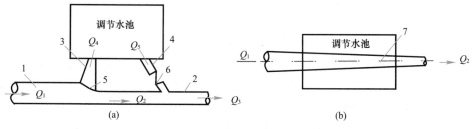

图 7.21 雨水调蓄池布置示意图

（a）溢流堰式；（b）底部流槽式

1—调蓄池上游干管；2—调蓄池下游干管；3—池进水管；

4—池出水管；5—溢流堰；6—逆止阀；7—流槽

雨水从池上游干管进入调蓄池后，当 $Q_1 \leqslant Q_3$ 时，雨水经设在池最底部的渐缩断面流槽全部流入下游干管排走。池内流槽深度等于池下游干管的直径。当 $Q_1 > Q_3$ 时，池内逐渐被高峰时的多余水量（$Q_1 - Q_3$）所充满，池内水位逐渐上升，直到 Q_1 不断减少至小于池下游干管的通过能力 Q_3 时。池内水位才逐渐下降，直至排空为止。

（3）调蓄池冲洗方式

初期雨水径流中携带了地面和管道沉积的污物杂质，调蓄池在使用后底部不可避免地滞留有沉积杂物、泥沙淤积，如果不及时进行清理，沉积物积聚过多将使调蓄池无法发挥其功效。因此，在设计调蓄池时必须考虑对底部沉积物的有效冲洗和清除。调蓄池的冲洗方式有多种，各有利弊，见表 7.21。

调蓄池各冲洗方式优缺点分析　　　　　　　　　　　　　　　　表 7.21

冲洗方式	适合池型	优点	缺点
人工清洗	任何池形	简单	危险性高、劳动强度大
水力喷射器冲洗	任何池形	可自动冲洗，冲洗时有曝气过程可减少异味，投资省，适应于所有池形	需建造冲洗水贮水池，运行成本较高，设备位于池底易被污染和磨损
潜水搅拌器	任何池形	自动冲洗，投资省，适应于所有池形	冲洗效果较差，设备易被缠绕和磨损
连续沟槽自清冲洗	圆形，小型矩形	无需电力或机械驱动，无需外部水源运行成本低、排砂灵活、受外界环境条件影响小、可重复性强还有效率高	依赖晴天污水作为冲洗水源，利用其自清流速进行冲洗，难以实现彻底清洗，易产生二次沉积；连续沟槽的结构形式加大了泵站的建造深度
水力冲洗翻斗	矩形	实现自动冲洗，设备位于水面上方，无需电力或机械驱动，冲洗速度快、强度大，运行费用省	投资较高
HydroSelf 拦蓄自冲洗装置清洗	矩形	无需电力或机械驱动，无需外部供水，控制系统简单；调节灵活，手动、电动均可控制；运行成本低、使用效率高	进口设备，初期投资较高
节能的"冲淤拍门"	矩形调蓄池	节能清淤，无需外动力，无需外部供水，无复杂控制系统；在单个冲淤波中，冲淤距离长，冲淤效率高，运行可靠	设备位于水下，易被污染磨损
移动清洗设备冲洗	敞开式平底大型调蓄池	投资省，维护方便	因进入地下调蓄池通道复杂而未得到广泛应用

工程设计时根据不同冲洗方式的优缺点，进行技术经济比选，选择合适的冲洗方式，但无论采用何种方式，必要时仍需进行辅助的人工清洗。

（4）调蓄池容积计算

调蓄池容积计算是调蓄池设计的关键，需要考虑所在地区的降雨强度、雨型、历时和频率、排水管道设计容量等因素。20 世纪 70 年代国外对调蓄池容积计算有过较为集中的研究。总结其计算方法主要有两类：以池容当量的经验公式法和基于排水系统模型的频率分析法。其中，德国、日本主要采用以池容当量降雨量（mm）这一综合设计指标为依据的经验公式法，来确定系统所需调蓄容量；美国多采用 SWMM 模型模拟排水系统运行，分析系统所需调蓄容量。

1）德国方法

德国设计规范 ATV A128 中，要求合流制排水系统排入水体的污染物负荷不大于分流制排水系统排入水体的污染物负荷。溢流调蓄池计算参数设定为：

① 平均年降雨量：800mm（≥800mm 时，应进行修正，增加调蓄池体积）。

② 雨水 COD_{cr} 浓度：107mg/L。

③ 晴天污水 COD_{cr} 浓度：600mg/L（≥600mg/L 时，应进行修正，增加调蓄池体积）

④ 雨天污水处理厂排放 COD_{cr} 浓度：70mg/L。

德国调蓄池的简化计算公式为：

$$V = 1.5 \times V_{SR} \times A_U \qquad (7.14)$$

式中　V——调蓄池容积，m^3；

V_{SR}——每公顷面积所需调蓄量，m^3/hm^2，按图 7.22 采用；

A_U——不透水面积，hm^2，A_U＝系统面积×径流系数

2）日本方法

《日本合流制下水道改善对策指南》中，要求合流制排水系统排放的污染物负荷量与分流制排水系统的污染物负荷量达到同等水平。指出：将增加接流量与调蓄结合起来是一项有效的实施对策。基本的设计程序为：依靠模拟实验，根据设定的目标，研究接流量与调蓄池的关系，再通过对实际应用效果的评估，确定合理的调蓄池容量。其研究结果表明截流雨水量 1mm/h 加上调蓄雨水量 2～4mm/h 的措施可达到污染负荷削减的目标设定值。

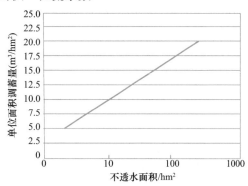

图 7.22　德国调蓄池简化计算面积与单位调蓄量关系

故日本调蓄池的一种简单算法是：调蓄池容积＝截流面积×5mm，即每 $100hm^2$ 排水面积建 1 座 $5000m^3$ 调蓄池。

3）基于数学模型的计算方法（美国）

调蓄池主要是在暴雨期间可收集部分初期雨水，当暴雨停止后，该部分雨水再输送至排水管网、泵站，或者污水处理厂。概括而言，合流制排水系统调蓄池的主要作用是截流初期雨水，提高合流制系统的截流倍数，使调蓄之后的管道和泵站可以采用较小的设计流量。其工作原理如图 7.23 所示。

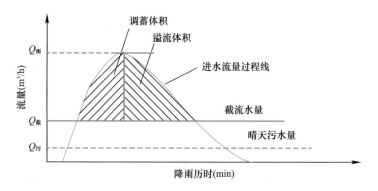

图 7.23　合流制系统调蓄池工作原理

由图 7.23 可知，以径流峰值调节为目标进行设计的蓄水池、湿塘、雨水湿地等设施的容积应根据雨水管渠系统设计标准、下游雨水管道负荷（设计过流流量）及入流、出流流量过程线，经技术经济分析合理确定，调蓄设施容积按式（7.15）进行计算。

$$V = \int_0^{t_0} (Q_{in} - Q_{out}) \, dt \qquad (7.15)$$

式中 V——调蓄池容积；

  t——从调蓄池开始进水至充满的时间；

  t_0——调蓄时间；

  Q_{in}——入流流量；

  Q_{out}——出流流量。

基于数学模型的调蓄池计算方法，需首先得到流量过程线或流量随时间变化的方程。如果拟建调蓄池的地点有多年实测流量过程资料，可用某种选样方法，每年选出几次较大的流量过程，分别经过调蓄计算获得所需的容积 V_1，V_2，…，V_n，再用频率分析方法求出设计容积 V_p 值。但一般情况下要获得多年实测流量资料是很困难的，因此可利用多年雨量资料，由降雨径流模型模拟出多年流量资料，再用上述方法求出 V_p。

美国调蓄池的计算是以此为基础，通过 SWMM 模型和管网水力学模型计算调蓄池容积。

4）统计降雨频率累计法

一般来讲，雨水调蓄池规模愈大，可收集水量也愈多，但每年满蓄次数则愈少，因此调蓄池规模、可收集水量、满蓄次数三者之间互为条件、互相制约。雨水调蓄池的规模直接影响雨水利用系统的集流效率、投资和成本，有条件时可以通过优化设计寻求效益与费用比值最大时所对应的经济规模。可以按照下列步骤计算：

① 调查当地降雨特征及其规律，如多年平均日降雨量/某值所对应的天数，建立日降雨量-全年天数曲线，以便确定雨水集蓄设施满蓄次数。

② 按 $V=10fA_u$ 计算系列雨水调蓄池容积，并根据日降雨量与全年天数规律分析不同规模序列雨水利用系统每年可集蓄利用的雨水量。

③ 绘制雨水利用系统寿命期内费用、效益现金流量图，计算动态效益/费用比值，选择比值最大时相应的设计降雨量即为雨水利用系统的最优设计规模。

计算出调蓄容积 $V_{计}$ 后，需与降雨间隔时段的用水量 $V_{用}$ 进行对比分析，最终确定设计调蓄容积 $V_{蓄}$。分为下列两种情况：

当 $V_{用}<V_{计}$，即计算调蓄容积大于降雨间隔时段用水量时，表明一场雨的径流雨水量较降雨间隔时段用水量大，此时可以减小贮存池容积，节省投资，多余雨水可实施渗透或排放，此时 $V_{蓄}=V_{用}$。

当 $V_{用}>V_{计}$，即计算调蓄容积小于降雨间隔时段用水量时，表明一场雨的径流雨水量仅能作为水源之一供使用，还需其他水源作为第二水源，此时雨水可以全部收集，即 $V_{蓄}=V_{计}$。所以 $V_{蓄}=\min \{V_{用}, V_{计}\}$。

各类调蓄池容积计算方法汇总表见表 7.22。

调蓄池容积计算方法汇总表

表 7.22

国家或地区	计算方法及公式	使用范围	优缺点	说明
苏联	莫洛科夫与施果林公式：$V=(1-\alpha) 1.5Q_{max}t_0$	—	此公式未能反映出不同地区的降雨特性，并且其计算结果可能偏大也可能偏小，有时偏差可达到3~4倍，因而不宜应用	α——脱过系数

国家或地区	计算方法及公式	使用范围	优缺点	说明
中国	$V=3600t_i(n-n_0)Q_{dr}\beta$	合流制排水系统，制面源污染	雨水调蓄池的有效容积应根据气候特征、排水体制、汇水面积、服务人口和受纳水体的水质要求、水体流量、稀释自净能力等确定	式中：V——调蓄池有效容积（m^3）； t_i——调蓄池进水时间（h），宜采用 $0.5\sim1h$，当合流制排水系统雨天溢流污水水质在单次降雨事件中无明显初期效应时，宜取上限；反之，可取下限； n——调蓄池运行期间的截流倍数，由要求的污染负荷目标削减率、当地截流倍数和截流量占降雨量比例之间的关系求得； n_0——系统原截流倍数； Q_{dr}——截流井以前的旱流污水量（m^3/s）； β——调蓄池容积计算安全系数，可取 $1.1\sim1.5$
德国	ATV A 128 标准计算公式： $V=1.5\times V_{SR}\cdot A_U$	合流制排水系统	简单易操作	V_{SR}——每公顷面积需调蓄雨水量，m^3/hm^2；$12\leqslant V_{SR}\leqslant40$，一般可取 20； A_U——不透水面积，$A_U=$ 系统面积×径流系数； 1.5——安全系数
	系统总截流倍数法： $V=3600(m-n-1)Q_1$	合流污水截流、调蓄工程	—	m——稀释倍数； n——系统中截流设施的设计截流倍数； Q_1——平均日旱流污水量，m^3/s
美国	多采用 SWMM 模型模拟排水系统运行，分析系统所需调蓄容量	各种雨型	前期工作烦琐，须知大量的有关，但普适性很高	—
日本	$V=\left(r_i-\dfrac{r_c}{2}\right)\times t_i\times f\times A\times\dfrac{1}{360}$		初步估算，简便	r_i——降雨强度曲线上任意降雨历时 t_i 对应的降雨强度，mm/h； r_c——调节池出流过流能力值对应的降雨强度，mm/h； t_i——任意的降雨历时，s； f——开发后的径流系数； A——流域面积，hm^2

7.4.2　城镇降雨径流污染控制技术

（1）初期雨水源头控制技术。对地表污染物的冲刷随着降雨重现期增大，降雨强度增大而增强，排水口处污染物浓度峰值增大，在源头控制（增加清扫、增加绿化面积、增加透水地面面积），实施初期雨水的源头控制。

（2）初期雨水截流调蓄技术。在相同重现期不同雨型降雨的情况下，污染物浓度峰值出现的时刻不一样，与相应的降雨曲线峰值时间对应。针对不同的降雨类型，排水口处浓度峰值出现时间不同，对于初期雨水径流污染控制，应遵循"浓度控制"原则，截流高浓度初期雨水，充分利用调蓄池容积，提高了截污率，并充分利用调蓄池、污水管网、水厂和河湖的富余能力对初期雨水进行调蓄。

（3）初期雨水渗透净化技术。雨水渗透是一种间接的雨水利用技术，主要有分散式和集中式两大类，可以是自然渗透，也可以是人工促渗。雨水渗透技术的实质是生物过滤，主要通过植被、土壤、微生物的复杂生态系统对污染物进行净化处理，其作用机理主要有植被截留、土壤颗粒的过滤、表面吸附、离子交换及植被根系和土壤中微生物的吸收分解等。通过往土壤表层添加促渗材料，对土壤基层、排水沟渠和路边浅沟进行改造等措施，加强降雨径流的原位治理，从而达到削减径流量和净化水质的目的。

（4）道路径流污染控制技术。城镇道路径流污染控制是城镇地表径流污染控制的重要部分。城镇道路径流污染物主要为汽车尾气排放物、鞋底和车胎磨损物等。因此，充分利用道路范围内的可利用绿地进行径流污染控制显得尤为重要。结合城镇雨水排放系统，将道路两侧雨水口收集的雨水通过道路绿化隔离带、行道树绿带和路侧绿化带下铺设的碎石或砾石等过滤层，降低其初期径流污染，然后再排入城镇排水系统；也可通过土壤的渗透和过滤作用，以降低雨水中的污染物，缓减地面径流量，并适量补充地下水。

（5）人工湿地雨水净化技术。人工湿地雨水处理系统是在天然湿地基础上，经过人为改进的一种低能耗、低运行成本的生态技术，可用于小区等降雨径流污染的控制，还可作为终端治理技术，主要通过物理作用、化学作用和生物作用三者协同对雨水径流进行净化。当湿地系统稳定运行后，微生物大量附着于基质表面和植物根系，从而形成生物膜。雨水径流流经生物膜时，大量 SS 被基质和植物根系截留，有机污染物则主要由生物膜的吸收、同化、异化三大作用而被去除。湿地系统中由于植物根系传递和释放氧，因而在其周围由内向外依次形成了好氧、缺氧、厌氧的微生态环境，不仅促进了植物和微生物对氮、磷的吸收，还增强了湿地系统的硝化作用和反硝化作用，从而提高对氮元素的净化能力。多级串联潜流人工湿地系统处理城镇地面径流，其水量削减率、污染负荷削减率均在 50% 以上，削减能力较强，且削减量与人工湿地的建设面积成正比关系，具有明显的环境效益。

（6）湖滨带雨水净化技术。水陆生态交错带，简称湖滨带，指介于湖泊最高水位线和最低水位线之间的水、陆交错带，是湖泊水生生态系统与湖泊流域陆地生态系统间一种非常重要的生态过渡带。湖滨带是湖泊的天然屏障，通过在水底铺设一定的酶促填料和吸附填料，构建一个由多种群水生植物、动物和各种微生物组成并具有景观效应的多级天然生态雨水净化系统，可以防止降雨径流污染，且净化后的雨水有效地降低了水体富营养元素，可直接排入湖泊主体。

7.4.3　城镇雨水利用技术

城镇雨水作为一种宝贵的资源，已经成为一些国家和地区的重要水源。目前，城镇雨水利用方式主要包括 3 种：屋面雨水收集利用；城镇路面雨水收集利用；城镇绿地雨水集蓄。

由于雨水存在着初期冲刷效应，初期雨水污染相当严重，经常超出《地表水环境质量》的 V 类标准，一般作弃流处理或收集并经过处理后利用或排放。在雨水利用之前，首先要将初期雨水携带的污染物质去除。城镇的初期雨水量大、聚集时间短、水质变化快，城镇污水处理厂没有足够的负荷处理初期雨水，普通污水处理厂的工艺也不适合大量接纳初期雨水。初期雨水处理主要是为了去除雨水携带的污染物质降低对水体污染负荷，同时通过对雨水流量的时间、空间上的分配降低对水体的水力负荷。结合国内外研究成果和实际运用经验，城镇初期雨水处理方式主要分为分散处理方案和集中处理两类，采取的工艺主要有植物吸收、混凝沉淀等。对有土地空间、汇水面积小、适合结合景观设置生态工程措施的范围，可采用分散措施。

初期雨水污染物治理应从以下三方面着手：

（1）源头减量，就地处理。通过改变地面径流条件，增加降雨向地下的渗透，减少地面径流量；通过分散式初期雨水处理设施，使得雨水在进入管道系统之前得到处理（图7.24）。

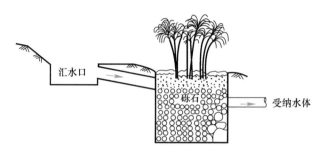

图7.24 初期雨水源头减量就地处理示意图

（2）收集调蓄处理。通过建设雨水调蓄设施和利用管道系统自身的调蓄容量，将雨水进行收集，待雨季过后进入污水处理厂处理。城镇初期雨水的量大、汇水时间短，多半采取的是"调蓄＋处理"的方式，即先将初期雨水用调蓄池收集贮存，再利用处理设施处理。目前初雨处理的主要工艺构是混凝沉淀（图7.25），其主要工艺原理是利用积聚的泥渣与原水中的杂质颗粒相互接触、吸附，辅以絮凝剂达到清水较快分离的净水构筑物。此种工艺具有生产能力高、处理效果较好等有优点；但也受到原水的水量、水质、水温及混凝剂等因素的影响。

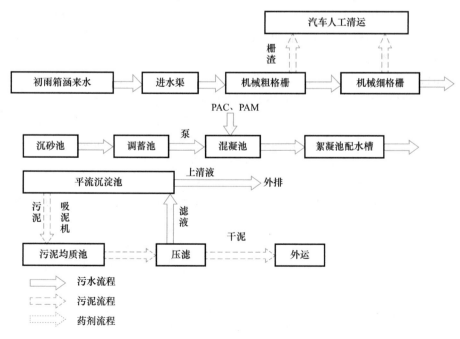

图7.25 初雨集中处理-混凝沉淀工艺流程图

（3）加强维护管理。初期雨水处理设施的维护具有特殊性，加强对初期雨水处理设施的维护管理，是上述设施发挥效果的重要保证。

对于多湖泊城镇，建议将分散就地减量处理和末端人工湿地处理方法相结合：通过改变地面径流条件，增加降雨向地下的渗透，减少地面径流量；通过分散式初期雨水处理设施，使得雨水在进入湖泊、河道之前得到适当处理。这些措施可以减少进入湖泊初期雨水污染负荷，对水环境的改善具有积极意义。

有效收集初期雨水，分离初期雨水和清洁雨水，处理初期雨水，可以有效控制雨水径流带来的污染，更大限度地实现雨水资源化，并有助于减轻水体污染，缓解城乡供水不足的矛盾，具有显著的社会、环境和经济效益。

7.4.4　城镇雨水弃流技术

（1）城镇雨水初期弃流的概念

基于建筑或小区雨水利用的城镇雨水初期弃流主要应用在雨水收集利用系统中。初期雨水中含有大量的污染物质，通过弃流装置将初期雨水进行弃流至市政污水管道，可有效减少雨水受纳水体的污染，收集中、后期雨水贮存回用，有利于降低雨水的净化和使用成本。

对于弃流量，目前学术界并没有统一明确的定义。多数研究是根据初期降雨量弃流，如 Bach 等人根据径流中污染物浓度达到背景浓度形成的径流深度控制初期雨水，Chow 等人收集了 52 场暴雨数据，得出了前 10mm 的降雨形成的径流包含了近一半的污染物负荷。韩国的 Kim 等人通过研究认为可截留降雨初期 5mm 的降雨径流。我国国家体育场"鸟巢"设计的初期雨水弃流量为 4mm。日本对屋面雨水的研究最终确定屋面雨水弃流按 1mm 计算。美国的 D. Brett Matin-son 等人通过实地实验研究，确定屋面雨水弃流量按 0.4～0.8mm 计算，并且认为每弃流 1mm 降雨，污染物负荷下降 50%。也可以按照初期降雨时间弃流，如德国有学者研究表明，最初 10min 的径流为初期径流。我国学者白建国提出高于地表水 V 类水的径流为初期雨水，雨水管截留初期 30min 的径流。我国对于初期弃流也出台了相应的国标规范，如《建筑与小区雨水利用工程技术规范》GB 50400—2006 规定，初期径流弃流量应按照下垫面实测收集雨水的 COD_{cr}、SS 色度等污染物浓度确定。当无资料时，屋面弃流可采用 2～3mm 径流厚度，地面弃流可采用 3～5mm 径流厚度，所以初期弃流量取决于汇水面性质、降雨条件、季节、降雨的间隔时间和气温等多种因素，在工程实际应用中应因地制宜，尽量做到节省场地及成本。

（2）雨水弃流装置的分类

按实现弃流的原理，将雨水弃流装置大致分为三类：机械型，非机械型及电控型弃流装置。

1）机械型弃流装置。通常利用简单的力学原理（如浮球阀，杠杆，滑轮等）构造一个机械传动系统，达到"有雨初期弃流，雨后自动重置"的自循环模式，可分为容积式和半容积式两类。

① 容积式。带有调节池的容积式弃流池系统结构如图 7.26 所示，主要包括浮球阀、弃流池、调节池和放空管等部分。降雨初期雨水进入弃流池，少部分经放空管进入污水蓄水池或污水管网。

② 半容积式。半容积式相对于容积式弃流装置最大的差别在于不贮存需要弃流的初期雨水，利用分流技术直接将一部分初期雨水排入污水管网，另一部分雨水收集到蓄水池中，从而降低了建造弃流池的成本。

2）非机械型。非机械型弃流装置主要是利用水的力学特性，在不使用特定的机械传动装置前提下达到弃流的目的，常见的有旋流式和切换式弃流装置等。

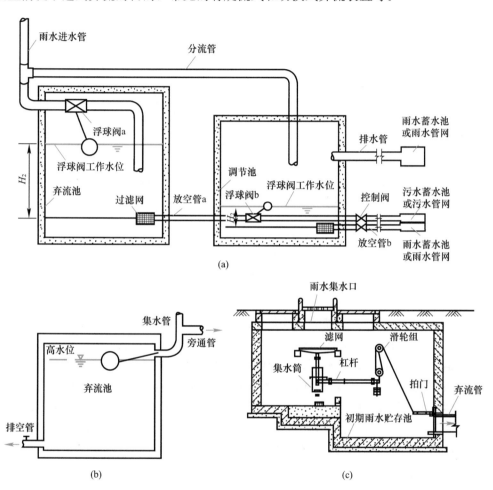

图 7.26 机械式雨水弃流装置
（a）容积式（带调节池）；（b）容积式（无调节池）；（c）半容积式

① 旋流式。旋流式弃流装置是利用旋流分离原理进行雨水分离的设备。常见的旋流式设备如图 7.27（a）所示。雨水沿管道由切线方向进入旋流筛网，降雨初期筛网表面干燥，在水的张力和筛网坡度作用下以旋转的状态流入装置中心的排水管，随着水量变大，筛网表面不断被湿润，表面张力减小使得中后期雨水穿过筛网进入蓄水池。

② 切换式。切换式弃流装置大多是对雨水井进行改造，在雨水输送途中设置小管径的管道来完成初期雨水弃流。一般来说，初期雨水流量小，流速较慢，可通过小管径管道进行弃流。随着降雨的持续，水流量变大，流速加快，雨水越过弃流管直接向下游输送（图 7.28（a））。也有设计通过大小管来切换水流，初期雨水由小管径弃流，超过小管径弃流能力的后期雨水排入收集系统（图 7.28（b））。

3）电控型。电控型弃流装置相比于前两种最大的不同是加入了电气化的设备来控制整个系统，如使用智能流量计测量雨水径流量或使用雨量计来测量降雨量值，当到达设定值后通过传送电信号来控制电动阀的启闭。降雨开始后，初期雨水进入弃流箱，满水位时上层较洁净雨水从出水管溢流至雨水贮水箱。弃流水箱中设有浮球式液位计，高水位时发出电信号，延迟一定时间开启电磁阀排水，低水位时关闭电磁阀，达到自动循环。

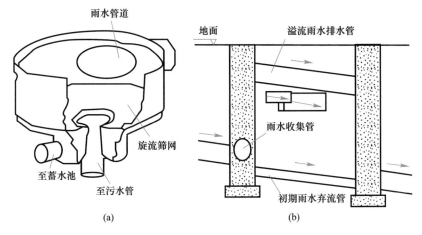

图 7.27　非机械式雨水气流装置

(a) 旋流式；(b) 切换式

① 雨量式弃流装置（图 7.28（a））。雨量式初期雨水弃流装置与流量式弃流装置的区别在于，流量式弃流装置控制器的信号源是智能流量计测得的雨水径流流量，而雨量式弃流装置的信号源是电子雨量计测得的降雨量值。雨量式弃流装置通过电动阀控制初期雨水和中后期雨水进入不同管路，从而达到初期雨水分离的目的。

② 流量式弃流装置。降雨初期，进入立管的流量较小，管内处于气水混流状态，轻质空心球因受力不均发生跳动，雨水通过锥形漏斗以无压状态从弃流口出流至市政管道从而被弃流。随着进入立管的流量增大，漏斗下部出口无法及时排出，造成管内液面上升，最终空心球体紧贴漏斗底部出口，弃流口停止出水，雨水从收集口出流开始雨水收集，如图 7.28（b）所示。

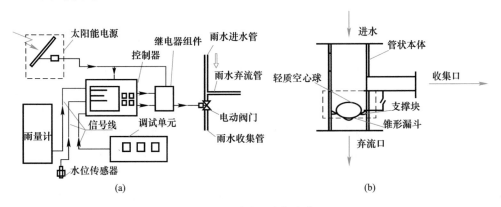

图 7.28　电动式雨水气流装置

(a) 雨量式；(b) 流量式

常见弃流装置对比见表7.23。

常见弃流装置对比 表 7.23

装置分类		安装位置	占地	运行稳定性	建造、维护费用	发展前景
机械型	容积式	埋地	大	低	中	中
	半容积式	埋地	中	低	中	中
非机械型	旋流式	雨水立管	小	高	低	低
	切换式	雨水井	小	高	低	低
	翻板式	雨水总管或汇水渠	小	中	中	中
电控型	流量式	埋地或雨水管	—	中	高	高
	雨量式	埋地或雨水管	—	中	高	高

（3）初期雨水弃流量的影响因素

初期雨水弃流量的大小，不仅与所选择的弃流装置和控制方式有关，而且还与项目的现场条件、汇水面的特性、雨水收集区域的污染状况和雨水利用或者污染控制的目的有关。同时，弃流量的大小还影响污染的控制效果和雨水利用的投资规模。

1）弃流装置和控制方式的影响。采用机械设备自动控制的雨水弃流方式，其控制参数主要有时间和水量，而水量又分为雨量和流量。初期弃流量应控制在一定范围：屋面为$1\sim3\text{mm}$，小区路面为$4\sim5\text{mm}$，市区的路面为$6\sim8\text{mm}$，所有这些研究都表明，初期雨水的弃流量并没有一个确切的可以衡量的标准。

2）项目现场条件对初期雨水弃流量的影响。项目的现场条件，包括：现场的排水设施条件和雨水收集区域的污染状况，当没有良好的排水衔接条件，弃流的初期雨水处置困难或现场条件，适合采用其他径流污染控制措施时，可不用初期弃流控制；当现场条件良好，就近有比较完善的污水处理设施或者雨水收集处理设施时，可考虑适当增加初期雨水的排放量，以便收集到水质更好的雨水或者尽可能的降低污染。

3）汇水面的特性对初期雨水弃流的影响。汇水面的种类有很多，屋面、混凝土和沥青路面渗透性很差，而且其初期雨水在很短时间内就能汇集成流，汇水面的特性决定了它对初期雨水中的有机物和有毒有害物质几乎没有削弱功能，此种情况下的初期雨水弃流量相对就会大一些。块石路面的透水性相对较好，它对初期雨水具有一定程度的过滤效果，能够去除部分污染物，所以初期雨水形成地表径流后夹带的污染物也相对较小弃流量也可以相应减小。

4）控制目的对初期雨水弃流量的影响。初期雨水弃流的目的是雨水利用，还是污染控制，对初期雨水弃流量也有很大的影响，如果着眼于雨水利用，那么弃流量的确定，还需考虑后续处理利用系统和水量平衡的问题，保证可以收集到充足且水质较好的雨水量；当收集雨水量不足或汇水面雨水水质较好时可以减少弃流量，并通过后续的雨水处理措施，保障雨水利用的水质要求；如果初期雨水弃流的主要目的是污染控制，那么就要求最大限度地减少初期雨水排入受纳水体，减轻污染；如果雨水的受纳水体环境容量较大，纳污自净能力强，可减少雨水弃流量，并通过沉淀、植物吸收等自然方式降解污染物。

（4）初期雨水的去除率和弃流设施利用率

设降雨强度i条件下，有弃流池贮存$r(\text{min})$，雨水$0<\tau<T$，则有：

$$W = W_1 + W_2 \tag{7.16}$$

式中　W——收集到的雨水总量，m^3；

W_1——初期雨水量，m^3；

W_2——洁净雨水量，m^3。

由图 7.29 可知，Q_b 为全部汇水面积上产生的汇流，有：

$$Q_b = Q_c = Q \tag{7.17}$$

设初期雨水总量 W_c。由图 7.29 中线 0-a-e-T 围成的面积可得：$Q_c = (T-k)Q_a$，由三角形 0-t_b-c 可知：

$$Q_a / Q_b = k / (T-k) \tag{7.18}$$

再将式（7.16）代入式（7.17）得：

$$Q_c = kQ_s \tag{7.19}$$

定义初期雨水的去除率 η＝弃流的初期雨水量/初期雨水总量＝$W_1/W_2 \times 100\%$，弃流设施利用率 ξ＝弃流的初期雨水量/收集的雨水总量＝$W_1/W \times 100\%$。

【例 7-5】　设计流量计算参数：北京地区 1 年重现期降雨（$i = 1.54$mm/min），场地面积 3.5 万 m^2，集流时间 $t_b = 10$min，初期雨水降雨厚度 4mm，$k = h/I = 2.6$min，$T = t_b + k = 12.6$min。

计算结果如图 7.30 所示，初期雨水去除率和弃流设施利用率的关系。各特征部位初期雨水的去除能力见表 7.24。

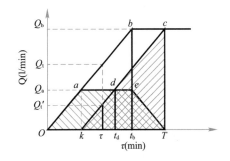

图 7.29　雨水汇流过程

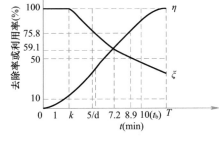

图 7.30　初期雨水去除率和弃流设施利用率的关系

各特征部位初期雨水的去除能力　　　　　　　　　　　　　　　　表 7.24

序号	特征描述	特征部位时间（min）	初期雨水的去除率 η	弃流设施利用率 ξ
1	初期降雨历时内	0～k	≤13	100
2	初期雨水与洁净雨水的汇集流量相等	t_d	39	75
3	初期雨水去除率和弃流设施利用率相等	7.2	59.1	59.1
4	弃流总量中，初期雨水和洁净雨水的累积雨量相等	7.9	75.8	50
5	初期雨水完全去除	T	100	34.2

7.4.5　城镇雨水控制系统

城镇的雨水控制系统通过加强雨水监测，进而对雨水进行有效控制与调度，减少内涝和雨水灾害，主要包括：雨水监测系统、雨水联合调度体系、雨水灾害风险评估等。

建立雨水监测系统。一般情况下，城镇面积比较大，在城镇排水系统中污水和雨水预留接口数量巨大，难以获取代表性和完整性的雨水监测信息。形成山地城镇雨水联合调度体系。需要在雨水排泄与储蓄的关键节点安装水量在线监测仪器，通过控制阀的启闭实现水量调度模糊控制模式和实时控制技术。雨水灾害风险评估。山地城镇内涝与雨水防灾减灾，应在时间域和空间域上优化配置和有序建设，均需进行灾害风险分析。

7.4.6 城镇雨水设施规模计算

1. 计算原则

雨水设施的规模应根据控制目标及设施在具体应用中发挥的主要功能，选择容积法、流量法或水量平衡法等方法通过计算确定；按照径流总量、径流峰值与径流污染综合控制目标进行设计的低影响开发设施，应综合运用以上方法进行计算，并选择其中较大的规模作为设计规模；有条件的可利用模型模拟的方法确定设施规模。

当以径流总量控制为目标时，地块内各雨水设施的设计调蓄容积之和，即总调蓄容积（不包括用于削减峰值流量的调节容积），一般不应低于该地块"单位面积控制容积"的控制要求。计算总调蓄容积时，应符合以下要求：顶部和结构内部有蓄水空间的渗透设施（如复杂型生物滞留设施、渗管/渠等）的渗透量应计入总调蓄容积；调节塘、调节池对径流总量削减没有贡献，其调节容积不应计入总调蓄容积；转输型植草沟、渗管/渠、初期雨水弃流、植被缓冲带、人工土壤渗滤等对径流总量削减贡献较小的设施，其调蓄容积也不计入总调蓄容积；透水铺装和绿色屋面仅参与综合雨量径流系数的计算，其结构内的空隙容积一般不再计入总调蓄容积；受地形条件、汇水面大小等影响，设施调蓄容积无法发挥径流总量削减作用的设施（如较大面积的下沉式绿地，往往受坡度和汇水面竖向条件限制，实际调蓄容积远远小于其设计调蓄容积），以及无法有效收集汇水面径流雨水的设施具有的调蓄容积不计入总调蓄容积。

2. 以径流总量和径流污染为控制目标

流量法和容积法。主要用于以径流总量和径流污染为控制目标的设施规模计算。植草沟等转输设施，其设计目标通常为排除一定设计重现期下的雨水流量，设施计算可参照式（7.2），具有的调蓄容积应满足"单位面积控制容积"的指标要求，可参照式（7.3）计算。

水量平衡法。主要用于湿塘、雨水湿地等设施贮存容积的计算。设施贮存容积应首先按照"容积法"进行计算，同时为保证设施正常运行（如保持设计常水位），再通过水量平衡法计算设施每月雨水补水水量、外排水量、水量差、水位变化等相关参数，最后通过经济分析确定设施设计容积的合理性并进行调整，水量平衡计算过程可参照《海绵城市建设技术指南—低影响开发雨水系统构建（试行）》表4-4。

3. 以渗透为主要功能的设施规模计算

对于生物滞留设施、渗透塘、渗井等顶部或结构内部有蓄水空间的渗透设施，设施规模应按照以下方法进行计算。对透水铺装等仅以原位下渗为主、顶部无蓄水空间的渗透设施，其基层及垫层空隙虽有一定的蓄水空间，但其蓄水能力受面层或基层渗透性能的影响很大，因此透水铺装可通过参与综合雨量径流系数计算的方式确定其规模。

（1）渗透设施有效调蓄容积按式（7.20）进行计算

$$V_s = V - W_p \tag{7.20}$$

式中 V_s——渗透设施的有效调蓄容积，包括设施顶部和结构内部蓄水空间容积，m^3；

V——渗透设施进水量，m^3，参照"容积法"计算；

W_p——渗透量，m^3。

221

（2）渗透设施渗透量按式（7.21）进行计算

$$W_p = KJA_s t_s \tag{7.21}$$

式中　W_p——渗透量，m^3；

　　　　K——土壤（原土）渗透系数，m/s；

　　　　J——水力坡降，一般可取 $J=1$；

　　　　A_s——有效渗透面积，m^2；

　　　　t_s——渗透时间，s，指降雨过程中设施的渗透历时，一般可取 2h。渗透设施的有效渗透面积 A_s，应按下列要求确定：水平渗透面按投影面积计算；竖直渗透面按有效水位高度的 1/2 计算；斜渗透面按有效水位高度的 1/2 所对应的斜面实际面积计算；地下渗透设施的顶面积不计。

4. 以贮存为主要功能的设施规模计算

雨水罐、蓄水池、湿塘、雨水湿地等设施以贮存为主要功能时，其贮存容积应通过"容积法"及"水量平衡法"计算，并通过技术经济分析综合确定。

5. 以调节为主要功能的设施规模计算

基于流量调节的调蓄池下游干管设计流量计算如下。

由于调蓄池存在蓄洪和滞洪作用，因此计算调蓄池下游雨水干管的设计流量时，其汇水面积只计调蓄池下游的汇水面积，与调蓄池上游汇水面积无关。

调蓄池下游干管的雨水设计流量可按式（7.22）计算：

$$Q = \alpha Q_{max} + Q' \tag{7.22}$$

式中　Q_{max}——调蓄池上游干管的设计流量（m^3/s）；

　　　　Q'——调蓄池下游干管汇水面积上的雨水设计流量，应按下游干管汇水面积的集水时间计算，与上游干管的汇水面积无关，（m^3/s）；

　　　　α——下游干管设计流量的减小系数：

对于溢流堰式调蓄池，$\alpha = \dfrac{Q_2 + Q_5}{Q_{max}}$；　　　　　（7.23）

对于底部流槽式调蓄池，$\alpha = \dfrac{Q_3}{Q_{max}}$　　　　　（7.24）

6. 以转输与截污净化为主要功能的设施规模计算

植草沟等转输设施的计算方法如下：根据总平面图布置植草沟并划分各段的汇水面积；根据《室外排水设计规范》GB 50014—2006（2016 年版）确定排水设计重现期，参考《指南》"流量法"计算设计流量 Q；根据工程实际情况和植草沟设计参数取值，确定各设计参数。容积法弃流设施的弃流容积应按"容积法"计算；绿色屋面的规模计算参照透水铺装的规模计算方法；人工土壤渗滤的规模根据设计净化周期和渗滤介质的渗透性能确定；植被缓冲带规模根据场地空间条件确定。

7.5　中国城镇雨水管理与实践

7.5.1　中国古代的城镇洪涝防治

我国城镇快速发展的同时，城镇建设在生态和可持续发展方面面临了许多问题，地面的过度硬化以及热岛效应引起的强降雨日益频繁，城镇洪涝灾害问题与日俱增，城镇"内涝"已不仅仅是技术问题，需要着力于城镇整体规划与管理的理念。我国历史上不缺乏有效的城镇排水系统，甚至有部分工程设施现在当代还在发挥着城镇防洪排涝的作用，如赣州古城的福寿沟、明清紫禁城等。我们应该吸取古代城镇中"治水防涝"的经验与策略，并借助于当代国内外城镇营建技术，提出系统、科学、可行的城镇径流控制策略。

1. 赣州古城

近几年，我国许多大城镇遭遇持续暴雨事件，出现城镇内涝问题，赣州市老城区却安然无恙，主要得益于北宋时修建的以福寿沟为主体的城镇防洪排涝系统。

（1）利用地形构建沟渠实现自然排水

赣州古城地势西南高、东北低，利用地形高差，布设福沟和寿沟两个排水干道系统分区排水，雨水可以从高地自然流向低洼地区。

（2）借水力自动启闭水窗

赣州城的水窗闸门可借水力实现自动启闭，当江水低于排水道水位时，借排水道水力冲开水窗闸门；反之则借江中水力关闭闸门，防止江水倒灌，如图7.31所示。

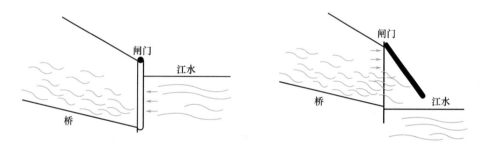

图7.31 水窗原理示意图

（3）福寿沟与城内池塘共同调蓄降雨径流

福寿沟把籍赣州市内众多的水塘连为一体，形成城内水系，有着调蓄城内径流的作用，福寿沟的存在减少了赣州市旧城区与新城区在暴雨后发生城镇内错的可能性，如图7.32所示。

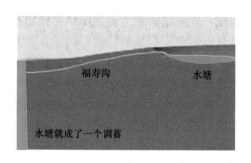
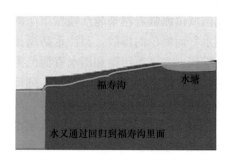

图7.32 江水上涨，沟中水流向水塘（左）；江水下降，水塘水流向赣江（右）

2. 明清紫禁城

明清紫禁城从建成至今将近600年，历年暴雨后从未发生过内涝灾害，主要得益于周密的规划设计和科学的排水系统，它在排水和防涝方面有以下几点很好的经验。

（1）宫城四周开挖护城河

紫禁城四周开挖的护城河，又称筒子河，长约为 3.8km，宽为 52m，深为 6m，蓄水容量达到 117.56 万 m³。即使宫城内发生极端暴雨情况下（日雨量达到 225mm，径流系数为 0.9），城内全部雨水径流汇入护城河的情况下，护城河的水位升高也不足 1m。

（2）城内开挖内金水河

内金水河是明代紫禁城内最大的供排水干渠，总长为 2097.6m，从玄武门西侧的涵洞流入紫禁城内，并沿着城内西侧南流，流经武英殿、太和门以及文渊阁到东南门，复经銮仪卫西，从紫禁城的东南角流出紫禁城。内金水河起着提供消防用水以及施工用水等的作用，同时也是城内重要的排水干渠。

（3）城内建设若干条排水干沟和支沟

城内设置多条排水干沟和支沟，干沟一般比较深，比如太和殿东南崇楼下面的券洞深达 1.5m，支沟约 60～70cm 深，共同构成排水沟网。通过排水干沟将东西方向流的水汇入南北方向的干沟内，最终全部汇入内金水河。紫禁城内的明暗沟渠长有 8km，密度达到 11.05km/km²。

（4）利用地形坡度方便地面排水

紫禁城内主要根据地形坡度构建地面排水设施，即雨水顺着地形坡度汇流至沟槽内，通过"眼钱"渗入暗沟内，再汇入干沟排出。

7.5.2　中国城镇雨水管理体系建设

1. 雨水管理的法制建设

快速城镇化的同时，城镇发展也面临巨大的环境与资源压力，外延增长式的城镇发展模式已难以为继，《国家新型城镇化规划（2014-2020 年）》明确提出，我国的城镇化必须进入以提升质量为主的转型发展新阶段。为此，必须坚持新型城镇化的发展道路，协调城镇化与环境资源保护之间的矛盾，才能实现可持续发展。党的十八大报告明确提出"面对资源约束趋紧、环境污染严重、生态系统退化的严峻形势，必须树立尊重自然、顺应自然、保护自然的生态文明理念，把生态文明建设放在突出地位"。

以此相悖的是，目前，中国城镇的雨水管理理念较为落后，以"防""排"为主。近年来我国城镇面临着越来越严峻城市防洪排涝问题，导致我国绝大多数城镇将雨水当作一种"废水"而简单的排放，只注重防洪排涝控制且以简单、直接的"排"为主，随着城镇的快速扩张，非点源污染和雨水资源流失问题将一直伴随存在。对待雨水的传统观念及排除方式显然有悖于构建资源节约型、环境友好型社会和水资源可持续利用的理念和城市发展战略。同时我国目前缺少适应洪水、疏导洪水以及利用雨水的弹性的雨水管理法规，导致水环境行政主管部门权力失语，流域水资源保护机构则法律地位不明、权责不清，难以对水资源统一管理。

为了顺应国家新型城镇化的发展道路，协调城镇化与环境资源保护之间的矛盾，在进行城市雨水管理的时候，必须转变理念，根据我国区域降雨特征及城镇化发展特点建立合乎自然规律、有利于维持并提升自然水循环及生态平衡的现代综合雨水管理体系，通过各类技术的组合应用，实现径流总量控制、径流峰值控制、径流污染控制、雨水资源化利用等目标。

现代雨水管理体系的顺利实施，必须做到有法律可以依靠、有规范可以遵循、有政策可以引导。我们首选应该完善相关法律法规，制定专门针对雨水管理的法律法规政策，并在雨水管理相关法规中倡导新型可持续的雨水管理理念，鼓励运用新型可持续的雨水管理技术，引导雨水管理规划及项目制定，建立雨水管理规划制定的统一平台，保障雨水管理项目的资金来源等。在法律规范政策的管理监督之下，降雨径流管理措施得以长期使用，人们必须为自身的开发建设行为负责，对原有的水文环境，包括地表径流量、水质质量、地下水含量产生尽量少的干扰。

目前，我国相继颁布了有关雨水利用的法律法规，以保障雨水利用的研究与利用。2013 年 3 月 25 日，国务院办公厅发布《关于做好城市排水防涝设施建设工作的通知》（国办发〔2013〕23 号），要求"2014 年底前，编制完成城市排水防涝设施建设规划，力争用 5 年时间完成排水管网的雨污分流改造，用 10 年左右的时间，建成较为完善的城市排水防涝工程体系。"要求各地区旧城改造与新区建设必须树立尊重自然、顺应自然、保护自然的生态文明理念；要控制开发强度，合理安排布局，有效控制地表径流，最大限度地减少对城市原有水生态环境的破坏，加强城市河湖水系保护和管理，维护其生态、排水防涝和防洪功能；积极推行低影响开发建设模式，因地制宜配套建设雨水滞渗、收集利用等削峰调蓄设施，增加下凹式绿地、植草沟、人工湿地、可渗透路面、砂石地面和自然地面，以及透水性停车场和广场，提高对雨水的吸纳能力和蓄滞能力。2013 年 9 月 18 日，颁布《城市排水与污水处理条例》（中华人民共和国国务院令第 641 号）；规定城市排水与污水处理应当遵循尊重自然、统筹规划、配套建设、保障安全、综合利用的原则。要求："易发生内涝的城市、镇，还应当编制城市内涝防治专项规划，并纳入本行政区域的城市排水与污水处理规划。"2013 年 6 月 18 日，住房和城乡建设部关于印发城市排水（雨水）防涝综合规划编制大纲的通知（建城〔2013〕98 号）；《国家发展改革委关于进一步加强城市节水工作的通知》（建城〔2014〕114 号）要求大力推行低影响开发建设模式，按照对城市生态环境影响最低的开发建设理念，控制开发强度，最大限度地减少对城市原有水生态环境的破坏，建设自然积存、自然渗透、自然净化的"海绵城市"；2014 年 10 月 22 日，住房和城乡建设部关于印发海绵城市建设技术指南——低影响开发雨水系统构建（试行）的通知（建城函〔2014〕275 号），旨在指导各地新型城市化建设过程中，推广和应用低影响开发建设模式，加大城市径流雨水源头减排的刚性约束，优先利用自然排水系统，建设生态排水设施，充分发挥城市绿地、道路、水系等对雨水的吸纳、蓄渗和缓释作用，使城市开发建设后的水文特征接近开发前，有效缓解城市内涝、削减城市径流污染负荷、节约水资源、保护和改善城市生态环境，为建设具有自然积存、自然渗透、自然净化功能的海绵城市提供重要保障。推进海绵城市建设：控制降雨径流、防治城市内涝；改善径流水质，降低面源污染；利用雨水资源，缓解缺水矛盾；2015 年 4 月 2 日，《国务院关于印发水污染防治行动计划的通知》（国发〔2015〕17 号）；2015 年 8 月 28 日，住房和城乡建设部和环境保护部颁布《城市黑臭水体整治工作指南》；2015 年 9 月 23 日，中共中央国务院印发《生态文明体制改革总体方案》，要求："坚持节约资源和保护环境基本国策，坚持节约优先、保护优先、自然恢复为主方针，以正确处理人与自然关系为核心，以解决生态环境领域突出问题为导向，保障国家生态安全，改善环境质量，提高资源利用效率，推动形成人与自然和谐发展的现代化建设新格局。"生态文明建设以"生态环境、生态安全、资源利用"为核心内容,已是国家重大举措。

国内部分城镇根据自身城镇特点,基于国家、部委基本的法律法规框架制定了地方标准,如北京市地方标准《雨水控制与利用工程设计规范》DB 11/685—2013、深圳市地方标准有《雨水利用工程技术规范》SZDB/Z 49—2011 和《深圳市再生水、雨水利用水质规范》9SZJG 32—2010 规定新建、改建、扩建建设项目的规划和设计应包括雨水控制与利用的内容。雨水控制与利用设施应与项目主体工程同时规划设计、同时施工、同时投入使用。基于源头控制和减缓冲击负荷,构建与自然相适应的城镇排水系统,合理利用景观空间和采取相应措施对暴雨径流进行控制,减少城镇面源污染。雨水控制与利用工程应以削减径流排水、防止内涝及雨水的资源化利用为目的,兼顾城市防灾需求。

我国城镇防洪与排水事业发展迅速,我国许多城镇发生内涝,原城镇雨水管道设计标准已不适应,与之相关的规范、标准几经修订。修编并发布《防洪标准》GB 50201—2014;2010 年以来,我国许多城镇发生内涝,原因当然是多方面的,但与城镇雨水管道设计标准过低不无关系。因此,《室外排水设计规范》于 2011 年、2014 年和 2016 年三次进行了修订。规范 2014 年版对雨水设计重现期作了重大调整,取消了最低为 0.5 年的重现期,最高重现期调整至 10 年或以上。在有条件的地区建设城镇排涝系统,确定城镇排涝标准,保证城镇安全运行。明确提出排水工程设计应依据城市排水与污水处理规划,并与城镇防洪、河道水系、道路交通、园林绿地、环境保护、环境卫生等专项规划和设计相协调。排水设施的设计应根据城镇规划蓝线和水面率的要求,充分利用自然蓄排水设施,并应根据用地性质规定不同地区的高程布置,满足不同地区的排水要求。注重国际经验,开展源头控制技术、管网优化和内涝防治体系研究;适当提高排水管网标准,优化排水管网设计技术;及时确定内涝防治标准,逐步建立内涝防治体系;加强相关专业规划协调,共同防治城镇内涝发生。

2. 城镇雨水管理规划

城镇应根据国家、部委的统一指导,根据自身情况,城镇建设过程应在城镇规划、设计、实施等各环节纳入低影响开发内容,统筹协调规划、国土、排水、道路、交通、园林、水文等职能部门,制定区域性的雨水控制与利用管理规划,在各相关规划编制过程中落实低影响开发雨水系统的建设内容,共同实现低影响开发控制目标,如图 7.33 所示。住房城乡建设部会同有关部门加强对城镇基础设施建设的监督指导;发展改革委、财政部、住房城乡建设部会同有关部门研究制定城镇基础设施建设投融资、财政等支持政策;人民银行、银监会会同有关部门研究金融支持城镇基础设施建设的政策措施;住房和城乡建设部、发展改革委、财政部等有关部门定期对城镇基础设施建设情况进行检查。

为了实现低影响开发控制的径流总量控制、峰值控制、面源污染控制及雨水资源化利用等目标,应根据城市特点制定城镇总体规划,并结合环保、水利、防洪、绿化、道路等部门制定各专项规划。在规划制定的过程中,要遵循以下原则。

(1)保护性开发。城镇建设过程中应保护河流、湖

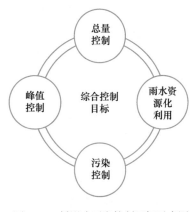

图 7.33　低影响开发控制目标示意图

泊、湿地、坑塘、沟渠等水生态敏感区，并结合这些区域及周边条件（如坡地、洼地、水体、绿地等）进行低影响开发雨水系统规划设计。

（2）水文干扰最小化。优先通过分散、生态的低影响开发设施实现径流总量控制、径流峰值控制、径流污染控制、雨水资源化利用等目标，防止城镇化区域的河道侵蚀、水土流失、水体污染等。

（3）统筹协调。低影响开发雨水系统建设内容应纳入城镇总体规划、水系规划、绿地系统规划、排水防涝规划、道路交通规划等相关规划中，各规划中有关低影响开发的建设内容应相互协调与衔接。

城镇总体规划应创新规划理念与方法，将低影响开发雨水系统作为新型城镇化和生态文明建设的重要手段。应开展低影响开发专题研究，结合城镇生态保护、土地利用、水系、绿地系统、市政基础设施、环境保护等相关内容，因地制宜地确定城镇年径流总量控制率及其对应的设计降雨量目标，制定城镇低影响开发雨水系统的实施策略、原则和重点实施区域，并将有关要求和内容纳入城镇水系、排水防涝、绿地系统、道路交通等相关专项（专业）规划。城镇总体规划及各相关专业规划要点见表7.25。

城镇总体规划及各相关专业规划要点 表7.25

规划名称	要点
城镇总体规划	保护水生态敏感区
	集约开发利用土地
	合理控制不透水面积
	合理控制地表径流
	明确低影响开发策略和重点建设区域
城镇水系规划	明确低影响开发控制指标，优化水域、岸线、滨水区及周边绿地布局
	依据城镇总体规划划定城镇水域、岸线、滨水区，明确水系保护范围
	保持城镇水系结构完整，优化河湖水系布局，实现自然、有序排放与调蓄
城镇排水防涝综合规划	明确低影响开发径流总量控制目标与指标
	确定径流污染控制目标及防治方式
	与城镇雨水管渠系统及超标雨水径流排放系统有效衔接
	明确雨水资源化利用目标及方式
	优化低影响开发设施的竖向与平面布局
城镇绿地系统专项规划	提出不同类型绿地的低影响开发控制目标和指标
	城镇绿地应与周边汇水区域有效衔接
	应符合园林植物种植及园林绿化养护管理技术要求
	合理设置预处理设施
	充分利用多功能调蓄设施调控排放径流雨水
	合理确定城镇绿地系统低影响开发设施的规模和布局
城镇道路交通专项规划	提出各等级道路低影响开发控制目标
	道路交通规划应体现低影响开发设施
	协调道路红线内外用地空间布局与竖向

3. 城镇雨水控制与利用管理

（1）公共项目的低影响开发设施由城镇道路、排水、园林等相关部门按照职责分工负责维护监管。其他低影响开发雨水设施，由该设施的所有者或其委托方负责维护管理。

（2）应建立、健全低影响开发设施的维护管理制度和操作规程，配备专职管理人员和相应的监测手段，并对管理人员和操作人员加强专业技术培训。

（3）低影响开发雨水设施的维护管理部门应做好雨季来临前和雨季期间设施的检修和维护管理，保障设施正常、安全运行。

（4）低影响开发设施的维护管理部门宜对设施的效果进行监测和评估，确保设施的功能得以正常发挥。

（5）应加强低影响开发设施数据库的建立与信息技术应用，通过数字化信息技术手段，进行科学规划、设计，并为低影响开发雨水系统建设与运行提供科学支撑。

（6）应加强宣传教育和引导，提高公众对海绵城镇建设、低影响开发、绿色建筑、城镇节水、水生态修复、内涝防治等工作中雨水控制与利用重要性的认识，鼓励公众积极参与低影响开发设施的建设、运行和维护。

7.5.3　城镇雨水控制与利用系统设计

1. 城镇雨水控制与利用系统构成

我国大多数城镇存在的暴雨和城镇化双重作用引发的严重洪涝灾害、雨水径流非点源污染、严重缺水和雨水资源的大量流失、地下水位下降、生物栖息地及多样性减少等生态环境恶化问题。面对这些综合性的问题，在选择雨水控制与利用设施的时候，就不应局限在城镇城区内，应考虑流域尺度的协调管理，既要采取管理措施从源头上控制来自郊区及农村地区的非点源污染物质、改善城区外部的湖泊、河网的滞洪及行洪环境，又要立足于城镇本身，通过一系列多样化，小型化，本地化，经济合算的景观设施来控制城镇雨水径流的源头污染，基本特点是从整个城镇系统出发，采取接近自然系统的技术措施，以尽量减少城镇发展对环境的影响为目的来进行城镇径流污染的控制和管理。

对于来自郊区及农村地区的非点源污染物质，可以通过管理措施、种植措施、耕作措施、工程措施等在流域农业用地上使用环境负面影响最小化的农作方法，最大化地保护土壤和水质，以控制营养物质施用量和提高肥料利用率等。

目前，我国城镇发展过程中面临巨大环境与资源压力，其中很重要的问题就是城镇防洪排涝问题，现阶段雨水控制与管理应立足于城镇，对新建、改建、扩建项目，应在园林、道路交通、排水、建筑等各专业设计方案中明确体现低影响开发雨水系统的设计内容，采取接近自然系统的技术措施进行城镇径流污染的控制和管理。

通过各类技术的组合应用，可实现径流总量控制、径流峰值控制、径流污染控制、雨水资源化利用等目标。实践中，应结合城镇不同区域水文地质、水资源等特点及技术经济分析，按照因地制宜和经济高效的原则选择低影响开发技术及其组合系统。

（1）建筑与小区

建筑屋面和小区路面径流雨水应通过有组织的汇流与转输，经截污等预处理后引入绿地内的以雨水渗透、贮存、调节等为主要功能的低影响开发设施。因空间限制等原因不能满足控制目标的建筑与小区，径流雨水还可通过城镇雨水管渠系统引入城镇绿地与广场内的低影响开发设施。低影响开发设施的选择应因地制宜、经济有效、方便易行，如结合小区绿地和景观水体优先设计生物滞留设施、渗井、湿塘和雨水湿地等。建筑与小区低影响开发雨水系统典型流程如图 7.34 所示。

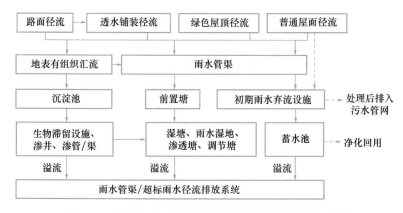

图 7.34 建筑与小区低影响开发雨水系统典型流程示例

（2）城镇道路

城镇道路径流雨水应通过有组织的汇流与转输，经截污等预处理后引入道路红线内、外绿地内，并通过设置在绿地内的以雨水渗透、贮存、调节等为主要功能的低影响开发设施进行处理。低影响开发设施的选择应因地制宜、经济有效、方便易行，如结合道路绿化带和道路红线外绿地优先设计下沉式绿地、生物滞留带、雨水湿地等。城市道路低影响开发雨水系统典型流程如图 7.35 所示

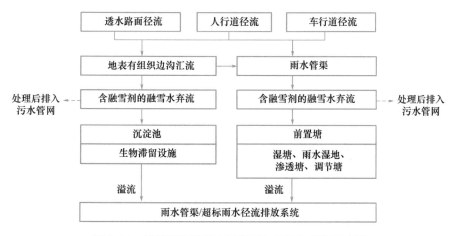

图 7.35 城镇道路低影响开发雨水系统典型流程示例

（3）城镇绿地与广场

城镇绿地、广场及周边区域径流雨水应通过有组织的汇流与转输，经截污等预处理后引入城镇绿地内的以雨水渗透、贮存、调节等为主要功能的低影响开发设施，消纳自身及周边区域径流雨水，并衔接区域内的雨水管渠系统和超标雨水径流排放系统，提高区域内涝防治能力。低影响开发设施的选择应因地制宜、经济有效、方便易行，如湿地公园和有景观水体的城市绿地与广场宜设计雨水湿地、湿塘等。城镇绿地与广场低影响开发雨水系统典型流程如图 7.36 所示。

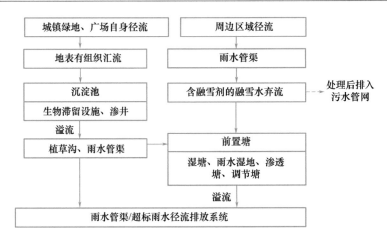

图 7.36　城镇绿地与广场低影响开发雨水系统典型流程示例

（4）城镇水系

城镇水系在城市排水、防涝、防洪及改善城镇生态环境中发挥着重要作用，是城市水循环过程中的重要环节，湿塘、雨水湿地等低影响开发末端调蓄设施也是城市水系的重要组成部分，同时城镇水系也是超标雨水径流排放系统的重要组成部分。

城镇水系设计应根据其功能定位、水体现状、岸线利用现状及滨水区现状等，进行合理保护、利用和改造，在满足雨水行泄等功能条件下，实现相关规划提出的低影响开发控制目标及指标要求，并与城镇雨水管渠系统和超标雨水径流排放系统有效衔接。城镇水系低影响开发雨水系统典型流程如图 7.37 所示。

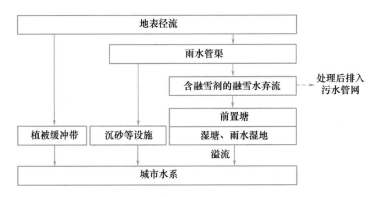

图 7.37　城镇水系低影响开发雨水系统典型流程示例

2. 低影响开发关键技术及组合系统

我国借鉴国际上低影响开发建设模式的成功经验，并吸纳我国相关政策法规的要求和低影响开发雨水系统的工程实践经验，需统筹协调城市开发建设各个环节，结合城镇开发区域或项目特点确定相应的规划控制指标，落实低影响开发设施建设的主要内容。低影响开发技术体系见表 7.26。在建筑与小区、城镇道路、绿地与广场、水系等规划建设中，统筹考虑景观水体、滨水带等开放空间，建设低影响开发设施，构建低影响开发雨水系统。低影响开发雨水系统的构建与所在区域的规划控制目标、水文、气象、土地利用条件等关系密切。

低影响开发技术体系　　　　　　　　　　　　　　　　　　　　　表 7.26

低影响开发	保护性设计	保护开放空间、改造车道、集中开发、限制路面宽度
	渗滤技术	绿色街道、渗透性铺装、渗透池（坑）、绿色渗透
	径流贮存	蓄水池（调节池）、雨水桶、绿色屋面、低势绿地
	生物滞留	人工滤池、植被过滤带、植被滤槽、雨水花园
	过滤技术	植被浅沟、小型蓄水池、植草洼地、植草沟渠
	低影响景观	种植本土植物、更新林木、种植耐旱植物、改良土壤

（1）低影响开发关键技术

低影响开发技术按主要功能一般可分为渗透、贮存、调节、转输、截污净化等几类。主要技术措施有透水铺装、绿色屋面、下沉式绿地、生物滞留设施、渗透塘、渗井、湿塘、雨水湿地、蓄水池、雨水罐、调节塘、调节池、植草沟、渗管/渠、植被缓冲带、初期雨水弃流设施、人工土壤渗滤等。简介如下：

1）透水铺装：按照面层材料不同可分为透水砖铺装、透水水泥混凝土铺装和透水沥青混凝土铺装，嵌草砖、园林铺装中的鹅卵石、碎石铺装等。当透水铺装设置在地下室顶板上时，顶板覆土厚度不应小于 600mm，并应设置排水层。其典型构造如图 7.38 所示。

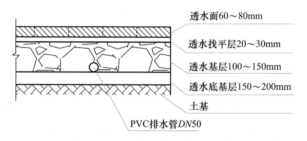

图 7.38　透水砖铺装典型结构示意图

2）绿色屋面：也称种植屋面，屋面绿化等，根据种植基质的深度和景观的复杂程度，又分为简单式和花园式，基质深度根据种植植物需求和屋面荷载确定，简单式绿色屋面的基质深度一般不大于 150mm，花园式的基质深度一般不大于 600mm，典型构造如图 7.39 所示。

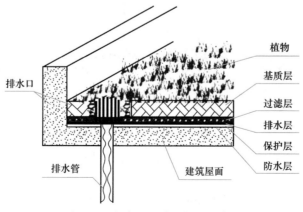

图 7.39　绿色屋面典型构造示意图

231

3）下沉式绿地：具有狭义和广义之分，狭义的下沉式绿地指低于周边铺砌地面或道路在 200mm 以内的绿地；广义的下沉式绿地泛指具有一定的调蓄容积（在以径流总量控制为目标进行目标分解或设计计算时，不包括调节容积），且可用于调蓄和净化径流雨水的绿地，包括生物滞留设施、渗透塘、湿塘、雨水湿地、调节塘等。狭义的下沉式绿地应满足以下要求：①下沉式绿地的下凹深度应根据植物耐淹性能和土壤渗透性能确定，一般为 100～200mm。②下沉式绿地内一般应设置溢流口（如雨水口），保证暴雨时径流的溢流排放，溢流口顶部标高一般应高于绿地 50～100mm。下沉式绿地典型构造如图 7.40所示。

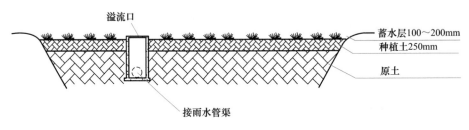

图 7.40　狭义的下沉式绿地典型构造示意图

4）生物滞留设施：指在地势较低的区域，通过植物、土壤和微生物系统蓄渗、净化径流雨水的设施。生物滞留设施分为简易型生物滞留设施和复杂型生物滞留设施，按应用位置不同又称作雨水花园、生物滞留带、高位花坛、生态树池等。生物滞留设施内应设置溢流设施，可采用溢流竖管、盖篦溢流井或雨水口等，溢流设施顶一般应低于汇水面100mm。生物滞留设施的蓄水层深度应根据植物耐淹性能和土壤渗透性能来确定，一般为200～300mm，并应设 100mm 的超高；换土层介质类型及深度应满足出水水质要求，还应符合植物种植及园林绿化养护管理技术要求；为防止换土层介质流失，换土层底部一般设置透水土工布隔离层，也可采用厚度不小于 100mm 的砂层（细砂和粗砂）代替；砾石层起到排水作用，厚度一般为 250～300mm，可在其底部埋置管径为 100～150mm 的穿孔排水管，砾石应洗净且粒径不小于穿孔管的开孔孔径；为提高生物滞留设施的调蓄作用，在穿孔管底部可增设一定厚度的砾石调蓄层。生物滞留设施典型构造如图 7.41 和图 7.42所示。

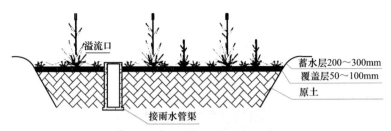

图 7.41　简易型生物滞留设施典型构造示意图

5）渗透塘：是一种用于雨水下渗补充地下水的洼地，具有一定的净化雨水和削减峰值流量的作用。渗透塘边坡坡度（垂直：水平）一般不大于 1：3，塘底至溢流水位一般不小于 0.6m。渗透塘底部构造一般为 200～300mm 的种植土、透水土工布及 300～500mm的过滤介质层。渗透塘典型构造如图 7.43 所示。

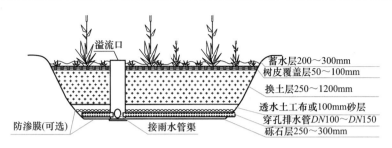

图 7.42 复杂型生物滞留设施典型构造示意图

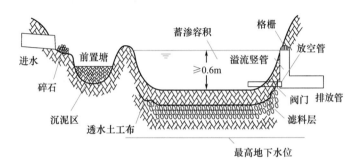

图 7.43 渗透塘典型构造示意图

6) 渗井：指通过井壁和井底进行雨水下渗的设施，为增大渗透效果，可在渗井周围设置水平渗排管，并在渗排管周围铺设砾（碎）石。渗井应满足下列要求：雨水通过渗井下渗前应通过植草沟、植被缓冲带等设施对雨水进行预处理。渗井的出水管的内底高程应高于进水管管内顶高程，但不应高于上游相邻井的出水管管内底高程。渗井调蓄容积不足时，也可在渗井周围连接水平渗排管，形成辐射渗井。辐射渗井的典型构造如图 7.44 所示。

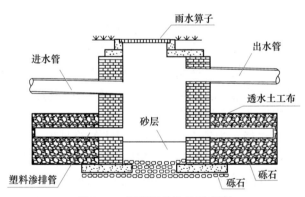

图 7.44 辐射渗井构造示意图

7) 湿塘：指具有雨水调蓄和净化功能的景观水体，雨水同时作为其主要的补水水源。湿塘有时可结合绿地、开放空间等场地条件设计为多功能调蓄水体，即平时发挥正常的景观及休闲、娱乐功能，暴雨发生时发挥调蓄功能，实现土地资源的多功能利用。湿塘一般由进水口、前置塘、主塘、溢流出水口、护坡及驳岸、维护通道等构成。主塘一般包括常水位以下的永久容积和贮存容积，永久容积水深一般为 0.8~2.5m。其典型构造如图 7.45 所示。

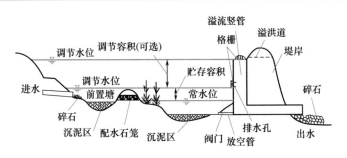

图 7.45　湿塘典型构造示意图

8）雨水湿地：利用物理、水生植物及微生物等作用净化雨水，是一种高效的径流污染控制设施，雨水湿地分为雨水表流湿地和雨水潜流湿地，一般设计成防渗型以便维持雨水湿地植物所需要的水量，雨水湿地常与湿塘合建并设计一定的调蓄容积。雨水湿地与湿塘的构造相似，一般由进水口、前置塘、沼泽区、出水池、溢流出水口、护坡及驳岸、维护通道等构成。雨水湿地典型构造如图 7.46 所示。

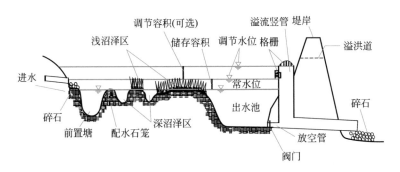

图 7.46　雨水湿地典型构造示意图

9）蓄水池：指具有雨水贮存功能的集蓄利用设施，同时也具有削减峰值流量的作用，主要包括钢筋混凝土蓄水池，砖、石砌筑蓄水池及塑料蓄水模块拼装式蓄水池，用地紧张的城镇大多采用地下封闭式蓄水池。适用于有雨水回用需求的建筑与小区、城镇绿地等，根据雨水回用用途（绿化、道路喷洒及冲厕等）不同需配建相应的雨水净化设施；不适用于无雨水回用需求和径流污染严重的地区。

10）雨水罐：也称雨水桶，为地上或地下封闭式的简易雨水集蓄利用设施，可用塑料、玻璃钢或金属等材料制成，适用于单体建筑屋面雨水的收集利用。

11）调节塘：调节塘也称干塘，以削减峰值流量功能为主，一般由进水口、调节区、出口设施、护坡及堤岸构成，应设置前置塘对径流雨水进行预处理。调节区深度一般为 0.6～3m，也可通过合理设计使其具有渗透功能，起到一定的补充地下水和净化雨水的作用。调节塘典型构造如图 7.47 所示。

12）调节池：为调节设施的一种，主要用于削减雨水管渠峰值流量，一般常用溢流堰式或底部流槽式，可以是地上敞口式调节池或地下封闭式调节池，适用于城镇雨水管渠系统中，削减管渠峰值流量。

13）植草沟：指种有植被的地表沟渠，可收集、输送和排放径流雨水，并具有一定的雨水净化作用，可用于衔接其他各单项设施、城镇雨水管渠系统和超标雨水径流排放系统。浅沟断面形式宜采用倒抛物线形、三角形或梯形。植草沟的边坡坡度（垂直∶水平）不宜大于1∶3，纵坡不应大于4%。纵坡较大时宜设置为阶梯型植草沟或在中途设置消能台坎。植草沟最大流速应小于0.8m/s，曼宁系数宜为0.2~0.3。转输型植草沟内植被高度宜控制在100~200mm。转输型三角形断面植草沟的典型构造如图7.48所示。

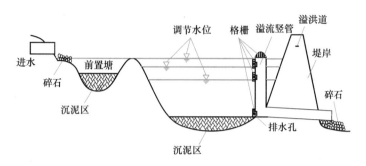

图7.47 调节塘典型构造示意图

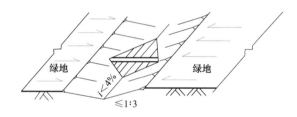

图7.48 转输型三角形断面植草沟典型构造示意图

14）渗管/渠：指具有渗透功能的雨水管/渠，可采用穿孔塑料管、无砂混凝土管/渠和砾（碎）石等材料组合而成。渗管/渠应满足以下要求：渗管/渠应设置植草沟、沉淀（砂）池等预处理设施；渗管/渠开孔率应控制在1%~3%之间，无砂混凝土管的孔隙率应大于20%。渗管/渠典型构造如图7.49所示。

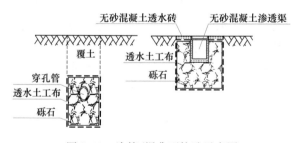

图7.49 渗管/渠典型构造示意图

15）植被缓冲带：为坡度较缓的植被区，经植被拦截及土壤下渗作用减缓地表径流流速，并去除径流中的部分污染物，植被缓冲带坡度一般为4.2%~6%，宽度不宜小于2m。植被缓冲带典型构造如图7.50所示。

16）初期雨水弃流设施：指通过一定方法或装置将存在初期冲刷效应、污染物浓度较高的降雨初期径流予以弃除，以降低雨水的后续处理难度。弃流雨水应进行处理，如排入市政污水管网（或雨污合流管网）由污水处理厂进行集中处理等。常见的初期弃流方法包括容积法弃流、小管弃流（水流切换法）等，弃流形式包括自控弃流、渗透弃流、弃流池、雨落管弃流等。初期雨水弃流设施典型构造如图 7.51 所示。

17）人工土壤渗滤：主要作为蓄水池等雨水贮存设施的配套雨水设施，以达到回用水水质指标，其典型构造可参照复杂型生物滞留设施。

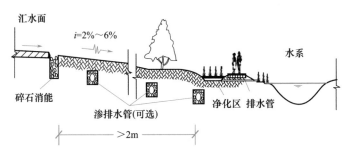

图 7.50　植被缓冲带典型构造示意图

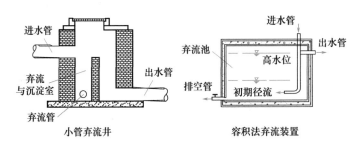

图 7.51　初期雨水弃流设施示意图

（2）低影响开发组合系统

低影响开发单项设施往往具有多个功能，如生物滞留设施的功能除渗透补充地下水外，还可削减峰值流量、净化雨水，实现径流总量、径流峰值和径流污染控制等多重目标。因此应根据设计目标灵活选用低影响开发设施及其组合系统。通过各类技术的组合应用，可实现径流总量控制、径流峰值控制、径流污染控制、雨水资源化利用等目标。实践中，应结合不同区域水文地质、水资源等特点及技术经济分析，按照因地制宜和经济高效的原则选择低影响开发技术及其组合系统。

低影响开发设施的选择应结合不同区域水文地质、水资源等特点，建筑密度、绿地率及土地利用布局等条件，根据城镇总规、专项规划及详规明确的控制目标，结合汇水区特征和设施的主要功能、经济性、适用性、景观效果等因素选择效益最优的单项设施及其组合系统。组合系统的优化应遵循以下原则：

1）组合系统中各设施的适用性应符合场地土壤渗透性、地下水位、地形等特点。在土壤渗性能差、地下水位高、地形较陡的地区，选用渗透设施时应进行必要的技术处理，防止塌陷、地下水污染等次生灾害的发生。

2）组合系统中各设施的主要功能应与规划控制目标相对应。缺水地区以雨水资源化利用为主要目标时，可优先选用以雨水集蓄利用主要功能的雨水贮存设施；内涝风险严重的地区以径流峰值控制为主要目标时，可优先选用峰值削减效果较优的雨水贮存和调节等技术；水资源较丰富的地区以径流污染控制和径流峰值控制为主要目标时，可优先选用雨水净化和峰值削减功能较优的雨水截污净化、渗透和调节等技术。

　　小区建筑，可以让屋面绿起来，在滞留雨水的同时起到节能减排、缓解热岛效应的功效。小区绿地应"沉下去"，让雨水进入下沉式绿地进行调蓄、下渗与净化，而不是直接通过下水道排放。小区的景观水体作为调蓄、净化与利用雨水的综合设施。人行道可采用透水铺装，道路绿化带可下沉，若绿化带空间不足，还可将路面雨水引入周边公共绿地进行消纳。

　　城镇绿地与广场应建成具有雨水调蓄功能的多功能"雨水公园"城镇水系应具备足够的雨水调蓄与排放能力，滨水绿带应具备净化城镇所汇入雨水的能力，水系岸线应设计为生态驳岸，提高水系的自净能力。

　　本着节约用地、兼顾其他用地、综合协调设施布局的原则选择低影响开发技术和设施，保护雨水受纳体，优先考虑使用原有绿地、河湖水系、自然坑塘、废弃土地等用地，借助已有用地和设施，结合城镇景观进行规划设计，以自然为主，人工设施为辅，必要时新增低影响开发设施用地和生态用地。有条件的地区，可在汇水区末端建设人工调蓄水体或湿地。严禁城镇规划建设中侵占河湖水系，对于已经侵占的河湖水系，应创造条件逐步恢复。结合各地气候、土壤、土地利用等条件，选取适宜当地条件的低影响开发技术和设施。恢复开发前的水文状况，促进雨水的贮存、渗透和净化。合理选择低影响开发雨水技术及其组合系统，包括截污净化系统、渗透系统、贮存利用系统、径流峰值调节系统、开放空间多功能调蓄等。地下水超采地区应首先考虑雨水下渗，干旱缺水地区应考虑雨水资源化利用，一般地区应结合景观设计增加雨水调蓄空间。

　　3）在满足控制目标的前提下，组合系统中各设施的总投资成本宜最低，并综合考虑设施的环境效益和社会效益，如当地条件允许时，优先选用成本较低且景观效果较优的设施，参见表7.27、表7.28。

低影响开发设施比选一览表　　　　　　　　表 7.27

单项设施	功能					控制目标			处置方式		经济性		污染物去除率,以SS计(%)	景观效果
	集蓄利用雨水	补充地下水	消减峰值流量	净化雨水	转输	径流总量	径流峰值	径流污染	分散	相对集中	建造费用	维护费用		
透水砖铺切	○	●	◎	◎	○	●	◎	◎	√	—	低	低	80~90	—
透水水泥混凝土	○	○	◎	◎	○	◎	◎	◎	√	—	高	中	80~90	—
透水沥青混凝土	○	○	◎	◎	○	◎	◎	◎	√	—	高	中	80~90	—
绿色屋面	○	○	◎	◎	○	●	◎	◎	√	—	高	中	70~80	好
下沉式绿地	○	●	◎	◎	○	●	◎	◎	√	—	低	低	—	一般
简易型生物滞留设施	○	●	◎	◎	○	●	◎	◎	√	—	低	低	—	好
复杂型生物滞留设施	○	●	●	●	○	●	◎	●	√	—	中	低	70~95	好
渗透塘	○	●	●	◎	○	●	◎	◎	—	√	中	中	70~80	一般
渗井	○	●	◎	○	○	●	◎	○	√	√	低	低	—	—
湿塘	●	○	●	◎	○	●	●	◎	—	√	高	中	50~80	好
雨水湿地	●	○	●	●	●	●	●	●	√	√	高	中	50~80	好
蓄水池	●	○	◎	◎	○	●	◎	◎	—	√	高	中	80~90	—

续表

单项设施	功能					控制目标			处置方式		经济性		污染物去除率，以 SS 计（%）	景观效果
	集蓄利用雨水	补充地下水	消减峰值流量	净化雨水	转输	径流总量	径流峰值	径流污染	分散	相对集中	建造费用	维护费用		
雨水罐	●	○	◎	◎	○	●	◎	◎	√	—	低	低	80~90	—
调节塘	○	○	●	○	◎	○	●	◎	—	√	高	中	—	一般
调节池	○	○	●	○	○	○	●	○	—	√	高	中	—	—
转输型植草沟	◎	○	○	○	●	◎	○	◎	√	—	低	低	35~90	一般
干式植草沟	○	●	○	○	●	●	○	●	√	—	低	低	35~90	好
湿式植草沟	○	○	○	●	●	○	○	●	√	—	中	低	—	好
渗管/渠	○	○	○	○	●	◎	○	◎	√	—	中	中	35~70	—
植被缓冲带	○	○	○	●	—	○	○	●	√	—	低	低	50~75	一般
初期雨水弃流设施	◎	○	○	●	—	○	○	●	√	—	低	中	40~60	—
人工土壤渗滤	●	○	○	●	—	○	○	◎	—	√	高	中	75~95	好

注：1. ●—强　◎—较强　○—弱或很小

2. SS 去除率数据来自于美国流域保护中心（Center For Watershed Protection，CWP）的研究数据

各类用地中低影响开发设施选用一览表　　　　　表 7.28

技术类型（按主要功能）	单项设施	用地类型			
		建筑与小区	城镇道路	绿地与广场	城镇水系
渗透技术	透水砖铺装	●	●	●	◎
	透水水泥混凝土	◎	◎	◎	◎
	透水沥青混凝土	◎	◎	◎	◎
	绿色屋面	●	○	○	○
	下沉式绿地	●	●	●	○
	简易型生物滞留设施	●	●	●	◎
	复杂型生物滞留设施	●	●	◎	◎
	渗透唐	●	◎	●	○
	渗井	●	◎	●	●
贮存技术	湿塘	●	◎	●	●
	雨水湿地	●	●	●	●
	蓄水池	◎	○	◎	○
	雨水塘	●	○	○	○
调节技术	调节塘	●	◎	●	◎
	调节池	◎	◎	◎	◎
转输技术	转输型植草沟	●	●	●	◎
	干式植草沟	●	●	●	◎
	湿式植草沟	●	●	●	◎
	渗管/渠	●	●	●	○
截污净化技术	植被缓冲带	●	●	●	●
	初期雨水弃流设施	●	◎	◎	◎
	人工土壤渗滤	◎	○	◎	◎

注：●宜选用　◎可选用　○不宜选用

7.5.4　我国海绵城市建设

随着我国城镇建设的发展，城镇硬化面积飞速扩大，一方面导致严重影响排涝；另一方面硬马路的径流系数高，排水能力差。其主要原因是：以前整个建筑行业对水的错误认识导致的，建筑师或者建设者都认为雨水是要排走，排的越快越好，这样对建筑的影响是减小了，但是所有建筑都这么做，对整个城镇的影响就大了，城镇的快速发展和建设，改变了城镇下垫面的材质，原来的裸露土壤现在都变成了钢筋混凝土以及柏油马路，原来下雨后，自然地面的雨水渗入地下，降落在硬质地面上的雨水，通过排水系统排走。一方面，当城镇的扩张速度大于地下管网建设速度时就会出现看海；另一方面，雨水资源都通过雨水管排走，城镇地下水位下降，热岛强度增加等一系列生态问题不断涌现，强调尽可能小的对原有环境产生影响，从源头上减少雨水径流。与此同时，城镇也面临资源约束趋紧、环境污染加重、生态系统退化等一系列问题，其中又以城镇水问题表现最为突出。

我国近年快速城镇化的同时，城镇发展面临着巨大的环境与资源压力。建设具有自然积存、自然渗透、自然净化功能的海绵城市是生态文明建设的重要内容，是实现城镇化和环境资源协调发展的重要体现，也是今后我国城镇建设的重大任务。

海绵城市的建设途径主要有以下几方面，一是对城镇原有生态系统的保护。最大限度地保护原有的河流、湖泊、湿地、坑塘、沟渠等水生态敏感区，留有足够涵养水源、应对较大强度降雨的林地、草地、湖泊、湿地，维持城镇开发前的自然水文特征，这是海绵城市建设的基本要求；二是生态恢复和修复。对传统粗放式城镇建设模式下，已经受到破坏的水体和其他自然环境，运用生态的手段进行恢复和修复，并维持一定比例的生态空间；三是低影响开发。按照对城镇生态环境影响最低的开发建设理念，合理控制开发强度，在城镇中保留足够的生态用地，控制城镇不透水面积比例，最大限度地减少对城镇原有水生态环境的破坏，同时，根据需求适当开挖河湖沟渠、增加水域面积，促进雨水的积存、渗透和净化。

海绵城市建设应统筹低影响开发雨水系统、城镇雨水管渠系统及超标雨水径流排放系统。低影响开发雨水系统可以通过对雨水的渗透、贮存、调节、转输与截污净化等功能，有效控制径流总量、径流峰值和径流污染；城镇雨水管渠系统即传统排水系统，应与低影响开发雨水系统共同组织径流雨水的收集、转输与排放。超标雨水径流排放系统，用来应对超过雨水管渠系统设计标准的雨水径流，一般通过综合选择自然水体、多功能调蓄水体、行泄通道、调蓄池、深层隧道等自然途径或人工设施构建。以上三个系统并不是孤立的，也没有严格的界限，三者相互补充、相互依存，是海绵城市建设的重要基础元素。

1.“海绵城市”的建设理念

为了大力推进建设“海绵城市”，节约水资源，保护和改善城镇生态环境，促进生态文明建设，国家出台了一系列的法规政策，如《城市排水与污水处理条例》《国务院办公厅关于做好城市排水防涝设施建设工作的通知》（国办发〔2013〕23号）、《国务院关于加强城市基础设施建设的意见》（国发〔2013〕36号）等，并与《城市排水工程规划规范》《室外排水设计规范》《绿色建筑评价标准》等国家标准规范有效衔接，住房和城乡建设部于2014年10月发布了《海绵城市建设技术指南——低影响开发雨水系统构建（试行）》。海绵城市的四项基本内涵为：

（1）海绵城市的本质——解决城镇化与资源环境的协调和谐

海绵城市的本质是改变传统城镇建设理念，实现与资源环境的协调发展。在工业文明达到顶峰时，人们习惯于战胜自然、超越自然、改造自然的城市建设模式，结果造成严重的城市病和生态危机；而海绵城市遵循的是顺应自然、与自然和谐共处的低影响发展模式。传统城镇利用土地进行高强度开发，海绵城市实现人与自然、土地利用、水环境、水循环的和谐共处；传统城镇开发方式改变了原有的水生态，海绵城市则保护原有的水生态；传统城镇的建设模式是粗放式的，海绵城市对周边水生态环境则是低影响的；传统城镇建成后，地表径流量大幅增加，海绵城市建成后地表径流量能保持不变。因此，海绵城市建设又被称为低影响设计和低影响开发。

（2）海绵城市的目标——让城市"弹性适应"环境变化与自然灾害

一是保护原有水生态系统。通过科学合理划定城镇的蓝线、绿线等开发边界和保护区域，最大限度地保护原有河流、湖泊、湿地、坑塘、沟渠、树林、公园草地等生态体系，维持城镇开发前的自然水文特征。

二是恢复被破坏水生态。对传统粗放城市建设模式下已经受到破坏的城市绿地、水体、湿地等，综合运用物理、生物和生态等的技术手段，使其水文循环特征和生态功能逐步得以恢复和修复，并维持一定比例的城市生态空间，促进城市生态多样性提升。我国很多地方结合点源污水治理的同时，改善水生态。

三是推行低影响开发。在城镇开发建设过程中，合理控制开发强度，减少对城镇原有水生态环境的破坏。留足生态用地，适当开挖河湖沟渠，增加水域面积。此外，从建筑设计始，全面采用屋面绿化、可渗透路面、人工湿地等促进雨水积存净化。据美国波特兰大学"无限绿色屋面小组"（Green roofs unlimited）对占地 $292hm^2$ 的波特兰商业区进行分析，将 $87.6hm^2$ 的屋面空间（相当于 1/3 商业区）修建成绿色屋面，就可截留 60% 的降雨，每年将贮存约 $17678m^3$ 的雨水，可以减少溢流量的 11%～15%。

四是通过多种低影响措施及其系统组合有效减少地表水径流量，减轻暴雨对城镇运行的影响。

（3）改变传统的排水模式

传统城镇建设模式，处处是硬化路面。每逢大雨，主要依靠管渠、泵站等"灰色"设施来排水，以"快速排除"和"末端集中"控制为主要规划设计理念，往往造成逢雨必涝，旱涝急转。根据《海绵城市建设技术指南》，今后城镇建设将强调优先利用植草沟、雨水花园、下沉式绿地等"绿色"措施来组织排水，以"慢排缓释"和"源头分散"控制为主要规划设计理念。

传统的市政模式认为，雨水排得越多、越快、越通畅越好，这种"快排式"（图7.52）的传统模式没有考虑水的循环利用。海绵城市遵循"渗、滞、蓄、净、用、排"的六字方针，把雨水的渗透、滞留、集蓄、净化、循环使用和排水密切结合，统筹考虑内涝防治、径流污染控制、雨水资源化利用和水生态修复等多个目标。具体技术方面，有很多成熟的工艺手段，可通过城镇基础设施规划、设计及其空间布局来实现。总之，只要能够把上述六字方针落到实处，城镇地表水的年径流量就会大幅下降。经验表明：在正常的气候条件下，典型海绵城市可以截流 80% 以上的雨水。

目前（2014年）中国 99% 的城镇都是快排模式，雨水落到硬化地面只能从管道里集中快排。根据《海绵城市建设技术指南》，城市建设将强调优先利用植草沟、雨水花园、下沉式绿地等"绿色"措施来组织排水，以"慢排缓释"和"源头分散"控制为主要规划设计理念。

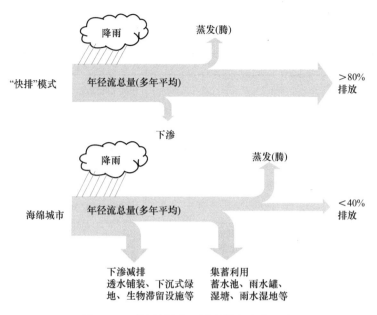

图 7.52 "海绵城市"转变排水防涝思路

（4）保持水文特征基本稳定

通过海绵城市的建设，可以实现开发前后径流量总量和峰值流量保持不变，在渗透、调节、贮存等诸方面的作用下，径流峰值的出现时间也可以基本保持不变。可以通过对源头削减、过程控制和末端处理来实现城镇化前后水文特征的基本稳定。

总之，通过建立尊重自然、顺应自然的低影响开发模式，是系统地解决城镇水安全、水资源、水环境问题的有效措施。通过"自然积存"，来实现削峰调蓄，控制径流量；通过"自然渗透"，来恢复水生态，修复水的自然循环；通过"自然净化"，来减少污染，实现水质的改善，为水的循环利用奠定坚实的基础。

2. 国内外"海绵城市"的建设经验

"海绵城市"概念的产生源自于行业内和学术界习惯用"海绵"来比喻城镇的某种吸附功能，最早是澳大利亚人口研究学者 Budge 应用海绵来比喻城镇对人口的吸附现象。近年来，更多的是将海绵用以比喻城镇或土地的雨涝调蓄能力。"海绵城市"是从城市雨水管理角度来描述的一种可持续的城市建设模式，其内涵是：现代城镇应该具有像海绵一样吸纳、净化和利用雨水的功能，以及应对气候变化、极端降雨的防灾减灾、维持生态功能的能力。很大程度上，海绵城市与国际上流行的城镇雨水管理理念与方法非常契合，如低影响开发、绿色雨水基础设施及水敏感性城市设计等，都是将水资源可持续利用、良性水循环、内涝防治、水污染防治、生态友好等作为综合目标。

"海绵城市"建设的重点是构建"低影响开发雨水系统"，强调通过源头分散的小型控制设施，维持和保护场地自然水文功能，有效缓解城镇不透水面积增加造成的洪峰流量增加、径流系数增大、面源污染负荷加重等城市问题。德国、美国、日本和澳大利亚等国是较早开展雨水资源利用和管理的国家，经过几十年的发展，已取得了较为丰富的实践经验。

3. 我国"海绵城市"的建设绩效评价与考核指标

海绵城市建设绩效评价与考核指标分为水生态、水环境、水资源、水安全、制度建设及执行情况、显示度六个方面，具体指标、要求和方法见表 7.29。

海绵城市建设绩效评价与考核指标（试行）　　　　表 7.29

类别	项	指标	要求	方法	性质
一、水生态	1	年径流总量控制率	当地降雨形成的径流总量，达到《海绵城市建设技术指南》规定的年径流总量控制要求，在低于年径流总量控制率所对应的降雨量时，海绵城市建设区域不得出现雨水外排现象	根据实际情况，在地块雨水排放口，关键管网节点安装观测计量装置及雨量监测装置，连续（不少于一年，监测频率不低于15分钟/次）进行监测，结合气象部门提供降雨数据，相关设计图纸。现场勘测情况。设施规模及时衔接关系等进行分析，必要时通过模型模拟分析计算	定量（约束性）
	2	生态岸线恢复	在不影响防洪安全的前提下，对城市河港水系岸线、加装盖板的天然河道等进行生态修复，达到岸线控制要求，恢复其生态功能	查看相关设计图纸、规划、现场检查等	定量（约束性）
	3	地下水位	年均地下水潜水位保持稳定，或下降趋势得到明显遏制，平均降幅低于历史同期。年均降雨量超过1000mm的地区，不评价此项指标	查看地下水、大水位监测数据	定量（约束性、分类指导）
	4	城市热岛效应	热岛强度得到缓解。海绵城市建设区域夏季（按6月~9月）日平均气温不高于同期其他地区的日均气温，或与同区域历史同期（扣除自然气温变化影响）相比呈现下降趋势	查阅气象资料，可通过红外遥感监测评价	定量（鼓励性）
二、水环境	5	水环境质量	不得出现黑臭现象，海绵城市建设区域内的河流水系水质不低于《地表水环境质量标准》Ⅳ类标准，且优于海绵城市建设前的水质，当成是河流出现上游来水时，下游断面的主要水质指标不得低于来水指标	委托具有计量认证资质的检测机构开展水质检测	定量（约束性）
			地下水位监测点位水质不低于《地下水质量标准》Ⅲ类标准，或不低于海绵城市建设前	委托具有计量认证资质的检测机构开展水质检测	定量（鼓励性）
	6	城镇面源污染控制	雨水径流污染，合流制管渠溢流污染得到有效控制。1. 雨水管道不得有污水直接排入水体；2. 非降雨时段，合流制管渠不得有污水直接排入水体；3. 雨水直排或合流制管渠溢流进入城市内河水系的，应采取生态治理后入河，确保海绵城市建设区域内的河湖水系水质不低于地表Ⅳ类	查看管网排放口，辅助以必要的流量监测手段，并委托具有计量认证资质的检测机构开展水质检测	定量（约束性）

续表

类别	项	指标	要求	方法	性质
三、水资源	7	污水再生利用率	人均水资源量低于500立方米和城区内水体水环境质量低于Ⅳ类标准的城市，污水再生利用率不低于20%，再生水包括污水处理后，通过管道及输配设施、水车等输送用于市政杂用、工业农业、园林绿地灌溉等用水，以及经过人工湿地、生态处理等方式，主要指标达到或优于Ⅳ类要求的污水处理厂尾水	统计污水处理厂（再生水厂、中水站等）的污水再生利用量和污水处理	定量（约束性、分类指导）
	8	雨水资源利用率	雨水收集并用于道路浇洒、园林绿地灌溉、市政杂用、工农业生产、冷却等的雨水总量（按年计算，不包括汇入景观水体的雨水量和自然渗透的与水量），与年均降雨量（折算成算术平均数）的比值；或雨水利用替代的自来水比例等，达到各地根据实际确定的目标	查看相应的计量装置、计量统计数据和计算报告等	定量（约束性、分类指导）
	9	管网漏损控制	供水管网漏损率不高于12%	查看相关的统计数据	定量（鼓励性）
四、水安全	10	城市暴雨内涝灾害防治	历史积水点彻底清除或明显减少，或者在同等降雨条件下积水程度显著减轻，城市内涝得到有效防范，达到《室外排水设计规范》一定的要求	查看降雨记录，监测记录等，必要时通过模型辅助判断	定量（约束性）
	11	饮用水安全	饮用水水源地质达到国家标准要求，以地表水为水源的，一级保护区水质达到《地表水环境质量标准》Ⅱ类标准和饮用水源补充、特定项目的要求；二级保护区水质达到《地表水环境质量标准》Ⅲ类标准和饮用水源补充、特定项目的要求。以地下水为水源的，水质达到《地下水质量标准》Ⅲ标准的要求，自来水出厂水、管网水和龙头水达到《生活饮用水卫生标准》的要求	查看水源地水质检测报告和自来水出厂水、管网水和龙头水的水质检测报告。水质检测报告须由具有资质的检测单位出具	定量（鼓励性）
五、制度建立与执行情况	12	规划建设管控制度	建立海绵城市建设的规划（土地出让、两证一书）、建设（施工图审查、竣工验收等）方面的管理制度和机制	查看出台的城市控详规、相关的法规、政策文件等	定性（约束性）
	13	蓝线、绿线划定与保护	在城市规划中蓝线、绿线，并制定相应的管理规定	查看当地相关的城市规划，及出台的法规、政策文件等	定性（约束性）

243

思　考　题

1. 雨水带来的危害有哪些？
2. 城镇化进程对降雨雨水径流产生的影响是什么？
3. 城镇雨水问题主要有哪些？
4. 城镇雨水径流与下垫面的关系是什么？
5. 城镇雨水非点源污染的来源有哪些？
6. 主要的几种雨水管理模式及其特点是什么？
7. 海绵城市的内涵是什么？
8. 我国海绵城市建设控制指标是什么？
9. 低影响开发关键技术及其功能作用是什么？

第8章 城镇雨水管理模型

城镇雨水管理模型，是指在现代化技术条件下，根据城镇区域的降雨和径流规律，运用现代水文学和水力学原理，用计算机数学模拟方法对城镇雨水的产流汇流过程特性进行计算分析，以便对有关问题做出决策的数学模拟系统。通过建立城镇雨水模型，在各种假设的条件下，根据城镇地表径流和排水管网的汇流规律，模拟城镇排水管网系统运行的特征。

根据建模理论、建模目的和建模方法的不同，城镇雨水模型可划分如下：

（1）按建模理论来分，为水动力学模型和水文学模型。水动力学模型以连续性方程和动量方程为基础，模拟坡面汇流过程；水文学模型是根据系统分析的方法，把汇水区域视为一个个灰箱或黑箱系统，建立起输入与输出的关系。

（2）按建模目的的不同，分为水量模型、水质模型、经济模型及安全模型。它们的描述基础都是数学关系式。用数学关系式描述管网水流连续性及能量守恒的模型即为水量模型；描述管网水质变化规律的模型即为水质模型；描述管网建设及管理成本和经济效益的模型即为经济模型；描述管网安全性的模型即为安全模型。本章将介绍水量模型和水质模型。

（3）按建模方法的不同，可分为数学模型和计算机模型，数学模型是计算机模型的算法基础。

20 世纪 60 年代初期，美国学者 Linsley 和 Crawford 共同开发的斯坦福模型（Stanford Watershed Model，SWM）是最早应用于水领域的计算机水力学/水文学模型，随着计算机技术的发展，一系列基于计算机开发的水力学/水文学模型相继推出。

城镇排水管网计算机模型建模的标志是 1971 年在美国环保总署的支持下，梅特卡夫—艾迪公司（M&E）、水资源公司（WRE）和佛罗里达大学（UF）等联合开发的 SWMM 模型。随后，包括伊利诺伊城镇排水模拟模型（ILLUDAS）、丹麦水力研究所（DHI）开发的城镇排水模拟模型（MOUSE）、美国陆军工程兵团开发的贮存与处理漫流模型（STORM）和辛辛那提大学城镇的径流模型（UCURM）等各种城镇排水模型相继问世。同时，国外其他研究人员也开发了许多城镇雨水过程线模型和城镇雨水模拟模型等。

8.1 城镇雨水管理基本模型

8.1.1 暴雨量的预测

水文周期始于降水。降水以雨水的形式降落在地表，之后经历蒸发和植被截留产生初始损失。一般情况下，渗透水可以流过不饱和带土的上层，或深入到达地下水，或直接流入饱和带。已经渗透到土中的水通过不饱和区域移动，成为地表水，这样的水被称之为混流。在某些城镇暴雨模型中，没有对表层水流进行建模，其原因之一是城镇汇水有相当大的比例是不渗透的，很少或根本没有表层流量。所以，准确地表述水文循环对于准确模拟其径流和水质是非常重要的。

与水量相关的两个最重要的问题是：洪水和供水。人为改动自然地貌将导致：径流量增加，峰值流速的增加和达到最峰值的流动时间减少。因此，城镇地区各种土地利用活动更容易受到洪水的影响。必须提供包括排水管网、排水渠道和洼地在内的雨水基础设施，以保护人民生命和财产免受洪水灾害。

人类集中活动也会产生供水水质的问题。供水问题涉及将现有水资源分配，以满足各类用水，如工业、民用和农业等。供水问题关系到供水设施和水处理设施（如水库、泵、管道、供水管网系统和污水处理厂）的设计，因此，模拟城镇雨水的模型与农村雨水的模型不同。城镇雨水模型，因为包含排水沟、街道、排水管道、溢流、超负荷、封闭压力管、雨水排水管网、暗渠、明渠、屋面存水、开放水道、天然水道和水的存储等诸多因素显得更加复杂。封闭管道在满流压力下将引发管道的超荷载，而这种超荷载通常发生在开放式渠道。在某些情况下，可增加雨水排水量。如果有足够的压力使水上升到地面以上，那么富余的流量将变成地表径流从而发生溢流。城镇汇水区比农村汇水区对降雨的反应更快。研发一个城镇汇水区模型必须能够捕捉到流域对暴雨的快速反应。分析雨水流量的另一个主要目标是确定受纳水体的污染物输入。影响污染物随城市汇水区的雨水输送的主要机制是流动水体。

有学者将模型分为三类：①简单模型；②简单路径模型；③复杂路径模型。每个类别在不同的时间尺度和空间分辨率有不同的数据资源和计算动态需求，并提供相应结果。简单模型没有执行路径，数据量少，计算单一，计算简单无需电脑。对于水流或污染物特性的细节，简单模型的信息很少。一般情况下，简单模型用于提供长期平均值或峰值，只适用于特定的集水特性和特定的场合，通常认为经验模型是简单模型。简单路径模型和复杂路径模型都是用物理定律描述流域内的流量。虽然它们是确定性模型，但是它们按照不同的复杂程度描述集水的特性。

简单模型的结果可以从复杂模型的结果中提取，但不能从简单模型的结果中提取复杂模型的结果。简单雨水模型不能模拟某些重要进程。如常用的路径存储技术是一种集成模型；某些进程是有时间依赖性的，某些污染物的衰变不能模拟，因为衰变过程被假定为瞬发的。要解决这些问题，模型必须包括时间，例如在路径选择过程的延迟。集成式模型通常在规划模型中使用，模型的时间步长远远大于该系统发生的瞬变的时间尺度，因此，可在各个过程中使用数据平均值。而系统的时空变化是测试雨水系统的完整性所必需的，使用平均值则将系统的时空变化忽视了。必须人为地把系统的时空变化引入建模的过程中。基础设施的完整性评估并不能独立地执行水量分配分析，但它是成功的水量分配策略的一部分。因此，必须建立峰值需求量和平均需求量之间的经验关系，这样一来就在建模过程中加入了主观性和不确定性。虽然可以通过使用更复杂的模型来克服这些问题，但是成本也会相应地增加。

所以，选择具有适当时间和空间分辨率的数量模型十分重要。如果水流没有被充分模拟，那么水质预测将不能反映流域的真实属性。

1. 统计学模型与经验模型

用于估计雨水流量和水质负荷的统计学模型通常基于回归模型开发。这涉及在一个特定的过程中重要的可测量的物理参数的数量测量（如水量）。回归模型是随机建模方法的例子，它包括降雨强度和流域参数（不透水面积，土地使用和汇流坡面）在内的气候特征，例如，非线性回归模型：

$$Y = \beta_0 \prod_{i=1}^{n} X_i \beta_i \tag{8.1}$$

式中　Y——因变量；

　　　X_i——自变量；

　　　β_i——未知回归系数。

该式是一种用于模拟水的质量和数量常见的统计学模型。其余回归模型包括简单线性模型、多元线性模型、半对数变换模型和对数变换模型。城镇集水建模光有线性回归是不够的，统计模型的最大的限制是，只能用一个给定的数据序列提取的统计关系来反映特定的空间排列，对于任何显著不同的空间格局与过程，都必须进行新的数据测量和制定新的统计学关系。

例：基于前期降水指数（API），应用回归法分析径流。API是分析地表水径流时最常用、最重要的自变量。前期降水指数本质上是暴风雨前发生的沉淀量根据发生时间进行的加权总和。前期回归量模型为：

$$Q = (i^n + C^n)^{1/n} - C \tag{8.2}$$
$$C = c + (a + dS) \ e^{(-bp)}$$

式中　Q——表面净流量；

　　　C——径流系数；

　　　S——季节性指数参数；

　　　p——前期降水指数；

　　　i——降雨量；

a，b，c，d，$\cdots$，n——模型系数，采用回归方法分析数据来确定。

经验模型涉及因变量和过程变量之间的函数关系。这些变量是从相关的物理过程知识和经验方法中选择而来。估计径流的经验方法的一个例子是有理数公式：

$$Q = CiA \tag{8.3}$$

有理数法是流量Q、集水面积A、降雨强度i和径流系数C（$0 \leqslant C \leqslant 1$）之间的简单关系。有理数法是对高峰径流量建模最简单的方法，高峰径流量对于雨水基础设施的设计至关重要。

2. 确定性模型

确定性模型基于守恒定律，因为流体的行为受守恒定律支配。守恒定律一般涉及体积守恒定律（也称为连续性）、动量守恒定律或能量守恒定律。几乎所有的情况下，都只进行一维流场分析。用于雨水建模的确定性模型可分为水文模型或水力学模型：水文模型通常只满足连续性方程；水力学模型解决连续性方程以及动量或能量耦合系统的方程。这些建模方法的主要区别是描述某个过程空间行为的水力模型不同，而定义一个进程发生时的速度要用的是动量方程。

水文和水力学之间的区别是由建模的过程来确定的。例如，降雨径流过程是水文学过程，而开放的渠道流量建模是水力学问题。模拟坡面流和明渠流复杂性模型的历史发展造就了这种区别。由于坡面流的复杂性，只有连续性方程得到解决。动力学方程（动量方程或能量方程）被认为是次要的。随着同时解决连续性和动态方程以模拟漫流技术的出现，导致上述区别不太明显。

（1）水力学模型

分析方法对于解决简单的问题，控制方程比较适用。而解决这些方程需要用到数值解析法。使用数值解析法，水文学能够解决更大范围的问题。对于复杂的问题则使用数值体系，如有限差分法、有限元或特定方法来解决。有限差分法是最常用的方法，可以是显式或隐式。在显式有限差分中，一个单一的未知值可以被记录为已知值。这将产生大量的简单的线性方程组，直接解出未知变量。在隐式有限差分中，一些未知在特定的时间段内都被当成已经建立的已知数代入。这样一来，必须解决在系统中的联立方程。隐式差分法的主要优点是无条件稳定的，因此，在模型中使用隐式有限差分，不会有时间步长的计算限制。求解方程组额外的计算工作量，可以通过放宽模拟过程中的时间步长的限制来得到补偿。然而，由于有限差分的近似值，边界条件和断面条件的描述不够充分，可能会排除极大时间步长在隐式有限差分体系中的使用。相比之下，显式有限差分可以对时间步长进行限制。虽然模拟中的时间步长限制与速度的瞬变成反比，但是对于迅速变化瞬态的建模这也许是一个优点。一个小的时间步长是充分捕捉瞬态行为所必需的。快速变化的瞬态在城镇流域问题中十分常见，如坡面漫流和山洪暴发。

（2）浅水波方程组

一维连续性方程和动量方程的守恒形式可写为：

$$\frac{\mathrm{d}U}{\mathrm{d}t}+\frac{\mathrm{d}F}{\mathrm{d}x}=s \tag{8.4}$$

式中　U——守恒变量的向量；

　　　F——通量向量；

　　　S——源向量。

　　　x——距离；

　　　t——时间；

$$U=\begin{bmatrix}A\\Q\end{bmatrix} \tag{8.5}$$

$$F(U)=\begin{bmatrix}Q\\\dfrac{Q^2}{A}+gI_1\end{bmatrix} \tag{8.6}$$

$$S=\begin{bmatrix}q\\gA(S_0-S_f)+gI_2\end{bmatrix} \tag{8.7}$$

式中　A——横截面面积；

　　　Q——流量；

　　　q——垂直于沟道的单位长度横向流量，没有任何下游侧向速度分量；

　　　g——重力加速度；

S_0——河床坡度；

S_f——摩擦坡度。

$$I_1 = \int_0^{y(x)} (y(x) - \xi) B(\xi) \mathrm{d}\xi \tag{8.8}$$

式中 B——水渠宽度；

y——水深。

式（8.9）描述了由通过渠道壁的膨胀收缩所施加给水流的力：

$$I_2 = \int_0^{y(x)} (y(x) - \xi) \left[\frac{\partial B(\xi)}{\partial x} \right]_{y(x) = y_0} \mathrm{d}\xi \tag{8.9}$$

式中 y_0——稳定的水的深度，相同渠道的 y 值为 0。

上述方程统称为浅水波方程组或 SaintVenant 方程组。

流速 $u = Q/A$，y 代表因变量，这样的非守恒形态的浅水波方程组代表渠道单位宽度的连续性方程和动量方程。

连续性方程：

$$\frac{\partial y}{\partial t} + \frac{\partial (uy)}{x} = q \tag{8.10}$$

动量方程：

$$\frac{1}{g} \frac{\partial u}{\partial t} + \frac{u}{g} \frac{\partial u}{\partial x} + \frac{\partial y}{\partial x} = S_0 - S_f - \frac{q}{g} \frac{u}{y} \tag{8.11}$$

摩擦坡度 S_f 可近似用曼宁公式或谢才公式得出。

曼宁公式：

$$S_f = K^2 |Q| Q = \frac{u |u| \eta^2}{R^{4/3}} \tag{8.12}$$

式中 η——曼宁阻力系数；

R——水利半径，$R = A/P$，P 表示水力湿周；

K——转换常数。

谢才公式：

$$S_f = \frac{u |u|}{cR} \tag{8.13}$$

式中 c——谢才阻力系数；

其余字母含义同上。

上述两方程中速度取绝对值是为了确保摩擦力方向始终和水流方向相反。

连续性方程（8.10）表示渠道流层的质量守恒定律。它直观地说明水深随时间的变化程度与入流层的净流量相等。动量方程（8.11）是渠道流层里动量守恒的数学表达式。它直观地说明渠道流层的动量变化和流层上作用力的总和相等。动量决定流层内水流的速度。

浅水波方程组是双曲线型，这个特点是浅水波方程组和其他定线方程不同的地方，因为其他方程都是浅水波方程组的子集。浅水波方程组的显著特性有两个，这两个特点代表了（x，t）空间内信息传递的路径。就浅水波方程组而言，根据水流条件，信息能够向上游和下游传播。下游的障碍物会影响该障碍物上游的流动。比如，堰上游水流就会被堰影响。只有当堰（或障碍物）传递给水流的上游信息和下游信息互相作用，这种影响才能被模拟。

如果式（8.4）用于开放渠道和采用 Preissmann 式有压封闭管道，那么浅水波方程组就可以模拟不稳定一维渐变流和不稳定一维速变流。浅水波模型也可以模拟二维坡面流。

在稳定流的前提下，连续性方程可以简化为 $\mathrm{d}(uy)/\mathrm{d}x = q$，动量方程简化为：

$$S_0 - S_\mathrm{f} - \frac{qu}{y} = \frac{\mathrm{d}(y + u^2 2g)}{\mathrm{d}x} \tag{8.14}$$

使用该式可以计算开放渠道内有障碍的水流的水力表面轮廓。使用标准化技术可以解出这个常微分方程。亚临界流的下游回水分析若涉及式（8.14），通常使用迭代计算来求解。

通常情况下，局部加速斜率 $\frac{1}{g}\frac{\partial u}{\partial t}$ 和对流加速斜率 $\frac{1}{g}\frac{\partial u}{\partial x}$ 及其数量级都比压力 $\frac{\partial y}{\partial x}$ 和摩擦斜率函数 S_f 要小。

通过矩形渠道的流量随时间变化曲线如图 8.1 所示，动量方程中其他因子随时间变化曲线如图 8.2 所示。在一个长 10km，宽 7m 的渠道中，河床坡度 $S_0 = 0.005$，曼宁系数取 0.015，下游边界路径均匀曲线，其中 $\Delta x = 1000\mathrm{m}$，$\Delta t = 60\mathrm{s}$。这种模型通常用于绘制水位曲线。动量方程的其他因子在时间变量 $x = 5000$ 的函数值如图 8.2 所示。通过这个简单的例子说明，局部流和对流的加速度相反，并且都小于压力斜率。这种模型的影响取决于河床形状、斜率和进水过程线。当河床斜率过大时，可以忽视这种影响。

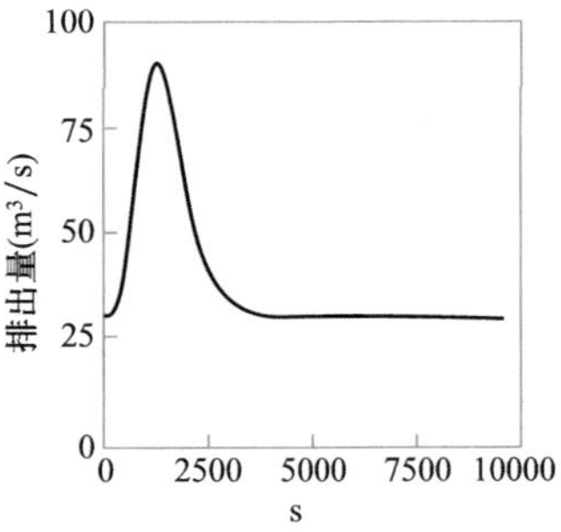

图 8.1　出流水文过程线，用作在假想例子上游边界条件

（3）相似模型

由于动量方程与浅水波方程相应因子的数量级相似，从动量方程推导浅水波方程时可以将某些因子忽略。此

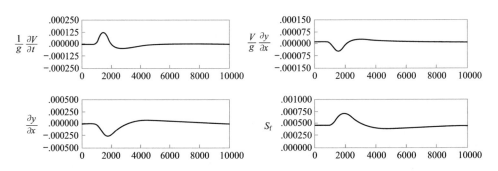

图 8.2　动量方程的各个因子随时间变化的幅度（横坐标单位为秒）

外，解决浅水波方程的计算工作量也要大于其对应的简化型。两个著名的简化版浅水波方程已经广泛用于研究和教学，它们分别是：运动波方程和扩散波方程。运动波路径过程线假定没有回水的影响，局部加速度和对流加速度以及式（8.11）中的压力项比河床坡度小。扩散波方程假设式（8.11）中的局部加速和对流加速度都可以被忽略。

这两种浅水波方程组的近似型只拥有一个属性：水流始终流向下游（没有回水）。运动波方程组不能模拟堰对上游水流的影响。这可能会对在雨水基础设施的设计产生较大影响。

瞬变现象会通过城镇集水区迅速移动。使用浅水波方程准确地模拟城镇集水区的瞬变，可能需要非常小的时间单位，几秒钟、几分钟或几小时。对于长时间单位取得过长，如几天、几周或几个月，瞬变现象可能已经在模拟系统中消失。浅水波方程解决一个复杂的网络渠道或管道所需的计算工作量需要消耗大量的资源，因此，建立在浅水波方程解的基础上的水力学模型通常局限于暴雨事件建模或运营建模。求解浅水波方程提供了水域特性的详细信息，并能更准确地表现之间的相互作用，水流深度和流量是设计雨水基础设施细部的重要参数。然而，简化模型和水文学模型一般只提供流量信息，想从水流中得到水深度，需要一个水流和水深之间的经验关系。对渐变流而言，不但这种关系不是唯一的，它还可以代表显著的误差来源，解决浅水波方程的模型通常用于雨水基础设施的设计。

解决浅水波方程的数据包含：横截面的信息、粗糙度系数、边界条件以及任意内部结构数据。对一些流域，无法得到上述信息。一般地，求解浅水波方程的数据很少使用近似值。

（4）运动波模型

运动波模型假设动量方程的局部、对流和压力坡度可以忽略。假设函数斜率只与河床坡度相等，即 $S_f = S_0$。这个假设一般只在地面漫流或在非常陡的渠道内的情况下适用。由于流量和水深的单调性关系，运动波方程可以通过式（8.15）求解：

$$\frac{\partial A}{\partial t} + \frac{\partial Q}{\partial x} = q \tag{8.15}$$

以及 $S_f = S_0$，

此式给出了 Q 和 A 的唯一关系。对式（8.15）做等价变换得到：

$$\frac{\partial A}{\partial Q}\frac{\partial Q}{\partial t} + \frac{\partial Q}{\partial x} = q \tag{8.16}$$

$$令 V = \frac{\mathrm{d}Q}{\mathrm{d}A} \tag{8.17}$$

则运动波方程可写为：

$$\frac{\partial Q}{\partial t} + V\frac{\partial Q}{\partial x} = qV \tag{8.18}$$

其中：V 为已知的运动波的波速，亦称 Kleitz-Seddon 定律。通过对 Q 和 A 的单调函数求微分，可以得到运动波的波速。运动波没有任何衰减，但其曲线随时间变化而变陡。在实际问题中，运动波方程进行数值求解。由于有限差分取近似值，数值方法导致了截断误差。截断误差不可与舍入误差相混淆，后者与计算设备精度相关。数值方法导致数值扩散，从而导致水文模拟的衰减。数值扩散无法进行物理调整，它依赖于模型计算时使用的时间步长和距离步长。

此方程为浅水波方程近似型的一大优势是：不要求汇水区的详细信息。在这个模型中，运动波速度是必需的，它可以根据河渠属性算出，也可从观察到的数据中估计。因为这个近似值只有一个属性，那么求其解只需要一个边界条件，而求解浅水波方程需要两个边界条件，必要的信息量因此而减少。

（5）扩散波模型

扩散波模型的动量方程中，只有对流加速度和局部加速度可以忽略。因此，对于扩散波模型，有：

$$\frac{\partial A}{\partial t} + \frac{\partial Q}{\partial x} = q \tag{8.19}$$

以及

$$S_f = S_0 - \frac{\partial y}{\partial x} \tag{8.20}$$

式（8.19）中有横向流量的再次进入。扩散波模型可以模拟流量的衰减，因为其动量方程包含了压力坡度。

若河渠是矩形，则 $A = By$。式（8.19）关于 x 的微分式为：

$$B\frac{\partial^2 y}{\partial x \partial t} + \frac{\partial^2 Q}{\partial x^2} = 0 \tag{8.21}$$

式（8.21）关于 t 的微分式为：

$$\frac{\partial^2 y}{\partial x \partial t} = -\frac{2Q}{K^2}\frac{\partial Q}{\partial t} + \frac{2Q^2}{K^3}\frac{\partial K}{\partial t} \tag{8.22}$$

将两式中关于水深的二阶导数消除，得到：

$$\frac{\partial^2 Q}{\partial x^2} = \frac{2QB}{K^2}\frac{\partial Q}{\partial t} + \frac{2Q^2 B}{K^3}\frac{\partial K}{\partial t} \tag{8.23}$$

使用连续性方程得：

$$\frac{\partial K}{\partial t} = \frac{dQ}{dy}\frac{\partial y}{\partial t} = \frac{dK}{dy}\left(\frac{q}{B}\frac{\partial Q}{\partial x}\right) \tag{8.24}$$

代入式（8.23）中得到关于 Q 的方程：

$$\frac{\partial Q}{\partial t} + V\frac{\partial Q}{\partial x} = D\frac{\partial^2}{\partial x^2} + S \tag{8.25}$$

式中　V——波速；

D——扩散系数。

该方程属于平流扩散方程。各个系数通过下列等式定义：

$$V = \frac{Q}{KB}\frac{dK}{dy}, \quad D = \frac{K^2}{2QB}, \quad S = \frac{q}{KB}\frac{dK}{dy}$$

对于近似于菱形河渠，假设压力坡度很小，波速 V 通过 Kleitz-Seddon 定律给出，扩散波方程简化为运动波方程。扩散波方程和运动波方程相同的地方在于，其只有一组属性，其方向和水流方向相同。扩散波方程与运动波方程不同的地方在于，上游扩散效果会影响到下游控制效果，扩散控制效果在逆流方向上呈指数衰减。这恰恰和浅水波方程相反，在浅水波方程中，下游控制产生的水波可以向上传导并且通过下游控制影响上游水流条件。

Price 给出了不规则河渠的系数（V、D、S）值，这些系数值是河渠的系统函数。因为扩散波方程的动量方程包含压力坡度，扩散波方程近似模拟流量的物理衰减。

运动波方程的隐式有限差分是扩散波方程的一个二阶近似值。将有限差分方程按泰勒级数展开，令相似运动波的波速度、扩散速度与扩散波方程相应的系数相等，此方法为计算距离步长和有限差分的加权系数用河渠参数表达以及为计算模型中的时间步骤提供表达式。于是就产生了著名的 Muskingum-Cunge 模型。

（6）水文学模型

水文模型一般只遵守质量守恒定律，从而忽略了问题的空间可变性。单位线、集中连续模型（亦称存储模型）、Muskingum 法和非线性存储都被认为是水文模型。一些水文模型可以等效理解为水力学模型。Muskingum 法可以看作浅水波方程或质量守恒方程的近似法。

（7）单位过程线

对于限定时间的暴雨，单位过程线定义为：超过流域受水量的单位降雨直接径流所产生的水文过程。持续时间相同但不同强度的暴雨水文单位过程线，可利用两者单位线之间线性关系进行假设。单位线的坐标是由实际暴雨溢流径深演变而来。可以从单独流域测量单位过程线。通常利用分析技术获得单位线。比如，线性瞬时单位线假定：将流域作为一个水库，雨水溢出看成一个线性的存储空间，于是有：

$$S = KO \tag{8.26}$$

式中　S——存储空间；

　　　O——溢流；

　　　K——存储常数，$K > 1$。

与水库连续性方程联立，有：

$$\frac{\mathrm{d}S}{\mathrm{d}t} = I - O \tag{8.27}$$

式中　I——入流量。

单一的线性存储空间的瞬时单位线的指数形式为：

$$O(t) = \frac{1}{K} e^{(-tK)} \tag{8.28}$$

大流域可分为 n 个相同的子流域，每个子流域视为一个独立的线性存储空间。n 个线性水塘的串联的瞬时单位线如下：

$$O(t) = \frac{1}{K(n-1)!} \binom{t}{K}^{n-1} e^{(-tK)} \tag{8.29}$$

式（8.29）类似于伽马函数。因 K 是恒定的，不考虑流量的转化，所以此模型属于线性模型。

（8）集中连续模型（存储模型）

集中连续模型（存储模型）只满足质量守恒定律。由于完全忽略了动量方程，集水反应可以看作是瞬时的。用有限差分代替式（8.27）的空间导数可得：

$$\frac{\partial Q}{\partial x} = \frac{(I - O)}{\Delta x} \tag{8.30}$$

$$\frac{\mathrm{d}S}{\mathrm{d}t} = I - O \tag{8.31}$$

其中 $S = A\Delta x$

式（8.31）为存储空间方程，应用于简单定线模型。如果假设流量是稳定的，于是 $\mathrm{d}S/\mathrm{d}t = 0$，流量模型是一个质量平衡（$I = O$）。这个方程是常微分方程，可以采用常微分方程的标准解法求解。

改良型脉冲模型解决了存储空间方程，有限时间间隔 Δt 的表达式为：

$$\Delta t(I_1 + I_2) + S_1 - \Delta t O_1 / 2 = S_2 + \Delta t O_2 / 2 \tag{8.32}$$

式（8.32）中，所有的未知量都在等式右边。这个模型只需要建立两条曲线：$O\text{-}S$ 曲线和

$O\text{-}S+\Delta O/2$ 曲线。对于初始流量 O_1，存储空间 S_1 可从 $O\text{-}S$ 曲线得到，由此计算出 $S_1+\Delta O_1/2$。平均入流量和 $S_1+\Delta O_1/2$ 相加得到 $S_2+\Delta O_2/2$。$S_2+\Delta O_2/2$ 对应的出流量 O_2 可以根据 $O\text{-}S+\Delta O/2$ 曲线得出。定线模型在水库出流量、洪水的持续时间内和模拟水库水深方面都存在明显误差，在非均匀降水的时空分布中，以及在洪水泛滥和水库泄洪时，这种误差尤为显著，这种情况下使用浅水波方程更合适。

（9）Muskingum 模型

Muskingum 模型中，河流或水库的存储空间不仅依赖于入流量，也依赖于出流量。此模型假设存储空间是出、入流的线性函数，于是有：

$$S=K[XI+(1-X)O] \tag{8.33}$$

式中　K、X——经验常数，通过反复试验得到。

将上式代入式（8.32）中并简化，有：

$$O_2=C_1I_2+C_2I_1+C_3O_1 \tag{8.34}$$

其中：

$$C_1=\frac{KX-\Delta t/2}{\alpha}, C_2=\frac{KX+\Delta t/2}{\alpha}, C_3=\frac{KX-\Delta t/2}{\alpha}, \alpha=K(1-X)+\Delta t/2$$

（10）非线性存储模型

非线性存储模型中，存储空间用出流量的非线性函数表示：

$$S=KO_w^m \tag{8.35}$$

其中，$O_w=XI+(I-X)O$，将此式代入式（8.32）中有：

$$O_2\Delta t+2KO_{w2}^m=(2I_2+2I_1-O_1)\Delta t+2KO_{w1}^m \tag{8.36}$$

等式右边的因子都是已知的。此公式为非线性等式，求其解需要使用迭代法。如果令 $m=1$，此模型就和 Muskingum 模型完全相同。

Muskingum 模型和非线性存储模型中，X 是定量存储空间的出流量和入流量的重要参数，因此也是水文过程线的重要参数。

对于简单的水库定线，$X=0$，入流不造成任何影响，水文过程线的最大衰减量最大；对于完全输送，$X=0.5$；对于典型河段，一般的 $X=0\sim0.3$。

系数 K 有时间范围限制，可以看作从上游至下游最后到达渠段末端的水文历时。

8.1.2　暴雨水质的预测

雨水水质建模方法与水量建模方法类似，统计学模型和经验模型同样和污染物的建模密切相关。然而，在确定性模型，污染物的输送通过一个单一的质量守恒方程建模，其中包括两个基本过程：对流和扩散。对流描述污染物通过水流输送的过程，扩散是污染物的输送过程，通过水中分子自由扩散过程或湍流波动的下降梯度的方向进行，在静止流体中也会发生扩散现象。一般情况下，湍流扩散远比分子扩散剧烈。对流输送是污染物的第一输送过程，扩散输送是第二输送过程。城镇汇水区的污染物浓度一般取有代表性的平均值，在此范围内的污染物转移过程通常进行一维分析。

在雨水建模过程中，污染物被看成中性可悬浮物质，可以通过流体的移动进行转运。研究人员假设流体行为不受污染物的影响，因此，它可以通过污染物变换独立地计算。也有特殊情况，比如热电站将高盐度水排放到淡水体。两个水体的密度差，可能会引起异重流。在这种情况下，流量模型和污染物模型是耦合存在的，必须同时求解。沉淀输送模型也是一个耦合建模的例子，在此模型中沉淀输送和流量必须同时建模，但却很少有人这么做。

1. 统计学方法与经验方法

估计水量统计学模型也是基于水质和相关因变量之间的回归分析。回归模型广泛用于描述事件平均浓度（event mean concentrations，EMC）和暴雨事件总负荷。

有关颗粒物累计和不透水表面污染物的产生与排放的一个重要的现象称之为初期冲刷。初期冲刷往往发生在径流的早期，其中含有高浓度的污染物，尤其是泥沙。初期冲刷污染物的主要来源是晴天沉积在地表的物质和沉积在河渠、管道内并经过水流冲刷的物质。大暴雨开始时对地面颗粒的影响较大，随着暴雨的进行，径流冲刷污染物逐渐变少。这也是首次冲刷的一种表现形式。因此，暴雨开始阶段对污染物的冲刷比其他阶段更加剧烈。在两次降雨的间隙内，污染物会在不透水表面积聚。这就是污染物的堆积过程。采用经验指数函数，将堆积过程和冲刷过程纳入城镇径流水质模型中。在冲刷模型中，假定污染物的冲刷速率与该表面上可冲刷污染物的量成正比。典型冲刷函数如下：

$$\frac{\mathrm{d}P_{\mathrm{w}}}{\mathrm{d}t} = -k_{\mathrm{w}}P_{\mathrm{w}} \tag{8.37}$$

式中　$P_{\mathrm{w}}(t)$——在 t 时刻的污染物质量；

　　　　k_{w}——污染物转运经验系数；

　　　　r——径流的流速。

通过下式求解：

$$P_{\mathrm{w}}(t) = P_{\mathrm{w}}\exp(-k_{\mathrm{w}}rt) \tag{8.38}$$

$P_{\mathrm{w}}(0)$ 相当于污染物的初始浓度，堆积函数为：

$$\frac{\mathrm{d}P_{\mathrm{B}}}{\mathrm{d}t} = I - k_{\mathrm{B}}P_{\mathrm{B}} \tag{8.39}$$

解为：

$$P_{\mathrm{B}}(t) = I[1 - \exp(-k_{\mathrm{B}}t)]/k_{\mathrm{B}} + P_{\mathrm{B}}(0)\exp(-k_{\mathrm{B}}t) \tag{8.40}$$

式中　$P_{\mathrm{B}}(t)$——t 时刻的污染物负荷堆积量；

　　　　I——两次降雨之间的污染物积累量；

　　　　k_{B}——污染物堆积系数。

上述两个函数的系数，可根据实测的浓度确定。

2. 质量输运方程

对流过程和扩散过程用于描述在水流中污染物的行为，含有这两个过程特征的基本方程是一维保守扩散—对流方程：

$$\frac{\partial(A_{\mathrm{x}}C)}{\partial t} + \frac{\partial}{\partial x}(uA_{\mathrm{x}}C)\frac{\partial}{\partial x}\left(A_{\mathrm{x}}D_{\mathrm{x}}\frac{\partial C}{\partial x}\right) \pm S(C,x,t) \tag{8.41}$$

式中　　C——热能或成分浓度；

　　　　x——距离；

　　　　t——时间；

　　　　u——平流速度；

　　　　A_{x}——横截面面积；

　　　　D_{x}——扩散系数；

$S(C，x，t)$——所有的水源和水池。

污染物的对流、污染物的扩散、成分反应、相互作用和水源水池都被包含在方程中。假设 A_x 和 D_x 是恒定值，利用连续流方程$\dfrac{\partial (A_xC)}{\partial t}+\dfrac{\partial}{\partial x}(uA_x)=0$ 可得：

$$\frac{\partial C}{\partial t}+u\frac{\partial C}{\partial x}=D_x\frac{\partial^2 C}{\partial x^2}\pm S \tag{8.42}$$

式（8.42）是对流—扩散方程形态，上文中的源包括所有保守污染物的水池或水源。对于非保守污染物，污染物的产生或失去，该污染物有或者没有与其他污染物的相互反应也包含其中。这是所谓的运动过程，包括化学和物理化学过程。上述各项的通用表达形式为：

$$\frac{dC_i}{dt}=f(C_i,C_j,T)\,\forall j \tag{8.43}$$

污染物 C_i 的变化率依赖于 C_i、其他污染物 C_j 和温度 T。一般地，一阶关系式可以充分描述动力学过程，其方程为：

$$\frac{dC}{dt}=-KC \tag{8.44}$$

式中　K——一阶速率系数，负号表示衰减或损失。

$dC/dt=-K$ 描述的是零阶过程，$dC/dt\propto C^2$ 描述二阶过程。高阶或更复杂的表达式也可以应用。化学反应可以通过零阶、一阶、二阶、三阶过程描述，一般使用一阶过程。非常复杂的生态过程，需要使用二阶和三阶动力学进行描述。

许多污染物都是相互耦合的，当一种污染物减少时另一种污染物会相应地形成或减少。这就会产生联立方程组。一阶过程往往是耦合的，它的优点在于其一阶过流系数是污染物个体一阶速率的总和。溶解氧曲线下凹就是很好的例子。由于有机物的流入，收纳水体的溶解氧逐渐被耗尽。凹曲线是两个过程相互矛盾的结果。BOD 导致溶解氧水平下降，复氧需要从大气中溶氧。凹曲线建模需要两个相互作用的关系，扩散方程可以写成各种污染物的形式。如：

$$\frac{\partial C_{BOD}}{\partial t}+u\frac{\partial C_{BOD}}{\partial x}=D_x\frac{\partial^2 C_{BOD}}{\partial x^2}+\frac{dC_{BOD}}{dt}\pm S_{BOD} \tag{8..45}$$

$$\frac{\partial C_{DO}}{\partial t}+u\frac{\partial C_{DO}}{\partial x}=D_x\frac{\partial^2 C_{DO}}{\partial x^2}+\frac{dC_{DO}}{dt}\pm S_{DO} \tag{8.46}$$

式中　C_{BOD}——BOD 浓度；
　　　C_{DO}——DO 浓度；
　　　S——水源和水池。

dC/dt 表示动力学过程。一般地，上述参数都可以通过一阶动力学关系描述。假定 BOD 的变化率受约束于下式：

$$\frac{dC_{BOD}}{dt}=-(K_1+K_3)C_{BOD} \tag{8.47}$$

式中　K_1——BOD 一阶反应系数；
　　　K_3——沉淀或吸附造成的 BOD 一阶削减系数。

$-K_1C_{BOD}$ 控制 BOD 去除率，和溶解氧的损耗率相同。此外，溶解氧有饱和阈值，因此对于 DO 有更加合适的一阶反应式：

$$\frac{dC_{DO}}{dt} = -K_2(C_{sDO} + C_{DO})C_{DO} \tag{8.48}$$

式中　K_2——一阶复氧系数；

　　　C_s——饱和溶解氧浓度。

可以利用 DO 浓度方程求解 BOD 浓度方程，但是只有 C_{BOD} 为已知时才能够解出 DO 方程。采用隐式有限差分或一个两步显式差分，求解 BOD、COD 的方程可以同时解决。这个简单的例子表达了化学过程和转移过程相结合的方法，许多水质模型都采用这种方法。

上述转换过程并不局限于对流—扩散方程，它们可以在任意一种转换过程中使用。因为对流—扩散方程具有水力分析功能，许多水质模型使用其简化式，比如完全混合反应器与活塞流反应器。

3. 完全混合流

完全混合流只能基于连续性方程，它的水力学分析与存储空间方程类似。完全混合流瞬间发生，下式给出了污染物质量的变化率：

$$V\frac{\partial C}{\partial t} + \frac{\partial(QC)}{\partial x} = -KCV \pm S \tag{8.49}$$

式中　V——管道喷涌速度。

活塞流满足连续性方程，并包括输送过程中的行进时间。这个结论基于以下假设：通过存储空间的或沿着河渠的水流，在任何时间步长内的入流量可以看作是等量的均匀流脉冲。存储空间由一系列的流脉冲组成，它们的保留时间是由存储空间出流量决定。在其保留时间内可能会发生流脉冲的浓度变化。在活塞流中的污染物随时间的变化率由下式给出：

$$\frac{\partial C}{\partial t} + \frac{Q}{A}\frac{\partial C}{\partial x} = -KC \pm S \tag{8.50}$$

8.2　城镇雨水管理模型特征

英国、美国等发达国家从 20 世纪 60 年代起就开始研制城镇雨水管理模型，以满足城镇排水、防洪、环境治理等各方面的要求。这些模型有的是目前商业化建模软件的雏形，有的还在继续完善。这些模型有的只是水文模型、水力模型以及水质模型，有的则是水文、水力与水质综合性模型。本节介绍比较著名的 12 个模型。

8.2.1　SWMM

暴雨雨水管理模型（Storm Water Management Model，SWMM）是一个面向城镇区域的雨水径流水量和水质分析的综合性计算机模型。SWMM 适用于城镇区域内单场降雨以及长期（连续）降雨径流水量和水质模拟，其径流模块能够模拟一系列汇水子区域上降雨形成的径流量和污染负荷，管网演算模块则能够模拟径流在管道、渠道、调蓄/处理设施、泵站、控制设施的流量和水质变化。SWMM 能够模拟汇水区域、管道、检查井等水文、水力和水质要素的时空分布。SWMM 可用于城镇区域暴雨径流、合流制管道、污水管道和其他排水系统的规划、分析和设计等环节，也可应用于非城镇区域。SWMM 整合了建模区域数据输入、城镇水文、水力和水质模拟、模拟结果浏览等功能，具有时序图表、剖面图、动画演示和统计分析等多种结果表现形式。

8.2.2　DR3M-QUAL

美国地质调查局开发的分布式定线降雨—径流模型（Distributed Routing Rainfall—Runoff Model，DR3M），城镇排水流域由漫流元素、信道单元、管道元件和水库表示。在降雨径流模型建模过程中要考虑两次暴雨之间的土壤水分条件。交互流与基流在这个过程中不被模拟。使用土壤水分、蒸发、透水和不透水领域、长度和坡度的集水和参数优化等条件计算降雨过程线。运动波方程，主要用于地面和部分渠道定线，可以使用特性显式或隐式有限差分（时间步长小到 1min）解决。该模型可以定义两种土壤类型，每种类型含有多达 6 个土壤湿度入渗参数。使用线性存储或改良型脉冲方法进行水库蓄水模拟。该模型可容纳高达 99 个流动平面、3 种雨量规格和高达 60 次暴雨，模拟跨度长达 20 年。渠道、管道、水库和交汇点可用于定义汇流区域。管网中的附流量也包含其中。使用冲刷—聚集指数函数为任意参数进行质量模拟。该模型可以模拟多种污染物，但污染物之间不允许存在相互作用。假定其他污染物的浓度与沉积物的浓度成正比，无衰减活塞流用于通过排水管网和蓄水池的污染物的定线。该模型可以在任何时候使用任意时间步长执行。

8.2.3　HSPF

美国环保局在 20 世纪 70 年代中期开发的水文模拟 FORTRAN 程序（Hydrological Simulation Program-Fortran，HSPE），广泛用于农业和农村的流域水文和水质处理的建模，也可以模拟城镇流域。它是一个以小时为时间步长连续模拟流域水文和水质的程序包，可以模拟径流过程、入流水力过程和沉积物化学过程的相互作用。对于地面漫流，温度、溶解氧、二氧化碳（饱和度）、大肠菌群、氮、磷、农药等传统污染物都使用污染物和水，以及产沙之间的经验关系建模进行模拟。降雨径流模型建模包括融雪、土壤存水的上部和下部水平衡以及透水和不透水表面的地下水贮存。随着降雨产生土壤位移的水分平衡包括截留、蒸发和蒸发蒸腾量，深层地下水贮存可以成为河流的基流，总河流流量是地面漫流和地下基流的结合。使用冲刷率与径流成正比的线性堆积曲线估计冲刷物的数量，分离冲刷函数适用于每种污染物。可以伴随径流模拟的污染物包括：温度、农药、沉积物、氮、磷、氨和传统污染物。河床沉积物上的污染物的吸附和脱附在该模型中是允许存在的。砂粒可能沉淀和再悬浮，黏土和淤泥也有可能沉积。黏土和淤泥的沉积与悬浮取决于河床剪应力，许多污染物的吸附和脱附都具有一阶动力学的任意性。经验关系用于不透水表面冲刷，此经验关系是一个径流和街道清洁的函数。使用活塞流量和水体完全混合估计平流污染物。通过耦合曼宁方程的改良型运动波方程进行漫流、开放式和封闭式渠道流和排水道流的定线，它标示着在排水道系统和水库定线中也可以引入附加流量。河流和水体中的总溶解固体、氯化物、农药、温度、泥沙冲刷和沉积、pH、二氧化碳、藻类、硝酸盐、磷酸盐、浮游动物和附着藻类都可以用模型模拟。

8.2.4　MIKE-SWMM

此程序结合了 MIKE11 和著名的 SWMM 模型。将二者合并的目的是利用 MIKE11 模型在一维非稳定流建模的优势，取代 SWMM 模型中的部分模块，从而使用隐式有限差分方案解决浅水波方程。合并后的模型可以进行雨水和废水排水系统的水文、水力和水质分析，还包括污水处理厂和水质控制设备的分析。管道、泵、涵洞、减速、滞洪池、环路压力流、排水道溢流等都可以在此模型中模拟。

质量平衡用于径流计算，其中包括表面阻流、低量的土壤储水、高位和低位地下水贮存。径流是由漫流和基流组成。二维坡面洪水也可以使用浅水波方程模拟。侵蚀和沉积主要由泥沙平衡模拟。对流扩散方程用来模拟污染物输送。这属于一阶动力学范畴，使用隐式有限差分方案也可以解决。溶解—悬浮颗粒、BOD、溶解氧、营养物质、植物和浮游生物在此模型中可以被模拟。

MIKE-SWMM 模型能与丹麦水利研究所的整套模型链接。研究人员已将该套模型与城镇污水管网模型降雨生成方案 STORMPAC 模型、MOUSE 模型、MIKE21 模型的接口对接，用于河口、泻湖和海岸线模型建模，其中包含有用 STOAT 对于处理厂处理水质的效率评估。水质参数包括：总大肠菌群、总磷、总氮、溶解氧、温度、氨氮、硝酸盐、重金属的粒子动力学吸收/解吸、悬浮泥沙和河床沉积物 BOD（包括溶解性 BOD 和吸附在沉淀颗粒上的 BOD）。根据大小和行为，沉积物被定义为黏性和非黏性沉淀。浮游植物和浮游动物对其的摄食作为初级生产力的动力也在此模型中进行描述，底栖植物的初级动力学也可以进行建模。MOUSE 可以执行实时控制模拟和管网中的泥沙输运。所有这些模型能够模拟任何时间和空间范围内的水质和水量。它们可以用于设计、管理及经营多元化的水资源问题。

8.2.5　QQS

数量—质量模拟装置（Quality-Quantity Simulator，QQS）可以用 5min 的时间间隔进行连续或单次事件模拟。使用运动的波动方程、存储路径、回水分析和压力管道的相似隐式有限差分模拟管道和渠道中的流量，也可以模拟环网、堰和泵。基于经验关系的旱季流量和水质具有时间和人口的依赖性。冲刷函数依赖于累积污染物的积累和暴雨与街道清洁之间的时间间隔。使用活塞流进行灌渠、存储单元和受纳水体内的水质定级。高达 4 种任意保守污染物可以进行演算。经验冲刷函数对 BOD、COD、悬浮物、沉淀固体物、总氮、总磷和大肠菌群等参数都适用。

8.2.6　STORM

美国工程团队研发的存储—处理—溢流—径流模型（Storage，Treatment，Overflow，Runoff Model，STORM）能够模拟对降水的响应的城乡流域径流与污染负荷。它是一个使用每小时时间步长的连续模型，可以用于单一事件。使用每小时降水量，汇水区径流只是从上游子区域的径流积累。但没有对经由集水区的径流进行演算。用于计算每小时的径流有三种方法：系数法、土壤覆盖法、单位线法。该模型中适用的径流系数的方法与SWMM Level1 中所用的相同。径流是径流量和降水量减去截留雨水量之差的线性关系。然而，此处的不透水和透水径流的系数和小部分不透水面积不是固定的，而是可变的；并且 STORM 使用经验关系来估计侵蚀。两种方法可用于模拟污染物的积累。污染物的积累与灰尘和污物的积累，或与一个简单的线性时间函数成正比，冲刷量与污染物的剩余量成比例。传统污染物包括：悬浮和沉降的颗粒、BOD、TN 和磷酸盐，粪大肠菌群量也在模型之中，并假定在水体中不做任何处理。

8.2.7　SWMM Level 1

SWMM Level 1 模型用来估计流域年平均径流量，并可以得到输入数据的最低值。年平均径流量是年均降水量的一个简单线性函数，降雨截留损失也被考虑进去。径流系数是透水和不透水地区的一个函数，以及一个不透水区域的人口函数。使用简单的函数关系估计年污染物负荷，污染物被视为独立的，它们与下列因素成正比：年均降水量、人口密度、清扫街道的有效性和集水区大小。土地用途主要为住宅区、商业区、工业区和其他发达地区。污染物主要考虑以下几种：BOD、SS、挥发性固体、TP 和 TN。存储和处理雨水污染物费用的初步估计也包括在 SWMM Level 1 模型中。这是一个处理和存储成本恒定的简单线性函数。简单的成本函数的分析求解，为满足一定水平的污染物去除的贮存和处理的组合，提供了一个最低费用函数。SWMM Level 1 没有在计算机上实现建模，只能使用表格和诺模图建模，它是 SWMM 的一个程序包。

8.2.8　Wallingford Model

Wallingford 模型是英国开发的一套模型。该模型包含一个降雨—径流模型（WASSP）、一个简单的管段演算模型（WALLRUS）及一个动力波管段演算模型（SPIDA）和一个水质模块（MOSQITO）。该模型可以应用于雨水和污水系统，以及使用 15min 时间步长的雨污合流系统的管网建模。此模型已经应用于实时运营管理、设计和规划等方面的模拟。

除此之外，还有 4 种典型模型需要进行适当的改变以适用于城镇雨水问题，它们分别是：BRASS、HEC-5Q、QUAL2E-UNCAS、WQRRS。

8.2.9　BRASS

美国开发的流域径流和径流模拟（Basin Runoff and Streamflow Simulation，BRASS），为水库系统的实时模型和模型设计的运行提供了洪水管理决策支持。该模型可以用于连续模型和单一事件模型。这是一个水力学水文学相互作用的模拟系统，包含降雨径流建模、调节水库过流路径定线和运动河流能力路径定线。BRASS 结合了国家气象局工作动态波模型，可以计算明渠和溃坝造成的不稳定流。该模型可用于连续流和单一事件模型的实时控制和设计模拟。该模型可以处理 15 个河流或支流、90 个子领域，它可以提供每小时径流量和长达 30 天的路径定线。在连续模拟过程中，使用 20 个雨量计可以模拟 100 天的雨量记录。降雨径流模型整合了下列因素：蒸发、渗透、基流和降雨的时空分布。它要求用户指定单位线和渗透损失，来确定子流域的径流水文过程线。渗透是关于蒸发量、降雨量和土壤湿度的函数；基流是简单指数衰减，是一个时间函数。贮存路径定线用于子流域的出流，浅水波方程组用于河渠路径定线。完全动力学分析包括：桥接、顶部加堤、流经控制结构和通过中央的系统的流量。使用稳定隐式有限差分法求解浅水波方程。相邻的雨量计插值法可以在 BRASS 中加入缺失降雨数据。通过 BRASS 模型完成无水质建模。

8.2.10　HEC-5Q

HEC-5Q 是一个模拟洪水控制和防洪系统的模型，该模型能够为如何管理一个复杂的库网提供决策。该模型将为水质水量定义出最佳的系统操作方案。决策标准要考虑防洪、水电、河道内流量（市政、工业、灌溉、供水、鱼类栖息地）和水的质量要求等因素。该模型采用线性规划，来评估水库的最优化运行规则。可以模拟 10 个水库和不多于 30 个控制点。使用下式可以模拟温度和水质的三个传统和非传统成分：

$$V\frac{\partial C}{\partial t}+\Delta x Q_x\frac{\partial C}{\partial x}=\Delta x A_x D_c\frac{\partial^2 C}{\partial x^2}+Q_1 C_1-Q_0 C\pm VS \tag{8.51}$$

模拟浮游植物有关的选项需要 8 个成分：温度、总溶解固体、硝态氮、磷酸磷、CBOD、氨氮和 DO。非传统成分用一阶动力衰减公式取代。该模型模拟每天或每月的数据，因此，在大流域内该模型的用途受到限制。水文径流路径定线法，如改良型脉冲法和 Muskingum 法被用于 HEC-5Q 模型中。这个模型还包括用线性规划法修改流量的能力，以提高控制点的水质。HEC-5Q 提供了经济评估能力，用于计算洪灾平均损失。

8.2.11 QUAL2E-UNCAS

这是美国环保局一个模拟河流水质的模型。它的目的是作为规划工具，模拟稳态和非稳态污染物的转移。但该模型假设流态为稳态，它可以模拟多达 15 种水质成分的相互作用，包括：DO、BOD、温度、藻类（如叶绿素）、有机氮、氨氮、亚硝态氮、硝态氮、磷酸磷、溶解性磷、粪大肠杆菌、任意非传统成分和三种传统成分。无论是稳态还是动态条件下，可以模拟所有的参数。昼间水质变化的气象数据是唯一可以研究的数据，其他功能，如流量变化不能模拟。可以执行不确定性分析、还包括敏感性分析、一阶 Monte Carlo（随机模拟方法）分析，但只适用于稳态模拟。模型中允许不多于 25 个河流流域范围，每个流域范围不超过 20 个计算元素。模型只允许有 6 处河交汇处及 7 处河源元素，以及多达 25 个输入和流出节点。流量平衡是这个模型执行的唯一的路径定线。通常忽略单元素的存储，认为流动是稳定的，可通过求解曼宁公式得到水深。

用于描述流体中污染物行为的基本方程是一维保守对流—扩散方程：

$$A_x\frac{\partial C}{\partial t}+\frac{\partial}{\partial x}(uA_xC)=\frac{\partial}{\partial x}\left(A_xD_c\frac{\partial C}{\partial t}\right)+\frac{\mathrm{d}C}{\mathrm{d}t}\pm S(C,x,t) \tag{8.52}$$

C 是热能或成分浓度，t 是时间，x 是距离，u 是平流速度，A_x 是横截面面积，D_x 是扩散系数，$S(C, x, t)$ 是所有的源和汇，$\mathrm{d}C/\mathrm{d}t$ 定义一阶动力学非传统成分，大肠菌群作为非传统的成分模拟。这些成分和其他任意非传统的成分作为依赖于温度的一阶衰减成分建模，并且不与其他成分相互作用。使用 UNCAS 扩展至 QUAL2E 可以执行模型单个参数的敏感度分析。在一阶分析和 Monte Carlo 模拟中，通常假设变量是独立的。

8.2.12 WQRRS

河流—水库水质系统（Water Quality for River-Reservoir Systems，WQRRS），由美国设计用于模拟整个流域内的水质和水量。它由三个独立的模块组成：水库模块（WQRRSR），水流水力学模块（SHP）和水流水质模块（WQRRSQ），如果有必要，可将上述三个模块耦合。模型能够模拟 18 种不同的河流、水库或河流水库系统中的物理、化学和生物的水质参数。该模型能够对明渠流进行路径定线，使用浅水波方程、运动波方程、Muskingum 法或使用改良型脉冲方法，可以模拟稳定流。使用对流扩散方程建模模拟保守的水质参数：

$$V \frac{\partial C}{\partial t} + \Delta x Q_x \frac{\partial C}{\partial x} = \Delta x A_x D_x \frac{\partial^2 C}{\partial x^2} Q_i C_i - Q_0 C \pm VS \qquad (8.53)$$

C 是热源或成分浓度，V 是容积，t 是时间，x 是空间坐标（水库纵坐标，平流横坐标），Q_x 是平流，A_x 是表面积，D_c 是有效扩散系数，Q_i 是横向入流，C_i 是流入热量或浓度，Q_0 是侧向出流，S 是所有的源和汇。有趣的是，这个公式是非传统的，除非假定平流为恒定。源和汇的仅限于温度的外部热通量。它包括沉淀、一阶衰减、复氧、化学转化、生物吸收和释放、生长、呼吸和死亡率（包括捕食）。对于移动的或者粘附于底部的成分，它们的转换是由式（8.54）控制：

$$V \frac{\partial C}{\partial t} = \pm VS \qquad (8.54)$$

需要考虑的生物化学成分有：鱼类、水生昆虫、底栖动物、浮游动物、浮游植物、底栖藻类、碎屑、有机沉积物、无机悬浮固体、无机沉积物、溶解性磷酸盐、总无机碳、溶解氨、溶解性亚硝酸盐、溶解性硝酸盐、BOD、大肠菌群、总碱度、总溶解固体、pH 值和单位碱度。所有化学和生物速率流程发生在一个有氧的环境中。

上述 12 种模型依据下列因素进行归类：①模型能够执行的建模类型；②如何在模型中模拟水质和水量的组成部分；③用于建模的水质成分；④模型可能具有额外的功能；⑤模型的可操作性。简述如下：

（1）模型能够执行的建模类型

表 8.1 表明，上述模型可以用作规划模型、运营模型和设计模型。在表 8.2 中所示的模型能够模拟独立事件或连续事件。

（2）如何在模型中模拟水质和水量的组成部分

在表 8.3 中给出的模型，能够在共同的基础设施组件，如管道、明渠、调蓄池和天然渠道中模拟流量。大多数模型模拟降雨径流的过程参考表 8.3。简单存储空间模型中采用的定线类型：水文定线和水力学定线在表 8.2 中给出。表 8.2 同时给出了每个模型所使用的用于污染物定线的转移过程。这些信息包括使用对流扩散方程、假设活塞流或完全混合流。在模型中使用的污染物转移方法包括：经验法，积聚和冲刷过程，对沉积物的吸附和脱附（水土流失）建模。

代表性模型的功能和可达性　　　　　　　　　　　　　　　　　　　　　　　表 8.1

城镇模型	功能			可达性	
	规划	运营	设计	公共领域	商业领域
DR3M-QUAL	√		√	√	
HSPF	√		√	√	
MIKE-SWMM	√	√	√		√
QQS	√			√	
STORM	√			√	
SWMM	√		√	√	
SWMM Level 1	√			√	
Wallingford Model	√	√	√		√

续表

城镇模型	功能			可达性	
	规划	运营	设计	公共领域	商业领域
非城镇模型					
BRASS		✓	✓		
HEC-5Q	✓	✓		✓	
QUAL2E-UNCAS	✓			✓	
WQRRS	✓		✓	✓	

代表性模型的特点　　　　　　　　　　　　　　　　　　表 8.2

城镇模型	定线水平			时间建模级别		污染物预测方法			污染转移			优化				不确定性分析			成本	
	简单存储	水文学	水力学	连续流	暴雨事件	经验法	积聚和冲刷	水土流失	对流扩散方程	完全混合反应	活塞流	分析	线性规划	非线性规划	动态规划	敏感性分析	一次二阶矩	Monte Carlo	寿命周期	外部
DR3M-QUAL	✓	✓	✓		✓	✓	✓	✓		✓				✓						
HSPF	✓	✓		✓	✓	✓	✓	✓		✓	✓									
MIKE-SWMM	✓	✓	✓		✓	✓	✓	✓		✓										
QQS	✓	✓	✓		✓	✓	✓	✓		✓	✓									
STORM	✓				✓	✓	✓					✓								
SWMM Level 1					✓	✓						✓								
SWMM	2	✓	3		✓	✓	✓	✓		✓	✓									✓
Wallingford Model	✓	✓	✓		✓	✓	✓		4						✓				5	
非城镇模型																				
BRASS		✓	✓	✓																
HEC-5Q	✓	✓		✓		✓				✓			✓						1	
QUAL2E-UNCAS	✓			✓		✓			✓							✓	✓	✓		
WQRRS	✓	✓	✓	✓		✓			✓	✓										

注：1. 洪水危害. 2. 仅流量平衡. 3. EXTRAN 模块. 4. 仅对流. 5. 劳动力、材料及厂房的成本.

代表性模型组件的数量分析　　　　　　　　　　　　　表 8.3

城镇模型	模型数量组件					
	管道	明渠	调蓄池	其他	自然流	雨水径流
DR3M-QUAL	✓	✓	✓		✓	✓
HSPF	✓	✓	1		✓	✓
MIKE-SWMM	✓	✓	✓	2~7	✓	✓
QQS	3	✓	✓	2		✓
STORM						
SWMM	✓	✓	✓	4		✓

城镇模型	模型数量组件					
	管道	明渠	调蓄池	其他	自然流	雨水径流
SWMM Level 1						√
Wallingford Model	4	√	√	2~5		√
非城镇模型						
BRASS		√	1	7	√	√
HEC-5Q			1		√	
QUAL2E-UNCAS					√	
WQRRS		√	1		√	√

注：1. 水库模块。2. 堰和泵。3. 压力管道。4. 排水沟和泵。5. 额外流量。6. 桥接。7. 漫流。

（3）用于建模的水质成分

表 8.4 中列举了被模拟的污染物的种类。虽然重金属没有明确列入此表中，但通常视为吸附于悬浮物和沉降固体上的传统污染物。

（4）模型可能具有其他功能

有几种模型能够承担不确定性分析、模型优化和模型成本。这些模型能够执行的功能在表 8.2 展示。没有一个模型能够包括所有的功能。城镇雨水模型不涉及不确定性分析，只有两个城镇暴雨模型将成本视作水管理的重要组成部分。有两个模型包含参数优化。

（5）模型的可操作性

大多数模型由政府资助开发，这些模型成本低廉。然而，其中的一些模型得到了广泛认可并形成了用户群体，克服资料和技术支持的不足。这些用户群是模型使用体验的重要信息来源。与此相反，市售的模型未得到政府的资助而相对昂贵。在一般情况下，人们可以得到公共领域软件的源代码。商业软件作为应用软件出售，使得其修改、强化二次开发都很难进行。

根据实际情况，可以将雨量图定义为输入因子，通过使用多种技术合成暴雨，包括：深度—持续时间—频率的关系和改良型 Chicago 过程线法。使用降雨强度和空间平滑因子，经验关系是用于确定空间平均降雨量超过流域储量的部分。降雨—径流模型采用了改进有理数法，它本质上和包含演算系数的有理数法是一样的。演算系数采用不透水面积、土壤类型、蒸发蒸腾量和前期条件所占比例，提供了中前期土壤湿润模式，通过不透水区域、屋面和透水区域之间分配雨水来估计降雨径流，来自这些地区的径流的量依赖于区域类型、流域坡度、洼地存储初始损失和持续渗透损失。使用非线性水库存储模型模拟表面存储引起的衰减，可以使用两个经验径流演算模型：一个模型适用于 $1hm^2$ 集水区；另一个适用于 $100hm^2$。后者关系是非线性关系并使用面积、斜率和集水区长度等参数，由于该汇水区的规模较大，径流受到滞后。时间延迟也是一个依赖于集水面积、河床坡度和汇水区长度的非线性经验关系。对于小流域，使用两个相等的线性串联水库进行地面漫流演算，这两个水库的演算系数依赖于降雨强度、面积和表面斜率。SWMM 的径流模型是任意的。其他 4 种径流建模方法可利用简单贮存，并引入了径流峰值滞后于降雨峰值的延迟时间。

水质参数模拟情况　　　　　　　　　　　　　　　　　　　表 8.4

模型	水质参数																
	温度	无机悬浮物	有机沉淀物	无机沉淀物	BOD	总大肠菌群	总无机碳	氨	TN	TP	DO	碱度	pH	悬浮颗粒	土壤侵蚀	总溶解性颗粒	其他物质
城镇模型																	
DR3M-QUAL																	7, 9
HSPF	√	√	√	√	√	√	√	√	√	√	√	√		√	√	√	1, 2, 7, 9, 10
MIKE-SWMM	√	√	√	√	√	√	√	√	√	√	√			√	√		10
QQS					√	√			√	√					7		9
STORM					√	√		√		6					7		
SWMM					√	√		√							√		3, 7, 8
SWMM Level 1					√			√	√						5		
Wallingford Model					√			√	√		3				7		9
非城镇模型																	
BRASS																	11
HEC-5Q					3			1	2		√						9, 10
QUAL2E-UNCAS																	9, 10
WQRRS	√	√	√	√	√	√	√	1	2		√	√		√			9, 10

注：1. 硝酸盐和亚硝酸盐；2. 磷；3. CBOD；4. 氨氮；5. 悬浮—挥发性颗粒；6. 磷酸盐；7. 悬浮—沉降颗粒；8. 油/油脂；9. 任意污染物；10. 水生生物；11. 无水质。

8.3　城镇雨水管理模型常用软件

近年来，计算机技术在城镇雨水管理模型领域的应用是研究者们不断探索的一个问题，经近几十年的发展，并随着计算机技术的进步，计算机模拟建模已经获得了很大突破，研发了一系列较好的城镇雨水管理模型应用软件，下面是几种应用广泛、适用性好的应用软件。

8.3.1　SWMM 模型

1. 发展历程

SWMM（StormWater Management Model，暴雨水水管理模型）是一个动态的降雨—径流模拟模型，主要用于模拟城镇单次降水事件或进行长期的水量和水质模拟。其径流模块部分综合处理各子流域所发生的降水、径流和污染负荷。其汇流模块部分则通过管网、渠道、蓄水和处理设施、水泵、调节闸等进行水量传输。该模型可以跟踪模拟不同时间步长任意时刻每个子流域所产生径流的水质和水量，以及每个管道和河道中水的流量、水深及水质等情况。

SWMM 最早是在 1969 年～1971 年由美国环境保护局（EPA）资助，由梅特卡夫-埃迪公司、佛罗里达大学、美国水资源公司等联合开发的。历经数次更新，目前最新版已升级至 SWMM Version 5.0.022（2011.04）。SWMM 被广泛应用于城镇地区的暴雨水、合流式排水道、排污管道以及其他排水系统的规划、分析和设计中，在其他非城镇区域也有广泛应用。在 SWMM 5.0 问世之前，SWMM 都是基于 DOS 的 FORTRAN 语言开发，随着 Windows 操作系统和面向对象编程技术的发展，现在的版本已具有了非常友好的操作界面和更加完善的处理功能，它不仅将以前版本中的各个模块进行了整合设计，将建模数据输入、水文、水力和水质模拟以及结果表达集成在一个系统中，而且能对输入输出进行更直观的表达，比如能够用不同颜色标记汇流区域，方便地导入导出系统地图，输出时序图表、管道剖面图，进行动画演示和统计数据分析等。

2. 模型功能

SWMM 是一个内容相当广泛的城镇暴雨径流水量和水质的预报模拟模型，既可用于城镇径流单一场次事件模拟，也可用于长期（连续）的模拟，也可以对任一时刻每一个子流域产生径流的水量和水质，包括流速、径流深、每个管道和管渠的水质情况进行模拟。

（1）可用于处理城镇区域径流相关的各种水文过程的计算，主要包括：时变降雨量；地表蒸发量；积雪和融雪；洼地对降雨截留；降雨至不饱和土壤层的入渗；入渗水对地下水的补给；地下水和排水系统之间的水分交换；地表径流非线性水库演算等。

（2）对降雨截留同时包括了一套设置灵活的水力计算模型，常用于描述计算径流和外来水流在排水管网、管道、蓄水和处理单元以及分水建筑物等排水管网中的流动。其功能主要包括：处理不限大小的排水管网；模拟自然河道中的水流、各种形状的封闭式管道和明渠管道中的水流、蓄水和处理单元、分流阀、水泵、堰和排水孔口等；能接受外部水流和水质数据的输入，包括地表径流、地下水流交换、由降雨决定的渗透和入渗、晴天排污入流和用户自定义入流等；应用动力波或者完整的动力波方程进行汇流计算；模拟各种形式的水流，如回水、溢流、逆流和地面积水等；应用用户自定义的动态控制规则来模拟水泵、孔口开度、堰顶胸墙高度。

（3）堰和排水还能模拟伴随着汇流过程产生的水污染负荷量，用户可选择以下任意数量的水质项目进行模拟，包括：晴天时不同类型土地上污染物的堆积；暴雨对特定土地上污染物的冲刷；降雨沉积物中的污染物变化；晴天由于街道的清扫污染物的减少量；利用最优管理措施控制冲刷负荷的减少量；排水管网中任意地点晴天排污的入流和用户自定义的外部入流；排水管网中水质相关的演算；储水单元中的处理设施或者在管道和渠道中由于自然净化作用而引起水质项目污染负荷的减少量等。

3. 模型组成

SWMM 的模型结构由若干个模块组成，主要分为计算模块和服务模块。计算模块主要包括产流模块、输送模块、扩展输送模块、存储/处理模块；服务模块有执行、降雨、图表、统计和合并模块。每个模块又具备独立的功能，其计算结果又被存放在存储设备中供其他模块调用。各模块之间的关系结构如图 8.3 所示。

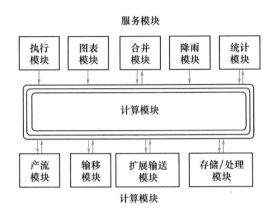

图 8.3　SWMM 模块组成

4. PCSWMM

PCSWMM 是加拿大水力计算研究所（Computational Hydraulics International，简称 CHI）专门为 EPA SWMM 开发的商业化的空间支持系统，从 1984 年开发至今随着 SWMM 的升级它也不断进行更新完善，除具备 SWMM 的所有功能外，最新版的 PCSWMM 2011 整合设计了最新的、功能强大的地理信息系统引擎，可以对最新的地理信息系统数据与模型进行无缝链接，通过系统自身的整合提供智能化的工具以用于模型的建立、优化和分析。

PCSWMM 2011 整合了 EPA SWMM 5.0.013-21 的所有版本，可以对用 SWMM5 或低版本建立的模型进行直接打开、修改、运行和分析，并提供灵活、智能的 GIS 引擎，支持基于开放标准 GIS/CAD 格式和专用的数据，包括：ArcGIS、GeomediaSQL、MapInfo、Microstation、AutoCAD、SQL、OpenGIS GML、KML 以及其他类型（矢量图或栅格图），多类型的支持大大提高了建模和分析的灵活性。同时，PCSWMM 的结果表达比 SWMM 更直接、形象、便捷。

5. SWMM 数学模型原理

（1）地表产流原理

SWMM 模型的基本空间单元是汇水子区域，一般将汇水区划分成若干个子区域，然后根据各子区域的特点分别计算径流过程，最后通过流量演算方法将各子区域出流进行叠加。

各个子区域的地表可划分为透水区 S_1、有注蓄能力的不透水区 S_2 和无注蓄不透水区 S_3 三部分。如图 8.4 所示，S_1 的特征宽度等于整个汇水区的宽度 L_1，S_2、S_3 的特征宽度 L_2、L_3 可用下式求得：

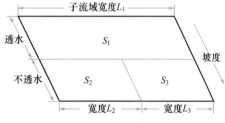

图 8.4 子流域概化示意图

$$L_2 = \frac{S_2}{S_2 + S_3} \times L_1; \quad L_3 = \frac{S_3}{S_2 + S_3} \times L_1 \tag{8.55}$$

SWMM 模型中，地表产流由 3 部分组成，即对三类地表的径流量分别进行计算，然后通过面积加权获得汇水子区域的径流出流过程线。

对于透水区 S_1，当降雨量满足地表入渗条件后，地面开始积水，至超过其注蓄能力后便形成地表径流，产流计算公式为：

$$R_1 = (i - f) \cdot \Delta t \tag{8.56}$$

式中　R_1——透水区 S_1 的产流量（mm）；

　　　i——降雨强度（mm/h）；

　　　f——地表面入渗率（mm/h）。

对于有注蓄不透水区的产流量（mm），降雨量满足地面最大注蓄量后，便可形成径流，产流计算公式为：

$$R_2 = P - D \tag{8.57}$$

式中　R_2——有注蓄能力不透水区 S_2 的产流量（mm）；

　　　P——降雨量（mm）；

　　　D——注蓄量（mm）。

对于无注蓄不透水区 S_3，降雨量除地面蒸发外基本上转化为径流量，当降雨量大于蒸发量时，即可形成径流，产流计算公式为：

$$R_3 = P - E \tag{8.58}$$

式中　R_3——无洼蓄透水区 S_3 的产流量（mm）；

P——降雨量（mm）；

E——蒸发量（mm）。

所以，在相同条件下，无洼蓄不透水区 S_3、有洼蓄不透水区 S_2 和透水区 S_1 依次形成径流。每个子汇水区域根据上述划分的三部分地表类型，分别进行径流演算（非线性水库模型），然后对三种不同地表类型的径流出流进行相加即得该汇水子区域的径流出流过程线。

（2）入渗模型

SWMM 入渗过程模拟提供了 Horton 公式、Greoi-Ampt 模型以及 SCS-CN 模型三种方法供用户选择。

1）Horton 模型

Horton 模型是一个采用三个系数以指数形式来描述入渗率随降雨历时变化的经验公式。

$$f = (f_0 - f_\infty)e^{-kt} + f_\infty \tag{8.59}$$

式中　f——入渗能力（mm/min）；

f_0、f_∞——初始入渗率和稳定入渗率（mm/min）；

t——降雨时间（min）；

k——入渗衰减指数（s^{-1} 或 h^{-1}），与土质状况密切相关。

显然，由于式（8.59）只考虑入渗率为时间的函数，而未考虑土壤类型和土壤水分，因此，并不适用大范围模拟。

2）Green-Ampt 模型

该方法是 Green 和 Ampt 两位学者提出的一个具有理论基础的物理模型，其物理基础是多孔介质水流的达西定理。Green-Ampt 模型基于以下假设条件：

水以锋利的浸润面形式入渗到干燥土壤，浸润面以恒定的速度（或者定义的速度）推移；

浸润面移动时，浸润面以上和以下的土壤水分保持不变；

润面中，从初始含水率到饱和含水率的变化发生在可以忽略厚度的土层中；润面中的毛细管水压力是常数，且取决于其所处位置；

润面以下的土壤吸水能力保持不变。

基于上述假设，进行降雨的折损计算。公式如下：

$$F = \frac{K_s S_w (\theta_s - \theta_i)}{i - K_s} \tag{8.60}$$

式中　F——降雨累积入渗深度；

θ_s、θ_i——饱和时、初始时的以体积计算的水分含量；

K_s——饱和的水力传导率；

S_w——浸润面上土壤吸水能力；

i——降雨强度（mm/min）。

3）SCS-CN 模型

SCS-CN 模型是美国水土保持局提出的一个经验模型，最初主要用于估算农业区域 24h 的可能降雨量，后来也常被用于城镇化区域洪峰流量过程线的计算分析。它是通过计算土壤吸收水分的能力来进行降雨折损的。经实地观测发现，土壤的蓄水能力与曲线值（Curve Number，CN）密切相关。CN 是根据日降雨量与径流量资料进行经验确定的，与土壤类型、土地用途、植被和土壤初始饱和度（土壤前期条件）等因素相关。

SCS 模型应用大量的土壤或植被情况下的实测数据建立了累积降雨量与累积径流量之间的关系。其计算公式如下：

$$PE = \frac{(P-I_a)^2}{(P-I_a+S)} \tag{8.61}$$

式中 PE——累积有效降雨量；

P——累积降雨量；

I_a——初始损失。

径流形成之前的截留和入渗为潜在的最大洼蓄量，在空间上与土壤类型、土地利用状况、农田管理措施以及地面坡度有关，在时间上与土壤含水量有关，可由一个无量纲的参数 CN 确定，其相互关系公式如下：

$$S = 25.4(1000/CN-10) \tag{8.62}$$

式中，S 以"mm"计。在 SCS 模型中，I_a 与 S 之间的关系常采用经验公式近似确定：

$$I_a = 0.2S \tag{8.63}$$

故式（8.61）又可以转换成：

$$PE = \frac{(P-0.2S)^2}{(P+0.8S)} \tag{8.64}$$

通过对不同汇水区域径流资料的分析就可获得一组径流曲线。在 SWMM 5.0 的应用手册中给出了部分土壤的水文土壤组分曲线数，在需要时可以根据特定情况进行测定。

表 8.5 是三种入渗模型特点与应用范围的比较。

SWMM 入渗模型比较　　　　表 8.5

入渗模型	特点及优势	适用范围
Horton 公式	假设降雨强度总是大于入渗率；能够描述入渗率随降雨历时的变化关系，没有考虑降雨期间土壤蓄水量的变化情况	待定的参数少；适用于小流域的模拟
Green-Ampt 法	可用于计算入渗率（或损失）随时间变化的情况；在降雨初期，降雨强度可以小于入渗率；假设土壤层中存在急剧变化的土壤干湿界面，充分的降雨入渗将使浸润面经历由不饱和到饱和的变化过程；该模型将入渗过程分为土壤未饱和阶段和土壤饱和阶段分别进行计算	对土壤资料的要求比较高
SCS-CN 模型	有多种浸润面的平均 CN 可以利用，容易估计特定土壤和地表覆盖条件下的 CN，能给出完整的流量过程线；入渗公式根据反映流域特征的综合参数 CN 进行入渗计算，反映的是流域浸润面情况和前期土壤含水量状况对降雨产流的影响，并不反映降雨过程（降雨强度）对产流的影响；对较小的洪峰流量估计偏低	适用于大流域（大到 50km^2）和较大设计暴雨强度

（3）地表汇流模型

SWMM 采用的地表汇流计算方法是非线性的水库模型。

图 8.5 是一个用非线性水库方法模拟的汇水子区域示意图，它将子区域视为一个水深很浅的水库。降雨是该水库的入流，土壤入渗和地表径流是水库的出流。假设：汇水子区域出水口处的地表径流为水深（$y-y_d$）的均匀流，且水库的出流量是水库水深的非线性函数，那么连续性方程为：

$$A\frac{dy}{dt}=A(i-f)-Q \tag{8.65}$$

式中　A——汇水子区域的面积；

　　　i——降雨强度；

　　　f——入渗率；

　　　Q——汇水子区域的出流量；

　　$y-y_d$——地表径流的平均水深。

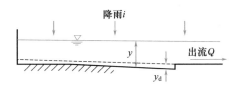

图 8.5　非线性水库法对汇水子区域的示意图

图中 y_d 是汇水子区域的洼蓄量（D）。

根据曼宁公式求出汇水子区域的出流量：

$$Q=W(y-y_d)^{5/3}S^{1/2}n \tag{8.66}$$

式中　W——汇水区域的特征宽度；

　　　n——汇水区域曼宁粗糙系数平均值；

　　　S——地表的平均坡度。

联立式（8.65）和式（8.66）即可得关于水深 y 的非线性微分方程，利用有限差分法进行求解，可得离散方程：

$$\frac{y_2-y_1}{\Delta t}=\bar{i}-\bar{f}-\frac{WS^{1/2}}{An}\left(\frac{y_1+y_2}{2}-y_d\right)^{5/3} \tag{8.67}$$

式中　Δt——时间步长；

　　y_1、y_2——时段开始时刻、结束时刻的水深；

　　　$\bar{i}$——时段内的平均降雨强度；

　　　$\bar{f}$——时段内的平均入渗率。

上述方程组的求解采用 Newton-Raphson 迭代方法，在每一个时间步长内，分三步计算：①用 Horton 或 Green-Ampt 入渗公式计算每个步长内的平均潜在入渗率；②由差分方程迭代计算 y_2；③将 y_2 代入曼宁公式计算该时段内的出流 Q 对于无洼蓄不透水区和有洼蓄不透水区，其求解方法与透水区的求解类似。区别在于前一种情形下入渗率 f 和洼蓄量 y_d 值均取 0，而后一种情形入渗率 f 值取 0。

（4）管网汇流模型

SWMM 采用 LINK-NODE 的方式采用圣·维南方程组求解管道中的流速和水深，即对连续方程和动量方程联立求解来模拟渐变非恒定流。根据求解过程中的简化方法又可分为运动波法和动力波法两种方式。

1）运动波法

连续方程和动量方程是对各个管段的水流运动进行模拟运算的基本方程，其中动量方程假设水流表面坡度与管道坡度一致，管道可输送的最大流量由满管的曼宁公式求解。运动波可模拟管道内的水流和面积随时空变化的过程，反映管道对传输水流流量过程线的削弱和延迟作用。虽然不能计算回水、逆流和有压流，仅限用于枝状管网的模拟计算，但由于它在采用较大时间步长（5~15min）时也能保证数值计算的稳定性，所以常被用于长期的模拟分析。该法包括管道控制方程和节点控制方程两部分。

① 管道控制方程

动量方程：

$$\frac{\partial H}{\partial x} + \frac{v}{g} \cdot \frac{\partial v}{\partial x} + \frac{1}{g} \frac{\partial v}{\partial t} = S_0 - S_f \tag{8.68}$$

连续方程：

$$\frac{\partial Q}{\partial x} + \frac{\partial A}{\mathrm{d}t} = 0 \tag{8.69}$$

式中　H——静压水头（m）；

　　　v——断面平均流速（m/s）；

　　　x——管道长度（m）；

　　　t——时间（s）；

　　　g——重力加速度（m/s^2）；

　　　S_0——管道底部坡度（m/m）；

　　　S_f——因摩擦损失引起的能量坡降（m/m）；

　　　Q——瞬时流量（m^3/s）；

　　　A——过水断面面积（m^2）。

在运动波法计算中，可简化忽略式（8.68）左边项的影响，仅考虑 $S_0 - S_f = 0$，即能量坡降与管底坡度相同。由曼宁公式计算能量坡降：

$$S_f = \frac{Q^2}{\left(\frac{1}{n}\right)^2 \cdot A^2 \cdot R^{4/3}} \tag{8.70}$$

式中　n——曼宁粗糙系数；

　　　R——水力半径（m）。

将 $S_0 = S_f$ 代入式（8.69）中并整理可得：

$$Q = \frac{1}{n} \cdot A \cdot R^{2/3} \cdot S_0^{1/2} \tag{8.71}$$

联立式（8.69）与式（8.71）即可求解水流在管网内的流动。

② 节点控制方程

$$\frac{\partial H}{\partial t} = \sum \frac{Q_t}{A_s} \tag{8.72}$$

式中　Q_t——进出节点的瞬时流量（m^3/s）；

　　　A_s——节点过流断面的面积（m^2）。

用有限差分形式展开上式：

$$H_{t+\Delta t} = H_t + \sum \frac{Q_t \cdot \Delta t}{A_s} \tag{8.73}$$

2）动力波法

动力波法基本方程与运动波法相同，包括管道中水流的连续方程和动量方程，只是求解的处理方式不同。它求解的是完整的一维圣·维南方程，所以不仅能得到理论上的精确解，也能模拟运动波无法模拟的复杂水流状况。故可以描述管道的调蓄、汇水和入流，也可以描述出流损失、逆流和有压流，还可以模拟多支下游排水管和环状管网甚至回水情况等。但为了保证数值计算的稳定性，该法必须采用较小的时间步长（如 1min 或更小）进行计算。

① 管道控制方程

动量方程：

$$g \cdot A \cdot \frac{\partial H}{\partial x} + \frac{\partial (Q^2/A)}{\partial x} + \frac{\partial Q}{\partial t} + g \cdot A \cdot S_f = 0 \tag{8.74}$$

连续方程：

$$\frac{\partial Q}{\partial x} + \frac{\partial A}{dt} = 0 \tag{8.75}$$

式中，各符号的意义与运动波法中式（8.68）和式（8.69）相同。

由曼宁公式计算能量坡降：

$$S_f = \frac{K}{g \cdot A^2 \cdot R^{4/3}} \cdot Q \cdot |v| \tag{8.76}$$

式中，$K = g \cdot n^2$。速度以绝对值形式表示，使摩擦力的方向与水流方向相反。将 $\frac{Q^2}{A} = v^2 A$ 代入式（8.74）可得基本的流量方程：

$$g \cdot A \cdot \frac{\partial H}{\partial x} - 2v \cdot \frac{\partial A}{\partial x} + \frac{\partial Q}{\partial t} + g \cdot A \cdot S_f = 0 \tag{8.77}$$

根据式（8.76）和式（8.77）即可求解各时段内每个管道的流量和每个节点的水头。

将 S_f 代入式（8.77）并以有限差分的形式表示，以下标 1 和下标 2 表示管道上下节点，可得：

$$Q_{t+\Delta t} = Q_t - \frac{K\Delta t}{R^{4/3}} |\bar{v}| Q_{t+\Delta t} + 2\,\bar{v} \cdot \Delta A + \overline{v_2} \frac{A_2 - A_1}{L} \Delta t - g\,\overline{A} \frac{H_2 - H_2}{L} \Delta t \tag{8.78}$$

式中　L——管道长度（m）。

由式（8.78）可求得 $Q_{t+\Delta t}$：

$$Q_{t+\Delta t} = \left[1 + (K\Delta t/R^{4/3})\,|\bar{v}|\right]^{-1} \cdot \left(Q_t + 2\,\bar{v}\Delta A + \bar{v}^2 \frac{A_2 - A_1}{L}\Delta t - g\,\overline{A}\frac{H_2 - H_1}{L}\Delta t\right) \tag{8.79}$$

② 节点控制方程

$$\frac{\partial H}{\partial t} = \sum \frac{Q_t}{A_s} \tag{8.80}$$

式中，各符号意义与式（8.69）相同。

用有限差分形式展开上式：

$$H_{t+\Delta t} = H_t + \sum \frac{Q_t \cdot \Delta t}{A_s} \tag{8.81}$$

根据式（8.79）和式（8.81）即可依次求解出时段 Δt 内每个连接管道的流量和每个节点水头。

③ 稳定性条件

为确保扩展模块数值计算的稳定性，需对时间步长进行严格限制，具体如下：

管段满足柯朗（Courant）条件：

$$\Delta t \leqslant L/[v + \sqrt{gD}] \tag{8.82}$$

式中　Δt——时间步长；

　　　　L——管线长度；

　　　　v——流速；

　　　　g——重力加速度；

　　　　D——管道最大水深或圆管直径。

节点需满足以下条件：

$$\Delta t \leqslant 10[Y^{n+1} - Y^n]As^{n+1}/\sum Q^{n+1} \tag{8.83}$$

式中　Δt——计算时间步长；

　　　　Y——管道水深；

　　　　n——第 n 个计算时间；

　　　　As——检查井内面积；

　　　　Q——管道流量。

综上所述，SWMM 模型的流量计算原理可用图 8.6 表示。

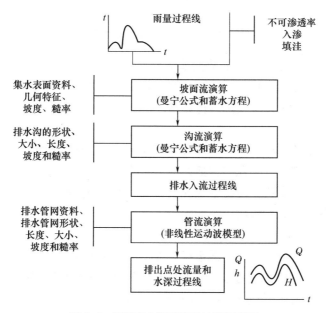

图 8.6　SWMM 模型流量计算原理图

8.3.2　InfoWorks CS

InfoWorks CS（雨污排水系统）模型是英国 HR Wallingford 公司开发的排水模型软件平台，该模型将计算机信息技术、网络技术、水环境工程及资产管理融为一体，采用了以分布式模型为对象，以数据流来定义关系的多层次、多目标、多模型的水量水质及防汛调度实时预报和决策支持系统，其主要功能是模拟旱季污水、降雨径流、水动力、水质、泥沙、沉积物的形成和运动过程。

InfoWorks CS 是较早提出的城镇排水管网系统水量水质模拟的综合模型之一，模型早期由降雨径流模型（WASSP）、非压力流管道模型（WALLRUS）和压力流动力波管道模型（SPIDA）及水质模型（MOSQITO）4 个部分组成，后来 HR Wallingford 公司用 Hydroworks QM 模型取代 WALLRUS、MOSQITO 模块，用于计算水质及管道沉积物的形成与迁移，并于 1998 年集成到 InfoWorks CS 中，图 8.7 为 InfoWorks CS 工作原理图。

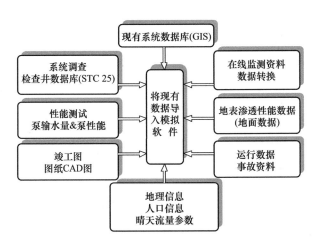

图 8.7 InfoWorks CS 排水模拟系统工作原理图

1. InfoWorks CS 排水建模所需数据基础

InfoWorks CS 在建立模型时所需的数据包括四个方面：网络数据，集水区数据，水文/水力数据，实测数据及系统实际运行数据。

（1）网络数据包括：

1）网络完整的拓扑结构，各检查井及管道等构件的坐标位置和连接性；

2）检查井的地面高程、容积（包括井深、井的大小）；

3）管道的管径、底高程、摩阻系数（从管材及管道的状况中反映）等；

4）管网中的各种附属构筑物，包括闸门、孔口、堰等，都需要其相应的尺寸参数及过流计算参数；

5）水池的参数，包括最高、最低运行水位及水池面积等；

6）泵站的参数，包括水泵的数量、水泵流量扬程曲线及其启闭控制参数等。

（2）集水区数据包括：集水区的划分及集水区的土地分类以及针对不同的土地分类的相关参数，包括集水区的面积、不透水表面的比例、初期损失、径流系数等。

（3）水文/水力数据包括：

1）对于生活污水系统，需要了解人口数量、人均排水量及水量变化曲线等；

2）对于雨水收集系统，需要了解相关降雨量资料，如设计雨型或者实测的降雨数据等。

（4）实测数据及系统实际运行数据包括：

1）通常系统运行调度原则；

2）如果系统中有某些大流量的污水集中出流，则需要对该出流量规律进行详细地调查；

3）管网中淤积、破损的情况；

4）用于模拟率定和验证的实测历史数据。

InfoWorks CS 利用时间序列仿真计算引擎，对排水系统及其相关的附属设施进行仿真模拟，它可以完整地模拟回水影响、逆流、各种复杂的管道连接及辅助调控设施等，既可用于雨水管网、污水管网以及合流制管网建模理论分析，也可用于实时运行管理、设计和规划方面的模拟。现有 Info Works CS V10.5 水力模拟系统主要由以下几大模块构成：

（1）旱流污水模块

旱流污水指没有任何雨水、雪水或其他水来源时管道内的污水。模型中涉及的旱流污水由三部分组成，即：居民生活污水、工业废水以及渗入水。根据英国《管道系统水力模型实践规程》，模型中旱流污水量一般按以下方式考虑：

居民生活污水量一般采用实测值，若不能实测，可通过集水区的人口数及排水当量确定。商业废水一般通过排放流量记录获取，小的入流量可通过增大居民生活用水当量进行计算；大型商业排放量，如最大日平均排放量超过当地生活污水量的 10% 以上的，则应该单独列出。渗入水量一般采用夜间最小流量法、用水量折算法等流量测量方法来确定；渗入水量和当地的地下水位以及季节的不同有很大关系，一般采用单位入渗量表示，然后通过贡献面积推算出渗入水总量。

（2）降雨—径流模块

降落在城镇地表的雨水需经过截留、地面洼地蓄水、渗透、地表径流等过程，才能进入雨水口形成管道径流。径流进入管道后同基流会合，流过地下管网系统、辅助设施、溢流口等，最终进入受纳水体。InfoWorks CS 采用分布式模型，基于详细的子汇水区空间划分和不同产流特性的表面模拟降雨—径流，模型计算过程主要包括降雨形成、地表产流、地表汇流。

模型计算时，降雨数据一般采用雨量计实测，若无实测数据，模型提供了英国、法国、澳大利亚、马来西亚、我国香港的拟合降雨生成器，可通过设置降雨重现期、降雨历时等参数生成不同的降雨事件过程线。地表产流是指降雨后扣除植被截留、土壤下渗、地面洼蓄、流域蒸发，除去地下径流等损失部分之后形成径流的计算过程；InfoWorks CS 模型中内嵌了 7 种不同的产流模型：固定比例径流模型、Wallingford 固定径流模型、英国（可变）径流模型、美国 SCS 模型、Green-Ampt 渗透模型、Horton 渗透模型、固定渗透模型，用于计算不同区域、不同环境下的地表径流。城镇地表汇流过程的模型计算方法一般有水动力学模型和水文学模型两类：水动力学模型以动量守恒方程和管道连续性方程为基础，借助圣·维南方程组，模拟地表的汇流过程；水文学模型一般采用系统分析的方法，将整个汇水区域作为一个黑箱或灰箱系统，通过弱化汇流过程的理论分析，建立汇流参数输入与输出的关系，模拟整个汇流过程。InfoWorks CS 内嵌了双线性水库模型、SWMM 模型等 5 种不同的汇流模型，用于计算集水区域不同表面类型的汇流。

（3）水力计算模块

InfoWorks CS 模型采用完全求解的圣·维南方程进行管道、明渠的非满流水力计算，管渠有压流采用 Preissmann Slot 方法进行模拟，故模型能够对各种复杂的水力设施进行仿真计算。此外，还可通过储量补偿的方法，降低因简化模型而造成的管网储水空间的不足，避免对管道超负荷、洪灾的错误预测。

（4）实时控制模块

为优化排水管网调度，提高模型的仿真性，可以通过设置实时控制方案（Real Time Control，RTC）对排水系统中的控制结构（如水泵、电控阀门、堰）实施远程操作。此外，对个别辅助性结构也可应用实时控制来控制水流。

上述 4 个功能模块是水力模型的运行基础，基于这 4 大模块的 InfoWorks CS 水力模型能对各种复杂的水力工况进行较为精确的模拟，并在国内外模型的相关应用中已得到充分证明。水质模型一般基于率定后的水力模型基础之上运行，InfoWorks CS 只在运行水质模拟时才能进行沉积物的模拟。

2. 水质模型背景

InfoWorks CS 水质模型是对水力模型的升华，它可在管道水力计算的基础上进一步模拟管道水质的变化过程、管网沉积物及污染物的累积转移过程。模型既可进行单事件模拟，又可进行长时间序列的连续模拟，这为优化管网系统运行、寻求针对污染和沉积问题的经济有效的解决方案提供了可能。

（1）水质模型与水力模型的联系

精准的管网水力模型是进行水质计算的前提和基础，只有通过水力模型对管网水力工况进行准确模拟，计算出各管段的流量、流速，才能对水质参数进行仿真计算。此外，沉积物的转移对流量、流速有影响，反过来流量、流速也影响沉积物的侵蚀和累积率，水质模型可将沉积物侵蚀和累积结果反馈给水力模型，使得模型能够更加准确地反映实际情况。

图 8.8 为水质模型与水力模型计算流程的对比，径流模块与水力模块的计算输出共同作为水质模型的计算基础，水质模型的计算流程与水力模型大致相似，只是在各模块中增加了水质参数的输入。水力模型与水质模型各模块计算的差别与联系见表 8.6 所列。

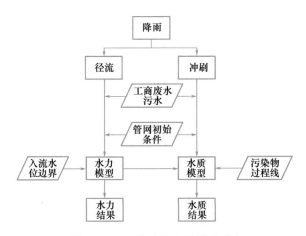

图 8.8　水力模型与水质模型对比

水力模型参数映射的相关水质模型参数　　　　　　　　表 8.6

水力模型	水质模型
降雨径流	降雨冲刷、侵蚀
旱季污水量	污水量及其水质参数
工商废水量	工商废水量及其水质参数
入流及水位边界条件	污染物浓度入流过程线
集水区径流初始条件	集水区沉积初始条件
管网水力参数	管网水质参数

（2）水质模型的模拟参数

InfoWorks CS 水质模型可模拟的水质参数主要有：TSS、BOD、COD、NH_4、TKN 和 TP、用户自定义的污染物以及管道底层沉积物。模型中，沉积物由颗粒平均直径（d_{50}）及相对密度（Specific Gravity）两个参数定义；模型主要考虑两部分来源的沉积物，一种为从地表冲刷进入管网的沉积物，另一种是指从污水和工商废水中沉积的悬浮固体。模型可模拟的污染物质也分为两部分：溶解性污染物和附着性污染物。溶解性污染物指管网中溶解于水体的污染物质，由质量浓度来表示其总量；附着性污染物指地表沉积物或水流 SS 中附着的污染物，由附着系数与附着物质总量的乘积来表示其总量。

主要考虑管道中沉积物的转移，相关的水质参数主要是 TSS。模型将淤积在管道底部的沉积物划分为固定层（Passive Layer）和活动层（Active Layer），如图 8.9 所示，固定层表示模拟计算时，保持不变，不受冲刷、侵蚀的沉积物层，活动层表示水质模拟计算时，能侵蚀、移动、沉积的沉积物层。

（3）水质模型的计算流程

建立水质模型的目的，主要是为了预测旱季管道沉积物的累积结果，及降雨发生后，管道流量陡增对管底沉积物的冲刷侵蚀过程及结果。

InfoWorks CS 水质模型的计算流程可用图 8.10 来描述：旱季时，沉积物及其附着污染物在集水区表面形成至稳定阶段；污、废水及含有特殊污染物质的点源污染物质进入管网。

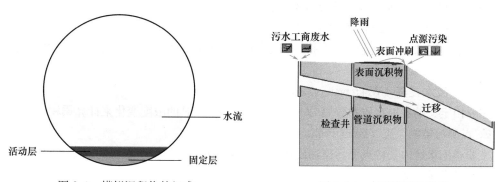

图 8.9　模拟沉积物的组成　　　　　　　图 8.10　水质模型的组成

由于旱季管道流速较小，水中粒径较大的颗粒将会在管道中沉积，在管道底部形成一层活动层沉积物，而已经存在于管道底部的活动层沉积物将会受到水流一定程度的冲刷并迁移。降雨发生后，集水区表面产生径流，汇流的雨水对地面形成冲刷侵蚀，将地表的沉积物及溶解性物质带入雨水、污水收集管网,部分沉积物悬浮在水中,输送至污水处理厂,部分由于相对密度较大,沉积在管底;雨水径流汇入收集管网后,对管道中的沉积物形成强烈冲蚀,造成部分沉积物再悬浮,并随水流向下游迁移直至水力条件稳定处再次沉积。

3. 水质模型计算理论基础

(1) 地表沉积物累积及冲刷模拟原理

InfoWorks CS 模型计算时,可将子汇水区域划分为不同的城镇功能区域,如居民区、商业区、工业区、混合区等;也可划分为不同的土地利用类型,如交通道路、屋面、绿地等。不同的城镇功能区或土地利用类型可取不同的污染物累积、冲刷参数,力争模型能够更加真实地模拟汇水区地表状况。

主要模拟排水管道中沉积物的形成及降雨事件发生时沉积物和污染物在排水管网中的迁移。模型模拟的物理过程主要有两个:首先是旱流时管道沉积物的形成及集水区表面沉积物、污染物的累积形成过程;其次是降雨径流对管网中沉积物、污染物的冲刷、侵蚀,及其迁移再沉积的过程。

1) 地表沉积物的累积模拟

① 地表沉积物的累积模拟

InfoWorks CS 默认采用下面这个方程来描述地表沉积物的累积过程,模型可以计算出汇水区域在模拟后每个时间步长终点的沉积物沉积的量。沉积物累积方程:

$$M_0 = M_d \cdot e^{-K_1 N_J} + \frac{P_s}{K_1}(1 - e^{-K_1 N_J}) \tag{8.84}$$

式中　M_0——沉积物最大累积量或每一时间步长后的沉积物的量 (kg/hm^2);

　　　M_d——初始沉积物的量;

　　　N_J——旱天天数,或模拟时间步长;

　　　P_s——累积率 [kg/(hm^2 · d)];

　　　K_1——衰减系数 (d^{-1})。地表沉积物量增加时,沉积物累积率将会衰减。

② 地表污染物质的累积模拟

水质模型可以模拟 9 种不同的污染物质,其中模型指定 5 种污染物 BOD、COD、TN、TP、氨氮及自定义 4 种。这几类污染物主要有以下三个来源:

A. 地表污染物 (Surface Pollutant)

主要来自汇水区地表沉积物的累积,污染物附着在沉积物上,可通过污染物附着因素计算累积量。

B. 污、废水径流 (Wastewater、Trade Waste Inputs)

主要由定义的各种水质参数如 BOD、COD、TN 和 TP 的浓度变化来计算累积量。

C. 点源污染物径流 (Point Pollutant Inflows)

主要指汇水区内某种点源污染物质的集中排放,污染物的量由点源的入流水量及污染物浓度入流过程线定义。

2) 地表沉积物的冲刷模拟

冲刷是指在径流期地表被侵蚀及污染物质溶解的过程。InfoWorks CS 提供了两种冲刷模型供沉积物的冲刷模拟,分别是 Desbordes Model(单线性水库径流模型)、水力径流模型,默认采用 Desbordes Model。

InfoWorks CS 在冲刷过程中将会计算:

① 地表冲刷进雨水中的悬浮沉积物总量（TSS）。

② 地表冲刷进入管网中的沉积物总量。

③ 地表冲刷进入管网的每一种附着于沉积物上的污染物总量。

Desbordes Model 计算原理：模型计算初始，由旱天累积模型计算地表的沉积物总累积量，降雨径流开始时，模型计算降雨强度下的暴雨侵蚀系数，得到冲刷进管网的沉积物量，再由污染物附着系数计算出冲刷的污染物总量。

$$K_a(t)=C_1 \cdot i(t)^{C_2}-C_3 \cdot i(t) \tag{8.85}$$

式中 $K_a(t)$——暴雨侵蚀系数；

$\quad i(t)$——有效降雨量（m/s）。

$$\frac{dMe}{dt}=K_a M(t)-f(t) \tag{8.86}$$

式中 Me——冲刷进入管网的沉积物量；

$\quad M(t)$——表面累积的沉积物量；

$\quad K_a$——与降雨强度对应的侵蚀系数。

污染物附着系数（K_{pn}）用于表征沉积物的量与其附着污染物量之间的关系。即：污染物的质量＝沉积物的质量×污染物附着系数。

$$K_{pn}=C_1(IMKP-C_2)^{C_3}+C_4 \tag{8.87}$$

式中 C_1、C_2、C_3、C_4——系数；

$\quad IMKP$——最大降雨强度（mm/h）。

冲刷的污染物量：

$$f_n(t)=K_{pn}(i) \cdot f_m(t) \tag{8.88}$$

式中 $f_n(t)$——污染物量 $[kg/(hm^2 \cdot s)]$；

$\quad K_{pn}$——附着系数；

$\quad f_m(t)$——TSS $[kg/(hm^2 \cdot s)]$。

以上模型计算过程中，地表累积的沉积物量为零时，冲刷侵蚀过程停止。

（2）管道沉积物累积及冲刷模拟原理

管网模型（Conduit Model）用于计算管道中悬浮物 SS 及溶解性污染物质的迁移，以及沉积物的冲蚀、再沉积过程。InfoWorks CS 提供了三种沉积物冲刷—沉积模块用于计算管道中的沉积物累积、冲刷过程，分别是 Ackers-White Model、Velikanov Model、KUL Model。Velikanov Model 是基于能量扩散理论来描述沉积物的迁移，KUL Model 是基于水流剪切力理论来描述沉积物的迁移，Ackers-White Model 主要是基于类似于水流挟沙力的理论来描述沉积物颗粒的沉积、冲蚀。Velikanov、KUL Model 未经大量数据校核，只是简单的概念模型，因而本次模型计算选择 Ackers-White Model。

管网模型假设条件：

1）管道中水流为一维流动。

2）纵断面上，固体悬浮物及各污染物浓度分布均匀。

3）固体悬浮物及溶解性污染物沿管道的迁移由管道平均流速决定。

4）忽略管道中固体悬浮物及其他污染物的弥散作用。

5）忽略水流对沉积物的冲刷、侵蚀作用时间。

6）忽略颗粒间内聚力，固体悬浮物的沉降由颗粒沉速决定。

7）当沉积物厚度超过设定极限值后，不再有沉积现象发生。

Ackers-White Model 原理为：管道中悬浮物质的沉降及管底沉积物的侵蚀由管网中水流的 SS（固体悬浮物）负载力 C_v 决定，C_v 表示水流中所能悬浮的 SS 最大浓度。模型运行时，在每个时间步长末计算管网中水流的 SS 负载力 C_v，并由模型计算出水流最大的 SS 负载力 C_{max}，当 SS 浓度超过水流最大 SS 负载力 C_{max} 时，超出的 SS 将发生沉积，沉积率由 SS 的颗粒沉速决定；当 SS 浓度低于 C_{max} 时，水流侵蚀沉积层至水流的 SS 浓度达到 C_{max} 期间，侵蚀现象瞬时发生。

$$C_v = J\left(\frac{W_e R}{A}\right)^\alpha \left(\frac{d_{50}}{R}\right)^\beta \lambda_e^\gamma \left\{\frac{|u|}{\sqrt{g(s-1)R}} - K\lambda_e^\gamma \left(\frac{d_{50}}{R}\right)^z\right]^m \tag{8.89}$$

式中　　　λ_e——综合摩擦系数，由 Colebrook-White 公式计算；

R——水力半径；

W_e——沉积物有效宽度；

A——管道横截面积；

u——管道流速；

g——重力加速度；

s——沉积物颗粒相对密度；

d_{50}——沉积物平均粒径；

α、β、γ、z、m——系数。

（3）模型特点

1）稳定强劲排水系统水力计算引擎

InfoWorks CS 可以仿真模拟各种复杂的水力状况，它能够真实地反映水泵、孔口、堰流、闸门、调蓄池等排水构筑物的水力状况，并能进行稳定的管流计算、重力流、压力流及过渡状态的精确模拟；自动容量补偿，考虑未纳入模型中的检查井及管线的调蓄容量；根据不同土地分类计算地表产流及汇流量；实时控制模拟调试方案等。

2）丰富的排水模型构建工具

背景图、道路、河流、建筑等可以作为背景引入模型，并在此基础上绘制、编辑管网、汇水区，确定汇水区贡献水量。背景提取汇水区面积、土地类型等。进行管网的连接性检查和上下游跟踪，找到问题数据和缺失数据。

3）各种外部数据的导入导出与集成

可以与 GIS 系统无缝对接，GIS 数据可以直接导入和导出。支持 AutoCAD 的 dwg、dxf 文件，Excel、Access、SQL 数据库中管网数据的导入导出，卫星图、航拍图等文件的背景引入等。

4）灵活的水力状况分析工具

软件可以为用户提供对现有数据和模拟结果的多种形式的查询，包括管线的纵断面图、高程的等值线、各种属性参数的主题图等，可以显示各汇水区的排水量、雨水量分布，显示不同规划设计方案对管线中流量、流速的变化程度等；结合地面高程的三维图；管线流量、流速或检查井积水深度的曲线图表；各种注释的标注库等。

5) 强大的模型管理功能

软件可以在一个数据库中存储各类模型相关的资料和数据，可以实现一个窗口中显示多个方案计算的结果；支持多数据库类型；可以回顾当前和模拟网络的版本历史及属性数据；用户利用数据标签标记数据来源；系统记录模型建立过程中每个阶段的成果，保证多用户多工程对模型库的开发、管理及应用的集中管理。

8.3.3 MIKE URBAN 模型

1. 模型概述

MIKE URBAN 是丹麦 DHI 公司经过整合的城镇 GIS 和管网建模软件。最新的 MIKE URBAN 整合了 MOUSE 模型。MIKE URBAN 包括 MIKE URBAN MODEL MANAGER、MIKE URBAN WD 和 MIKE URBAN CS 等。MIKE URBAN 的给水管网水力计算内核为 EPANET，它引进了 ESRI 的地理数据库技术，把 GIS 与建模环境整合在一起，与数据采集与监视控制系统（SCADA）、实时控制系统（RTC）和决策支持系统（DSS）能达到较好的连接。

MIKE URBAN 具有完备 GUI（Graphical User Interface 图形用户接口）功能的高级模拟软件工具；快速可靠的模拟引擎，确保快速运算；有支持软件用于数据处理和分析；用于在第三方程序中（如 MATLAB）处理模拟数据的 GIS 集成和工具；多种模块及管网许可选择确保用户根据自身需求来选择模型；WD 工具模块可模拟由于各种作用力的作用而产生的水位及水流变化，包括了广泛的水力现象。软件可对配水系统模型进行自动校验，对设计来讲，主要用于现有、拟建或改建的输配水管网系统的水动力设计的优化和验证。

MIKE URBAN 包括：

（1）功能丰富的 GIS 功能搭载 ESRI 公司的 ArcObjects 组件；

（2）为城镇给水排水、雨水收集系统和卫生污水截流系统提供最流行和被广泛接受的模拟引擎（EPA SWMM5 和 DHI 的 MOUSE）；

（3）为水的网格化分配提供世界标准模拟引擎（EPANET）；

（4）一套用于数据导入、输入、处理、分析和可视化工具。

MIKE URBAN 采用 ArcGIS 地理数据库存储所有网络和流域的数据，让使用者用 ArcMap 或任何其他兼容的应用程序查看和编辑数据。这保证了数据在模型之间快速的交流。

MIKE URBAN 的配置可以完全定制，以满足用户需求的模型大小与模拟工艺要求的条件要求（图 8.11）。它有一个主模块，称为模型管理器，所有其他模块和一系列的附加模块用于增强包的仿真功能，都是基于模型管理器而建立。每个模块的简要说明如下：

模型管理器是一个基于 GIS 的全功能的数据管理和城镇水务建模系统，包括：雨水收集系统、污水收集系统和配水系统的网络数据管理；为所有的数据实体提供标准的 GIS 功能、有效的时间序列数据管理功能、全面的数据处理和操作工具以及功能强大的数据可视化功能；SWMM5，美国 EPA 的完全动态的雨水和污水管网建模套件；EPANET，美国 EPA 的用于模拟在网络水力学和水环境质量标准模型。

MIKE URBAN 为污水收集系统和（或）雨水收集系统提供更可靠、更先进的建模模块：

（1）CS 管流模块——模型的水力结构比其他任何软件包，包括压力干管、用户定义的水力结构、复杂的操作规则、长期模拟、自动化管设计等更为广泛。

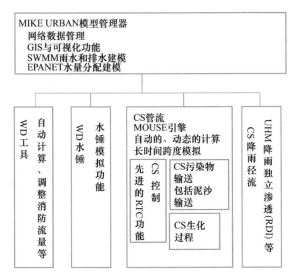

图 8.11　MIKE URBAN 模型结构示意图

（2）CS 降雨—径流模块——提供了一个广泛的降雨径流模块，用来模拟降雨流入和渗透（RDI）。

（3）CS 控制模块——为城镇排水和排水道系统提供先进的实时控制（RTC）模拟功能。

（4）CS 污染物迁移模块——模拟溶解物质和在管内流动悬浮细颗粒泥沙的迁移、扩散和浓度。

（5）CS—生化处理模块——工程与污染传输模块相结合，为多功能复合系统的反应过程提供许多选项。

对于先进的配水（WD）建模，也可以添加模块：WD 工具，包括供水管网模型自动校准，先进的消防流量分析，以及先进的基于规则的控制仿真选项。

2. 模型管理器

模型管理器是 MIKE URBAN 的基本模块，包括所有的 GIS 数据管理、数据处理和数据可视化功能，适用于所有支持 MIKE URBAN 的计算引擎。下面对模型管理器的特性和分析功能进行详细的描述。

（1）网络数据管理

1）数据存储

MIKE URBAN 运行在个人的 ArcGIS 地理数据库上，所有数据都存储在指定的、有据可查的数据结构中。如此一来，使用 ArcMap 中很普通的功能，或使用任何能够读取和写入到地理数据库的第三方软件包就能给 MIKE URBAN 升级。

MIKE URBAN 项目地理数据库为配水和收集系统网络准备了数据模型。此外，这两个不同系统内，可以独立地研究多个实例网络，每个实例代表一个全功能的、独立的网络。

在配水（Water Distribution，WD）模块中，MIKE URBAN 包含了资产网络和模块网络。对于收集系统（Collection System，CS），包含三个网络：资产网络，MOUSE 模型网络和 SWMM5 模型网络。这样，MIKE URBAN 可以支持五个网络数据集。

2）资产管理

MIKE URBAN 有一套资产层，支持存储和操作资产（非模型相关的）信息。这些资产层可以用于存储原始数据或参考数据，以协助数据管理和建模。

MIKE URBAN 内置的工具实现模型存储单元和资产存储单元之间的数据自动化交换，它还包括数据交换工具，拥有更全面、更专业的外部资产管理和数据存储系统。

3）数据导入

整个建模项目的周期内，模型中的数据将不可避免地以各种格式从多种不同的来源提供。对于废水、雨水和配水基础设施系统，没有广泛接受的标准数据存储格式，所以建模系统提供灵活性和必要的工具从而轻松有效地管理各种各样的数据源就显得尤为重要。

MIKE URBAN 可以将一些预先定义的格式导入或导出数据，或者可以设计用户自己的数据的桥梁，连接大多数 ODBC 兼容的数据源。MIKE URBAN 提供了绝大多数模型数据，提供了从绝大多数电子数据存储格式中读取数据和处理数据的工具。

数据导入包括以下功能：

① 支持流行的数据格式。包括 ESRI 的地理数据库、ESRI SDE、ESRI 模型、ESRI TXT、ESRI- CAD 的 MS Access，MS Excel、MapInfo 和任何 ODBC 数据源。

② 支持现有的模型格式。MOUSE、SWMM5 和 EPANET 导入模型数据集。

③ 自动单位换算。自动将源值单位转换为在模型中使用的单位。

④ 即时数据处理。从简单的标量表达式到基于查询的值替换选择的程序范围内选取确定的程序操作的即时参数值。

⑤ 拓扑处理。管道的起点和终点都是从指定的缓冲区内距离最近的节点自动捕捉。

⑥ 导入预览。预览导入的数据，以检查明显的错误或遗漏。

⑦ 保存导入作业。保存配置（字段映射和处理任务），便于找回。

⑧ 更换，附加或更新。替换所有现有型号的功能，将数据追加到现有模型的特征，或用新数据更新现有的模型特征。

4）数据编辑和处理

MIKE URBAN 提供了全面的、高效的选择工具来验证、查询、隔离和操作数据，并追踪属性水平的变化。编辑工具可用于编辑网络模型组件（如节点、管道、排水道检修孔、水池、泵、阀）；网络资产的组件（如服务管道、消火栓、阀门部分）；需求点（消耗量积分）或流域（径流汇水区）。可以从一组选定的实体（或所有实体）中选取一个单一实体模型的数值属性来进行操作。可以执行属性值的简单变化，或者可以使用涉及其他现有属性的数学表达式来执行标量操作。

5）方案管理

配水和废水收集数据模型常用于系统性能分析和规划过程。系统的复杂性、有关未来状况的各种不确定性以及与维护、恢复和发展相关的费用较大，必须对替代系统配置进行彻底的调查，同时要求该系统在搜索技术上可行，对环境无害，且是一种经济高效的解决方案。这些备选配置和场景可能会因为系统的物理布局、负荷条件、营运策略等条件而有所不同。

各种项目的规划，比如污水处理或供水总体规划、污水输送规划、径流减排规划等方面的发展通常会产生大量不同的场景，或者是产生另一种在给定的时间或代表系统在不同的发展阶段的系统配置。每个方案都要测试有关部门的立法或服务标准，这需要一个数值模型能够有效地管理这些场景和相关数据及模拟结果。

MIKE URBAN 提供先进的方案管理工具，能够管理同一个项目地理数据库中大量的

283

场景。MIKE URBAN 方案管理器是 MIKE URBAN 功能的一组用户界面，在此可以进行数值定义、组织管理和生成替代方案，如：

① 现有的污水管渠水管的增强；

② 人口的增加而导致污水负荷的增加；

③ 人口的增加而导致用水需求的增加；

④ 备选设计载荷，例如降雨径流的不同重现期；

⑤ 污水和雨水水管备选路线；

⑥ 新污水干线和供水干线建设；

⑦ 其他。

这些方案总是通过共同的源彼此相关，差异只是来源于总数据的一小部分。此外，按时间顺序开发的系统方案表现出强烈的时间依赖性。

6）简化网络（模式化）

简化网络意味着去除已断开和不必要的网络元素，去除所关注区域之外的网络部分，并消除其出现的冗余和不显著的水力计算节点。

简化降低了网络的复杂性，从而提高了水力计算的效率，同时不损模型的完整性和准确性。

简化程序通过构建一个简化向导，指导用户完成整个过程，可以通过以下步骤来描述：

① 选择网络模型（MOUSE，SWMM 或 EPANET）；

② 选择简化法（擦洗，剪裁，或合并）；

③ 为模型选择有效简化面积（整个网络，多边形内部的网络，或管道的定义）；

④ 选定的元件的规格标准（斜率）；

⑤ 合并方法的规格（仅用于合并）；

⑥ 连接元件（如汇水区）的再连接规格；

⑦ 用户交互（改变元素的选择使之简化）。

简化向导是一个功能强大的工具，特别是当它与方案管理器联用，自动寻找方法去除对模型计算结果没有显著影响或破坏目标部分，加快计算时间。

（2）GIS 和可视化功能

MIKE URBAN 充分利用了 ArcObjects 开发工具，形成了一套完整而标准的 GIS 功能，包括：

① 经由地理数据库的数据存储和访问；

② 图形选择和跟踪工具；

③ 网络分析选项；

④ 几乎任何资产或模型属性的专题地图（符号和标签）；

⑤ 坐标变换和预测；

⑥ 格栅和矢量图像处理和显示；

⑦ 检索和显示组件的属性；

⑧ 可定制和可停驻工具栏；

⑨ 添加/删除/定制层。

为解决城镇雨水建模的需要，MIKE URBAN 还包括很多不属于 GIS 规范的可视化功能，其中包括：

① 管网坡面图；

② 多种属性的时间序列图；

③ 向前和向后跟踪流动路径；

④ 多个视图同时显示；

⑤ 所有开放视图同步动画；

⑥ 多个方案结果比较；

⑦ 将数据导出为 ArcScene 格式。

此外，MIKE URBAN 还配备了 MIKE VIEW 程序以用于 MOUSE、MIKE NET、MIKE SWMM、MIKE11 等模型结果的解释和可视化。

（3）利用 EPANET 进行配水建模

1）流体动力学

MIKE URBAN 采用广泛使用和普遍接受的数字引擎。通过美国 EPA-EPANET2.0 开发，为稳态计算和准稳态流量、压力条件和管网水质的建模提供了方法。使用 EPANET 解决的节点系统和连接方程的方法公认为梯度算法，功能为：第一，线性方程组系统的每一次迭代都是稀疏的、对称的、正定的，这允许其解决方案使用高效稀疏矩阵技术。第二，此方法维持其第一次迭代后所有节点的流量连续性。第三，当管线的泵和阀状态发生变化时，该方法可以很好地处理这些部件而无需改变它的方程矩阵结构。

管流最为重要的特点是：①稳态分析；②延长期分析；③基于规则的控制。

2）水质

水质分析用于计算水龄、执行源头示踪、计算溶解物质的衰减情况或者确定物质的增加（或衰减）情况。水质求解程序基于高效的拉格朗日时间驱动法。除了浓度水平，水质源也依赖于质量的流入速率来定义。散流反应可以用 n 阶动力学建模，管壁反应可用零阶或一阶动力学建模，水质成分的增长或衰减的模拟到达其极限，管壁反应系数可与管道粗糙系数相关联。

最重要的水质特点是：①水龄分析；②路径和污染物的浓度分析。

（4）收集系统模块

MIKE URBAN 用于 MOUSE 引擎的收集系统有以下模块：CS-管流模块、CS-降雨径流模块、CS-控制模块、CS-交通污染模块、CS-生物处理模块。

1）CS-管流模块

MIKE URBAN 管流收集系统模块包括 DHI（丹麦水利研究所）的 MOUSE 数字引擎，可用来解决：流体动力学网络模拟、自动化管设计和优化、长期模拟和统计数据。

① 流体动力学模拟

流体动力学管流模型解决了排水网（环形和树状）的完整圣·维南（运动波）方程，它能够进行回水影响、流程逆转、人孔内超负荷、自由表面流和压力流、潮汐排污口和存储池等方面的建模。MOUSE 流体动力引擎可以处理任何种类的管网系统，无论是自由液面流、压力流以及开放渠道网络和任何形状的管道。几乎可以描述所有的构筑物，包括泵、堰、孔、倒虹吸等。

该计算方案采用圣·维南流体方程的隐式有限差分数方法来求解。数值算法使用自动调节的时间步长，它为多个连接的枝状和环状管网提供了有效和准确的解决方案。这个计算方案适用于非稳定流，而且对于城镇排水的小规模收集、洼地、压力条件下、受出口水位变化影响较大污水干管等都同样适用。亚临界和超临界流都可以通过适用于本地流体条件的相同的计算方案来处理。此外，流动现象（如回水影响及超负荷）都在该模块中精确模拟。

② 管道设计

PD（Pipe Design，管道设计）是一个高效的工具，它能够对新系统以及已存系统中的管道直径进行快速而简单的设计。设计的基础是将新系统的几何信息粗略输入，几何信息包括管道位置、直径和材料表面粗糙度的初始值。或者它可以是现有的 MOUSE 模型的复杂系统中一些管道的重新设计。

在这两种情况下，设计模块对于加快设计管道尺寸的准确度和速度都是一个极好的帮助，设计结果会自动匹配设计标准并且自动验证系统设计是否正确。

③ 长期模拟和统计

LTS（Long-Term-Statistics，长期统计）可以把间歇水力进水的网络设置为长期模拟，涵盖连续的历史时期，可能持续数年。系统把潮湿天气下的水力管流模拟和干燥天气下的简单水力模拟过程自动结合，这样就能准确地计算出污水处理厂负荷、CSOs（Combined Sewer Overflows，合流制溢流污水）、SSOs（Separated Sewer Overflows，分流制溢流污水）和其他系统输出，同时使用计算资源保护其合理性。结果以时间序列和所选变量的统计参数两种形式呈现出来，同时给出单一事件和年度统计图。此外，极端值作为体现重现期的功能也会在图中绘制。以当前配置运行系统模拟和升级计划，该计划投资对系统性能的影响（如新的排水管道、水量贮存容器、RTC 计划）可以被检测出来。这允许用户制定最佳的修复/升级策略。

2）CS-降雨径流模块

MIKE URBAN CS-降雨径流模块包含了降雨径流的 MOUSE 引擎。该系统将产生不同种类的地表径流模型，此外还有 DHI 自带的降雨流入和渗透方法（RDI）。

① 地表径流

针对城镇地表汇水区地表径流有多种类型的地表径流计算方法：模型 A——时间/区域方法、模型 B——非线性蓄水（运动波）方法、模型 C——线性蓄水方法、UHM——水位单元模型。

MOUSE 的表面径流计算可以基于上述四个概念的任何一个，并为已设定的每个集水装置提供必要的、指定的数据。然而，在一次模拟运行中不能把多种示范区的不同径流计算概念组合起来。

除了 UHM 以外，任何地表径流模型的计算都可以使用多个连续径流部分组合而成，即降雨引起的渗透可以作为汇水区基流添加到所计算的地表径流水文中。

这就意味着表面径流计算可以根据有效信息来进行调整。模型运行时使用已验证的默认的水文参数，这些参数可以进行调整以保证更高的精度。水文计算一般作为用作管流模型的输入部分。

② 降雨入渗

RDI（Rainfall Dependent Infiltration，降雨入渗）为水文循环中完整的土地提供了详细的、连续的建模，能够为城镇、农村和混合集水分析提供支持。降水有四种存储方式：雪、地表水、植物根部存水和地下水，这样分类可使水文计算更加准确。与排水系统的水力负荷分析只能应用在短期高密度的降雨中不同，长期的持续的分析可以应用于晴天或者雨天，也可以用在排水管网的流入和渗透中。这为计算污水处理厂和合流污水外溢的实际负荷提供了更准确的参考。通过把 MOUSE 管流模型和 DHI 的分布式地下水模型 MIKE SHE 结合起来，可以实现对地下水和排水管相互作用的进一步模拟和研究。

3）CS-控制模块

CS-控制模块可以调用先进的控制设备用于确定城镇排水管网模型。该系统提供了控制设备的选择集，而且能对任何全程控制方案和规则完全通用。该系统允许在控制功能的基础上应用设备或设定点（PID 控制器）的控制功能，在系统实际状态（反应控制）的逻辑评估基础上或在指定的时间序列之后进行选择。

4）CS-水质建模模块

MOUSE 引擎提供几个不同的模块用于模拟城镇汇水区表面和排水系统内部的输沙和水质。由于污染物是通过泥沙进行迁移的，泥沙转移过程和污水系统的水质紧密联系。这对于理解某些现象是十分重要的，比如初始冲刷效应，初始冲刷效应只能通过描述沉沙在汇水表面和排水系统中的时间和空间分布来进行模拟。MOUSE 引擎能够利用地表径流质量（SRQ）、管道泥沙转移（ST）、管对流—扩散（AD）和管道水质（WQ）模块来模拟上述复杂的机制。这些模块的输出（如从合流制污水管道的污染物溢流曲线）能够被直接应用到 DHI 的受纳水体模型 MIKE 11 和 MIKE 21 中。应用 MIKE 11 或 MIKE 21 与 MOUSE 结合，能够评估接受这些溢流污水的受纳水体（河流、溪流、湖和近海等水体）的水质。

5）CS-污染物迁移模块

MIKE URBAN CS-污染物迁移模块可以模拟以下功能：地表径流水质（SRQ）、泥沙转移（ST）、对流-扩散（AD）。

① 地表径流水质

地表径流水质（Surface Runoff Quality，SRQ）过程的主要作用是提供一个与地表径流相关联的沉淀和污染物的物理描述，并且为其他污水管网的沉淀迁移模块与水质模块提供地表径流的沉淀和污染物数据。可以总结为以下步骤：

A. 汇水区的泥沙颗粒集结与冲刷；

B. 附着在泥沙颗粒上的污染物的表面迁移；

C. 洼地和消能池中的溶解污染物集结和冲刷。

② 泥沙转移

沉积物可以通过限制污水管的流动面积和增加摩擦阻力来大大减少其排水能力。通过模拟污水管网泥沙转移（包括沉积和非均匀腐蚀沉积物），管内泥沙转移（ST）过程是上述问题的主要原因，暴雨冲刷和晴天污水量的作用也是导致该问题的因素。

泥沙转移模块与水量动态演算相结合，从而模拟泥沙的动态沉积，并通过管道面积和泥沙沉积引起的阻力提供反馈。可以解决如下问题：

A. 泥沙淤积位置和排水道系统中的相关污染物和重金属的预测；

B. 基于观察和模拟进行的沉积物水力负荷降低的预测；

C. 水道系统的分析修改调整策略。

③ 管道对流—扩散（AD）

管道对流—扩散（AD）的过程模拟了管流中溶解物质和悬浮细微沉积物的迁移。可以模拟传统污染物和能够线性衰减的物质。所计算的管流的排放、水位高度和流域横截面积都被应用在管道对流—扩散的计算模块中。求解对流—扩散方程需要应用隐式有限差分（必须保证其中的离散点可以忽略不计）来得到，陡峭的浓度分布曲线可以被精确模拟。计算的结果可以显示为污染物浓度纵向分布图，可用于污水处理厂入流或溢流结构的污染物分析。管道对流—扩散模块可以链接到长期统计模块来为污染物迁移提供长期的模拟。

④ H$_2$S 模拟

污水中的硫化生成物一直是研究热点，因为如果硫化物浓度很高的话很容易引发各种问题，包括威胁人体健康的恶臭气味、腐蚀混凝土和金属结构及影响污水处理工艺的运行。此外，受污水溢流的影响，硫化物含量过多可能对溪流中的鱼有毒害作用。MIKE URBAN 设计的硫化物生成模型已经被用来分析昼夜平衡中污水管网中的硫化物浓度的产生和变化。

MIKE URBAN 模拟硫化物积累量 VATS（排水道中污水好氧/厌氧转换模型）是依据微生物好氧—厌氧转化的概念来建立的，此模型的优点是既能够模拟好氧过程又能模拟厌氧过程，还包括这两种状态之间的无缝过渡。

6）CS-生物处理模块

MIKE URBAN CS-生物处理过程模块与 MIKE URBAN CS-污染物迁移模块部分的管道对流—扩散部分联合工作，因而为描述多元复合系统的反应过程提供了许多选项，包括有机物降解、细菌生命、和周围环境氧的交换、侵蚀排水道的沉积物的需氧量。这就使得排水道系统水质相关的复杂现象的现实性分析成为可能。此模块包括违规排放流量的日变化情况和违规排放污水成分中的用户指定浓度。与 CS-生物处理过程相关的沉淀类型有：违规排放流有机沉淀物，来自汇水区径流、检查井、调蓄池的细微矿物质沉淀。以下几点可以用该模块解释：

① BOD/COD 在生物膜和水相的减少；

② 悬浮物的水解；

③ 悬浮微生物的生长；

④ BOD/COD 减少、生物膜和沉积物的腐蚀所需的耗氧量；

⑤ 复氧；

⑥ 细菌生命；

⑦ 营养物和金属沉积物之间的相互作用。

8.3.4　ArcGIS

1. ArcGIS 与排水管网模型联合模式总体框架

（1）联合模式总体框架

ArcGIS 作为地理信息数据库的一种，不仅可以存储排水管网建模所需的管网基础数据信息，还可以通过 ArcGIS 的空间分析功能获得建模所需的汇水区域信息。当没有建立排水地理信息系统或者排水地理信息系统中数据不完善时，建立排水动态模拟模型就需要将管段、检查井、汇水区域等信息通过手工方式输入到系统中。手工输入的方法不仅耗时耗力，而且在输入的过程中会增加很多人为因素的错误。当地理信息系统中的数据较完善时，手工录入方式建模将影响建模的效率，对大型排水管网建模影响较为明显。可以直接利用地理信息数据库中的数据生成模型文件，通过生成的模型文件方便地进行排水管网模拟。

确保排水地理信息系统中数据的准确性与完善性是建立排水管网系统模型文件的前提。生成模型文件之前，需要对排水地理信息系统中的数据进行校验及补充。一般地，排水地理信息系统中排水管网的信息较为完善。模拟对于管网信息的准确性及合理性要求较高，因此在数据文件生成之前需对地理信息系统中的数据进行合理性检验。排水管网的基本信息与模型的结合目前已有软件可以实现，如 InfoWorks 可以实现对 Geodatabase 数据的导入。一般的排水地理信息系统并没有存储汇水区域等信息，因此在进行地理信息系统生成建模文件之前还需要将建模所需的汇水区域数据补充完善。

生成的排水管网系统模型文件可以在 SWMM、InfoWorks、MIKE URBAN 等环境下运行模拟。通过将雨水模拟软件与 GIS 软件相结合的方法实现管网模拟系统与地理信息管理系统的有机结合，使得排水系统数据管理与排水管网模拟在统一的平台下完成。两个平台合并后，不仅可以在 ArcGIS 系统运行水力模拟系统，还可以将运行结果在 ArcGIS 中直观表达。此外，利用 ArcGIS 的空间分析功能，还可以将模拟结果进行进一步的空间分析，如最优化救援物资的位置等。

以上介绍了基于 ArcGIS 的排水管网建模的整个流程，具体的流程图如图 8.12 所示。

（2）联合模式技术优势

前面描述了排水系统 ArcGIS 与排水管网模型相联合的总体框架，该框架阐述了两个系统相联合的具体方式及过程，下面简要阐述此种联合模式的技术优势。

图 8.12　基于 ArcGIS 的排水管网动态模拟总示意图

1）ArcGIS 可以提供建模所需的大部分数据，在 ArcGIS 平台下直接生成模型文件，可以减少手工录入建模产生的误差，并且可以大大缩短建模周期。

2）ArcGIS 及排水模型的结合使得数据管理及系统模拟在统一平台下完成，提高了管理效率，并为两系统的数据直接交换提供可能。

3）利用 ArcGIS 的图形表达功能可以方便地对模拟结果进行直观表达。

4）利用 ArcGIS 的数据分析功能可以对排水管网模型计算结果进行分析，为进一步的维护管理及资源分配等提供依据。

2. 管网数据生成

（1）管网数据校核功能实现

1）数据存在的问题

排水管网数据存在的问题非常复杂，并且对于不同的排水管网数据问题也可能不同。排水管网水力模拟系统对数据合理性要求比地理信息系统高，如当管底标高低于井底标高时模拟系统将不能进行模拟计算。因此，在进行模拟之前，必须对管网数据进行合理性检查。通常排水管网数据异常问题分为：

① 数据输入错误

数据在输入到电子文档或图纸上时，由于马虎大意出现的错误。

② 数据勘测错误

在勘测过程中，因使用的仪器不同或者参考标高不同产生的错误。

③ 实际现象不合理

虽然管道信息看上去不符合常理，如成环、倒坡等，但可能实际中真实地存在此种问题。

数据输入错误与数据勘测错误属于存储数据与现实不符合的情况，这两项错误应该首先予以更正，以使得存储的管网数据能够正确地表达现实管网。对于实际现象不合理的管段应该加以分析。经过分析后会影响水体畅通排放的，应及时加以改造。

排水管网数据存在的问题相当复杂，表现出来的现象也多种多样。下面对以某市排水管网数据的表现形式进行分析。

① 管底标高比井底标高低

某市排水管网数据中，管底标高比井底标高低的数据问题较为突出，出现的频率较高。此类错误在现实管网中不可能存在，所以这种问题属于数据勘测错误类型。产生此类错误的节点应该重新勘测井底标高及与井相连的管段的管底标高。通过对该市排水管网数据的分析可知，若井底标高正确，则大量管段将存在倒坡现象，因此管段起始和终止标高数据正确的可能性较大。若需要对数据进行重新勘测，则可以先对井底标高进行勘测。

② 倒坡

产生管道倒坡现象的原因比较复杂，有的是由于输入过程中将起始与终止节点信息写颠倒造成的，而有的倒坡是真实存在的。更正因人工输入错误产生的倒坡，保留真实存在的倒坡，并进行进一步的检查。

③ 一个节点多个下游管段

为了确保排水出路明确，一般一个节点只对应一个下游排放口，不会有多个下游排放口。当检查出一个节点有多个下游节点时，应该予以校核及检查。

④ 排水管道成环

一般的排水管网由枝状管网组成。对于环状管网应该予以校核检查。排水管路成环是一个节点有多个下游管段问题的特殊情况之一。

⑤ 当支管流入主干管时，支管管底标高低于干管管底标高

这种情况在现实中是比较少见的，因为当支管接入主干管时，支管管底标高低于干管管底标高会使支管水流不易排出，对支管雨水的排放会产生不良影响。

2）VBA 实现的数据校验功能

以上所列出的大部分数据校验发生在管道属性数据与井的属性数据之中，在 ArcGIS中这两类属性分别存储在管道线要素类和井的点要素类中。在 VBA 编程中找到表示这两种要素类的接口，进而对这两种要素类的属性进行操作。

① 管底标高与井底标高校核

管底标高比井底标高低的情况是不存在的，并且将这种错误数据导入到雨水模型（如SWMM）中时，会使管道的入口或出口偏移量为负值。这种情况下模型是不能对管网汇流进行模拟计算的，所以应该在数据进入模型之前对数据进行校验。用户 ArcMaP 内嵌的 VBA检查，对于存在问题的管段应对数据进行校对，并将准确的结果输入到要素类的属性中。

② 倒坡校核

由于管道要素类记录了管道的起始管底标高和终止管底标高，所以该项校核不需要

在两种要素类中查询，只需在管道要素类中计算各个管道的坡度即可。程序设计步骤为：遍历每一个管道要素；找到该管道要素起始管底标高、终止管底标高及管长；计算管道坡度；将该坡度值存储在该管道要素坡度属性中。

③ 一个节点多个下游管段

此类问题的校核步骤为：遍历每一个井要素，查找该井节点标号是否在管段要素类的起始节点编号属性中出现两次或两次以上，如是则说明该节点有两个或两个以上下游节点。

（2）生成管网数据

管段类的部分数据是不能直接在地理信息系统中获取的，该部分数据需要通过计算而间接获取，如管道的曼宁系数、入口偏移量、出口偏移量、埋深等。下面对这几种数据的生成进行介绍。

曼宁系数是综合反映壁面对水流阻滞作用的粗糙系数，与管材、管龄及充满度等均有关系，不易直接得到，故在管道要素类的属性中没有直接给出。因此，在建模初期，对模型精度要求不太高时，可以根据管材确定管道的粗糙系数；在建模后期，可以根据需要对管段进行曼宁系数的校验。SWMM 手册中推荐了地表漫流、管道流、明渠流情况下的粗糙系数的取值范围，管材与曼宁系数对应关系，也可在排水管网水力建模时，根据材料进行选取。

管材与曼宁系数对应关系的建立，可通过 ArcMap 中的 Join（合并）功能完成。首先，利用 ArcCatlog，在排水系统地理信息数据库中添加曼宁系数与管材对应表。该表格中有管材与曼宁系数两个属性列。

入口偏移量、出口偏移量、埋深数据需要通过与管道相连的两个井的信息完成，模型要求出口、入口偏移量必须大于零。三种数据的计算公式如下所示。

$$入口偏移量＝管道入口管底标高－入口井的井底标高 \tag{8.90}$$
$$出口偏移量＝管道出口管底标高－出口井的井底标高 \tag{8.91}$$
$$埋深＝地面标高－井底标高 \tag{8.92}$$

本文采用 ArcMap 内嵌的 VBA 对数据进行编辑。编程的基本思路为：先将井底埋深设置为与其相连的管段中管底标高最低的一个；根据此井底标高计算埋深；最终，根据此井底标高重新计算各个管道的出口、入口偏移量。

3. 汇水区域数据生成

（1）汇水区域划分

由于城镇地面性质和地下情况非常复杂，因此，通常将整个建模区域离散化为一定数目的汇水区域。每一个汇水区域通常用一个理想的、具有表面同质的多边形来表示；理想化的汇水区域具有相同的降雨雨型，采用相同的入渗模型，进行统一的汇流演算，演算出来的出流量作为后续计算的基础。

汇水子流域的划分目标是按照排水流域的实际汇流情况，将地表径流汇流分配到相应的排水管网节点，使管网系统的入流量分配更符合实际情况。对于汇水区域建模，地形资料是汇水子流域划分的最重要依据。但是由于城镇地表变化的复杂性，汇水子流域划分应该首先符合实际情况。因此，汇水子流域划分时，应实地调查片区内的汇水走向，并对地面高程等有关资料进行处理及分析。在没有实地考察时，主要按照以下三个原则初步确定汇水子流域：地形、社会单位（单元）、就近排放。

当建模区域内地形标高图精度较高时，可以依据地形标高，利用 ArcGIS 空间分析功能进行汇水区域划分。一般城镇地形标高图为测绘得到的 CAD 图，CAD 图中存储着具有标高信息（Z）及位置信息（X、Y）的点。在 ArcGIS 中可以直接加载具有地面标高的 CAD 图，加载后的 CAD 点将转化为 ArcGIS 中的点要素类，CAD 点的 Z 值坐标被自动转化为 ArcGIS 中点要素类的 Elevation 属性。利用具有 Elevation 属性的点要素及 ArcGIS 中的 3D 分析工具箱中的表面生成工具可以生成数字高程模型（Digital Elevation Model, DEM）。由于 TIN 较适合对表面要素的位置和形状有很高精度要求的大比例尺的制图，因此在生成数字高程模型时选择生成 TIN 表面。并根据空间分析计算得出的坡向数据可以用于验证汇水区域划分的可行性，并确定汇水区域的出水口。

（2）生成汇水区域数据

下面介绍应用 ArcGIS 空间分析功能生成所需数据的方法。每一个汇水区域一般包含多种土地利用类型，不同土地利用类型的性质均不相同。为了满足汇水区域同性质的要求，需对包含不同土地类型的汇水区域属性（平均坡度、不透水面积、糙率及洼蓄量等）进行统计计算。汇水区域数据生成总体思路如图 8.13 所示。

图 8.13　汇水区域数据生成总体思路

各参数的计算均需用到 ArcGIS 空间分析工具箱中的分区统计分析工具。该种统计方法将汇水区域（或透水及不透水区域）作为统计单元，对以栅格形式存在的汇水区域属性进行统计分析。统计结果一般取各栅格单元属性数据的均值。

下面对统计数据的生成方法进行介绍。现实中的汇水区域地表坡度是随空间位置变化而变化的，而模型所需的坡度是表达汇水区域总体倾斜度的平均坡度。ArcGIS 为生成每个栅格的单元坡度提供了简便的方法，即用表面分析工具中的计算坡度工具求解每个栅格单元的坡度。坡度计算需要的基础数据为栅格数据，所以在生成坡度栅格数据之前，需先将 TIN 表面类型数据转化为栅格类型数据。产生坡度栅格数据后，利用分区统计分析工具对坡度数据进行不同汇水区域的统计分析，进而生成汇水区域的平均坡度。土地利用类型可划分为道路、居民点、绿地及牧场等。每一种土地利用类型可以根据是否可透水分为透水性和不透水性两种类型，例如道路为不透水类型，而绿地为透水类型。由于透水性区域及不透水性区域均包含多种土地利用类型，而每一种土地利用类型的糙率及洼蓄量不同，因此需要分别对不透水区与透水区的属性（不透水面积、不透水区糙率、透水区糙率、透水洼蓄及不透水洼蓄量）进行统计分析。由于统计分析的对象为栅格数据，所以对不透水区与透水区属性进行分析时，需将不透水区与透水区的矢量属性数据栅格化。

ArcGIS 中图解建模是指用直观的图形语言将一个具体的过程模型表达出来。模型中分别定义了不同的图形代表输入数据、输出数据、空间处理工具，它们以流程图的形式进行组合并且可以执行空间分析操作功能。图解模型中圆形代表参与计算的图层，矩形代表

ArcGIS 中的分析工具。生成透水性数据的图解模型如图 8.14 所示。与不透水区域的统计分析流程类同。

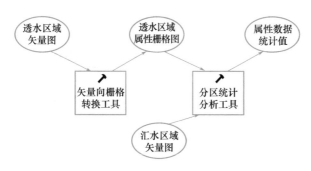

图 8.14　生成汇水区域透水性数据的图解模型

4. 结果表达

排水管网节点的溢流区域计算与洪水淹没区计算方法有所不同。不同之处在于排水管网节点溢流区域计算的条件是每个节点的总溢流量，而洪水淹没区计算的条件是一个确定的水位或水量。此外，排水管网节点溢流区域计算需要较高精度的数字高程模型，而洪水淹没区计算需要的数字高程模型精度相对较低。

洪水淹没区计算一般是在给定洪水水位下计算淹没区，给定洪水水位可以是现状的洪水水位，也可能是来自水力水文模型计算、预测的结果。国内使用过的计算方法是种子蔓延算法，有源淹没和无源淹没两种情形下种子蔓延算法的淹没区计算方法；随着 ArcGIS 功能的不断完善，目前可以无需编程即可确定低于特定高程的区域的淹没区，并可以计算出其面积及体积。

在排水管网节点淹没区计算时，每个节点的总溢流量及周边地面状况均不相同，因此其溢流面积计算较为复杂。

8.4　城镇雨水管理信息技术应用及案例

8.4.1　城镇排水系统排水能力预测与评估

MIKE URBAN 是由丹麦水利研究所（DHI）开发，引进了 ESRI 的地理数据库技术，把 GIS 与建模环境整合在一起；Mike Urban 与 SCADA 系统、实时控制系统（RTC）和决策支持系统（DSS）能达到较好的连接，解决各种工况的工程问题，满足建模者不同的需求，包括产流模块、汇流模块、地下水模块、管道模块、水质模块、泥沙模块、生物模块及其他独立模块，提供完整的城镇雨水排水及污水处理模拟计算方案，其可用于排水管网设计、规划与分析、城市雨水管理与利用、降雨径流的分析与评估等。本案例选用MIKE URBAN 研究区域排水系统能力评估。评估步骤为：

1. 现状资料收集

区域的基本情况交汇处，总面积约 $51hm^2$，包含下穿隧道立交区域、雨水泵站等。当暴雨时，下穿隧道排水流量小于入口涌入的雨水径流量时，路面形成积水，阻断交通、危及人身安全。

排水能力评估前，收集现状排水管道系统及相关信息，包括：

（1）排水体制：该区域属老城区，排水管线总长 8985.918m，其中：污水排水管占 34.46％、雨水排水管占 57.37％、合流制排水占 8.16％；

（2）管渠断面：管径 D200～D1500、箱涵（0.2m×0.1m）～（4.35m×2.2m）；

（3）存在的主要问题有：部分管段管径过小，部分管段管径小于 300mm，此类管段共计 148 段，累计长 1747.792m，占比 19.45％，接近 1/5；存在部分逆坡及平坡管段：共计 33 段，共长 613.548m，占比 6.82％；存在雨污混接的现象；

（4）下垫面分析：该区域主要以居住区和商业区为主，根据 CAD 图纸辅以谷歌地球的卫星图，将研究区域的下垫面分为 4 类，分别是建筑、道路、绿地及其他。

2. 建立研究区域模型

（1）MIKE URBAN 建模所需数据

建立 MOUSE 模型需要的数据主要有四类：

1）点数据：在 MIKE URBAN 的模型中点数据，包括：集水点、节点，利用这些数据可以建立管网拓扑关系；

2）线数据：线数据是连接点之间的有拓扑关系的线，数据信息要包括管线的起点高程、终点高程、管长、管径等基本信息；

3）面数据：面数据即流域的集水区范围，包括：土地利用分布图，对研究范围的集水区域内部进行划分；

4）降雨数据资料：当地暴雨强度公式，短历时设计降雨雨型及长历时设计降雨雨型等。

注意事项：

1）MIKE URBAN 建模需要一开始设置好坐标系，后续无法修改与补充。

2）管网与检查井的数据最好为 Excel 表格形式，便于修改与导入。

（2）导入研究区域排水管网数据

将前期处理好的 Excel 数据导入 MIKE URBAN 的 MOUSE 模型，坐标系选定 XIAN80。

研究区域中的现有一提升的雨水泵站，泵站的集水池容积为 60m³，其内共放置 4 台泵，三用一备，每台泵的流量均为 50m³/h。

（3）导入研究区域下垫面数据

径流系数取值根据《室外排水设计规范》GB 50014—2006（2016 年版）排水管渠粗糙系数推荐取值，各部分所占面积及比例见表 8.7，该区域综合径流系数为 0.603。使用 ArcGIS 将下垫面资料转化为 MIKE URBAN 能识别的 Shp 文件。

土地利用类型及径流系数取值　　表 8.7

下垫面类型	面积（m²）	占比（%）	径流系数
建筑	136571	26.82	0.90
道路	65530	12.87	0.85
绿地	173568	34.09	0.20
其他	133499	26.22	0.70
合计	509168	100.00	0.603

划分集水区，使用 MIKE URBAN 自带的划分工具（即根据泰森多边形法则）结合研

究区域的实际情况手动调整，生成子集水区
310 个，如图 8.15 所示。

（4）参数设置

1）不透水性（不同下垫面），水力学参数；

2）将设计降雨资料导入模型；

3）运行地面产流模型；

4）运行排水管网模型。

（5）参数率定

参数率定需要多次实测的降雨—径流资料。

通过区域内多场次实测降雨—径流资料，
将降雨数据导入模型内，调整基础参数，使得
模型模拟结果是实测数据趋于一致。

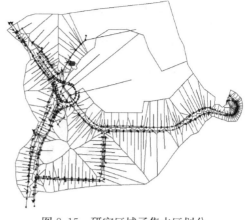

图 8.15　研究区域子集水区划分

调整参数主要涉及下垫面的划分，研究区内集水池的初始水位，下垫面的不透水系数
等，通过不同参数之间的排列组合，选出模拟结果最接近实际曲线的参数组合，即为最终
率定的参数。

3. 排水管网能力评估

（1）评估方法

排水管网重现期评估方法采用不同设计重现期降雨下管网的满流率进行评估。我国排
水系统设计时雨水管道内流态按满管均匀流考虑，计算设计流量时的设计水力坡度取管底
坡度。重力管渠中，形成压力流但尚未溢出地面造成洪灾的水力状态定义为"超载"，一
般当出现超载状态时，即管道出现满流，可认为管段流量超过设计能力。因此，在评估
中，若管道出现超载状态，则视为该段雨水管道的排水能力不满足相应重现期标准。

因此，采用"管段最大充满度"指标进行研究区域现状排水能力评估，对于管段充满
度峰值大于 1（不包括等于 1）的雨水和合流制管道，均视为能力不足。

（2）设计降雨

研究区域的设计降雨数据来自该区域设计暴雨雨型，研究区域所在的该区域的暴雨强
度公式为：

$$q = \frac{1132(1+0.958\lg P)}{(t+5.408)^{0.595}} \tag{8.93}$$

式中　P——设计重现期（a），取值详见《室外排水设计标准》；

　　　q——暴雨强度（L/(s·hm²)）；

　　　t——降雨历时（min），取值详见《室外排水设计标准》。

该区域短历时（1h、2h、3h）及长历时（24h）设计降雨量见表 8.8。

不同历时设计暴雨量（单位：mm）　　　　　　　　　　　　　　　　　　**表 8.8**

重现期 降雨历时	2 年	3 年	5 年	10 年	20 年	30 年	50 年	100 年
1h	43.8	51.3	60.3	71.7	83.1	88.8	96.1	106.3
2h	57.8	69.2	83.4	101.4	118.7	127.4	138.8	154.6
3h	67	81.5	99.8	123	145	156.2	170.8	191.2
24h	99.1	116	135	157.9	179	191	205.1	224.1

根据资料，共生成设计降雨事件 32 场，各个历时设计降雨雨型如图 8.16 所示。

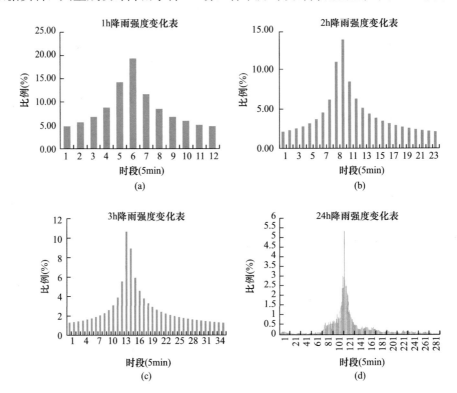

图 8.16　不同历时降雨的雨型

（a）1h 降雨强度变化图；（b）2h 降雨强度变化图；（c）3h 降雨强度变化表；（d）24h 降雨强度变化表

（3）评估结果

通过 MIKE URBAN 软件，导入该地区 32 场设计降雨评估研究区域现状排水管网，使用 ArcGIS 导出评估结果图如图 8.16 所示。

根据 MIKE URBAN 的管网重现期评估结果：

1）排水管网在短历时设计降雨评估结果：在 1h 设计降雨条件下，排水管网重现期评估结果，小于 2 年的管段长度占比 36.53%，导致地面积水、漫流。雨水管和合流管的设计重现期大于 20 年一遇的管长占比 28.91%。

2）排水管网在长历时设计降雨评估结果（表 8.9）：评估（24h 降雨）重现期小于 2 年的管段长占比 23.90%，不满足现行规范设计的最低标准。

现状排水管网重现期评估结果　　　　　　　　　　　　　　　　　　　　　　　　　　表 8.9

管网重现期	1h 设计降雨评估结果（管长，m）	2h 设计降雨评估结果（管长，m）	3h 设计降雨评估结果（管长，m）	24h 设计降雨评估结果（管长，m）
<2a	3461.833	3323.479	3143.262	2147.079
2~3a	176.023	243.516	375.459	787.344
3~5a	170.524	164.977	168.677	238.258
5~10a	446.232	437.700	395.431	314.583
10~20a	368.722	424.023	491.432	95.047
≥20a	4360.838	4390.477	4409.911	5401.861

8.4.2　某湖环湖干渠水质水量 SWMM 实时动态模拟及应用

SWMM（Storm Water Management Model）是美国环保局（USEPA）开发的一个动态降雨—径流模拟模型。其主要用于模拟城市某一单一或长期降雨事件。该模型可以跟踪模拟不同时间步长，任意时刻每个子流域所产生径流的水质和水量，以及每个管道和河道中水的流量、水深及水质等情况。本节结合案例"基于 SWMM 及 ArcGIS 的 2030 年某湖环湖东岸截污干渠雨水/污水渠的水质水量实时动态模型"，展示如何利用 SWMM 模型分析城市雨水排水系统对雨水径流及面源污染负荷总量的收集及输送能力，识别城市雨水排水的系统的薄弱环节，以及优化城市雨水排水系统对面源污染总量的控制。

为了保护湖泊水环境，该市建了总长度为 50 km 的环湖截污干渠（分为东岸，南岸及北岸）及配套管网收集系统。东岸环湖截污干渠包括污水干渠和雨水干渠，旱季时主要收集服务地区的居民生活污水；雨季时除了收集生活污水，还收集降雨初期污染物浓度较高的降雨径流，再分别输送至污水处理厂和雨水处理站处理处理排放。

根据城市总体规划，预计在 2030 年，环湖截污干渠服务区内完成城市化，届时城市雨水总径流量将到达最大值。因此，基于最不利原则，本案例采用 EPA-SWMM 及 Arc-GIS 软件构建了的 2030 年环湖截污干渠（LQ 段）雨水/污水渠的水质水量实时动态模型，研究环湖截污干渠输移城市初期雨水的污染负荷变化规律。该模型服务总汇水面积为 69.7km²，共设置 394 个子汇水区，管网节点共 369 个，管段数 401 条（图 8.17）。并对模型参数进行了多点率定及验证，主要完成了以下任务。

（1）预测干渠输移雨水径流总量及雨水污染负荷变化规律，为干渠运行调控提供依据；

（2）预测干渠输移能力的瓶颈点，以合理确定调蓄池设置点；

（3）预测降雨条件下干渠末端初期雨水处理厂、污水处理厂冲击负荷的影响，为初期雨水处理厂、污水处理厂运行选择适宜的运行模式，以保证初期雨水处理厂、污水处理厂的稳定运行；

（4）预测雨水干管水质/水量双峰规律，为雨水干管截留高浓度雨水径流量，而减少截留的雨水量，以实现高效截留。

1. 应用 SWMM 及 ArcGIS 建立动态预测模型的步骤

（1）根据某湖东岸 2030 年排水规划图、数字高程（DEM）图，在 ArcGIS 中绘制汇水边界；

（2）根据排水的规划图及截污干渠设计图构建管网拓扑空间结构，获得干渠的基础数据（管道长度、管径、埋深、管道上下游的管底标高、检查井的地面标高和井底标高等基础信息），将 google earth 中带坐标的规划图与 DEM 图配准获得干管及支管坐标；

（3）采用泰森多边形子流域划分方法划分子汇水区，并计算出汇水区面积、特征宽度和地表平均坡度；

（4）确定 SWMM 中地表径流模型，采用霍顿模式；

（5）根据子汇水区内部不同的土地利用性质分布，通过查阅资料、文献及实测数据初步确定水文水质参数（径流系数、洼蓄量、霍顿公式参数、曼宁粗糙系数）；

（6）根据地表污染物累积、冲刷模型的原理、实际情况以及以往研究，最终确定各污染物累积、冲刷模型分布为饱和函数累积方程以及指数冲刷模型；

（7）对水文水质参数进行率定与验证。进行灵敏度分析，选取 2 场雨对模型参数进行率定，再选取 2 场雨进行模型验证。水量采用 Nash-Sutcliffe 效率系数进行判断，一般认为 Nash-Sutcliffe 效率系数大于 0.7 表明模拟值与观测值达到较好的吻合，经验证，水量拟合 Nash 系数均大于 0.7。水质参数采用场次降雨污染负荷的偏差 ΔM 和污染物峰值浓度偏差 ΔP 进行判断，经验证，偏差均在 20% 左右，模拟值与实测值吻合较好。

2. 环湖干渠水质水量实时动态模拟结果及分析

（1）干渠输移雨水径流总量及雨水污染负荷变化规律

选取干渠服务区内，2009 年至 2016 年共 30 场降雨降雨量最大、历时相对较短且强度大的逐分钟降雨数据代入模型，研究了干渠对单场总降雨的通过能力。结果显示：2030 年环湖东岸截污干渠（LQ 段）（断面示意见图 8.18）服务区全区域降雨笼罩条件下，干渠能通过单场总降雨量约 15mm 降雨产生的雨水径流量。

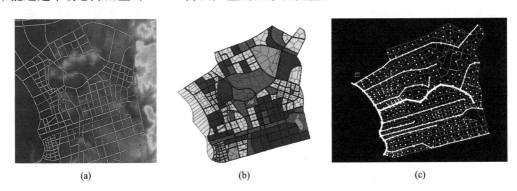

(a)   (b)   (c)

图 8.17 基于 SWMM 及 ArcGIS 的水质水量实时动态模型

（a）服务区 DEM 图层；（b）用地性质图层；（c）子流域划分图层以管网拓扑结构图层耦合

同时，本案例采用 1995 年～2009 年的逐时降雨资料对干渠进行长历时模拟，结果显 1995 年～2009 年间，重现期为 0.25 时，环湖东岸截污干渠服务区全区域降雨笼罩条件下，该段干渠能够输送 57.56%～82.30% 的城市雨水径流量，且干渠对雨水径流污染物的截留率显著低于对雨水径流量的截留率（见表 8.10）。

1995 年～2009 年各年干渠截留雨水径流及污染物情况统计

（不考虑末端的限流作用）   表 8.10

年份	降雨量（mm）	雨水径流截留率	SS 截留率	COD 截留率	TN 截留率	TP 截留率
1995	826.9	72.55%	57.27%	56.70%	50.30%	52.53%
1996	890	74.82%	56.24%	53.93%	43.24%	47.13%
1997	1093.5	72.09%	55.64%	54.11%	43.90%	47.64%
1998	849.4	71.35%	56.53%	53.30%	44.45%	46.13%
1999	976.6	57.56%	38.59%	35.46%	29.06%	30.60%
2000	799.1	80.00%	58.49%	57.77%	48.68%	52.63%
2001	1098.1	73.59%	54.62%	52.39%	41.91%	45.27%
2002	1002.8	61.47%	45.44%	42.59%	34.84%	37.05%
2003	643.4	72.73%	56.45%	54.85%	47.48%	50.07%
2004	837.7	67.52%	61.22%	60.26%	48.61%	53.15%

年份	降雨量（mm）	雨水径流截留率	SS截留率	COD截留率	TN截留率	TP截留率
2005	919.2	77.84%	59.79%	58.81%	51.81%	54.58%
2006	686.4	80.92%	65.75%	64.26%	52.67%	56.88%
2007	776.9	78.34%	65.78%	64.32%	50.88%	56.18%
2008	1080.8	70.48%	56.33%	53.96%	44.99%	47.96%
2009	627.5	82.30%	66.72%	66.68%	56.65%	61.26%

考虑污水处理厂能够抵抗 2 倍水量的冲击负荷的情况下（污水处理厂设计处理能力 24 万 m³/d，雨水处理厂 10 万 m³/d），雨水处理厂能够处理 37.66%～56.37% 的城市雨水径流。

（2）调蓄池设置点预测

干渠首先溢流的节点，为最薄弱点。从模型的水位剖面图可以看出，此薄弱点所处的位置地势较低，可以考虑在此处修建调蓄设施，缓解暴雨时干渠溢流的情形（图 8.19）。

（3）降雨条件下干渠末端污水处理厂冲击负荷预测

干渠旱季实行雨污分流截留，雨季当降雨超过一定强度后初期雨水可通过连通孔进入污水干渠。该特殊设计使得干渠容积得到充分调用，进入污水干渠的初期雨水会对污水处理厂产生较大的高水量及低浓度的冲击负荷。

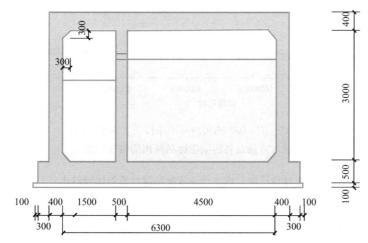

图 8.18 环湖截污干渠东段污水干渠（左）和雨水干渠（右）横截面图

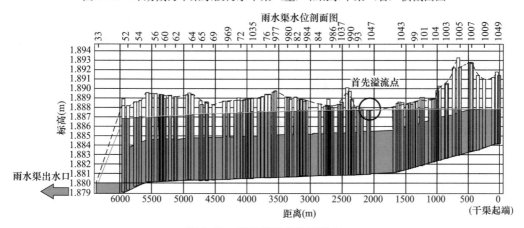

图 8.19 干渠薄弱点位置示意

本案例采用暴雨强度 $P=0.3\sim1.0a$ 的降雨模拟计算得出：截留初期雨水对于污水处理厂进水同时存在低浓度污染物（SS、COD、TN、TP）以及高流量冲击负荷。流量的冲击负荷最大为 $8\sim9$ 倍，而低浓度污染物负荷最大变化在 $39\%\sim76\%$ 之间。在不同降雨等级下，COD 低浓度负荷持续时间最长（见图 8.20）。因此，应主要关注污水处理厂雨季进水污染物浓度持续低于设计值而带来营养物质不足的情况（见表 8.11）。

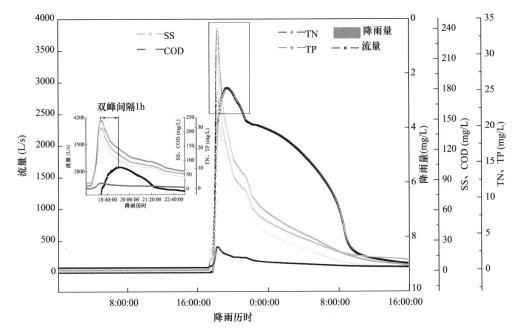

图 8.20 $P=0.3$ 的实测降雨条件下，雨水处理厂
进水流量及各污染指标随降雨历时变化图

污水处理厂雨季进水污染浓度与设计值的比较对比 表 8.11

指标	COD	SS	TN	TP
最低值/设计最低值	$63\%\sim82\%$	$37\%\sim72\%$	$39\%\sim76\%$	$57\%\sim77\%$

当降雨重现期为 $P=0.3\sim1.0a$ 时，雨水处理厂进水的污染物浓度峰（SS、COD、TN、TP）均超前于流量峰。且流量峰值维持较长时间，水质峰持续时间极短。故雨水处理厂将面临进水污染物（SS、COD、TN、TP）浓度持续低于设计值，将影响雨水处理厂的正常运行。

（4）雨水干管水质/水量双峰规律

某湖东岸流域规划中有多条雨水干管通过接入点与干渠雨水渠连接，每条干管由于流域性质与拓扑结构的原因，沿环湖截污干渠长度方向，不同接入点出现若干浓度峰值及流量峰值，峰值时间可能存在差异；而同一接入点也不一定同步出现浓度峰值、流量峰值。因此，研究雨水干管水质水量双峰规律对实现干渠错峰、削峰，以及干渠容积的最大化利用具有重要的意义。

1）同一雨水干管中水质/水量双峰时间间隔规律

借助模型，本案例分别模拟计算 9 条与环湖截污干渠相连的雨水干管水质水量峰值时间，并对各干管管长、汇水面积及水质水量峰时间间隔统一进行相关性分析。结果显示：各干管都存在水质峰超前于流量峰的情况。可能由于前期降雨形成径流较小，因此，径流中携带了的地表污染物浓度较高，形成水质峰；而后期径流逐渐增大，形成流量峰，同时，较大的流量将稀释污染物浓度。

研究同时发现：对于同一雨水干管而言，干管管长、雨水干管汇水区面积两因素与该管的水质水量双峰时间间隔均具有较强正相关性。说明雨水管长越长，雨水干管汇水区域越大，水质水量峰时间间隔越长。因此，环湖截污干渠具备利用雨水干管污染物浓度峰与流量峰的时间差，进行错峰/削峰截流，从而实现最大化的截留污染负荷的可行性。

2）雨水干管的错峰截留

沿环湖截污干渠长度方向看，雨水渠中将出现若干浓度峰值，浓度峰值到达时间不同。对雨水干管中各污染负荷峰值到达时间进行排序（表 8.12），得出的时间序列可指导调控雨水干管汇流进入干渠时间。因此，可利用各雨水干管水质/水量峰值到达环湖截污干渠的时间差和污染控制目标，进行错峰截留调蓄，提高环湖截污干渠的容积利用率以及对城市雨水中污染物的收集效率。

干管流量峰、水质峰到达时间排序表　　　　　　　　　表 8.12

干管	流量排序	SS 排序	COD 排序	TN 排序	TP 排序
干管 1	7	6	4	4	4
干管 2	7	4	4	4	4
干管 3	5	4	4	4	6
干管 4	7	6	8	8	8
干管 5	3	6	7	7	6
干管 6	1	2	3	3	3
干管 7	5	6	9	9	9
干管 8	2	3	1	1	1
干管 9	4	1	1	1	1

8.4.3 海绵城市监测系统及应用

1. 海绵城市监测目的

《海绵城市建设技术指南——低影响开发雨水系统构建（试行）》（下称《指南》）中指出各地低影响开发雨水系统构建可选择径流总量控制作为首要的规划控制目标，而径流总量控制一般采用年径流总量控制率作为控制目标。《海绵城市建设绩效评价与考核办法（试行）》（建办城函［2015］/635 号）中也指出年径流总量控制率为关键指标。《海绵城市建设评价标准》GB/T 51345—2018（下称《评价标准》）将年径流总量控制率定为评价内容。低影响开发设施对径流体积的控制能力至关重要，如何保证监测数据的准确性以及准确计算年径流总量控制率，对于后续考察海绵设施的效果，优化和考核海绵城市建设效果都有着至关重要的作用。

2. 监测范围

海绵城市监测范围涵盖源头设施、排水管网、城市水体，按海绵城市建设评价尺度宜分为排水流域、排水分区、建设项目与海绵设施 4 个层级。

排水流域：应选取涵盖 2 个及以上的排水分区且具有较多海绵设施的区域，主要对排水流域内水体的水量进行监测，如流域内含有溢流点和易涝点应一并进行监测。

排水分区：应位于所选排水流域内，宜与海绵城市专项规划中所划分的排水分区保持一致，且不应小于 0.1km^2，主要对排水分区内特征点的水量（水位、流量）、水质进行监测。

建设项目：应位于所选排水分区内，包含建筑小区类源头减排项目，主要对建设项目内特征点的水量（水位、流量）、水质进行监测。

海绵设施：应位于所选建设项目内，包含生物滞留类设施和雨水调蓄设施，主要对设施进出水处的水量（水位、流量）、水质进行监测。

3. 监测指标

监测指标应根据海绵城市建设及后期的运行、维护和管理实际需要情况综合确定，并根据持续监测结果动态调整。以下就几个重要监测指标进行介绍：

（1）降雨量监测

监测项目的年径流总量控制率、路面积水控制、内涝防治的监测周期均至少 1 年；排水分区的年径流总量控制率、雨天分流制雨污混接污染和合流制溢流污染控制，监测周期均至少 10 年，监测时间间隔要求 1min、5min 或 1h。

（2）流量、水位监测

《评价标准》中海绵城市建设效果的评价应采用实际监测与模型模拟相结合的方法，流量、水位监测一般主要用于模型参数的率定与验证。对监测项目的年径流总量控制率评价时，在监测项目接入市政管网的溢流排水口或检查井处，应连续自动监测至少 1 年，获得"时间—流量"序列监测数据。对排水分区的年径流总量控制率、内涝防治、雨天分流制雨污混接污染和合流制溢流污染控制的评价，应选择至少 1 个典型的排水分区，在市政管网末端排放口及上游关键节点处设置流量计，与分区内的监测项目同步进行连续监测，获取至少 1 年的市政管网排放口"时间—流量"或泵站前池"时间—水位"序列监测数据。

（3）水质监测

《评价标准》中要求对城市水体环境质量考核采用水质监测方式，共计 2 项：1）雨天分流制雨污混接污染和合流制溢流污染控制，监测溢流污染处理设施的悬浮物（SS）排放浓度，且每次出水取样应至少 1 次。2）水体黑臭水质监测评价，应沿水体每 200~600m 间距设置监测点，存在上游来水的河流水系，应在上游和下游断面设置监测点，且每个水体的监测点不应少于 3 个。采样点应设置于水面下 0.5m 处，当水深不足 0.5m 时，应设置在水深的 1/2 处。每 1~2 周取样应至少 1 次，且降雨量等级不低于中雨的降雨结束后 1d 内应至少取样 1 次，连续测定 1 年；或在枯水期、丰水期应各至少连续监测 40d，每天取样 1 次。

4. 现状资料收集

在线监测设备应包括降雨监测、水量监测、水质监测等设备。

（1）降雨监测设备

降雨监测设备宜采用翻斗式雨量筒，量筒应具有防雨水滞留涂层。其工作原理是雨水由最上端的承水口进入承水器，落入接水漏斗，经漏斗口流入翻斗，当积水量达到一定高度（比如 0.01mm）时，翻斗失去平衡翻倒。而每一次翻斗倾倒，都使开关接通电路，向记录器输送一个脉冲信号，记录器控制自记笔将雨量记录下来，如此往复即可将降雨过程测量下来。其内部结构如图 8.21 所示。

对于降雨监测设备的技术指标，应当满足以下条件：

雨强范围为 0～4mm/min，允许通过最大雨强 8mm/min；

测量误差不大于全量程的 4%；

分辨率：0.2mm。

降雨监测设备应满足降雨量的在线监测与自动记录的技术要求，测量数据应实现本地贮存和及时上传，在未监测到有效数据时采用休眠模式，在降雨过程应及时发送数据。

（2）水量监测设备

水量监测设备应包括液位计、流量计等，应适合浅流、非满流、满流、管道过载、低流速、逆流等各种工况的测量。

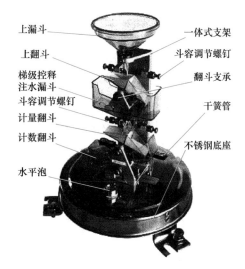

图 8.21 翻斗式雨量筒的结构示意图

水位监测设备宜采用静压液位计，流量监测设备宜采用多普勒超声波流量计。静压液位计（液位计）是基于所测液体静压与该液体的高度成比例的原理。超声波流量计是用超声波为载体，超声波通过管道时受流体作用速度、频率等被改变，超声波流量计接收器能够通过接受反射回的超声波计算得出流体瞬时流速，超声波流量计的工作原理如图 8.22 所示。

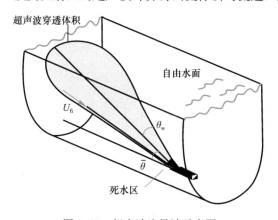

图 8.22 超声波流量计示意图

对于水量监测设备的测量误差，应当满足以下条件：

液位测量误差不大于全量程的 1%，测量分辨率应为 0.5mm；

流量测量误差不大于全量程的 5%。

水量监测设备应支持远程配置预警值与报警值，应支持数据预警或报警的及时通知，宜通过通信网络进行数值配置和推送通知。

（3）水质监测设备

水质在线监测设备应具备搭配不同传感器的能力，通过配置不同的传感器，监测不同的水质指标。

就常用的 SS 传感器而言，应当满足以下条件：

测量误差不大于全量程的 2%；

分辨率不应大于 1mg/L；

宜具备清洁刷自动清洗装置。

水质监测传感器安装位置应具有稳定淹没水深，满足要求。

水质监测设备应具备设备故障报警、水质超标报警、测量值超限报警等功能。

5. 监测系统

（1）监测系统安装、校准与维护

　　监测系统应开展周期性现场设备校准、维护工作，保证监测设备正常运转和功能完好；应设置合理的工作制度、岗位人员、安全措施和应急预案；应完整记录监测设备的安装、巡检、校准和维护信息。

　　（2）监测系统数据采集

　　监测系统应采集监测数据、设备运行数据、运行工况数据和网络质量数据，并应保证信息完整准确。每日有效采集的数据总数应不小于应采集数据总数的 90％。每日异常数据总数应不超过应采集数据总数的 5％，异常数据可包括非正常零值数据、超出正常范围的数据、超出正常变化范围的数据等。存在数据质量问题的监测点位应及时进行现场核实和整改。

　　（3）监测系统数据存储

　　应统一在线监测数据的格式要求、处理要求和存储方式。在线监测数据库的数据表结构的设计应符合现行国家标准《城市排水防涝设施数据采集与维护技术规范》GB/T 51187—2016 的有关规定。数据传输应遵循安全、可靠、高效和低功耗的原则。

　　6. 基于监测与模型模拟相结合的海绵城市规划建设案例

　　由于实际情况往往不能满足长时间的监测需求，因此需要借助模型模拟与实际监测数据相结合的方式来准确计算年径流总量控制率。《评价标准》中也指出对海绵城市建设的年径流总量控制率及径流体积控制应采用设施径流体积控制规模核算、监测、模型模拟与现场检查相结合的方式进行评价。

　　（1）技术路线

　　技术路线如图 8.23 所示。

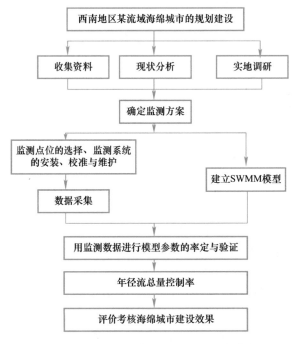

图 8.23　海绵城市智慧监测系统技术路线

（2）海绵城市智慧监测系统案例

海绵城市智慧监测系统是基于物联网，把现在存在的雨水管网与网络上虚拟数据库相联系，把传感器植入监测点，实现对雨水管网的全面感知并实时处理分析数据。海绵城市智慧监测系统采用分层控制和面向服务架构，分为应用层、网络层以及感知层三层。同时，监测系统是面向服务的架构易于集成和扩展其他系统或子系统。其框架图如图8.24所示。

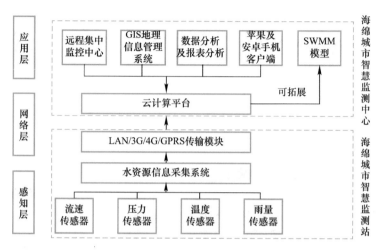

图 8.24　智慧监测系统框架图

感知层主要通过传感器采集雨水管道出口流量、温度、压力以及实时雨量等相关参数信息，经工业总线或近距离无线汇聚采集数据，并通过 3G/4G 无线网络上传网关。

网络层接受网关所收集感知层数据，并进行分析处理，将断面流速和水位数据根据公式进一步计算出实时流量，并进一步将数据上传至监测中心。

应用层主要实现智慧监测需求，包含多个子系统：远程集中监控中心获取实时监测点基础数据以及流量数据，使工作人员准确掌握雨水管状态；GIS 地理信息管理来准确定位监测点；数据分析及报表分析对长历史数据进行统计以及分析，整体体现雨水管长期运行情况，为管理、决策等提供基础数据；苹果、安卓手机客户端能在手机上实时反映出监测点位基础信息以及流量信息，能随时随地地获取实时数据。

（3）SWMM 模型的建立

根据该地区的地形图、规划图等资料，确定监测点位汇水区域的地表坡度、透水面积、不透水面积、查阅相关文献资料，获得透水地表和不透水地表的注蓄量经验取值，再根据实地情况确定透水以及不透水地表的曼宁粗糙系数。

通过该地区管渠建成的管道图以及规划图取得汇水区域中雨水管长度、管径、管道起点和终点及其埋深、断面情况、管道粗糙系数。

在汇水子流域划分时，对该地管网建成现状进行实地考察，并在 GIS 地理信息管理系统上结合地面高程资料并结合卫星地图以及管网资料对汇水子区域进行划分。

根据前期所获得的管网资料，对雨水管道进行概化，并确定管道长度，流向、坡度、管底标高等，再进一步把数据导入模型中对管网信息进行细化，完成节点与管道的概化，模型详图如图 8.25 所示。

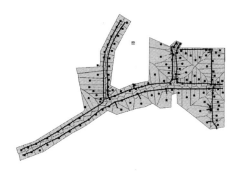

图 8.25　某汇水区域 SWMM 模型

（4）SWMM 模型参数的率定及验证

SWMM 模型中设置了一套水力学模块，该模块能用来模拟径流和外来水流在管道、渠道、蓄水和处理单元以及分水建筑物等在排水管道中的流动。SWMM 模型中把雨水管内的水流运动简化为一维运动，采用考虑水头的非恒定流运动方程表达，计算公式如下：

$$\frac{\partial q}{\partial t} = -gAS_f + 2v \frac{\partial A}{\partial t} + v^2 \frac{\partial A}{\partial X} - gA \frac{\partial H}{\partial X}$$

（8.94）

式中　q——通过管道的流量，m^3/s；

v——管中流速，m/s；

A——过水断面积，m^2；

H——水头，m；

S_f——摩擦坡度，由曼宁方程确定。

由式（8.94）可知，准确的 SWMM 模型能够计算出准确的通过管道的流量以及整体雨水径流量，保证后续年径流总量控制率计算的准确性。

在前期研究中，子汇水区域面积、不透水比例、特征宽度、坡度、无洼蓄的不透水面积比例等参数的取值均为建模初期所取经验值，非准确参数。为确保后续参数率定的科学性，以各水文水力参数作为校核的对象，采用修正的摩尔斯分类筛选法对对模型中水文水力参数的灵敏度进行确定。

本案例共选 8 个水力参数（不渗透性粗糙系数、渗透性粗糙系数、不渗透性洼地蓄水、渗透性洼地蓄水、最大渗入速率、最小渗入速率、衰减常数、管道粗糙系数）进行识别及率定。水量模型参数率定的目标函数选用场次降雨水力负荷的模拟偏差和液位峰值模拟偏差。为了体现不同重现期降雨下各水力参数的灵敏度，用重现期为 0.5 年、1 年、3 年的三场设计降雨模拟，进行水力参数的灵敏度定量分析，根据对于不同重现期的降雨对参数的灵敏度进行判别，可以更加高效地调参。

根据前期参数灵敏度对模型参数进行调整，并采用 Nash-Sutcliffe 效率系数对模型模拟结果进行评价。

$$NS = 1 - \frac{\sum_{i=1}^{n} (Q_i^{sim} - Q_i^{obs})^2}{\sum_{i=1}^{n} (Q_i^{obs} - Q_i^{av})^2}$$

（8.95）

式中　NS——Nash-Sutcliffe 效率系数，用来反映模拟结果曲线与监测结果的吻合程度；

Q_i^{sim}——i 时刻的模拟值；

Q_i^{obs}——i 时刻的观测值；

Q_i^{av}——观测值的平均值。

由式（8.95）可知 $NS \leqslant 1$，NS 值越接近于 1，说明模拟结果与监测曲线的吻合程度越高；一般认为 Nash-Sutcliffe 效率系数大于 0.7 则表明模拟值与观测值达到较好的吻合。选取 Nash-Sutcliffe 效率系数最高的参数组为最优参数。

通过对降雨径流产生后的水位、流速进行监测，结果表明液位测量值较为准确。选取了两场降雨（2017 年 7 月 14 日，降雨量为 33mm；2017 年 7 月 17 日，降雨量为 15mm）进行调参，根据各参数的灵敏度，经过反复试算调整，使 Nash 系数达到 0.7，模型出口流量过程线的观测值与模拟值如图 8.26 所示（蓝线为实测值，黑线为模型值）。模拟结果和实测数据的峰值出现事件偏差在降雨事件历时的 0%、0%，模拟峰值和实测峰值的数值偏差在 4.3%、1.9%。

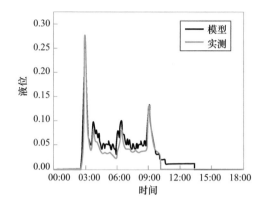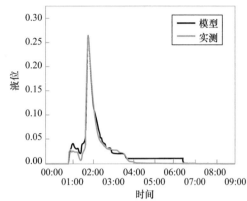

图 8.26　2017 年 7 月 14 日、17 日 SWMM 模型及实测液位

经过以上过程，最终确定的所构建降雨径流面源污染模型水文水力参数结果。

选择用 2017 年 8 月 24 日、2018 年 3 月 21 日两场实测降雨来进行模型验证，将该地两场实测降雨数据输入到模型中进行模拟，对模型的准确性进行验证。从图 8.27 中看出 SWMM 模型模拟出的液位过程线与实测的液位过程线波动规律比较吻合，模型的液位峰值及峰值出现时间之间与实测的偏差都比较小。模拟结果和实测数据的峰值出现事件偏差在降雨事件历时的 1.3%、4.2%，模拟峰值和实测峰值的数值偏差在 4.8%、9.1%，两场降雨模拟时间的纳什效率系数分别为 0.83、0.78。达到了《评价标准》中模型参数率定与验证的纳什效率系数不得小于 0.5 的要求，故认为确定的模型水力参数适用于该监测区域。

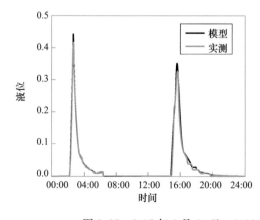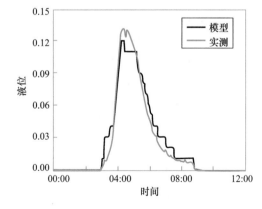

图 8.27　2017 年 8 月 24 日、2018 年 3 月 21 日 SWMM 模型及实测液位

（5）海绵城市年径流总量的监测

根据《指南》中对年径流总量控制率的定义：采用渗透、集蓄、利用、蒸发、蒸腾等

方式，场地内累计全年得到控制（不外排）的雨量占全年总降雨量的比例。

根据上述定义提出年径流总量控制率的计算公式：

$$R = \frac{\sum V_i - \sum V_0}{\sum V_i}$$ (8.96)

式中　R——计算区域年径流总量控制率，%；

　　　V_i——计算区域年降雨总量，L；

　　　V_0——计算区域年径流外排总量，L。

本方案将前期所监测的一年降雨，制成降雨序列代入海绵设施 SWMM 模型中，计算所得区域径流外排量为 228698.5m³、区域年降雨总量 420401.7m³ 以及年径流总量控制率为 45.60%。

根据当地的专项规划可知，西南地区某流域的年径流总量控制率目标为 86%。经监测所得的年径流总量控制率未达到海绵城市年径流总量控制率目标，进一步计算达到该地区海绵城市年径流总量控制率目标所需减少的雨水径流外排量，见表 8.13。

西南地区某流域需提高雨水径流收集量　　　　　　　　　　　　　　表 8.13

名称	区域径流外排量	区域年降雨总量	年径流总量控制率	年径流总量控制率目标	需减少雨水径流外排量	需提高年径流总量控制率
某流域	228698.5m³	420401.7m³	45.60%	86%	169842.3m³	40.40%

综上所述，通过监测与模型模拟相结合得出该地区需要削减 40% 左右的年径流总量。所以在海绵措施的规划中，需要对该区域进行重点考察，合理规划与安置海绵设施，使之达到规划年径流总量控制率值。海绵设施建成之后继续进行监测，可以对建成之后的建设项目进行进一步考核。

思　考　题

1. 什么是模型，建模需要用到哪些方面的知识？
2. 城镇雨水模型可以分为几类？
3. 什么是圣·维南方程组？
4. 传统污染物质和非传统污染物质怎么区分？
5. 国外常用的城镇雨水模型都有哪些，各自有何特点？
6. 常用的城镇雨水管理软件有哪些，各自有何特点？
7. 城镇雨水管理的未来发展方向有哪些？

第9章　城镇雨水利用

9.1　城镇雨水利用规划

9.1.1　城镇雨水利用规划概念

在我国现行的城镇规划文件中没有城镇雨水利用专项规划，有关雨水排放内容分别包括在城镇防洪专项规划和城镇排水专项规划中，但城镇防洪专项规划和城镇排水专项规划的主要目的和宗旨是排除雨水，没有雨水利用的概念和雨水管理的措施。为了保证在法制条件下推广雨水利用技术，在编制城镇总体规划的同时编制城镇雨水利用专项规划很有必要。

城镇雨水利用是采取工程性和非工程性措施人为干扰城镇区域的降雨径流循环过程，达到开发新的水资源、保护城镇水环境和减少城镇洪涝灾害等目的的系统工程。城镇雨水利用是解决城镇水问题的重要途径，但在现有的社会经济条件下，如何实现雨水资源的合理开发和综合效益最优化，将雨水利用思想纳入城镇规划，在城镇建设时提供相应指导是非常重要的。

城镇雨水利用规划是对雨水利用策略及城镇雨水利用设施的空间布局的综合规划，对促进城镇雨水利用技术的推广和雨水资源的合理开发起着重要作用。

一般建设项目占地面积越大，涉及的内容也越多、越复杂，对区域水文条件影响越大。因此，对于占地面积较大的项目，宜通过编制城镇雨水利用规划来落实雨水利用设施，明确雨水利用设施与其他专业的衔接关系。对占地面积较小的建设项目可按规划指标要求直接进行设计。

城镇雨水利用规划应与总体规划、控制性详细规划、修建性详细规划及相关专项规划等其他相关规划，以及景观、建筑、道路等设计相协调，以使城镇雨水利用的低影响开发理念能成功地融入各相关规划、设计中，避免其与各相关规划、项目各专业设计之间的矛盾，保证城镇雨水利用措施在各个环节的顺利实施。

1. 城镇雨水利用规划总体目标与基本思路

（1）总体目标：雨水利用规划应与城镇建设、城镇绿化和生态建设、雨水渗蓄工程、城镇防洪工程等有机结合，既要控制面源污染、确保城镇不受洪涝灾害的影响，又要充分利用雨水资源实现区域内雨水的生态循环、综合利用及水资源在本区域内的动态平衡。

（2）基本思路：雨水利用规划应在综合评价城镇雨水利用潜力的基础上，依据综合效益最优的原则，确定雨水利用的规划分区和重点区域，进行区域水量平衡计算和综合效益分析，制定相应的雨水利用策略，并对其他相关规划提出修改建议。

2. 城镇雨水控制与利用规划主要原则

（1）雨水利用规划应首先在水文循环环境受损较为突出或具有经济实力的城镇或区域

开展，如水资源缺乏特别是水量缺乏的城镇；地下水位呈现下降趋势的城镇；洪涝和排洪负担加剧的城镇；新建经济开发区或厂区。

（2）雨水利用规划应与城镇总体规划、生态与景观规划、水污染控制规划、防洪规划、建筑和小区规划、给水排水规划等密切配合，相互协调，兼顾面源污染控制、城镇防洪、生态环境改善与保护等内容。

（3）工程规模与分布的数量、类型应根据规划区的气候及降雨、水文地质、水环境、水资源、雨水水质、给水排水系统、建筑、园林道路、地形地貌、高程、水景、地下构筑物和总体规划等各种条件，结合当地的经济发展规划，尽可能采用生态化和自然化的措施，力求做到因地制宜，合理布局。

（4）城镇雨水利用应兼顾近期目标和长远目标，既要照顾当前的利益，又要考虑长远的发展，要统一规划，分期实施。

3. 城镇雨水利用规划主要内容

城镇雨水利用规划是城镇水资源规划的重要组成部分，其主要内容包括：城镇降雨特性分析；雨水利用的规划分区，不同分区的雨水利用方式和策略的制定；雨水管理政策法规建议；城镇雨水可开发量计算，雨水开发前后水量平衡分析；雨水利用成本计算，经济、社会、环境、防洪综合效益分析；对其他规划的修改建议等。

雨水利用具有明显的地域性，不同城镇雨水利用规划的侧重点也不相同，基本资料的收集与整理是进行科学规划的基础。在城镇雨水利用规划中需收集整理的资料主要包括：

（1）城镇自然地理资料，包括城镇测绘地形图、卫星影像图等。

（2）相关规划资料，包括城镇总体规划、水资源规划、防洪规划、供水系统规划、排水系统规划和国土规划等。

（3）城镇气象资料，包括降雨的时间和空间分布规律、气温、风向等。

（4）城镇水文及地质资料，包括城镇河流水系资料、闸坝、水库、地下水开采情况、地质资料、土壤入渗能力、水文地质分区等。

（5）城镇排水系统现状资料，包括污水管网、雨水管网、合流管网现状，污水处理厂现状，污水处理能力分析和再生水利用规划资料等。

（6）其他资料，包括城镇汇水面现状、可利用水资源状况、用水状况、现有雨水利用设施规模、当地社会经济状况、交通设施以及建筑材料等。

4. 城镇雨水利用规划概念模型

（1）城镇道路广场雨水利用

建成区：由于用地紧张、用地边界限定等原因，采取以渗透回补地下水为主的形式。即利用道路广场正常的翻修和改扩建，铺设透水性地面，扩大绿化面积，增加雨水的下渗，减少地表径流。

新区：利用绿地、透水性地面使雨水下渗；结合道路广场的规划建设，将人工水景与天然水体贯通，使之作为区域内的调蓄池，雨季集蓄雨水、削减洪峰，旱季补充大气水分、回补地下水，同时也可兼作消防应急水源，或将集蓄的雨水经处理后用作市政杂用水水源。

（2）居住区和企事业单位雨水利用

已建居住区和企事业单位：应尽可能增加绿化面积，将不透水的铺装路面改为可渗水的多孔砖，停车场等宜改为多孔砖或草皮砖，以增加雨水下渗，减少地面雨水径流。

新建居住区和企事业单位：尽可能进行综合利用，小区甬道上的雨水采用透水型路面渗入地下；绿地内雨水就地入渗；屋面和道路上的径流雨水经初期径流弃流后，收集入集蓄池，经水质处理后下渗或回用。

（3）城镇绿地、河流、公园及风景旅游区规划

城镇绿地、河流、公园及风景旅游区雨水利用系统的建设，应结合城镇雨水系统、自然和人工水体及雨水集蓄池的空间布局进行合理规划，通过设置人工湖、集蓄池、人工湿地并结合天然洼地、坑塘、河流、沟渠等雨水调蓄设施，一方面在雨季削减洪峰流量，另一方面蓄积的雨水经有效处理后可以加以利用。

（4）综合利用

结合城镇污水处理厂的布局和建设，在城镇规划区内呈梯级布设几处较大面积和容积的人工湖泊，同时结合河流等地表水体的整治和建设，以人工湖或人工湿地来调蓄这些河流、沟渠的汛期水位，实现雨水的综合利用。

9.1.2 城镇雨水利用规划案例——以深圳市雨水利用规划为例

1. 深圳雨水利用条件分析

（1）水资源现状

深圳市位于广东省南部，毗邻香港特别行政区，总面积 1952.84 km²。深圳人均水资源量 2002 年为 432m³，仅为全国的 1/5，全省的 1/6，成为全国严重缺水的 7 大城镇之一。深圳本地水资源利用率低，全市包括蓄水、河道提水和地下水的本地水资源，多年平均和供水保证率为 97% 的可利用量分别为 5.97 亿 m³ 和 3.5 亿 m³，本地水资源利用效率仅为 32%。深圳的供水水源主要依靠境外调水，境外调水工程水源地为东江，目前向深圳的调水规模为 8.73 亿 m³/a。据统计目前东江开发利用率为 29%，至 2010 年东江开发利用率为 42.1%，超过了国际公认的 40% 的警戒线，水资源短缺越来越成为制约深圳市经济社会发展的瓶颈。

（2）城镇防洪形势

深圳市地处北回归线以南，属亚热带海洋性气候，气候温和，雨量充沛，多年平均降雨量 1837mm，最大年降雨量 2634.1mm（1975年）。由图 9.1 可见，深圳市汛期主要集中在每年的 4 月～9 月，降雨成因主要为锋面雨、台风雨和地形雨，汛期降雨量占全年降雨量的 85.4%。

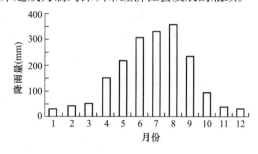

图 9.1 深圳市多年平均降雨量年内分配情况

汛期降雨的过分集中，给深圳的防洪排涝带来了巨大的压力，尤其是流经市区的中、小河道，现状防洪标准偏低。而拓宽和改建就要遇到非常棘手的占地、拆迁问题，费用高昂。

（3）深圳雨水利用可行性

在深圳市开发雨水资源有着独特的优势。首先，深圳市降雨量充沛，多年平均降雨总量为 35.87 亿 m³，形成的地表径流量高达 19 亿 m³，比 2003 年深圳全市的供水总量还要多；其次，深圳属于沿海城镇，大部分河流直接入海，开展雨水利用、截留雨水不会对下游地区的水资源造成不利影响；另外，深圳市除宝安、龙岗部分老城区保留了合流制，其

他地区都采用分流制排水体系，有利于雨水的收集。因此，雨水利用在深圳市有着广阔的发展前景。

2. 分类雨水利用策略

根据深圳市地形地貌和土地利用条件，结合各种雨水利用技术的特点，将深圳市雨水利用分为以下5类。

（1）山区雨水利用

由于没有建设大型水库的地质条件，深圳市水库建设项目多且分散。据统计，全市现有小（二）型以上水库196座，总库容5.86亿 m^3。山区的雨水利用方式包括：①新建、扩建水库，主要在地质条件允许，且现状流域控制比例较低的地区；②跨流域蓄水，利用排洪沟将雨水引入邻近流域水库蓄存，提高现有水库的利用效率；③对于邻近山区的居住区、工业区，可建设地下蓄水池、人工湖泊等设施，将山区雨水引入城区蓄存，用于绿化、道路冲洗及工业冷却用水。另外，还应开展水土保持、流域治理等非工程措施。

（2）河道雨水利用

深圳市河流众多，但出于防洪要求，河道整治往往是重排轻蓄，造成了现状河道黑臭，失去了其生态和景观的功能。在河道上修建闸坝，在满足防洪要求的前提下，利用河道蓄存降雨径流，维持河道生态水面，美化城镇。相对于其他的河道补水方式，河道雨水利用有以下优点：①雨水水质清洁，没有异味，作为河道补水易被人们接受；②不需要建设长距离的输水管道，节省投资；③成本较低，便于实施。

（3）城中村雨水利用

与周边城镇地区相比，城中村建设密度高且绿地缺乏，环境质量低下，市政及配套设施不足，排水雨污不分，是河道污染的重要来源。目前，深圳市的城中村改造已经全面展开，在城中村改造时引入雨水利用理念是非常必要的。根据城中村的特点，可采用屋面绿化、透水铺装等雨水利用技术，这类利用技术造价低，不需运行维护，可减少雨水出流，减轻对城镇河道水体的污染，还具有美化小区环境、调节气候的作用。

（4）新建成区雨水利用

深圳市新建成区面积大，特别是生态小区和工业园区绿化程度高，分流制排水系统完善，降雨径流水质也较好。可建设小区地下贮水池，收集屋面雨水，简单处理后用于绿化和景观用水；改造停车场和人行步道，铺装透水性材料，补充地下水。

（5）将建设区雨水利用

根据土地利用规划，深圳市剩余可建设用地主要位于宝安、龙岗两区。将建设区可因地制宜地采用多种雨水利用方式的组合，最大限度地滞蓄雨水。推荐采用的雨水利用方式有：①雨水和小区中水的综合利用，将清洁雨水与优质杂排水收集到地下贮水池，处理后用于冲厕、绿化；②小区内建设人工水景，收集屋面、道路雨水径流，利用人工湿地等措施处理雨水，处理后的雨水可用于绿化、景观及空调冷却用水。

3. 分区雨水利用规划

研究中将深圳市划分为深圳湾、东部沿海、西部沿海、东江水系和茅洲河流域5个雨水利用分区，根据各分区的特点，提出了相应的雨水利用侧重点和开发规划。

（1）深圳湾分区：建成区面积大，排水系统完善，建成区的雨水利用改造是重点，并在福田河、新洲河等河流上建设闸坝，维持河道生态水面；

（2）东部沿海分区：山地面积大，现状蓄水工程少，土地开发程度低且降雨量丰富，应重点挖掘山区的雨水利用潜力；

（3）西部沿海分区：防止海水倒灌，注重发挥雨水利用的压咸作用；

（4）东江水系分区：岩溶地貌发育，可考虑地下水库的建设，进行地表水和地下水的联合调度；

（5）茅洲河流域：进行流域综合治理，控制径流污染，增加河道提引水能力。

城镇雨水利用概念模型如图9.2所示，城区雨水利用量包括绿地增渗量、路面增渗量和储蓄回用量三个方面，全市合计年平均利用水量近2亿 m^3。考虑到山区和河道的新增雨水截流量，深圳市年雨水资源利用量超过5亿 m^3。

4. 效益分析

城区雨水利用工程与其他工程项目相比有其特殊性，因此成本构成和计算方法也不尽相同。在项目的规划阶段考虑雨水利用是经济的做法，一个科学的雨水利用工程可以不增加建设成本或只用很少的资金，而在建成之后进行改造，则需一定的投资才能实现。研究中对城区雨水渗透与利用设施投资进行估算，得到深圳市城区雨水利用工程所需投资约为79.6亿元。

雨水利用的效益是多方面的，除直接经济效益外，更体现为社会效益、环境效益等间接效益。

（1）雨水置换自来水费用。按深圳市现行的综合水价2.337元/m^3计算，城区通过雨水利用年可节省自来水费用2.28亿元。

（2）节水可增加国家财政收入。这一部分收入可按目前国家由于缺水造成的国家财政收入的损失计算。按每节约$1m^3$水创造5.48元的收益计算，年均收益5.34亿元。

（3）消除污染而减少的社会损失。据分析，消除污染的投入产出比为1∶3。通过开展雨水利用，可减少雨水径流带来的河流水体污染。以深圳市现行综合排污费1.05元/m^3作为消除污染需投入的费用，每年因雨水利用措施消除污染而减少的社会损失为2.05亿元。

（4）节省城镇排水设施运行费用。通过雨水渗透与利用，可削减地表径流，减轻市政管网压力，也减少了市政管网的维护费用。根据推算，按每立方米水的管网维护费用大约为0.08元计算，则每年节省城镇排水设施的运行费用0.16亿元。

（5）节省河道整治和拓宽费用。城区外排流量减少后可减轻河道行洪压力，从而节省河道整治和拓宽费用。根据雨水利用区建设面积乘以单位面积分摊河道拓宽费用，得到降低城镇河道改扩建费用21.17亿元。深圳市河道改扩建周期15年，则通过雨水利用每年可减少防洪费用1.41亿元。

上述5项合计，每年通过雨水利用设施获得的收益为11.24亿元。在计算中，对防止地面沉降、减少海水入侵、改善城镇环境以后带来的其他环境效益和社会效益等未作定量分析。

9.2　城镇雨水利用设施

根据使用方式和目的不同，城镇雨水利用可以分为雨水直接利用（回用）、雨水间接利用（渗透回灌）、雨水调蓄排放、雨水综合利用几类，具体方式如图9.2所示。

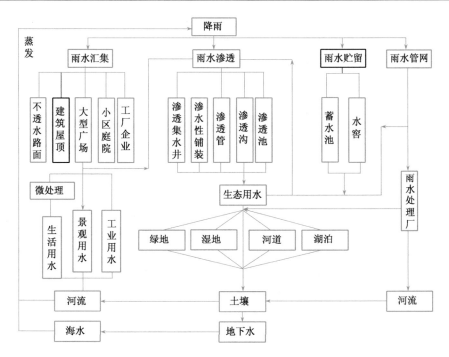

图 9.2　城镇雨水利用概念模型

9.2.1　直接利用（回用）设施

城镇雨水直接利用就是雨水收集利用，指利用工程手段，尽量减少土壤入渗，增加地表径流，并且将这部分径流按照人们所设计的方式收集起来。利用雨水径流收集利用技术是自屋面、道路等的降水径流收集后，稍加处理或不经处理用于冲洗厕所、浇洒绿地等。来自屋面上和较清洁路面上的降水径流除初期受到轻度污染外，后期径流一般水质良好，收集后经简单处理后即可利用。由于地区降雨分布极不均匀，如北京市约 80％以上降雨量集中于 6 月～9 月，在考虑雨水直接回收使用时需设置较大的调蓄构筑物，而在旱季时，处理和调蓄构筑物却又多处于闲置状态，故经济性略差。对于年降雨量小于 300mm 的城镇，一般不提倡采用雨水收集回用系统。

雨水收集的核心问题是根据不同的下垫面确定集水效率，从而确定集流面积、集流量和成本。集水效率与集雨面材料、坡度、降雨雨量、雨强有关。集雨面一般分为自然集雨面和人工集雨面两种。在运用上应根据利用的目的和具体条件来选择。城镇雨水利用目前成熟的技术和成功经验主要有两种：屋面集流和道路分流。屋面集流，就是利用建筑物屋面拦蓄雨水，地面或地下贮存，过滤和反渗透过滤，利用原有水管输送，供用户就地使用。马路分流，即分设城市排污管道和雨水管道，雨水管道分散设置，蓄水池置于绿地下，雨天集存，晴天利用。对于屋面雨水，一种方式是雨水经过雨水竖管进入初期弃流装置，初期弃流水就近排入小区污水管道，并进入城镇污水处理厂处理排放，经初期弃流后的雨水通过贮水池收集，然后用泵提升至压力滤池，最后进入清水池。屋面雨水收集利用系统流程如图 9.3 所示。另一种方式是雨水从屋面收集后通过重力管道过滤或重力式土地过滤，然后流入贮水池（池中部含浮游式过滤器），处理后的雨水由泵送至各用水点用于冲洗厕所、灌溉绿地或构造水景观等。这种方式可简化为屋面雨水直接通过雨落管进入雨水过滤器（过滤砂桶），然后用于冲洗厕所、灌溉绿地或构建水景观等，其外观如图 9.4 所示。

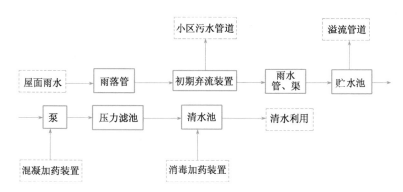

图 9.3 屋面雨水收集系统流程图

图 9.4 屋面雨水过滤器外观图

对于较清洁路面雨水，宜设置蓄水池将来自不同面积上的径流汇集到一起，然后通过集中式过滤器进行集中过滤后提供家庭冲厕、洗车、浇花用水及社区和企事业单位景观用水，构建人工湖用水等。这样，一方面减轻了雨水排放和处理的压力，同时也可节约大量自来水。

雨水集流系统主要由集流面、导流槽、沉砂池、蓄水池等几部分组成，城镇范围内硬化面积大，如屋面、广场、道路、停车场等，均可作为集雨面，根据城镇功能区划，因地制宜地设计不同防洪标准、不同蓄水容量的蓄水池，将雨水收集、积蓄起来，处理后满足城镇功能区的需求。

9.2.2 间接利用设施

城镇雨水间接利用是使用各种措施强化雨水就地入渗，使更多雨水留在城镇境内并渗入地下以补充、涵养地下水，增加浅层土壤含水量、遏制城市热岛效应、调节气候并改善城市生态环境，还有利于减小径流洪峰流量及减轻洪涝灾害。

同时，雨水入渗能充分利用土壤的净化能力，这对城镇径流导致面源污染的控制有重要意义。虽然雨水间接利用不能直接回收雨水，但从社会、环境等广义角度看，其效应是不可忽视的。但湿陷性黄土、高含盐量土壤地区不得采取此雨水利用方式。

常用的渗透设施有城镇绿地、渗透地面（多孔沥青地面、多孔混凝土地面、嵌草砖等）、渗透管沟和渠、渗透池、渗井等，通常将多种设施组合使用。如小区的雨水渗透系统实际是将经过计算的渗透管、沟、渠、池、井等替代部分传统的雨水管道，雨水径流进入系统后既能渗透又能流动，对于不大于设计重现期的降雨，全部径流均能渗入地下。

利用城镇绿（草）地、透水路面的铺装、建筑屋面集水等手段增加雨水入渗或进行人工回灌，补充日益匮乏的地下水资源，同时减轻城镇排水工程的负担。

一些国家的雨水设计体系已把渗透和回灌列入雨水系统设计的考虑因素，即雨水渗透和排放系统。日本自 20 世纪 80 年代以来，作了大量研究和应用，并将其纳入国家排水道推进计划。

雨水回灌设施种类很多。大致可分为集中回灌和分散回灌两大类，或分为以下两类，如图 9.5 所示。

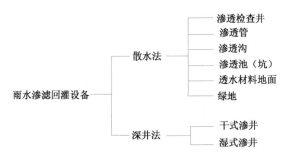

图 9.5　雨水渗透设施种类

深井回灌容量大，可直接向地下深层灌水，但对地下水位、雨水水质应有更高的要求，尤其对用地下水做饮用水源的城市应慎重，适用于汇水面积大、径流量大而集中、水质好的条件，比如雨季水库、河流中多余水量的处置。散水法可以在城区因地制宜地就地选用，这类设施简单易行，可减轻对雨水收集、输送系统的压力，还可以充分利用表层植被和土壤的净化功能，但渗透量受土壤渗透能力的限制。

下面介绍几种常用的城镇渗透回灌装置。

（1）渗水浅井

渗水浅井类似于普通的检查井，不同之处在于井壁具有透水性，同时在井底和四周铺设 10～30mm 的碎石，雨水通过井壁、井底向四周渗透。其主要优点是占地面积和空间小，便于集中管理；缺点是净化能力低，含过多的悬浮固体时需要预处理。适用于拥挤的城区地面和地下可利用空间小、表层土壤渗透性差而下层土壤渗透性好的场合。浅水井的另一作用是雨水地下入渗。地下入渗是在土地有限的情况下，或者表层有较浅的不透水层时，挖穿不透水层，在透水层开挖入渗沟，沟内铺设带孔的透水管，周围填装直径 16～32mm 的砾石，透水管连接浅水井。浅水井将收集到的屋面或道路等不透水地面产生的雨水，用管道输送到入渗沟内的透水管，沟内充填的砾石和管道有一定的蓄水空间，可存储一部分雨水，并使雨水通过周围的土壤下渗。地下入渗设施结构，如图 9.6 所示。

对于我国有些地区，由于地下水开采过度而导致地下水水位下降问题，如能将雨水收集处理后回注地下，既能补充、涵养地下水，还能对暴雨水的水量起到调蓄作用，削减洪涝灾害。

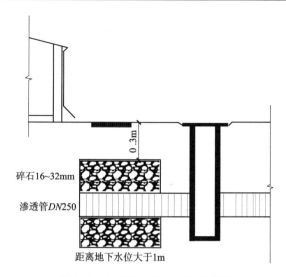

图 9.6　小区雨水地下入渗示意图

（2）渗水管

渗水管是多孔管材，雨水通过埋设于地下的渗水管向四周土层渗透，其主要优点是占地面积少，管材四周填充粒径 20～30mm 的碎石或其他多孔材料，有较好的调蓄能力。缺点是发生堵塞或渗透能力下降时，很难清洗恢复。而且不能利用土壤表层的净化作用，对雨水水质有要求，应不含悬浮固体。渗水管在用地紧张的城区，表层渗透性差而下层渗透性好的土层、旧排水管网改造利用和水质较好的地区适用。

（3）渗水沟

渗水沟是采用多孔材料制作或是自然的带植物浅沟，底部铺设透水性好的碎石层。屋面花园加浅草沟雨水处理系统是典型的雨水渗透处理利用系统。屋面雨水先流经屋面花园进行渗透净化，而后与道路雨水一并进入凹式绿地，流入浅草沟（图 9.7）。

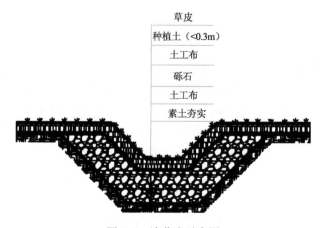

图 9.7　浅草沟示意图

浅草沟由上至下可分为两层，上层为种植草类植物的浅水洼，下层为渗透渠。通常，水洼层铺设活土，深度不超过 0.3m，通过土壤与植物的处理作用净化雨水，同时植被绿色可以很好融入建筑周围的生态景观当中。下层渗透渠一般填充高渗透性的棱柱状颗例如砾石或熔岩颗粒等，可贮存大量雨水，并逐渐将雨水释放以补充地下水，超过渗透能力的雨水排入市政管网。

（4）渗水洼塘

渗水洼塘即利用天然或人工修筑的池塘或洼地进行雨水渗透，补给地下水。种植草坪的洼地对雨水不仅有调蓄作用，还可以去除水中的污染物，同时具有很好的观赏价值。渗水池塘一般是人工修建的比洼地深的雨水滞蓄和入渗设施，其周围一般种植树木，也有较好的景观效果。

（5）渗水地面

渗水地面分为天然渗水地面和人工渗水地面。前者以绿地为主，其透水性好，能美化环境并对雨水中的污染物有较强的截留和净化作用，但其渗透流量受土壤性质的限制。人工渗水地面是人工铺设的透水性地面，如多孔沥青地面、碎石地面和草坪砖地面等，多铺设在道路两侧的透水人行道、停车场等，如图9.8所示。渗水地面的主要优点是利用表层土壤对雨水的净化能力，对预处理要求低，技术简单；缺点是渗透能力受土质所限，需要较大的透水面积。渗水地面在现代城市建设中已得到越来越广泛的应用。

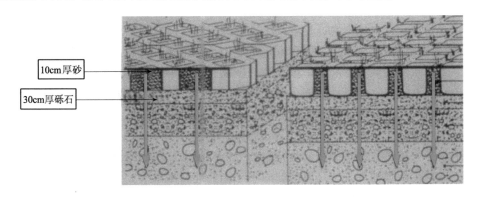

图9.8　透水性地面结构

（6）绿地

绿地是一种简单有效的径流入渗设施，它能阻留和吸收径流中的污染物，从而起到净化作用。为了充分利用它的贮蓄、渗透作用，应合理确定绿地的相对高程。早在1999年北京市就做过草坪高度对径流入渗量影响的研究，若草坪低于周围路面0.1～0.2m，其入渗量是草坪高于或平于路面的入渗量的3～4倍。因此应尽量将绿地做成下凹式，下凹深度以5～10cm为宜，如图9.9所示，这样既增大了入渗量又充分保护了植被。如果无法降低绿地标高，也可在绿地周围砌筑堤坝以留蓄一部分雨水并使之下渗。

图9.9　下凹式绿地结构示意图

利用绿地入渗回补地下水，可大量增加地下水补给量。低绿地草坪不仅能接纳其上的降雨，还可以将附近的屋面、路面等不透水面积上的径流导入绿地，将日降雨量近100mm的降雨全部入渗。这部分径流滞蓄于草地，可减少草地灌溉用水，且为排水河道减轻防洪负担，补给超采地下水的环境效益尤其显著。

9.2.3　调蓄排放设施

调蓄排放是指在雨水排放系统下游的适当位置设置调蓄设施，使区域内的雨水暂时滞留在调蓄设施内，待洪峰径流量下降后，再从调蓄设施中将水慢慢排出，进入河道。通过调蓄可以降低下游排水管道的管径，同时提高系统排水的可靠性。

雨水调蓄分为管道调蓄和调蓄池调蓄两种方式。管道调蓄是利用管道本身的空隙容积调蓄流量，简单实用，但调蓄空间有限，且在管道底部可能产生淤泥。调蓄池调蓄可利用天然洼地、池塘、景观水体等进行，也可采用人工修建的调蓄池进行调蓄。常用的人工调蓄池有溢流堰式和底部流槽式。

溢流堰式调蓄池通常设置在干管一侧，有进水管和出水管。进水较高，其管顶一般与池内最高水位持平；出水管较低，其管底一般与池内最低水位持平。底部流槽式调蓄池，雨水从池上游干管进入调蓄池，当进水量小于出水量时，雨水经设在池最底部的渐缩断面流槽全部流入下游干管而排走。池内流槽深度等于池下游干管的管径。当进水量大于出水量时，池内逐渐被高峰时的多余水量所充满，池内水位逐渐上升，直到进水量减至小于池下游干管的通过能力时，池内水位才逐渐下降，至排空为止。

为减少占地，并充分利用现有条件尽可能多地贮留汛期雨水，日本结合停车场、运动场、公园、绿地等修建了多功能调蓄池，雨季用来调蓄防洪，非雨季则正常发挥城镇景观和休闲娱乐功能。图9.10为多功能调蓄设施断面示意图。此外，有条件的区域也可以利用地下含水层调蓄雨水。

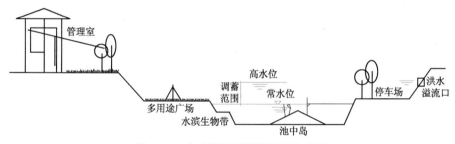

图9.10　多功能调蓄设施断面示意图

9.2.4　雨水综合利用设施

雨水综合利用系统是指通过综合性的技术设施实现雨水资源的多种目标和功能，这种系统更为复杂，可能涉及包括雨水的调蓄利用、渗透、排洪减涝、水景、屋面绿化甚至太阳能等多种子系统的组合。

城镇园区的雨水综合利用系统是利用生态学、工程学、经济学原理，通过人工净化和自然净化的结合，雨水集蓄利用、渗透与园艺水景观等相结合的综合性设计，从而实现建筑、园林、景观和水系的协调统一，实现经济效益和环境效益的统一，以及人与自然的和谐共存。这种系统具有良好的可持续性，能实现效益最大化，达到意想不到的效果。但要求设计者具有多学科的知识和较高的综合能力，设计和实施的难度较大，对管理的要求也较高。具体做法和规模依据园区特点而不同，一般包括屋面绿化、水景、渗透、雨水回用、收集与排放系统等。有些还包括太阳能、风能利用和水景于一体的花园式生态建筑。

城区雨水利用应采取因地制宜的利用方式，根据当地的条件，选择直接利用、间接利用或调蓄排放，或三种利用方式的结合，以做到经济可行，并最大限度地维持当地的水文现状，不能一味地进行雨水收集利用而造成河流的干涸、植物的缺水或者地下水补给路径中断。

利用汛期雨水增加城镇湖泊等水体面积，不仅改善了城镇景观和生态环境，还具有一定的防洪功能。将绿地（草坪）同渗井、蓄水池系统相结合，可明显减轻城镇的防洪负担，缓解城镇化对地下水补给的影响。

雨水利用工程是一项复杂的系统工程，涉及研究的内容很多，要想进行大规模雨水利用工程的推广，还应解决下列的关键技术。

（1）对自然环境的认识。包括对周边地区地理、地貌、水文、气象、地质、水文地质条件的调查分析，这是建立雨水利用工程的基础。

（2）雨水利用工程设计。应针对不同尺度的雨水利用目的，对不同下垫面降水情况进行分析研究，从而确定最大控制洪峰，计算工程设施规模尺寸，以发挥最大经济效益。但是同时也要注意人工雨水利用工程的实施不能破坏本地区水的生态循环。

（3）雨水水质处理技术。在绿色建筑中，要依据不同用水水质要求，对收集的雨水进行必要的水质处理。完备的水质监测系统是整个雨水利用工程能够正常运行的关键一环。

（4）除此之外，雨水利用工程还要符合城镇建设规划，遵守相应法令法规等，做到为经济服务，为发展服务。

9.3　城镇雨水利用工程设计

雨水利用系统的构成形式、各个系统负担的雨水量、系统内各部分雨水量的比例，应根据降雨量、下垫面及供水用水条件、环境与卫生因素等，经技术经济比较后确定。

雨水利用系统由雨水收集、贮存、处理以及利用等各种设施及其构筑物组成。

9.3.1　雨水量与水质

1. 雨水量

随着城镇建设飞速发展，城镇不透水地面面积快速增长。在城镇中屋面、混凝土和沥青路面等不透水表面的径流系数一般为 $0.85\sim0.95$，也就是说城镇降雨量的近 90% 将形成径流。城镇的不透水面积逐年增加，则会使雨水的汇集、排出时间缩短，高峰流量增大，随之带来洪水风险增加、雨水大量流失、雨水的地下渗透量及地下水位下降、地面井泉枯竭、河湖常水量减少、水分蒸发量下降、空气干燥、旱情加剧等问题。城镇化带来的变化如图 9.11 所示。

雨水设计径流总量是指汇水面上在设定的降雨时段内收集的总径流量，可按式（9.1）计算，其中工程用地汇水面积按水平投影面积计算，与形状和坡度无

图 9.11　城镇化与雨水利用的关系

关；雨水设计流量是指汇水面上降雨高峰历时内汇集的径流流量，可按式（9.2）计算：

$$W = 10\psi_c h_y F \qquad (9.1)$$

$$Q = \psi_m q F \qquad (9.2)$$

式中　Q——洪峰径流量（L/s）；

　　ψ_m——暴雨流量径流系数，见表 9.1；

　　q——设计降雨强度 [L/（s·hm^2）]；

　　F——汇水面积（hm^2）；

　　W——降雨径流总量（m^3）；

　　ψ_c——暴雨量径流系数，见表 7.4；ψ_c 的下限值为年均系数，上限值为次降雨系数（雨量 30mm 左右）；

　　h_y——设计日降雨量（mm）。

雨量径流系数是指设定时间内降雨产生的径流总量与总雨量之比，流量径流系数是指形成高峰流量的历时内产生的径流量与降雨量之比。雨量径流系数和流量径流系数可按表 7.4 采用。

建设用地雨水外排管渠流量径流系数宜按扣损法计算确定，资料不足时可采用 0.25～0.4。

汇水面积应按汇水面的水平投影面积计算，屋面还应考虑大风作用下雨水倾斜降落的影响。当高出屋面有侧墙时，应附加其最大受雨面正投影的一半作为有效汇水面积；窗井、贴近高层建筑外墙的地下汽车库出入口坡道应附加其高出部分侧墙面积的 1/2；屋面同一汇水区内高出的侧墙多于一面时，按有效受水侧墙面积的 1/2 折算汇水面积；球形、抛物线形或斜坡较大（竖向投影面积与水平投影面积之比超过 10%）的屋面，其汇水面应附加汇水面竖向投影面积的 50%。

暴雨强度是描述暴雨特征的重要指标，也是决定设计雨水径流量的主要因素。设计暴雨强度应按式（9.3）计算：

$$q = \frac{167A\,(1+c\lg P)}{(t+b)^n} \qquad (9.3)$$

式中　　q——降雨强度 [L/（s·hm^2）]；

　　P——设计重现期（a），不小于 1～2；

　　t——降雨历时（min）；

A、b、c、n——当地降雨参数。

在没有当地降雨参数的地区，可参照附近气象条件相似地区的暴雨强度公式计算。

当采用天沟集水且沟沿溢水会进入室内时，暴雨强度应乘以 1.5 的系数。

屋面雨水收集系统的设计重现期不宜小于表 9.1 中的规定数值。建设用地雨水外排管渠的设计重现期，应大于雨水利用设施雨量设计重现期，并不宜小于表 9.2 中规定的数值；向各类雨水利用设施输水或集水的管渠设计重现期，应不小于该类设施雨水利用设计重现期。

屋面降雨设计重现期　　　　　　　　　　　　　　　　　　　　　　　　表 9.1

建 筑 类 型	设计重现期（a）
采用外檐沟排水的建筑	1～2
一般性建筑物	2～5
重要公共建筑	10

各类用地设计重现期 表 9.2

汇水区域名称	设计重现期（a）
车站、码头、机场等	2～5
民用公共建筑、居住区和工业区	1～3

屋面雨水收集系统的设计降雨历时按屋面汇水时间计算，一般取 5min。室外雨水管渠的设计降雨历时应按式（9.4）计算：

$$t=t_1+t_2 \tag{9.4}$$

式中　t_1——汇水面汇水时间（min），视距离长短、地形坡度和地面铺盖情况而定，一般采用 5～10min；

　　　t_2——管渠内雨水流行时间（min）。

2. 水质

天然雨水在降落到下垫面前，其水质主要与大气中污染物质的浓度有关。据资料显示，天然雨水水质良好，COD_{Cr} 平均为 20～60mg/L，SS 平均小于 20mg/L。

径流雨水的水质与城镇地理位置、下垫面性质和材料、下垫面的管理水平、降雨量、降雨强度、降雨历时间隔、气温、日照等诸多因素有关，水质波动性较大。不同地区，径流水质差异较大；即使是同一地区，下垫面的材料、形式、气温、日照等条件不同，径流水质也不相同。

径流水质随着降雨过程的延续逐渐改善并趋向稳定。降雨初期，因径流对下垫面表面污染物的冲刷作用，初期径流水质较差。随着降雨过程延续，表面污染物逐渐减少，后期径流水质得以改善。北京市的统计资料表明，若降雨量小于 10mm，屋面径流污染物总量的 70% 以上包含于初期降雨所形成的 2mm 径流中。北京和上海的统计资料均表明，降雨量达 2mm 径流后水质基本趋向稳定，故以初期 2～3mm 降雨径流为界，将径流区分为初期径流和持续期径流。

目前，我国尚未建成包含各类径流水质、可供各地城镇使用的数据库。径流雨水的水质应以当地实测资料为准，屋面雨水经初期弃流后的水质，无实测资料时可采用如下经验值：COD_{Cr} 为 70～100mg/L；SS 为 20～40mg/L；色度为 10～40 度。雨水径流的可生化性差，BOD_5/COD_{Cr} 平均范围为 0.1～0.2。

雨水水质源头控制是最有效和最经济的方法。可以从以下几个方面进行控制：

（1）控制城镇大气污染

我国不少城镇目前的空气状况很差，导致雨水水质的下降，如不少城镇的酸雨。不仅对渗透设施的利用会有影响，而且由于降水直接进入地面和地下水源，也会影响当地生态环境和水环境质量。因此，控制城镇大气污染不仅改善城镇的空气质量，美化城镇环境，也能对水污染控制有明显的贡献。

（2）屋面雨水水质的控制

屋面的设计及材料选择是控制屋面雨水径流水质的有效手段。应该对油毡类屋面材料的使用加以限制，逐步淘汰污染严重的品种。一些城镇有计划地对这类旧屋面进行改造，不仅美化了市容，还解决了材料老化漏水、保温抗寒效果差等问题，改善了居民的居住条件，也很好地控制了屋面污染源。利用建筑物四周的一些花坛和绿地来接纳屋面雨水，既美化环境，又净化了雨水。在满足植物正常生长的要求下，尽可能选用渗滤速率和吸附净化污染物能力较大的土壤填料。

（3）路面雨水水质控制

路面径流水质复杂，比屋面雨水更难以收集控制。改善路面污染状况是控制路面雨水污染源的最有效方法。如合理地规划与设计城镇用地，减少城区土壤的侵蚀，加强对建筑工地的管理，加大对市民的宣传与教育力度，配合严格的法规和管理，最大限度地减少城镇地面垃圾与污染物，保持市区地面的清洁等。为了控制路面带来的树叶、垃圾、油类和悬浮固体等污染物，可以设置路面雨水截污装置。例如，在雨水口和雨水井设置截污挂篮和专用编织袋等，或设计专门的浮渣隔离、沉淀截污井。这些设施需要定期清理。也可设计绿地缓冲带来截留净化路面径流污染物，但必须考虑对地下水的潜在威胁，限用于污染较轻的径流，如生活小区、公园的路面雨水。

除了上述源头控制措施外，还可以在径流的输送途中或终端采用雨水滞留沉淀、过滤、吸附、稳定塘及人工湿地等处理技术。需要注意雨水的水质特性，如颗粒分布与沉淀性能、水质与流量的变化、污染物种类和含量等。

9.3.2 雨水收集系统

城镇雨水收集系统主要包括屋面雨水、广场雨水、绿地雨水和污染较轻的路面雨水等的收集。

1. 屋面雨水收集系统

（1）分类

按雨水在管道内的流态，屋面雨水收集系统分为重力流、半有压流和压力流三类。

重力流是指雨水通过自由堰流入管道，在重力作用下附壁流动，管内压力正常，这种系统也称为堰流斗系统。半有压流是指管内气水混合，在重力和负压抽吸双重作用下流动。压力流是指管内充满雨水，主要在负压抽吸作用下流动，这种系统也称为虹吸式系统。

半有压系统设计安装简单、性能可靠，是我国目前应用最广泛、实践证明安全的雨水系统，设计中宜优先采用。虹吸式系统管道尺寸较小，各雨水斗的入流量也都能按设计值进行控制，且横管有无坡度对设计工况的水流不构成影响，适宜于大型屋面建筑，但该系统没有余量排除超设计重现期雨水，对屋面的溢流设施依赖性较强。

（2）设计

屋面雨水收集系统通常由屋面集水沟、雨水斗、管道系统及附属构筑物等组成。

1）屋面集水沟

屋面集水沟是经济可靠的屋面集雨形式，具有可减少甚至不设室内雨水悬吊管的优点。屋面集水沟包括天沟、边沟和檐沟等，应优先选择天沟集水。

集水沟水力计算的主要目的是计算集水沟的泄流能力，确定集水沟的尺寸和坡度。

集水沟沟底可水平设置或具有坡度，坡度小于0.003时其排水量应不受雨水出口的限制。在北方寒冷地区，为防止冻胀破坏沟的防水层，天沟和边沟不宜做平坡。

集水沟的排水量应按式（9.5）、式（9.6）计算。

$$Q = Av \tag{9.5}$$

$$v = \frac{1}{n} R^{\frac{2}{3}} I^{\frac{1}{2}} \tag{9.6}$$

式中　Q——设计流量（m^3/s）；

　　　A——水流有效断面面积（m^2）；

　　　v——流速（m/s）；

　　　R——水力半径（m）；

　　　I——水力坡度；

　　　n——粗糙系数，可按表9.3取值。

屋面集水沟粗糙系数　　　　　　　　　　　　　　　　表9.3

类　型	水泥砂浆抹面集水沟	浆砌砖集水沟	浆砌块石集水沟	干砌块石集水沟	土明渠（包括带草皮）
粗糙系数	0.013～0.014	0.015	0.017	0.020～0.025	0.025～0.030

为避免雨水所携带的泥沙等无机物质在沟内沉淀下来，集水沟内的最小设计流速为 0.4m/s。为防止沟壁受到冲刷而损坏，影响及时排水，集水沟内水流深度为 0.4～1.0m 时，最大设计流速宜按表9.4采用。

屋面集水沟最大设计流速　　　　　　　　　　　　　　表9.4

类　型	最大设计流速（m/s）	类　型	最大设计流速（m/s）
粗砂或低塑性粉质黏土	0.80	草皮护面	1.60
粉质黏土	1.00	干砌块石	2.00
黏土	1.20	浆砌块石或浆砌砖	3.00
石灰岩及中砂岩	4.00	混凝土	4.00

注：当水流深度 h 在 0.4～1.0m 范围以外时，表中流速应乘以下列系数：
　　$h < 0.4\text{m}$，系数 0.85；$h > 1\text{m}$，系数 1.25；$h \geqslant 2.0\text{m}$，系数 1.40。

当沟底平坡或坡度不大于 0.003 时，集水沟的排水量可按式（9.5）和式（9.6）计算。水平短沟的排水量计算见式（9.7）：

$$q_{dg} = K_{dg} K_{df} A_z^{1.25} S_x X_x \tag{9.7}$$

式中　q_{dg}——水平短沟的设计排水量（L/s）；

　　　K_{dg}——安全系数，取 0.9；

　　　K_{df}——断面系数，半圆形或相似形状的檐沟取 2.78×10^{-5}，矩形、梯形或相似形状的檐沟取 3.48×10^{-5}，矩形、梯形或相似形状的天沟和边沟取 3.89×10^{-5}；

　　　A_z——沟的有效断面面积（mm^2），在屋面天沟或边沟中有阻挡物时，有效断面面积应按沟的断面面积减去阻挡物断面面积进行计算；

　　　S_x——深度系数，半圆形或相似形状的短檐沟 $S_x = 1.0$；

　　　X_x——形状系数，半圆形或相似形状的短檐沟 $X_x = 1.0$。

水平长沟的排水量计算见式（9.8）。

$$q_{cg} = q_{dg} L_x \tag{9.8}$$

式中　q_{cg}——水平长沟的设计排水量（L/s）；

　　　L_x——长沟容量系数，见表9.5。

平底或有坡度坡向出水口的长沟容量系数　　　　　　**表 9.5**

L/h_d	容量系数 L_x				
	平底 0~0.3%	坡度 0.4%	坡度 0.6%	坡度 0.8%	坡度 1%
50	1.00	1.00	1.00	1.00	1.00
75	0.97	1.02	1.04	1.07	1.09
100	0.93	1.03	1.08	1.13	1.18
125	0.90	1.05	1.12	1.20	1.27
150	0.86	1.07	1.17	1.27	1.37
175	0.83	1.08	1.21	1.33	1.46
200	0.80	1.10	1.25	1.40	1.55
225	0.78	1.10	1.25	1.40	1.55
250	0.77	1.10	1.25	1.40	1.55
275	0.75	1.10	1.25	1.40	1.55
300	0.73	1.10	1.25	1.40	1.55
325	0.72	1.10	1.25	1.40	1.55
350	0.70	1.10	1.25	1.40	1.55
375	0.68	1.10	1.25	1.40	1.55
400	0.67	1.10	1.25	1.40	1.55
425	0.65	1.10	1.25	1.40	1.55
450	0.63	1.10	1.25	1.40	1.55
475	0.62	1.10	1.25	1.40	1.55
500	0.60	1.10	1.25	1.40	1.55

注：L 排水长度（mm）；h_d 设计水深（mm）。

当集水沟有大于 10° 的转角时，按式（9.7）和式（9.8）计算的排水能力应乘以折减系数 0.85。雨水斗应避免布置在集水沟的转折处。天沟和边沟的坡度不大于 0.003 时，应按平沟设计。

集水沟的设计深度应包括设计水深和保护高度。天沟和边沟的最小保护高度不得小于表 9.6 中的尺寸。

天沟和边沟的最小保护高度　　　　　　**表 9.6**

含保护高度在内的沟深 h_z（mm）	最小保护高度（mm）
<85	25
85~250	$0.3h_z$
>250	75

为保证事故时排水和超量雨水的排除，天沟和边沟应设置溢流设施。虹吸式屋面雨水收集系统的溢流能力和虹吸系统的排水能力之和应不小于 50 年重现期的降雨径流量。

溢流按薄壁堰计算，见式（9.9）。

$$q_e = \frac{L_e \cdot h_e^{\frac{3}{2}}}{2400} \tag{9.9}$$

式中　q_e——溢流堰流量（L/s）；

　　　L_e——溢流堰锐缘堰宽度（m）；

　　　h_e——溢流堰高度（m）。

当女儿墙上设溢流口时，溢水按宽顶堰计算，见式（9.10）。

$$B_e = \frac{g_e}{M \cdot \frac{2}{3} \cdot \sqrt{2g} \cdot h_e^{\frac{3}{2}} \cdot 1000} \tag{9.10}$$

式中　B_e——溢流堰宽度（m）；

　　　g_e——溢流水量（L/s）；

　　　M——收缩系数，取 0.6。

为增加泄流量，屋面集水沟断面形式多采用水力半径大、湿周小的宽而浅的矩形或梯形，具体尺寸应由计算确定。

集水沟断面尺寸的计算步骤如下：

① 布置雨水排水口，并确定分水线，计算每条集水沟的汇水面积；

② 计算 5min 的暴雨强度，见本节相关内容；

③ 计算每条集水沟应承担的雨水设计径流量，见本节相关内容；

④ 初步确定集水沟的断面尺寸、坡度，并计算集水沟的设计排水量；

⑤ 比较设计排水量和雨水设计径流量。若设计排水量不小于设计径流量，则初步确定的集水沟断面尺寸符合要求；反之，则修改集水沟的断面尺寸或增加雨水排水口数量，进行重新计算。

屋面做法包括普通式和倒置式。普通屋面的面层以往多采用沥青或沥青油毡，这类防水材料暴露于最上层，风吹日晒加速其老化，污染雨水。测试表明，这类屋面初期径流雨水中的 COD_{Cr} 浓度可高达上千。倒置式屋面就是"将憎水性保温材料设置在防水层的上面"，与普通屋面相比，因防水层受到保护，避免了热应力、紫外线以及其他因素对防水层的破坏，故防水材料对雨水水质的影响较小。

为避免雨水水质恶化，降低雨水入渗和净化处理的难度或造价，屋面表面应采用对雨水无污染或污染较小的材料，不宜采用沥青或沥青油毡，有条件时可采用种植屋面。

2）雨水斗

① 作用

雨水斗是一种雨水由屋面集水系统进入管道系统的入口装置，设在集水沟或屋面的最低处，其主要作用包括：对进入管道的雨水进行整流，避免水流因形成过大漩涡而增加屋面水深；拦截固体杂物；满足一定水深条件下的排水流量。

为阻挡固体物进入系统，雨水斗应配有格栅（滤网）；为削弱进水漩涡，雨水斗入水口的上方应设置盲板。屋面雨水管道系统的进水口应设置符合国家或行业现行相关标准的雨水斗。

② 分类

雨水斗有重力式、半有压式和虹吸式三种，如图 9.12 所示。半有压式包括 65 型、79 型和 87 型，目前在实际工程中应用最为普遍。

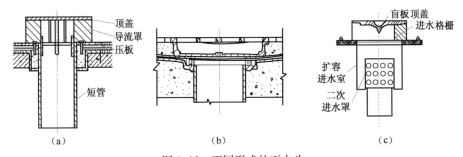

图 9.12　不同形式的雨水斗

（a）87 型（半有压式）；（b）平算式（重力式）；（c）虹吸式

③ 水力计算

雨水斗水力计算的主要目的是确定雨水斗的泄流能力和尺寸。雨水斗的泄流量与流动状态有关。重力流状态下，雨水斗的排水状况是自由堰流，通过雨水斗的泄流量与雨水斗进水口直径和斗前水深有关，可按环形溢流堰公式计算，见式（9.11）：

$$Q=\mu\pi Dh\sqrt{2gh} \tag{9.11}$$

式中　Q——通过雨水斗的泄流量（m³/s）；

　　　μ——雨水斗进水口的流量系数，取 0.45；

　　　D——雨水斗进水口直径（m）；

　　　h——雨水斗进水口前水深（m）。

半有压流和压力流状态下，排水管道内产生负压抽吸，通过雨水斗的泄流量与雨水斗出水口直径、雨水斗前水面至雨水斗出水口处的高度及雨水斗排水管中的负压有关，可按式（9.12）计算：

$$Q=\frac{\pi d^2}{4}\mu\sqrt{2g(H+P)} \tag{9.12}$$

式中　Q——雨水斗出水口泄流量（m³/s）；

　　　μ——雨水斗进水口的流量系数，取 0.95；

　　　d——雨水斗出水口内径（m）；

　　　H——雨水斗前水面至雨水斗出水口处的高度（m）；

　　　P——雨水斗排水管中的负压（m）。

各种类型雨水斗的最大泄流量参见表 9.7。

雨水斗最大泄流量（L/s）　　　　　　　　　　　　　　　表 9.7

口径（mm） 雨水斗形式	50	75	100	150	200
半有压式	—	8	12~16	26~36	40~56
虹吸式和重力式	按生产厂家的资料选取				

注：半有压式系统中，与立管连接的单个雨水斗宜取高限；多斗悬吊管上距立管最近的斗宜取高限，并以其为基准，其他各斗的数值依次比上个斗递减 10%。

④ 布置与敷设

不同设计排水流态、排水特征的屋面雨水系统应选用相应的雨水斗。

布置雨水斗时，应以伸缩缝或沉降缝作为天沟排水分水线，否则应在该缝两侧各设一个雨水斗，且该两个雨水斗连接在同一根悬吊管上时，悬吊管应装伸缩接头，并保证密封。多斗雨水系统的雨水斗宜对立管作对称布置，且不得在立管顶端设置雨水斗。寒冷地区，雨水斗宜布置在受室内温度影响的屋面及雨雪易融化范围的天沟内。

在半有压式雨水系统中，同一悬吊管连接的雨水斗应在同一高度上，且不宜超过 4 个；一个立管所承接的多个雨水斗，其安装高度宜在同一标高层；当雨水立管的设计流量小于最大排水能力时，可将不同高度的雨水斗接入同一立管，但最低雨水斗应在立管底端与最高斗高度的 2/3 以上；多个立管汇集到一个横管时，所有雨水斗中最低斗的高度应大于横管与最高斗高差的 2/3 以上。此外，为在拦截屋面固体杂物的同时，保证雨水斗有足够的通水能力，并控制其进水孔的堵塞概率，雨水斗格栅进水孔的有效面积应等于连接管横断面积的 2~2.5 倍。

虹吸式雨水系统的雨水斗应水平安装，每个汇水区域的雨水斗数量不宜少于 2 个，2 个雨水斗之间的间距不宜大于 20m；不同高度、不同结构形式的屋面宜设置独立的雨水收集系统。

3）管道系统

管道系统包括连接管、悬吊管、立管、排出管、埋地干管等。

① 重力流、半有压流系统水力计算

单斗系统根据雨水斗的口径设置连接管、横管和立管管径，多斗系统的连接管一般也选用与雨水斗相同的管径。

A. 多斗系统横管水力计算

重力流、半有压流横管可以近似按圆管均匀流计算，见式（9.13）、式（9.14）。

$$Q=Av \tag{9.13}$$

$$v=\frac{1}{n}R^{\frac{2}{3}}I^{\frac{1}{2}} \tag{9.14}$$

式中 Q——排水流量（m³/s）；

A——管内过水断面面积（m²）；

v——管内流速（m/s），重力流系统横管的流速不宜小于 0.75；

n——粗糙系数，塑料管取 0.01，铸铁管取 0.014，混凝土管取 0.013；

R——水力半径（m），悬吊管按充满度 $h/D=0.8$ 计算，横干管按满流设计；

I——水力坡度，重力流的水力坡度按管道敷设坡度计算，金属管不小于 0.01，塑料管不小于 0.005；重力半有压流的水力坡度按式（9.15）计算。

$$I=(h+\Delta h)/L \tag{9.15}$$

式中 h——横管两端内的压力差（mH₂O），悬吊管按其末端最大负压计算，取 0.5m，埋地横干管按其起端最大正压值计算，取 1.0m；

Δh——位置水头（mH₂O），悬吊管指雨水斗安装面与悬吊管末端之间的几何高差，埋地横干管指其两端的几何高差；

L——横管的长度（m）。

根据式（9.13）、式（9.14）和式（9.15），多斗悬吊管（铸铁管、钢管、塑料管）的最大排水能力见表 9.8 和表 9.9，埋地混凝土横干管的最大排水能力见表 9.10。

多斗悬吊管（铸铁管、钢管）的最大排水能力〔充满度=0.8；Q(L/s)〕 表 9.8

公称直径 DN (mm) 水力坡度 I	75	100	150	200	250	300
0.02	3.1	6.6	19.6	42.1	76.3	124.1
0.03	3.8	8.1	23.9	51.6	93.5	152.0
0.04	4.4	9.4	27.7	59.5	108.0	175.5
0.05	4.9	10.5	30.9	66.6	120.2	196.3
0.06	5.3	11.5	33.9	72.9	132.2	215.0
0.07	5.7	12.4	36.6	78.8	142.8	215.0

续表

公称直径 DN (mm) / 水力坡度 I	75	100	150	200	250	300
0.08	6.1	13.3	39.1	84.2	142.8	215.0
0.09	6.5	14.1	41.5	84.2	142.8	215.0
≥0.10	6.9	14.8	41.5	84.2	142.8	215.0

多斗悬吊管（塑料管）的最大排水能力 [充满度＝0.8；Q(L/s)]　　表 9.9

管道外径×壁厚 De (mm)×t (mm) / 水力坡度 I	90×3.2	110×3.2	125×3.7	160×4.7	200×5.9	250×7.3
0.02	5.8	10.2	14.3	27.7	50.1	91.0
0.03	7.1	12.5	17.5	33.9	61.4	111.5
0.04	8.1	14.4	20.2	39.1	70.9	128.7
0.05	9.1	16.1	22.6	43.7	79.2	143.9
0.06	10.0	17.7	24.8	47.9	86.8	157.7
0.07	10.8	19.1	26.8	51.8	93.8	170.3
0.08	11.5	20.4	28.6	55.3	100.2	170.3
0.09	12.2	21.6	30.3	58.7	100.2	170.3
≥0.10	12.9	22.8	32.0	58.7	100.2	170.3

横管的管径根据各雨水斗流量之和确定，并宜保持管径不变。

B. 多斗系统立管水力计算

重力流状态下雨水立管按水膜流计算，其最大允许流量见表 9.11。

埋地混凝土横干管最大排水能力 [充满度＝1.0；Q(L/s)]　　表 9.10

公称直径 DN (mm) / 水力坡度 I	200	250	300	350	400	450
0.003	18.0	32.6	53.0	79.9	114	156
0.004	20.7	37.6	61.1	92.2	132	180
0.005	23.2	42.0	68.4	103.1	147	202
0.006	25.4	46.1	74.9	113.0	161	221
0.007	27.4	49.7	80.9	122.0	174	238
0.008	29.3	53.2	86.5	130.4	186	255
0.009	31.1	56.4	91.7	138.3	198	270
0.01	32.8	59.5	96.7	145.8	208	285
0.012	35.9	65.1	105.9	159.8	228	—

重力流立管最大允许泄流量　　　　　　　　　　　　　　表 9.11

铸铁管		钢管		塑料管	
公称直径 (mm)	泄流量 (L/s)	外径×壁厚 (mm)	泄流量 (L/s)	外径×壁厚 (mm)	泄流量 (L/s)
75	5.46			75×2.3	5.71
100	11.77	108×4	11.7	90×3.2	9.22
				110×3.2	15.98
125	21.34	133×4	21.34	125×3.2	22.92
				125×3.7	22.41
150	34.69	159×4.5	34.69	160×4.0	44.43
		168×6	38.52	160×4.7	43.34
200	74.72	219×6	81.90	200×4.9	80.78
				200×5.9	78.53
250	135.47	245×6	112.28	250×6.2	146.21
				250×7.3	142.63
300	220.29	273×7	148.87	315×7.7	271.34
				315×9.2	264.15
		325×7	242.49		

半有压流状态下雨水立管按水塞流计算，其最大排水能力见表 9.12。

立管的最大排水流量　　　　　　　　　　　　　　表 9.12

公称直径 (mm)	75	100	150	200	250	300
排水流量 (L/s)	10~12	19~25	42~55	75~90	135~155	220~240

注：建筑高度不大于 12m 时不应超过表中低限值，高层建筑不应超过表中上限值。

② 压力流（虹吸式）系统的水力计算

A. 管道排水能力和管径的计算

压力流系统管道的排水能力可根据式（9.16）计算，管径可根据式（9.17）计算。

$$q_g = \frac{\pi d_j^2}{4} v \qquad (9.16)$$

$$d_j = \sqrt{\frac{4q_g}{\pi v}} \qquad (9.17)$$

式中　q_g——计算管段的设计流量（m^3/s）；

　　　d_j——计算管段的内径（m）；

　　　v——管内流速（m/s）。为保证管道具有良好的自净能力，悬吊管设计流速不宜小于 1m/s，立管设计流速不宜小于 2.2m/s，但最大不宜大于 10m/s；为减小水流对检查井的影响，系统底部排出口的流速不宜大于 1.8m/s，否则应采取消能措施。

为防止堵塞，压力流雨水管道的最小管径不应小于 $DN40$。

B. 沿程水头损失的计算

压力流（虹吸式）系统的沿程水头损失宜采用达西（Darcy）公式计算，见式（9.18）。

$$h_y = \lambda \frac{l}{d_j} \frac{v^2}{2g} \qquad (9.18)$$

式中　h_y——计算管段的沿程水头损失（m）；

λ——摩阻系数，宜按柯列勃洛克（Colebrook-Whites）公式计算，见式（9.19）；

l——计算管段的长度（m）；

d_j——计算管段的内径（m）；

v——管内流速（m/s）；

g——重力加速度，9.81m/s²。

$$\frac{1}{\sqrt{\lambda}}=-2\lg\left(\frac{\Delta}{3.7d}+\frac{2.51}{Re\sqrt{\lambda}}\right) \qquad (9.19)$$

式中 Δ——管道当量粗糙高度（mm）；

Re——雷诺数。

当管道内的流速控制在3.0m/s以内时，沿程水头损失也可采用Hazen-Willams公式计算。

C. 局部水头损失的计算

管道的局部水头损失应根据管道的连接方式，采用管（配）件当量长度法计算，当缺乏资料时，可按式（9.20）计算：

$$h_j=10\times\xi\frac{v^2}{2g} \qquad (9.20)$$

式中 h_j——管道局部阻力损失（kPa）；

v——管内流速（m/s）；

ξ——管件局部阻力系数，见表9.13。

管件局部阻力系数 表9.13

管件名称	15°弯头	30°弯头	45°弯头	70°弯头	90°弯头	三通	管道变径处	转变为重力流处出口
ξ	0.1	0.3	0.4	0.6	0.8	0.6	0.3	1.8

注：雨水斗的 ξ 值应由厂商提供，无资料时可按 $\xi=1.5$ 估算。

系统从始端雨水斗至排出口过渡段的总水头损失与流出水头之和，不得大于始端雨水斗至排出管终点处的室外地面的几何高差。雨水斗顶面至排出管终点处的室外地面的几何高差，立管管径不大于 $DN75$ 时不宜小于3m，立管管径大于 $DN75$ 时不宜小于5m。

D. 管内的压力

系统某断面处管内的压力按式（9.21）计算：

$$P_x=\Delta h_x \cdot g-\frac{v_x^2}{2}-\sum 10.13\times(h_y+h_j) \qquad (9.21)$$

式中 　　　P_x——某 x 断面处管内的压力（kPa）；

Δh_x——雨水斗顶面至 x 断面的高度差（m）；

v_x——计算点的流速（m/s）；

$\sum 10.13\times(h_y+h_j)$——雨水斗顶面至计算点的总水头损失（kPa）；其中 h_y 为沿程水头损失，h_j 为局部水头损失。

系统内的最大负压计算值，应根据系统安装场所的气象资料、管道的材质、管道和管件的最大、最小工作压力等确定，但应限于负压0.09MPa之内。为使各个雨水斗泄流量平衡，系统中各节点处各汇合支管间的水压差值，不应大于0.01MPa。

③ 布置与敷设

屋面雨水管道系统应独立设置，严禁与建筑污、废水排水管连接，阳台雨水不应接入屋面雨水立管。

雨水管道应采用钢管、不锈钢管、承压塑料管等，其管材和接口的工作压力应大于建筑高度产生的静水压，且应能承受 0.09MPa 负压。为便于清通，雨水立管的底部应设检查口，严禁在室内设置敞开式检查口或检查井。寒冷地区，雨水立管宜布置在室内。

对于半有压系统，雨水悬吊管长度大于 15m 时应设置检查口或带法兰盘的三通管，并便于维修操作，其间距不宜大于 20m；为满足管道泄空要求，多斗悬吊管和横干管的敷设坡度不宜小于 0.005；屋面无溢流设施时，雨水立管不应少于 2 根。

对于虹吸式系统，悬吊管可无坡度敷设，但不得倒坡敷设；不宜将雨水管放置在结构柱内。

4）附属构筑物

附属构筑物主要有清通排气设施和弃流装置。

清通排气设施包括检查井、检查口和排气井，主要用于埋地雨水管道的检修、清扫和排气。埋地雨水管上检查口或检查井的间距宜为 25～40m。屋面雨水收集系统和雨水贮存设施之间的室外输水管道可按雨水贮存设施的降雨重现期设计，若设计重现期比上游管道的小，应在连接点设检查井或溢流设施。

初期径流雨水污染物浓度高，为减小净化工艺的负荷，除种植屋面外，雨水收集系统应设置弃流设施。

2. 硬化地面雨水收集系统

地面雨水收集主要是收集硬化地面的雨水和屋面排到地面的雨水。通常情况下，排向下凹绿地、浅沟洼地等地面雨水渗透设施和地上调蓄池的雨水，通过地面组织径流或明沟收集输送；排向渗沟管渠、浅沟渗渠组合入渗等地下渗透设施和地下调蓄池的雨水，通过雨水口收集、埋地管道输送。

雨水口的布置应根据地形及汇水面积确定，宜设在汇水面的低洼处，并宜采用具有拦污截污功能的成品雨水口。为便于收集地面径流，建筑小区雨水口的顶面标高宜低于地面 10～20mm，最大间距不宜超过 40m。为提高弃流效率，设有集中式弃流装置的雨水收集系统，各雨水口至弃流装置的管道长度宜相近。

硬化地面雨水收集系统的设计雨水量应按式（9.2）计算，管道水力计算和设计应符合现行国家标准《室外排水设计规范》GB 50014—2006（2016 年版）的相关规定。

3. 绿地雨水收集系统

绿地既是一种汇水面，又是一种雨水的收集和截污措施，甚至还是一种雨水的利用单元。利用庭院绿地对雨水进行收集和渗透利用，此时它还起到一种预处理的作用。但作为雨水汇集面，其径流系数很小，在水量平衡计算时需要注意，既要考虑可能利用绿地的截污和渗透功能，又要考虑通过绿地径流量会明显减少，可能收集不到足够的雨水量。应通过综合分析与设计，最大限度地发挥绿地的作用，达到最佳效果。如果需要收集回用，一般可以采用浅沟、雨水管渠等方式对绿地径流进行收集。

4. 弃流装置

弃流装置包括成品和非成品两类。

成品弃流装置根据安装方式不同，分为管道安装式、屋面安装式和埋地式；根据控制方式不同，可分为自控式和非自控式。其中，管道安装式有累计雨量控制式、流量控制式；屋面安装式有雨量计式；埋地式有弃流井、渗透弃流装置等。

屋面雨水系统适宜采用分散安装在立管或出户管上的小型弃流装置，其示意如图9.13所示。为便于清理维护，屋面雨水系统的弃流装置宜设于室外；当不具备条件必须设在室内时，应采用密闭装置以防止因发生堵塞而向室内灌水。虹吸式屋面雨水收集系统宜采用自动控制弃流装置，其他屋面雨水收集系统宜采用渗透弃流装置。

地面雨水收集系统的弃流设施可集中设置，也可分散设置。地面雨水收集系统宜采用渗透弃流井或弃流池，其示意如图9.14所示。

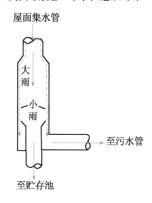

图 9.13 雨水立管弃流示意图

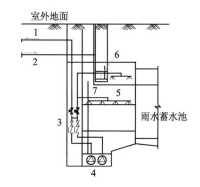

图 9.14 弃流池示意图

1—弃流雨水排水管；2—进水管；3—控制阀门；
4—弃流雨水排水泵；5—搅拌冲洗系统；
6—雨停监测装置；7—液位控制器

初期径流弃流量应按下垫面实测收集雨水的COD_{Cr}、SS、色度等污染物浓度确定。当无资料时，屋面弃流可采用2～3mm径流厚度，地面弃流可采用3～5mm径流厚度。

初期弃流量按式（9.22）计算：

$$W=\delta\times F \tag{9.22}$$

式中　W——设计初期径流弃流量（m^3）；

　　　F——汇水面面积（m^2）；

　　　δ——初期径流厚度（m）。

截流的初期弃流可排入雨水排水管道或污水管道。当条件允许，也可就地排入绿地。雨水弃流排入污水管道时应确保污水不倒灌回弃流装置内。初期雨水弃流成品装置及其设置应便于清洗和运行管理，弃流雨水的截流和排放宜自动控制。

初期径流弃流池截流的初期径流宜通过自流排除；当弃流雨水采用水泵排水时，池内应设置将初期雨水与后期雨水隔离开的雨水分隔装置；池底应有不小于0.1的坡度；雨水进水口应设置格栅；应设有水位监测的措施。

渗透弃流井的安装位置距建筑物基础不宜小于3m，其井体和填料层有效容积之和不宜小于初期径流弃流量，渗透排空时间不宜超过24h。

9.3.3　雨水渗透系统

1. 渗透设施的计算

（1）渗透设施的渗透能力计算

渗透计算原理一般情况下，可以用达西定律（9.23）来描述雨水渗透。

$$W_s = \alpha K J A_s t_s \tag{9.23}$$

式中　W_s——渗透量（m³）；

　　　α——综合安全系数，一般可取 0.5～0.8；

　　　K——土壤渗透系数（m/s），它表示土壤透水物理性质，应以实测资料为准，在无实测资料时，可参照表 9.14 选用；

　　　J——水力坡降，一般可取 $J=1.0$；

　　　A_s——有效渗透面积（m²），水平渗透面按投影面积计算，竖直渗透面按有效水位高度的 1/2 计算，斜渗透面按有效水位高度的 1/2 所对应的斜面实际面积计算，地下渗透设施的顶面积不计；

　　　t_s——渗透时间（s）。

土壤渗透系数　　　　　　　　　　表 9.14

地　层	地 层 粒 径		渗透系数 K（m/s）
	粒径（mm）	所占比例（%）	
黏土			近于 0
粉质黏土			$1.16 \times 10^{-6} \sim 2.89 \times 10^{-6}$
黄土			$2.89 \times 10^{-6} \sim 5.79 \times 10^{-6}$
砂质粉土			$5.79 \times 10^{-6} \sim 1.16 \times 10^{-5}$
粉砂	0.1～0.25	<75	$1.16 \times 10^{-5} \sim 5.79 \times 10^{-5}$
细砂	0.1～0.25	>75	$5.79 \times 10^{-5} \sim 1.16 \times 10^{-4}$
中砂	0.25～0.50	>50	$1.16 \times 10^{-4} \sim 2.89 \times 10^{-4}$
粗砂	0.50～1.00	>50	$2.89 \times 10^{-4} \sim 5.79 \times 10^{-4}$
极粗的砂	1.00～2.00	>50	$5.79 \times 10^{-4} \sim 1.16 \times 10^{-3}$
砾石夹砂			$8.68 \times 10^{-4} \sim 1.74 \times 10^{-3}$
带粗砂的砾石			$1.16 \times 10^{-3} \sim 2.31 \times 10^{-3}$
漂砾石			$2.31 \times 10^{-3} \sim 5.79 \times 10^{-3}$
圆砾大漂石			$5.79 \times 10^{-3} \sim 1.16 \times 10^{-2}$

（2）产流历时内的蓄积雨水量

渗透设施产流历时内的蓄积雨水量应按式（9.24）计算。

$$W_p = \max(W_c - W_s) \tag{9.24}$$

式中　W_p——产流历时内的蓄积水量（m³），产流历时经计算确定，宜小于 120min；

　　　W_s——渗透量（m³），按式（9.23）计算；

　　　W_c——渗透设施进水量（m³），按式（9.25）计算，并不宜大于按式（9.1）计算的日雨水设计径流总量。

$$W_c = 1.25 \times \left[3600 \times \frac{q}{1000}(F \times \psi_c + F_0) \right] t \tag{9.25}$$

式中　W_c——在一定设计重现期下，在降雨历时内的径流量（m³）；

　　　F——渗透设施的间接集水面积（hm²）；

　　　F_0——渗透设施的直接集水面积（m²）；

　　　t——降雨历时（h）。

（3）渗透设施的有效储水容积

雨水入渗系统应设有贮存容积，其有效容积应能调蓄系统产流历时内的蓄积雨水量，渗透设施的有效储水容积宜按式（9.26）计算。

$$V_s \geqslant \frac{W_p}{n_k} \qquad (9.26)$$

式中 V_s——渗透设施的有效贮存容积（m^3）；

n_k——填料的孔隙率，不应小于 30%，无填料者取 1。

入渗池、井的有效容积宜能调蓄日雨水设计径流总量。雨水设计重现期应与渗透能力计算中的取值一致。下凹绿地收纳的雨水汇水面积不超过该绿地面积 2 倍时，可不进行入渗能力计算。

2. 布置与敷设

雨水渗透设施宜优先采用绿地、透水铺装地面、渗透管沟、入渗井等入渗方式，渗透设施应保证其周围建筑物及构筑物的正常使用，不应对居民的生活造成不便，地面入渗场地上的植物配置应与入渗系统相协调。

非自重湿陷性黄土场所，渗透设施必须设置于建筑物防护距离以外，并不应影响小区道路路基。地下建筑顶面与覆土之间设有渗排设施时，地下建筑顶面覆土可作为渗透层。除地面渗透外，雨水渗透设施距建筑物基础边缘不应小于 3m，并对其他构筑物、管道基础不产生影响。

雨水入渗系统宜设置溢流设施。小区内路面宜高于路边绿地 50～100mm，并应确保雨水顺畅流入绿地。

（1）绿地接纳客地雨水时，应满足下列要求：

1）绿地就近接纳雨水径流，也可通过管渠输送至绿地。

2）绿地应低于周边地面，并有保证雨水进入绿地的措施。

3）绿地植物品种应能耐受雨水浸泡。

（2）透水铺装地面应符合下列要求：

1）透水地面应设透水面层、找平层和透水垫层。透水面层可采用透水混凝土、透水面砖、草坪砖等；透水垫层可采用无砂混凝土、砾石、砂、砂砾料或其组合。

2）透水地面面层的渗透系数均应大于 1×10^{-4} m/s，找平层和垫层的渗透系数必须大于面层。透水地面的设计标准不宜低于重现期为 2 年的 60min 降雨量。

3）面层厚度不少于 60mm，孔隙率不小于 20%；找平层厚度宜为 30mm；透水垫层厚度不小于 150mm，孔隙率不小于 30%。

4）草坪砖地面的整体渗透系数应大于 1×10^{-4} m/s。

5）应满足相应的承载力、抗冻要求。

（3）浅沟入渗的积水深度不宜超过 300mm，积水区的进水应沿沟长多点均匀分散进入，并宜采用明沟布水。沟较长且具有坡度时应将沟分段。

（4）浅沟渗渠组合入渗设施应符合下列要求：

1）沟底的土层厚度不小于 100mm，渗透系数不小于 1×10^{-5} m/s。

2）渗渠中的砂层厚度不小于 100mm，渗透系数不小于 1×10^{-4} m/s。

3）渗渠中的砾石层厚度不小于 100mm。

4）设置溢流措施。

（5）渗透管沟的设置应符合下列要求：

1）渗透管宜采用穿孔塑料管、无砂混凝土管或渗水片材等透水材料。塑料管的开孔率应大于 15%，无砂混凝土管的孔隙率应大于 20%。渗透管的管径不应小于 150mm，敷设坡度可采用 0.01～0.02。

2）渗透层宜采用砂砾石，外层应采用土工布包覆。

3）渗透检查井的间距不应大于渗透管管径的 150 倍。渗透检查井的出水管标高可高于入水管内底标高，但不应高于上游相邻井的出水管口标高。渗透检查井应设沉砂室。

4）渗透管沟设在行车路面下时覆土深度应不小于 0.7m。

5）地面雨水进入管沟前应设渗透检查井。

（6）渗透—排放一体设施的设置应符合下列要求：

1）管道整体敷设坡度不应小于 0.003，井间管道坡度可采用 0.01～0.02。

2）渗透管的管径应满足溢流流量要求，且不小于 200mm。

3）检查井出水管口的标高应能确保上游管沟的有效蓄水。当设置有困难时，则无效管沟容积不计入储水容积。

（7）入渗洼地和入渗池塘应符合下列要求：

1）入渗洼地边坡坡度不宜大于 0.33，表面宽度和深度的比例应大于 6∶1。

2）入渗洼地的植物应在接纳径流之前成型，并且所种植物应既能抗涝又能抗旱，适应洼地内水位变化。

3）应设溢流设施。

4）应设有确保人身安全的措施。

（8）入渗池应符合下列要求：

1）入渗池可采用钢筋混凝土、塑料等材质。土壤渗透系数应大于 5×10^{-6} m/s。

2）塑料入渗池强度应满足相应地面承载力的要求，应设沉砂设施，方便清洗和维护管理。

3）应设检查口，检查口采用双层井盖。

土工布宜选用无纺土工织物，单位面积质量宜为 50～300g/cm²，渗透性能应大于所包覆渗透设施的最大渗水要求，应满足保土性、透水性和防堵性的要求。

9.3.4　雨水回用系统

雨水收集回用系统应优先收集屋面雨水，不宜收集机动车道路等污染严重的下垫面的雨水。

雨水收集回用系统设计应进行水量平衡计算，且满足下列要求：

（1）雨水设计径流总量按式（9.1）计算，降雨重现期宜取 1～2 年。

（2）回用系统的最高日设计用水量不宜小于集水面日雨水设计径流总量的 40%。

（3）雨水量足以满足需用量的地区或项目，集水面最高月雨水设计径流总量不宜小于回用管网该月用水量。

1. 贮存设施

雨水收集回用系统应设置雨水贮存设施，其有效容积应根据逐日降雨量和逐日用水量经模拟计算确定。资料不足时，也可根据式（9.27）进行计算：

$$V_c \geqslant W_d - W_i \tag{9.27}$$

式中　V_c——回用系统贮存设施的贮存容积（m³）；

W_d——集水面重现期 1～2 年的日雨水设计径流总量（m³）；

W_i——集水面设计初期径流弃流量（m³）。

当雨水回用系统设有清水池时，其有效容积应根据产水曲线、供水曲线确定，并应满足消毒的接触时间要求。在缺乏上述资料的情况下，可按雨水回用系统最高日设计用水量的25％～35％计算。当用中水清水池接纳处理后的雨水时，中水清水池应有容纳雨水的容积。

雨水贮水池、储水罐宜设置在室外地下。为防止人员落入水中，室外地下蓄水池（罐）的人孔或检查口应设置双层井盖。

雨水贮存设施应设有溢流排水措施，并宜采用重力溢流。室内蓄水池的重力溢流排水能力应大于进水设计流量。

当蓄水池和弃流池设在室内且溢流口低于室外地面时，应符合下列要求：

（1）当设置自动提升设备排除溢流雨水时，溢流提升设备的排水标准应按 50 年降雨重现期 5min 降雨强度设计，并不得小于集雨屋面设计重现期降雨强度。

（2）当不设溢流提升设备时，应采取防止雨水进入室内的措施。

（3）雨水蓄水池应设溢流水位报警装置。

（4）雨水收集管道上应设置能以重力流排放到室外的超越管，超越转换阀门宜能实现自动控制。

蓄水池宜采用耐腐蚀、易清洁的环保材料，可采用塑料、混凝土水池表面涂装涂料、钢板水箱表面涂装防腐涂料等多种形式。蓄水池兼作沉淀池时，应注意解决好水流短路、沉积物扰动、布水均匀以及底部排泥等问题。蓄水池上的溢流管和通气管应设防虫措施。

水面景观水体也可作为雨水贮存设施。

2. 水质净化

雨水处理技术由于雨水的水量和水质变化较大、用途的不同所要求的水质标准和水量也不同，所以雨水处理的工艺流程和规模，应根据收集回用的方向和水质要求以及可收集的雨水量和雨水水质特点，来确定处理工艺和规模，最后经技术经济比较后确定。

雨水的可生化性较差，且具有季节性特征，因此应尽可能简化处理工艺。雨水水质净化可采用物理法、化学法或多种工艺组合等。

根据原水水质不同，屋面雨水的水质处理可选择下列工艺流程：

（1）屋面雨水→初期径流弃流→景观水体；

（2）屋面雨水→初期径流弃流→雨水蓄水池沉淀→消毒→雨水清水池；

（3）屋面雨水→初期径流弃流→雨水蓄水池沉淀→过滤→消毒→雨水清水池。

用户对水质有较高的要求时，应增加混凝、沉淀、过滤后加活性炭过滤或膜过滤等深度处理措施。

回用雨水应消毒。若采用氯消毒，当雨水处理规模不大于 $100m^3/d$ 时，可采用氯片作为消毒剂；当雨水处理规模大于 $100m^3/d$ 时，可采用次氯酸钠或者其他氯消毒剂消毒。

雨水处理设施产生的污泥也应进行处理。

目前国内部分城镇雨水利用工程处理工艺实例见表 9.15。

国内雨水利用工程工艺实例　　　　　　　　　　　　表 9.15

收集范围	所 在 地	处 理 工 艺	用 途
屋面、比赛场地	国家体育场	雨水→截污弃流→调蓄池→砂滤→超滤→纳滤→消毒→清水池	冷却补给水、消防、绿化、冲厕
屋面、路面、绿地	南京聚福园小区	雨水→截污弃流→调蓄池→初沉池→曝气生物滤池→MBR 滤池→消毒→清水池	景观、绿化、冲洗

续表

收集范围	所在地	处理工艺	用途
屋面、路面、绿地	北京市政府办公区	雨水→截污弃流→调蓄池→植被土壤过滤→消毒→清水池	绿化
屋面、路面	天津水利科技大厦	雨水→截污弃流→调蓄池→一体化MBR反应器→消毒→清水池	冲厕
道路、绿地、山体	北京市青年湖公园	雨水→截污弃流→调蓄池→植被土壤过滤→消毒→清水池→景观湖	景观、绿化、冲洗
道路、环湖坡地	重庆桃花溪流域彩云湖	雨水→雨水截留渗滤沟→景观湖	景观、湖水补水

3. 供水系统

雨水供水管道应与生活饮用水管道分开设置；当供应不同水质要求的用水时，是否单独处理经技术经济比较后确定。

为满足系统用水要求，雨水供水系统在净化雨水供量不足时应能够进行自动补水，补水的水质应满足雨水供水系统的水质要求。当采用生活饮用水补水时，应采取防止生活饮用水被污染的措施：清水池（箱）内的自来水补水管出水口应高于清水池（箱）内溢流水位，其间距不得小于 2.5 倍补水管管径，严禁采用淹没式浮球阀补水；向蓄水池（箱）补水时，补水管口应设在池外。

为保证用水安全，防止误接、误用、误饮，雨水供水管道上不得装设取水龙头，水池（箱）、阀门、水表、给水栓及管外壁等均应有明显的雨水标识。

供水系统管材可采用塑料和金属复合管、塑料给水管或其他给水管材，但不得采用非镀锌钢管。供水管道和补水管道上应设水表计量。

供水系统的供水方式、水泵的选择、管道的水力计算等应根据现行国家标准《建筑给水排水设计标准》GB 50015—2019 中的相关规定进行。

9.3.5　调蓄排放系统

雨水调蓄是雨水调节和雨水贮存的总称。传统意义上雨水调节的主要目的是削减洪峰流量。雨水贮存的主要目的是为了满足雨水利用的要求而设置的雨水暂存空间，待雨停后将其中的雨水加以净化，慢慢使用。雨水贮存兼有调节的作用。当雨水贮存池中仍有雨水未排出或使用，则下一场雨的调节容积仅为最大贮存容积和未排空水体积的差值。

在雨水利用中，调节和贮存往往密不可分，两个功能兼而有之，有时还兼沉淀池之用；一些天然水体或合理设计的人造水体还具有良好的净化和生态功能。为了充分体现可持续发展的战略思想，有条件时可根据地形、地貌等，结合停车场、运动场、公园、绿地等，建设集雨水调蓄、防洪、城镇景观、休闲娱乐等于一体的多功能调蓄池。

根据雨水调节贮存池与雨水管系的关系，雨水调节贮存有在线式和离线式之分。常见雨水调蓄设施的方式、特点和适用条件见表 9.16。

雨水调蓄的方式、特点及适用条件 表 9.16

雨水调蓄的方式			特 点	常 见 做 法	适 用 条 件
调节储存池	按建造位置分	地下封闭式	节省占地；雨水管渠易接入；但有时溢流困难	钢筋混凝土、砖砌、玻璃钢水池等	多用于小区或建筑群雨水利用
		地上封闭式	雨水管渠易接入，管理方便，但需占地面空间	玻璃钢、金属、塑料水箱等	多用于单体建筑雨水利用
		地上开敞式	充分利用自然条件，可与景观、净化相结合，生态效果好	天然低洼地、池塘、湿地、河湖等	多用于开阔区域
	按调节储存池与雨水管系的关系	在线式	管道布置简单，自净能力差，池中水与后来水发生混合	可以做成地下式、地上式或地表式	根据现场条件和管道负荷大小等经过技术经济比较后确定
		离线式	管道水头损失小		
雨水管道调节			简单实用，但贮存空间一般较小	在雨水管道上游或下游设置溢流口保证上游排水安全，在下游管道上设置流量控制闸阀	多用在管道贮存空间较大时
多功能调蓄（灵活多样，一般为地表式）			可以实现多种功能，如削减洪峰，减少水涝，调蓄利用雨水资源	主要利用地形、地貌等条件，常与公园、绿地、运动场等一起设计和建造	城乡接合部、卫星城镇、新开发区、生态住宅区或保护区、公园、城镇绿化带、城镇低洼地等

雨水管渠沿线附近的天然洼地、池塘、景观水体等，均可作为雨水径流高峰流量调蓄设施。天然条件不具备时，可建造室外调蓄池。调蓄设施宜布置在汇水面下游，调蓄池可采用溢流堰式和底部流槽式。

1. 调蓄池容积

调蓄池容积宜根据设计降雨过程变化曲线和设计出水流量变化曲线经模拟计算确定，资料不足时可采用式（9.28）计算：

$$V = \max\left[\frac{60}{100}\ (Q-Q')\ t_m\right] \tag{9.28}$$

式中 V——调蓄池容积（m^3）；

$\quad t_m$——调蓄池蓄水历时（min），不大于120min；

$\quad Q$——雨水设计流量（L/s），按式（9.2）计算；

$\quad Q'$——设计排水流量（L/s），按式（9.29）计算。

$$Q' = \frac{1000W}{t'} \tag{9.29}$$

式中 W——雨水设计径流总量（m^3）；

$\quad t'$——排空时间（s），宜按6～12h计。

调蓄池出水管管径应根据设计排水流量确定，也可根据调蓄池容积进行估算，见表9.17。

调蓄池出水管管径估算表　　　　　　　　　　　　　　　　表 9.17

调蓄池容积（m³）	500～1000	1000～2000
出水管管径（mm）	200～250	200～300

2. 雨水调蓄设施的泥区容积、超高与溢流

除具有高防洪能力的多功能调蓄外，雨水调蓄一般均应设计溢流设施。以雨水直接利用为主要目的的雨水调节贮存池，除了按以上方法计算有效调蓄容积外，还应考虑池的超高。

（1）雨水调蓄设施的泥区容积

通常在调节贮存池底部设有淤泥存放的区域（泥区）。泥区容积的大小应根据所收集雨水的水质和排泥周期来确定。对封闭式调节贮存池，可以参照污水沉淀池设置专用泥斗以节省空间；对开敞式调节贮存池，排泥周期相对较长，泥区深度可按 200～300mm 来考虑。

（2）雨水调蓄设施的超高

雨水调节贮存池一般应考虑超高，封闭式不小于 0.3m，开敞式不小于 0.5m。当调节贮存池设置在地下，有人孔或检查井与其相连时，可以将溢流管设在池顶板以上的人工或检查井侧壁上，此时调节贮存池的实际调蓄容积将会加大，可以利用该部分作为削峰调节容积。当无结构、电气、设备等要求时也可不设超高。开敞式调蓄和多功能调蓄也可不受此限制，根据周边地形、景观等灵活掌握。

（3）雨水调蓄设施的溢流

为了保证系统的安全性，雨水调节贮存池一般都设有溢流管（渠），在水池积满水时启用，以免造成溢流，特别是采用地下封闭式调节贮存池或调节贮存池与建筑物合建时更应仔细设计，确保安全溢流。调节贮存池的溢流可以在池前溢流，也可在池后溢流。根据溢流口和接入下游点的高程关系，溢流可以是重力直接溢流，也可以是通过水泵提升溢流，排至下游管（渠）或河道等水体。重力溢流运行简单，安全可靠，基建投资和运行成本均较低，应优先考虑使用。重力溢流时溢流管高度在有效贮存容积的上方。如果高程不允许重力溢流，则应采用自动检控阀门控制方式来实现及时自动溢流。但一般为了安全起见，应配有手动切换控制功能，以备发生机械故障时使用。

9.4　城镇雨水利用管理

9.4.1　城镇雨水利用管理的内容

城镇雨水利用的管理包括城镇职能部门管理和城镇雨水利用项目管理等多层面的管理。为了更好地推动雨水利用工程的规范化建设，符合城镇水资源可持续发展规划，应建立统一协调的管理组织体系。城镇规划部门、节水部门、水利部门、市政部门等相关单位对雨水利用项目的职责应明确，对雨水利用发展规划、雨水项目的监督、论证、方案审

查、设计审批、施工监督和使用管理等方面均应有分工和监督机制。

城镇雨水利用项目层面上的雨水利用管理包括方案评价、设计规定、施工及验收管理、运行维护、雨水管理等多方面的内容。

9.4.2 城镇雨水利用项目的建设管理原则

城镇雨水利用在我国是一项新事物，刚刚起步，有些方法尚在探索之中。因此，对建设与管理必须坚持因地制宜、自力更生的原则，在政府的积极引导和支持下，按照当地的有关规定进行。首先应遵循下列基本原则：

（1）雨水利用工程设计以城镇总体规划为主要依据，从全局出发，正确处理雨水直接利用与雨水渗透补充地下水、雨水安全排放的关系，正确处理雨水资源的利用与雨水径流污染控制的关系，正确处理雨水利用与污水再生水回用、地下自备井水与市政管道自来水之间的关系，以及集中与分散、新建与扩建、近期与远期的关系。

（2）雨水利用工程应做好充分的调查和论证工作，明确雨水的水质、用水对象及其水质和水量要求。应确保雨水利用工程水质水量安全可靠，防止产生新的污染。

（3）我国城镇雨水利用工程是一项新的技术，目前正处在示范和发展阶段，相应的标准、规范还未健全，应注意引进新技术，鼓励技术创新，不断总结和推广先进经验，使这项技术不断完善和发展。

（4）建设单位在编制建设工程可行性研究报告时，应对建设工程的雨水利用进行专题研究，并在报告书中设专节说明。雨水利用工程应与主体建设工程同时设计、同时施工、同时投入使用，其建设费用可纳入基本建设投资预、决算。

（5）施工单位必须按照经有关部门审查的施工设计图建设雨水利用工程。擅自更改设计的，建设单位不得组织竣工验收，并由职能部门负责监督执行。未经验收或验收不合格的雨水工程，不得投入使用。

（6）建设单位要加强对已建雨水利用工程的管理，确保雨水利用工程正常运行。

9.4.3 城镇雨水利用项目的运行维护和用水管理

1. 运行维护一般要求

（1）应定期对工程运行状态进行观察，发现异常情况及时处理。

（2）在雨水利用各工艺过程（如调节沉淀池、截污挂篮等）中，会产生沉淀物和拦截的漂浮物，应及时进行清理。雨水调节沉淀池和清水池应及时清淤。

（3）人工控制滤池运行时，应注意观察清水池蓄水量，蓄水位达到设定水位时应及时停止运行。对雨水滤池还应采取反冲洗等维护措施。

（4）对汇流管（沟）、溢流管（口）等应经常观察，进行疏掏，保持畅通。

（5）地下水池埋设深度不够防冻深度或开敞式水池应采取冬季防冻措施，防止冻害。

（6）地下清水池和调节池的人孔应加盖（门）锁牢。

（7）雨水利用设施必须按照操作规程和要求使用与维护，一般设专人管理。雨水利用工程运行管理大纲见表9.18。

雨水利用设施管理的内容大纲　　　　　　　　　　　　　　表 9.18

雨水集蓄利用系统	雨水渗透利用系统
1. 汇水面（屋面、路面）清洁管理 2. 格栅、滤网、截污挂篮的清理、更换 3. 初期弃流装置（池）的及时开启与清理 4. 调蓄（沉淀）池的排泥清理 5. 滤池的反冲洗，滤料更换，土壤滤池、湿地等植物的种植、修剪，土壤疏松管理 6. 消毒设备的维护 7. 泵、管道、闸门的维护 8. 水景观的维护 9. 其他	1. 汇水面（屋面、路面）清洁管理 2. 格栅、滤网、截污挂篮的清理、更换 3. 初期弃流装置（池）的及时开启与清理 4. 透水地面、绿地、浅沟等渗滤设施表面污物清理、表层介质的疏松，植被管理 5. 透水路面、渗水管渠表面介质的高压水冲洗 6. 渗滤层的疏松、更换（较长周期） 7. 其他

2. 雨水分项工程运行、维护与管理

（1）雨水调蓄设施的维护与管理

1）雨水调蓄池兼作沉淀池时，应定期对调蓄池的淤泥进行清理。

2）雨水调蓄池主要用于蓄洪时，在雨水期间应随时观测池中水位，当降雨量超过蓄水能力时应及时释放水量，保证足够的调蓄容积。

3）当雨水蓄水池兼作景观水池时，应采取循环、净化等相应的水质保障措施，并加强维护管理，如清除落叶、修剪水生植物、清洗池底等。

（2）渗透设施的维护和管理

初期雨水径流常带有一定量的悬浮颗粒和杂质，为减少渗透装置或土壤层可能发生的堵塞，应采取相应的措施加强管理，主要包括：①应通过预处理措施尽量去除径流中易堵塞的杂质；②对渗透装置定期清理。如沥青多孔地面经吸尘器抽吸（每年 2~3 次）或高压水冲洗后，其孔隙率基本能完全恢复。对渗井底部淤泥的每年或每几年进行检查和清理有助于渗透顺利进行。

（3）土壤滤池的维护与管理

土壤渗滤处理系统同样需要认真地维护管理，保证系统的效果和长期的稳定性。

1）土壤渗滤的连续运行最长时间一般不超过 24h，再生恢复时间 1~2d，也可以运行和恢复同时进行，具体可根据当地降雨频率程度、雨水的利用计划和选择的植物特性等灵活调整。

2）土壤渗滤处理系统长期灌水运行，表层土壤会板结或堵塞，导致系统的渗滤性能降低。因此，运行一段时间后，需对滤床表面土壤进行松动。也可以刮去表皮，在自然条件下风干，晒晾。

3）如果滤池需要在冬季运行，系统的管道、泵、阀门等部件需要采取保温措施。由于人工土层快滤系统规模不大，冬季保温也可采用塑料大棚保温措施。

如果采取了沉淀等预处理措施，还应对预处理设施进行维护。如沉淀池的排泥，运行一段时间（如一个雨季）后应检查池底部的积泥，采用泥浆泵排泥或人工排泥。

4）土壤渗滤系统应注意植物的修剪与管理，土壤滤池运行工程中还应进行监测，主要内容包括：

进水及渗滤出水。为了检查系统的运行效果，应定期对原水、预处理系统出水、渗滤出水进行水质监测。监测项目有：COD、SS、TN、TP、pH、NH_3-N、NO_3-N、油类、阴离子洗涤剂、酚、重金属、色度和细菌指标等。根据具体项目的水质情况和用水目的取舍，或抽样测定，减少测定工作量。

土壤。根据需要，土壤的监测用来评估土壤滤池的处理能力和处理效果的变化。例如：土壤的 pH 低于 6.5 时，土壤滞留金属元素的能力大大降低，这可能会对滤出水产生一定的影响。

地下水。如果采用土壤滤池出水回灌地下，还应定期对地下水水质进行监测。

（4）植被浅沟与缓冲带的维护与管理

在浅沟和过滤带中，植物吸收和土壤渗滤是污染物去除的两个重要过程。应采取措施重点保证二者能正常完成。

1）防止植物遭受破坏

浅沟和缓冲带中的沉积物过多会使植物窒息，使土壤渗滤能力减弱。油类和脂肪也会导致植物死亡，在短时间内流入大量的这些污染物会对植物的净化作用产生影响，所以应严格控制径流中的油类和脂肪。对于沉积物等应及时进行清理，清除后要恢复原设计的坡度和高度，特别是沉积物清除后会打乱植物原有的生长状态，严重时需要修补或局部补种植被。

2）保持入流均匀分散

要保持对径流的处理效率，让水流均匀分散地进入和通过浅沟与缓冲带非常关键。集中流比分散流流速更快，会使得径流的污染物在没有被去除的情况下通过浅沟或缓冲带，尤其在茂盛的植物尚未长成之前，浅沟或缓冲带更易受径流的冲蚀。所以应尽量保持入流均匀分散。

3）植物的收割与维护

生长较密的植被会使浅沟和过滤带对径流雨水的处理功能增强，但同时要防止植物过量生长使过水断面减小，故需要适时对植被进行收割。但收割必须操作规范，把草收割太短会破坏草类，增加径流流速，从而降低污染物去除效率。如果草长到太高，在暴雨中就会被冲倒，同样也会降低处理效率。收割时注意避免在浅沟中或缓冲带中形成沟槽而产生集中流量。

4）设置滤网及清理

在浅沟的入湖口（或其他贮存设施入口），可以设置简易的滤网，拦截树叶、杂草等较大的垃圾，并及时清理滤网附近被拦截的杂物。

（5）雨水塘的维护与管理

雨水塘的维护包括许多方面，最重要的是景观维护及功能维护，这两项同等重要且相互关联。功能维护在性能及安全上是重要的，而景观维护则对雨水利用设施能否得到居民的接受非常重要，而且因为居民的接受和爱护会减少功能维护的工作。这两方面的维护需要结合，形成雨水系统维护管理方案。

景观维护首先使人们对塘的视觉感受愉快，有良好的观瞻性，其次是使其具有良好的生态功能，并与周围景观很好地结合。

主要维护与管理包括下列内容：草的修建和控制，沉淀物去除和处置，机械设施维护，防止结垢维护，防治蚊虫滋生等。

（6）生物岛的维护与管理

生物岛的维护与管理主要包括：植物的种植、养护和收割；保持植物的美观和净化能力；生物岛结构或支架的维护等。

3. 城镇雨水利用工程水质监测与用水管理要点

（1）水质监测

根据雨水利用的不同要求其水质监测指标也不尽相同，雨水利用工程运行过程中应对进出水进行监测，有条件时可以实施在线监测和自动控制措施。

每次监测的水质指标应存档备查。

（2）安全使用

雨水处理后往往仅用于杂用水，其供配水系统应单独建造。为了防止出现误用和与饮用水混淆，应在该系统上安置特殊控制阀和相应的警示标志。

应尽量保持集水面及其四周清洁。避免采用污染材料做汇水面，不得在雨水汇集面上堆放污物或进行可能造成水污染的活动。

（3）用水管理

雨水利用工程应提倡节约用水、科学用水。在雨量丰沛时尽量优先多利用雨水，节约饮用水；在降雨较少年份，应优先保证生活等急需用水，调整和减少其他用水量。

雨水集蓄量较多，本区使用有富余时可以对社会实行有偿供水。

9.5 城镇雨水利用工程实例

9.5.1 北京奥林匹克公园中区雨水利用

为全面贯彻"绿色奥运、科技奥运、人文奥运"三个理念，北京奥林匹克公园中区重要景观及龙形水系设计考虑了水资源的循环利用，把雨水控制与利用纳入到实际的建设中，以展示城镇雨水排放新概念，实现雨水资源化。通过雨水利用工程的设计与实施，一方面将提高本地水资源的利用率，缓解北京水资源缺乏与奥林匹克公园需水的供需矛盾；另一方面，也减轻奥林匹克公园及周边防洪和排水压力，对北京整体发展和绿色奥运的实现具有重要意义。

1. 雨水利用分布

（1）奥林匹克公园概况

奥林匹克公园坐落于北京市中轴线北端，它包括北区的森林公园，中区的奥运场馆和南区的民族大道，共三大部分。规划总用地面积约 1135hm²，其中北区的森林公园 680hm²，中区 291hm²，南区 164hm²。奥林匹克公园中区除奥运场馆和建筑用地之外的公用区域，包含了地面景观（中轴路＋树阵区）38.3hm²、下沉花园 5.0hm²、休闲绿地 23.7hm²、水系 18.0hm² 和市政道路两侧的人行道部分 10.1hm²，雨水利用设计总面积约 95hm²，约占中区规划用地面积的 1/3。

针对奥林匹克公园中心区的地形、地质和规划用地特点，在三大奥运理念和节俭办奥运方针的指导下，因地制宜，分别采用不同的雨水利用方式，满足绿地灌溉用水需求和减少地面积水与外排径流，达到缓解本区域内防洪和水资源短缺的问题，以促进生态环境效益、经济效益和社会效益的协调统一，实现本区域内的水资源可持续利用。

（2）雨水利用原则

提出了"下渗为主，适当回收；先下渗净化，再回收利用"的设计新理念。充分利用树阵、广场、非机动车道的雨水，补充绿地、水系的部分水量消耗。设计中首先考虑树阵、绿地、市政交通道路、铺装地面的自然下渗，再考虑超标准的雨水就地回收，就近利用，在满足雨水利用设计的要求下，节省工程投资。充分利用水系，对雨水实施有效管理，蓄泄结合，以蓄为主，合理拦蓄雨水资源。减少区域内因开发建设造成的降雨径流系数的增大，严格控制外排水量。

（3）雨水利用标准

作为奥林匹克公园的重要景观，综合考虑其地块的特性及其对雨水的涵养能力，中轴树阵区和市政道路人行道采用 2 年一遇 24h 降雨的雨水利用标准；休闲绿地部分、下沉花园及其他区域采用 5 年一遇 24h 降雨的雨水利用标准。各地块径流系数控制为 1 年一遇降雨外排水量的综合径流系数不超过 0.1，2 年一遇降雨外排水量的综合径流系数不超过 0.3，5 年一遇降雨外排水量的综合径流系数不超过 0.5。

（4）雨水利用形式

1）中轴路＋树阵区

区域内的广场、非机动车道及轻型车的铺装地面，均采用透水铺装。铺装面层采用新型环保的风积沙透水砖，粘结找平层也同样采用透水性较强的风积沙，使其与面层紧密结合为一体，其下铺设 300mm 厚级配碎石垫层，在级配碎石垫层内铺设全透型。另外在树阵区和中轴路范围内，每隔 30～50m 设计一条 1.29m×0.9m 的支渗滤沟，收集周围渗透到级配碎石垫层内的雨水，再通过支渗滤沟内的全透型排水软管排入主渗滤沟，然后收集到集水池，供周围绿化喷灌使用。

透水垫层和排水软管的铺设，有双向排水的功能，一方面便于雨水下渗、收集和利用；另一方面当地下水位上升时作为排水管，避免地下水顶托地面铺装。

树阵区内每棵树之间为透水的硬质铺装，为达到渗水收集的目的，在设计中把区别于其他铺装颜色的一种铺装做成透水的沟槽收集雨水，沟槽由透水砖和透水垫层铺装而成，其下埋设透水管。雨水可以缓慢渗入土壤灌溉树阵内的树木，从而减少灌溉量甚至不需人工灌水。多余的入渗雨水通过地下埋设的收集管道收集后引入专门的蓄水池存蓄，用于其他绿地灌溉。

中轴路考虑到行走重型车和整体美观的需要，在中间 21.0m 范围内铺设花岗石，为了达到雨水利用的目的，铺装缝隙采用透水缝隙，基层尽量采用无砂混凝土，基层下面铺设级配碎石垫层。并在花岗石铺装的两侧各设计了一条雨水集水沟，集水沟内用透水砖砌筑并与周边的渗滤沟衔接，使下渗和排水沟收集的雨水相互渗透，形成完整的雨水利用系统。集水沟内还设置一定高度的挡水板，当雨水超过设计标准时，雨水才能外排。中轴路21.0m 之外的区域仍采用透水铺装路面。

近邻国家体育馆的庆典广场为大面积的花岗石铺装，面层及基层均不透水。为了减轻排水压力和改善排水的水质，在地面雨水口处设置弃流框，弃流框的容积可以存蓄 3～4mm 的初期降雨，框内设有多层过滤网，初期雨水过滤后下渗，后期雨水集中排放到下游的集水池。

2）休闲绿地部分

绿地部分主要以雨水下渗为主，用绿地涵养水源，减少绿化灌溉。因此，全部采用下凹式绿地或带增渗设施的下凹式绿地形式进行雨水利用。绿地比周围路面或广场下凹50～100mm，路面和广场多余的雨水可经过绿地入渗或外排。增渗设施采用渗滤框、渗槽、渗坑等多种形式。在大面积的绿地内也设计了一定数量的雨水口，但雨水口高于绿地50～100mm，只有超过设计标准的雨水才能经雨水口排入市政雨水管道。与水系连接的绿地部分，只在水岸边设计下凹式滤沟，当雨水较大时，从绿地流下的雨水先经过滤沟过滤后再流入水系，保证了收集雨水的清洁度。

3）下沉花园部分

下沉花园部分地下水位较高，下沉花园部分绿地雨水不宜全部入渗。因此，绿地下埋设全透型排水管，将下渗的雨水引入蓄水设施收集起来以备回用。综合考虑美观和雨水利用问题，下沉广场内路面大于等于80％采用透水铺装。不透水路面坡向透水路面，雨水经透水路面下渗、收集或外排。

4）市政交通道路

市政交通道路两侧人行道采用透水铺装地面，机动车道路为不透水硬化路面，在两侧设置环保型雨水口，将机动车道内的初期雨水和较大的污染物拦截后排入下游管道。

5）龙形水系

龙形水系总长2.7km，水面宽度25～150m，总水面面积18300m²，其中70000m²为建造在地下空间之上，设计上也完全做成生态水系。通过水系生态护岸涵养、渗滤收集雨水，每年可节省水资源90000m³。

（5）风积沙透水砖的应用

在本工程雨水利用硬质铺装的选材上，突破了采用常规混凝土透水砖和无砂混凝土垫层的做法，提出采用创新技术的做法——风积沙透水砖和风积沙结合层。这种新材料、新工艺的应用，提高了路面透水性能和解决了大块透水砖抗折强度的问题，它的透水原理不是靠缝隙透水，而是靠破坏水的表面张力来透水，这样，透水砖的表面可以做成光滑的质感，不至于产生堵塞、失效的问题，大大优于普通无砂混凝土透水砖。这种新技术的透水砖还具有很强的可塑性，可在砖上绘制各种设计图案，这样解决了中轴路图案铺装的问题，可替代中轴路部分花岗石铺装，提高雨水利用效果。透水砖结合层也采用了风积沙透水砖的材料，取代了无砂混凝土结合层。透水砖和结合层的主要材料是用沙漠中的风积沙，是一种变废为宝的新技术，这种材料的使用在雨水下渗的过程中还能起到很好的净化过滤作用。

2. 雨水收集系统

（1）渗滤系统

渗滤系统由透水地面、多孔垫层、透水毛管、支渗滤沟、主渗滤沟组成，如图9.15所示。雨水通过多重过滤净化，汇集到雨水集水池，回用水的水质将满足灌溉要求。

图9.15 北京奥林匹克公园中区雨水利用系统

透水铺装结构由风积沙透水砖（或带缝隙的不透水材料）、风积沙粘结找平层、垫层构成，垫层内一定间距埋设全透型排水管。雨水通过透水砖、连接找平层、垫层、全透型排水管得到多重净化。为保证面层透水砖的平整和路面整体的稳定性，在垫层之上铺垫50～80mm厚风积沙粘结找平层，此层为现场铺设，用化学方式固结，用机械方式夯实。

支渗滤沟为透水地面局部下降形成通长的渗滤沟槽，渗滤沟槽边缘为无纺布反滤层，槽内为单级配碎石，级配碎石内埋设全透型排水管，雨水通过雨水收集毛管汇入支渗滤沟。主渗滤沟的结构基本同支渗滤沟，级配碎石内埋设冲孔排水管，雨水通过支渗滤沟汇入主渗滤沟，再输送到雨水集水池。

（2）雨水集水池

对 2 年一遇、5 年一遇 60min、120min、240min、360min、720min、24h 各个不同历时的时段降雨量进行收集容积的试算，取各计算结果的最大值为设计值。通过计算并考虑到地域分块和就近利用的条件下，在地面景观部分设 8 个集水池，下沉花园部分设 2 个集水池，雨水集水池的总容量为 7500m³。雨水集水池结构为钢筋混凝土独立结构，分散布置，在保证能顺利收集来自主渗滤沟雨水的同时，使其尽量接近用水点。集水池内设风积沙渗滤墙一道，除了遮挡漂浮物之外，加强过滤，以保证吸水口的水质绝对洁净。集水池末端接灌溉用水系统，集水池的冲洗、排空均在该系统内解决。

3. 雨水利用综合效果

（1）雨水集水池的雨水水质

雨水经过下渗过滤后，水质将得到极大改善。预测雨水集水池中有机物浓度（COD_{Cr}）低于 30mg/L；SS 的浓度为 0mg/L；氨氮浓度小于 1mg/L 左右，氨氮指标优于地表水Ⅲ类水体标准，总磷（TP）浓度低于 0.1mg/L，满足地表水Ⅱ类水体标准。通过与相关国家标准进行对比，蓄水池中雨水水质良好，能达到娱乐景观回用水的水质标准。

（2）雨水利用综合指标（表 9.19）

雨水利用综合指标表　　　　　　　　　　　　　　表 9.19

序 号	名 称	单 位	数 量	备 注
1	雨水利用总面积	m²	951721	
2	雨水利用收集水量	m³/年	139170	多年平均
3	雨水入渗量	m³/年	324357	多年平均
4	多年平均降雨量	m³/年	556757	
5	雨水总利用率	%	80%	多年平均

归纳起来，北京奥林匹克公园中区雨水利用设计，具有以下的特点：

1）先下渗净化、再收集回用的雨水收集技术。

2）不透水面层与透水垫层相结合的雨水利用技术。

3）风积沙透水铺装技术，形成《风积沙透水砖铺装标准》。

4）完全不透水铺装、半透水铺装、全透水铺装联合的雨水收集技术。

5）下沉空间的高标准防汛与雨水利用相结合的技术。

通过雨水利用工程，涵养了地下水源并使雨水充分利用，达到了水资源循环利用的目的，使项目区内的综合径流系数减少，避免或减少道路及广场积水，方便行人，控制了污染物随雨水到处蔓延，具有较好的经济效益、生态效益和社会效益。充分体现了"绿色奥运、科技奥运、人文奥运"的理念，科技展示度高，具有示范意义。

9.5.2　国家体育场雨水利用

国家体育场长 330m，宽 220m，高 69.2m，建筑面积 25 万 m^2，可容纳观众 10 万人，是北京 2008 年奥运会的主体育场。

1. 建筑基本情况与雨水利用方案

（1）北京雨水资源状况

北京处于海河流域，境内多年平均降水 595mm，受水气补充条件和地理位置、地形等条件的影响，降水具有时空分布不均、丰枯交替发生等特点。年降水量最低 242mm（1869 年），最高 1406mm（1959 年），丰枯连续出现时间一般为 2～3 年，最长连续丰年为 6 年，连续枯年 9 年，历史记载最长枯水期为 20 年，6 月～9 月的汛期集中全年降水量的 85%。

（2）建筑基本情况

国家体育场主体建筑建设在一个台基上，从 1 层入口至室外自然地面高差约 4.8m。室外地面形成约 2%～6% 的坡度坡向主场四周。处在建筑中心位置的比赛场地则比入口处地面低约 6.8m。台基内分布着大面积的地下建筑。北侧热身场则建设在坡地中，地面标高低于周围地坪标高，热身场周围亦分布着少量裁判员、运动员休息室。规划成府路由南北两片场地中间地下穿过，成府路隧道路顶规划覆土厚度约 1.2m。成府路以南 10m 是主赛场地下室范围。

赛场外铺装地面约占总面积的 42%，由于存在大范围的地下建筑，大面积的铺装和部分绿地就分布在地下建筑的顶板上。虽然铺装可采用透水材料，但地下建筑顶板却阻止了雨水入渗，所以透水铺装和分布在地下室顶板上的绿地，其入渗作用微乎其微。整个用地范围内承接雨水的各种地面材料分布如图 9.16 所示。

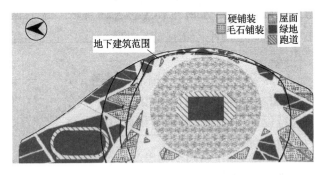

图 9.16　国家体育场用地范围内各种地面材料分布示意图

（3）雨水利用方案

绿化面积包括主赛场和热身场内近 1.5 万 m^2 的草坪，赛场内的草坪虽然平整且有条件滞留雨水，但考虑用途却又不能作为雨水入渗的区域，而其余部分绿地又有不同大小的坡度，所以通过绿地滞留、回收和入渗的水量都将受到限制。

另外，国家体育场建设用地的地质资料显示，地下水最高水位为 45m，接近甚至超过运动场地坪标高。一般来说，地下水达到最高水位的季节正是雨季，过高的地下水位给雨水回灌带来极大的困难。雨水渗井工艺条件一般要求比地下水位高出 1.2～1.5m，按现有渗井的工艺条件很难实现雨水回灌。

国家体育场建筑红线内的道路均设计为人行道，雨水水质条件优于市政道路，且奥运中心区计划新建和改建多条市政雨水、中水干线，为国家体育场周围创造了优越的市政条件。

综合国家体育场的工程实际，采用雨水深度处理后作为回用水回用的利用方式。入渗方式仅考虑自然入渗。

2. 雨水收集

国家体育场雨水利用采用分散收集、集中处理的系统形式。

体育场和热身场区共分为 6 个区域，每个区域设置 1 座雨水蓄水池。根据回收主赛场内一次 5 年一遇最大 24h 降水和屋面及周边用地范围内一次 1 年一遇最大 24h 降水为依据进行设计，整个体育场内的蓄水设施建设规模为 1.2 万 m^3。其中，体育场区主要回收主赛场场地内雨水、体育场屋面雨水及赛场周边地面雨水，设置 2 座 1700m^3 和 3 座 2300m^3 的蓄水池；热身场区主要回收热身场场地雨水、热身场周边地面雨水，设置 1 座 1700m^3 的蓄水池。处理机房设于邻近蓄水池的地下建筑内。超过设计重现期的雨水通过地面径流、溢流或机械排除方式排至市政雨水管网。

经测算，国家体育场的雨水利用设施平均年可收集降雨 67746m^3，经处理后可获得 52842m^3 洁净的回用水。

为使进入蓄水池的雨水具有比较好的水质条件，结合回用水处理工艺，设计了初期雨水弃流设施。其中，2300m^3 的雨水蓄水池配备容积为 110m^3 的弃流池，比赛场地外 1700m^3 的雨水蓄水池配备容积为 80m^3 的弃流池，比赛场地内 1700m^3 的雨水蓄水池配备容积为 20m^3 的弃流池。另外，用地范围内可能排入绿地的雨水先排入绿地，再通过溢流、土壤过滤等方式进行回收。

3. 雨水处理与回用

雨水收集至蓄水池后，采用雨水深度处理，主要经过砂滤、超滤及纳滤等环节后消毒作为中水回用。雨水处理主要流程如图 9.17 所示。

图 9.17　国家体育场主要雨水处理流程

处理后的雨水通过加压设备送入回用水管网，用作建筑卫生间冲厕、冷却塔冷却补充水、主赛场和热身场的草坪灌溉、停车场冲洗用水、室外道路和绿化浇洒用水等用水。

各雨水贮水池、弃流池均设置自动反冲洗管道，在水泵供水之前或排水同时对水池壁进行清洗。考虑到充分节约用水，砂滤的反冲洗水经过二级砂滤后送回雨水调蓄池，二级砂滤的反冲洗水排入市政管网。其余过滤处理的反冲洗水直接送回雨水调蓄池。为避免因沉淀带来的厌氧微生物滋生使水质恶化和待处理雨水浓度变化导致处理工艺负荷变化，在雨水贮水池内采用特别的池底设计和搅拌系统将池水搅匀，使水泵在吸水同时将水中各类悬浮物尽量带走。

4. 工程造价与效益

该雨水利用系统投资规模约 810 万元，蓄水池等构筑物的预算投资约 641 万元，雨水处理费测算低于 2 元/m^3。

通过雨水利用，国家体育场年回收利用的雨水量可达到平均年总降雨量的 66%，平均年可利用总量超过 5 万 t，占年回用水补充水量的 24%。与使用自来水相比，能为业主在运营中节约水资源费、自来水费、排污费和约 400 多万元的城市防洪费，社会效益和经济效益显著。

9.5.3 上海世博园雨水利用

1. 上海世博园区雨水利用分析

（1）世博园区降水量及降水特性

上海市雨水量充沛，年降雨量均达到 1000mm 以上，其中汛期（6 月～9 月）常年雨量达到 580mm 以上，梅雨期间常年降雨量一般也超过 180mm，常年单场降水量超过 50mm 的场次达到 4～8 次以上，可资利用的雨水量较为丰富。

世博园区路面及建筑材料均采用环保型，园区内车辆、服务设施及其所造成的地面粉尘及污染物少，再加上上海市常年大气质量优良，路面及屋面雨水水质偏好，这为雨水的收集利用创造了良好的条件。

（2）世博园区雨水利用的主要方式

根据《中国 2010 年上海世博会园区控制性详细规划》（以下简称《控规》），园区内绿地、广场浇洒等市政杂用水将采用中水。由于杂用水量较大，采用中水作为水源无疑有一定的经济价值。按照世博园区用水实际情况，世博园区雨水利用的主要途径可以有：

1）用作杂用水水源

根据《供水专业规划》计算，绿地、广场及道路等市政杂用水量约 1.08 万 m^3/d；生活杂用水（冲厕冲洗等用水）量约 0.36 万 m^3/d，合计 1.44 万 m^3/d。世博园区采用生活用水与生活、市政杂用水分离的分质供水系统，考虑到杂用水量较大，可以以雨水为主要水源，以黄浦江水作补充，二者经一定程度的处理后作为市政杂用水使用。

2）补充地下水

上海市近年逐步采取压缩地下水开采量、市区开展大面积地下水人工回灌、逐步调整地下水开采层次等地下水管理措施，为此，世博园区将新建渗透设施，让雨水或地表水回灌地下，补充涵养地下水资源。雨水渗透是一种间接的雨水利用技术，具体可分为分散渗透技术和集中回灌技术两大类。

在世博园区内，分散式渗透采取的主要形式为人工渗透型地面及天然渗透地面两种，前者主要以各种人工铺设的透水性地面为主，如多孔的嵌草砖、碎石地面，透水性混凝土路面等；后者主要以城区绿地及规划河道水体为主。根据《供水专业规划》及《控规》，世博园区采用以下补充地下水的措施：天然渗透型绿地总面积约 1.7km²；部分路面及广场采用渗透型材料；在浦东及浦西园区开凿 7 座回灌井。

3）补充景观水体

将雨水经适当的沉淀处理后，作为世博园内景观水体补充用水。根据《建筑给水排水

设计规范》GB 50015—2003（2009 年版）规定，水景循环系统的室外工程取循环水量的
3%～10%。世博公园内水景面积较大，如采用雨水作为补充水，无疑具有积极的意义。

4）湿地水源

黄浦江世博园段建造的滨江湿地亲水平台采用雨水水源时，可以避免自黄浦江中取
水，具有实际应用价值。

2. 世博园区雨水利用系统设计

（1）雨水收集范围及收集水量

一般来说，雨水内悬浮物及氨氮含量较高，含有一定量的有机物，长期放置时，水质状
况将会发臭恶化，故一次雨水收集量应控制在适当范围内。世博园区规划总面积为 6.68km^2
（其中，红线范围内为 5.28km^2，1.4km^2 为建设协调区），如整个园区雨水都考虑收集，单场
收集雨量按 20mm 计，一次收集总雨水量达 10.6 万 m^3（仅考虑收集红线范围内）。故在设计
时，应该有所取舍，仅考虑收集较干净的雨水，雨水贮存时间也应根据杂用水量，结合调蓄
构筑物体积适当考虑。

世博园区市政及生活杂用水总量为 1.44 万 m^3/d，考虑 15% 的漏损及未预计水量，故
处理设施设计规模为：$Q_h = 1.44 \times 1.15 = 1.66$ 万 m^3/d。贮存雨水量最高可按 2～3d 杂用
水量确定，雨水不足时，以黄浦江水作为补充。

（2）雨水收集及输送

末端收集系统形式由单体建筑物确定，建筑物下适当位置设地下集水池，用以收集屋
面较洁净雨水，末端地下集水池通过管道与中心调蓄池相连，再以水泵加压后，输送至过
滤设备或人工湿地等水处理设备（设施）。处理流程如图 9.18 所示。

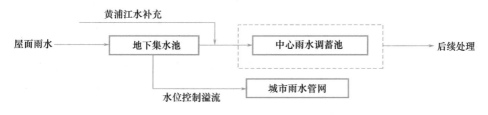

图 9.18　雨水收集及处理系统流程图

单体建筑物地下集水池体积由建筑设计确定，但每个地下集水池均需设溢流装置。

（3）雨水处理

在对雨水进行处理时，按世博园区内的实际情况，主要考虑两种处理方式，一种是沉
淀、过滤等常规处理，通过在世博园区内设立集中式的水处理站，将雨水集中处理后，达
到使用要求；一种是采用自然净化方式，通过人工湿地的物理及生化作用，将水中的污染
物去除。

1）雨水站处理方式

与杂用水水质指标相比，雨水中悬浮物、有机物及氨氮等指标是主要的去除对象。故
当采用集中处理方式对雨水进行处理时，应优先考虑对这些污染物的有效去除，本设计
中，拟采用类似于曝气—生物氧化—沉淀—过滤的处理工艺。

雨水处理站内包括中心调蓄池、滤池、清水池（实行实时供水时，仅设吸水井）及加
压泵站，工艺流程如图 9.19 所示。

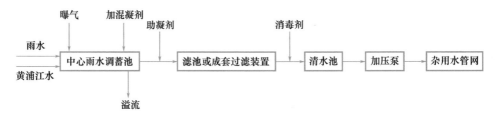

图 9.19 雨水处理站工艺流程示意图

中心雨水调蓄池（曝气式）是处理构筑物的主体部分，主要起曝气—生物氧化—沉淀作用。中心雨水调蓄池为全地下式，共设 2 组，每组调蓄池设为两部分，第一部分作为曝气池使用，在池底一侧铺设曝气管道系统，向水中鼓入空气以增加溶解氧，防止水质发臭恶化；第二部分作为预沉池使用，池底设排泥管道，泥水经提升泵加压后，排放至污泥处理设备；同时，需设循环水泵保持水体流动状态。雨水量不足时，以黄浦江水为补充水源。由于原水浊度可能较低，可以在投加混凝剂后直接进行过滤。

过滤是保证出水水质的关键步骤。雨水经调蓄池沉淀后，再以提升泵提升至滤池。滤池采用微絮凝过滤技术，在进水渠起端补充投加混凝剂。在满足水质要求的条件下，滤池优先使用成套设备。滤池出水水质应满足相关杂用水水质标准的规定。

2）湿地处理方式

初期（或长期不降雨时）雨水中悬浮物、有机物及氨氮等指标一般均高于杂用水，是杂用水处理过程中主要的去除对象，故采用湿地作为雨水处理方式是可行的。雨水经水泵提升至湿地水源分配系统，按地表漫流或潜流的方式，依靠微生物、植被、砾石、砂层等的物化及生化作用，达到对水中污染物的去除目的。

根据《上海世博会规划区控制性详细规划》，为体现世博园区内水处理的生态化，世博园浦东区域后滩地块将作为湿地，对雨水排水进行清洁后再利用或排放至黄浦江中。

湿地处理工艺一般有：自由表面流湿地处理系统，潜流湿地处理系统，垂直流湿地处理系统，水生植物处理系统等。为保证出水水质，本工程宜采用人工湿地组合工艺，推荐采用水平潜流人工湿地，水力负荷可取 $0.2 \sim 0.3 m^3/(m^2 \cdot d)$，湿地停留时间不少于 1.0d（孔隙率按 40% 估算）。工艺流程如图 9.20 所示。

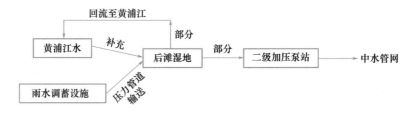

图 9.20 湿地处理工艺流程图

为防止湿地很快堵塞，应采用合适的湿地基质及保证一定的孔隙率，如采用三层填料的湿地结构，下层为砾石层（粒径 20mm 左右）；中层为砂砾层（粒径 5mm 左右）；上层为砂质土。为延长湿地使用寿命，采用湿地分块处理、分段进水的运行方式。湿地应作适当的防渗漏处理。栽植合适的湿地植物，如美人蕉、千屈菜、花叶芦竹、水葱、菖蒲、鸢尾等，选择湿地植物时，应同时满足世博园景观需求。由于湿地处理的水量较为有限（面积约 10 万 m^2），尤其当雨水水质较差，水质要求较高时，湿地负荷不宜过高，故湿地自然净化方式可以作为雨水处理的辅助或局部处理措施，而应以集中处理为主。

（4）清水池及加压泵房

滤池及湿地出水后，需加氯消毒，再出水至清水池。清水池容积应根据用水特征确定，如用水均匀，时段集中，则无需单独设清水池，仅需在滤池后设吸水井，供加压水泵吸水使用。加压泵流量按最高时流量设计，扬程应根据杂用水管网布置及用水点水压确定，为适应水量、水压的细微变化，水泵加设变频调速装置。

雨水是一种水资源，而且相比较而言，后期降水的水质好于城镇污水，这对于严重缺水的西北地区来说意义尤其重大。然而，雨水利用是一项复杂的系统工程，涉及相关的法律法规制定、雨水资源的科学管理、雨水径流的污染控制、相关的水质标准研究等，世博会的工程实践对推动我国雨水利用事业向前发展有所助益。

9.5.4　无锡市某住宅小区雨水利用

无锡市某住宅小区坐落于无锡市北塘区，总占地面积为 $100925m^2$，地上总建筑面积为 $282200m^2$。按《无锡市城镇节约用水管理办法》，该小区需进行雨水利用的分析，确定合理的雨水利用系统。

1. 雨水利用分析

（1）小区可收集雨水情况

一般住宅小区内的雨水收集主要有道路、绿地、屋面 3 种汇流介质。在这 3 种汇流介质中，地面径流雨水水量较大，但水质较差；绿地径流雨水因经过渗透而水质较好，但可收集雨量有限；屋面雨水水质较好、径流量较大且便于收集利用。该住宅小区总建筑屋面面积约为 $25800m^2$，宜优先选择屋面雨水收集利用。由于小区管网已基本建成，雨水利用主要用于浇洒道路和绿化，为减少开挖，保护原有管网，一期示范工程仅选用 2 栋建筑屋面收集雨水（$F=887m^2$），经管道汇入整流井。

（2）小区可回用雨水情况

回用雨水主要可用于景观用水、绿化用水、循环冷却系统补水、汽车冲洗用水、路面冲洗用水、冲厕用水以及消防用水。考虑可收集雨水量、回用用途、投资和水质需求。收集的雨水拟主要用于该小区绿化和道路浇洒用水。

（3）小区雨水收集回用方案

根据可收集雨水与需回用雨水的情况分析，确定采用屋面雨水，经收集净化处理回用于杂用水如小区绿化、道路浇洒冲洗等，绿地考虑自然入渗，超出绿地调蓄和渗透能力的雨水排入市政排水管，道路的雨水直接排入市政排水管。

2. 水量平衡分析

（1）日雨水径流总量

根据《建筑与小区雨水利用工程技术规范》雨水径流计算公式：$W=10\varphi_c h_y F$（W：雨水径流总量；φ_c：雨量径流系数，取 0.9；h_y：设计降雨厚度，以日为单位计算，查降雨量等值线图，查出江苏地区约为 100mm；F：汇水面积），算得径流总量 $W=79.83m^3/d$。

（2）需回用水量

绿化及道路占地面积 $29300m^2$，一般绿化和浇洒用水按 $1.5L/(m^2 \cdot d)$ 考虑。夏季每日需水量按全额考虑为 43.95m³/d，春秋季每日需水量按全额的 2/3 考虑为 29.30m³/d，冬季每日需水量按全额的 1/3 考虑为 14.65m³/d，则全年需水量为 10700m³/a。

（3）平衡分析

回用系统的最高日设计用水量为 43.95m³/d，集水面雨水设计径流总量为 79.83m³/d。43.95/79.83＝55%，满足规范不小于 40% 的要求。

3. 小区雨水利用工艺流程

根据所选择的雨水利用方案，工艺流程包括收集及预处理单元、贮存单元、净化处理单元和回用单元 4 部分。屋面雨水先经收集管收集后进入设有溢流功能的整流井，整流井内设置格栅以清除进入落水管的树叶、树枝等粗大杂物，并将初期雨水进行弃流。同时，经过整流井的雨水自流进入雨水调蓄池用于调节雨量的不均衡性。调蓄池内的雨水经一级提升泵提升后进入雨水处理系统，通过过滤去除水中的杂质达到出水水质要求后送入清水池。最后采用变频供水系统加压配送，用于小区绿化和道路浇洒冲洗用水。定期对雨水处理单元进行反冲洗，反冲洗水就近排入市政污水管网。

4. 小区雨水利用工程工艺设计

（1）雨水收集系统

1）雨水设计流量

根据《建筑与小区雨水利用工程技术规范》GB 50400—2006 中雨水设计流量计算公式，取重现期 $P＝2a$，降雨历时 $t＝5min$，取 1.5 的安全系数，计算雨水设计流量 $Q＝0.02135×1.5＝0.032m³/s$。

2）雨水收集管

根据雨水流量选用管径，采用 HDPE 双壁波纹管，管径为 $DN300$，管长 L 为 155m，坡度 i 为 0.004。

3）格栅

在整流井进水处设置格栅拦截雨水中的漂浮物，采用不锈钢提篮格栅，规格 400mm×400mm×300mm，栅条间隙 5mm，栅渣外运处理。

4）整流井

雨水经收集管网收集后首先进入整流井。整流井内可以截留、沉淀雨水中的大颗粒杂质，防止后续提升泵堵塞，为全地下式钢混结构，设计尺寸为 2m×1.8m×1.9m。

（2）雨水积蓄系统

来水水量是随时间变化的，为保证后续处理系统的正常运行，降低运行负荷，需要对雨水的水量进行调节，因此在雨水处理装置系统前设置调蓄池。调蓄池的主要作用是调节水量，其设计有效储水容积不低于集水面日雨水径流总量扣除设计初期径流弃流量。

1）雨水积蓄系统有效储水容积

① 日雨水径流总量

本工程日雨水径流总量 W 为 79.83m³。

② 设计初期径流弃流量

由于初期雨水径流水质受多种因素影响，弃流量的大小很难控制。参考规范中的计算公式 $W_i＝10\delta F$（W_i：设计初期径流弃流量；δ：初期径流厚度，考虑 2mm 初期径流；F：汇水面积），算得弃流总量 $W_i＝1.77m³$。

③ 有效储水容积

$W_s = W - W_i$（W_s：雨水积蓄系统有效储水容积；W：集水面日雨水径流总量；W_i：设计初期径流弃流量），算得有效储水容积 $W_s = 78.06 m^3$。

2）调蓄池

采用全地下式钢筋混凝土结构，设计平面尺寸为 6m×6m，池深 3.6m，有效调节水深 3.0m，有效储水容积 108m³。内设提升水泵吸水管、溢流管和通气管。

（3）雨水处理系统

雨水处理系统设计规模为 8m³/h，设计工作时间为 5.5h/d，采用精细过滤工艺进行处理。一级提升泵将调蓄池内雨水提升至雨水处理装置，经精滤处理，达到绿化浇灌水质后进入清水池，反冲洗水泵从清水池吸水定期对雨水处理装置进行反冲洗，反冲洗水就近排入小区内污水井。雨水处理装置及配套的设备放置于建筑单体地下室内，占地面积约 20m²，设一级提升泵 2 台，1 用 1 备，单台 $Q = 8m^3/h$，$H = 6m$，$N = 0.55kW$；反冲洗泵 2 台，1 用 1 备，$Q = 30m^3/h$，$H = 8m$，$N = 1.1kW$；PAC 投加系统 1 套，其中加药泵 1 台，$Q = 0.5L/h$，$H = 7m$，$N = 0.04kW$，储罐 1 只，有效容积 $V = 50L$，工作压力 1.0MPa；精细过滤采用 $\phi1400$ 一体化的精细过滤器。滤速为 5.2m³/(h·m²)，反冲洗强度为 19.5m³/(h·m²)。

（4）雨水回用系统

1）清水池

按规范要求，清水池容积取雨水回用系统最高日设计用水量的 35%，其中，最高日设计用水量 $Q = 43.95m^3/d$，$V = 43.95 \times 0.35 = 15.38m^3$，考虑无雨或少雨季节时能蓄存较多的处理后雨水供给回用，将清水池容积适当放大，取 20m³。采用钢制成品水池，设计尺寸为 4m×2.5m×2m，放置于建筑单体地下室内，占地面积约 13.5m²。

2）雨水回用设施

雨水回用设施主要包括二级提升泵、变频供水系统及回用管线等。绿化、浇洒道路用水的增压方式采用变频恒压供水系统，使用水过程不受处理系统工作时间限制，管理更加方便，节电效果显著。设二级提升泵 2 台，1 用 1 备，单台 $Q = 8m^3/h$，$H = 25m$，$N = 0.75kW$；气压 1 套，$V = 800L$，回用管采用 PP－R 管，$dn32 \sim dn50$ 管共 564m；绿地及道路冲洗采用埋地式快速连接阀给水栓，尽可能靠近人行道或绿化内小路敷设以便于操作，共设 $DN32$ 给水栓 12 套。

雨水利用可以节约用水、蓄洪滞洪、修复城镇水环境和改善城镇生态环境、部分解决城镇水资源短缺、推动水资源的可持续发展。本工程立足于住宅小区的具体情况，采用只就地收集利用较清洁的屋面雨水的工艺，以满足小区绿化、浇洒道路用水，因地制宜，投资少、见效快。

9.5.5 深圳市××区雨水控制与利用

1. 概述

深圳市××新区位于深圳市西北部，面积 156km²，人口 48 万人。区域年均降雨量 1935mm，汛期暴雨集中，一方面极易产生城镇内涝，全区有 26 个易涝点，另一方面严重缺水，70%以上的用水依靠境外调水。

2007 年 6 月，深圳市某区成立，面临城镇建设大发展的机遇，如按常规模式进行城镇开发，水环境及水生态将受到巨大影响，主要体现在水资源供需矛盾突出、城镇洪涝灾害频发、雨水径流污染严重、城镇水体水质恶化等方面。为在新区开发建设的过程中，既发展经济，又缓解水资源供需矛盾、恢复水生态、保护水环境、塑造水文化、提高城镇安全，深圳市某区管委会、深圳市规划和国土资源委员会某管理局委托深圳市城市规划设计研究院编制《深圳市某区再生水及雨水利用详细规划》，通过开展雨水综合利用规划等，缓解城镇水资源危机、建立城镇健康水循环、修复城镇生态环境，成为创建绿色新城的重要组成部分。

针对城镇常规开发建设后可能对水环境及水生态带来的不利影响，结合某区特点，开展了雨水综合利用的详细规划。在雨水综合利用方面，引入低影响开发雨水综合利用理念，综合考虑将洪涝灾害防控、城镇污染控制、雨水资源化开发有机结合，起到多重综合效益。规划引入低影响开发理念，提出雨水利用以"控制雨水径流污染，恢复水文循环；削减洪峰流量，防止城镇洪涝灾害"为核心目标，创建"低影响开发雨水综合利用示范区"，获得市政府批准，一批示范项目开工建设。在再生水和雨水联合使用方面，控制远期退出城镇供水的本地水库及小水厂，将其改造后成为城镇再生水系统的重要组成部分。既解决再生水系统水量调蓄设施建设难题，又实现雨水、再生水资源的综合利用和优化，雨季多用山区雨水资源，旱季多用再生水资源。

深圳市区雨水控制与利用规划重点是山区雨水利用和城区雨水利用。规划范围：某区行政区域范围，总面积为 $156km^2$。规划期限：2010 年为近期规划水平年；2020 年为远期规划水平年。规划的主要内容包括：进行扎实的现状调研与规划解读，高质量完成再生水潜在用户调研、现场踏勘、部门访谈、公众调查、国内外资料收集整理、相关规划解读等基础性工作。结合某区小水库和退出城镇供水功能的小水厂，制定山区雨水利用指引，充分利用本地雨水资源。研究适宜某区的城区雨水利用模式和技术手段；结合某区规划，按建设用地的不同特点分类制定雨水利用规划指引，充分发挥规划的引导作用，指引建设项目开展低影响开发雨水利用。对雨水利用工作的规划、建设、运行、管理等方面提出合理化建议和政策保障措施。

通过规划实施，到 2020 年，某区污水再生利用 10 万 m^3/d，山区雨水利用 2 万 m^3/d，实现优质饮用水减量 20%的规划目标，保障新区的可持续发展。构建低影响开发雨水综合利用规划管理机制，引导建设项目践行低影响开发，初步实现雨水综合管理与控制，新建道路广场用地中透水面积的不小于 50%，新区开发建设后径流系数尽量不增加，为新区创建绿色生态示范城区奠定基础。通过城镇污水再生回用和雨水资源开发利用，可节约优质水资源、缓解水资源供需矛盾、提供大量环境景观用水、重建水生态环境，进一步削减污染物排放量、改善水体环境。通过引导建设项目开展城区雨水利用工作，可降低洪峰流量，维护自然水文循环，增加地下水补给，调节城镇气候，改善区域生态环境。

2. 雨水控制与利用规划

根据深圳市某区地形地貌以及城镇土地开发利用情况，某区雨水资源分为两大类。一是山区雨水资源。某区有大量的丘陵山区，山区雨水资源受人类活动影响小，水质一般可达到或好于地表水环境质量标准Ⅲ类水体；山区雨水资源依据规划进行充分利用。二是城区雨水资源。城区雨水资源初期雨水水质较差，需处理以控制面源污染，去除了初期雨水污染的城区径流可以经适当处理后进行利用。

（1）山区雨水控制与利用规划

深圳市某区雨水控制与利用规划综合协调了各类水资源，结合某区给水系统布局、再生水系统布局，对不满足城镇优质饮用水供水功能的山区雨水资源进行合理利用。针对14座不满足城镇优质饮用水供水功能的水库，利用山区水库收集山区雨水资源，作为城镇供水系统、城镇再生水系统、城镇河道、城镇湿地的有力补充，提出了以下4种利用方案。

1）连通有条件的小水库，成为城镇供水的有力补充。

2）充分利用现有小水库原水管道及远期淘汰的小水厂，收集利用山区雨水资源，经城镇杂用水水厂（远期淘汰的城镇供水水厂改造）处理后，进入再生水管道，成为城镇再生水系统的有力补充。

3）位于偏远山区，河道上游的水库进行除险加固和适当改造，在满足原有农业用水的基础上，提供河道补水，成为河道生态景观用水的有力补充。

4）位于建成区的水库，增加人工曝气等设施，建成人工湿地或公园水景，改善水体水质，成为城镇水环境的"肾"。

规划水库功能的定位整体与《深圳市小型水库功能定位分类规划报告》做了较好的衔接，结合某区规划对水库的具体用途进行了落实。通过发掘利用14座小水库的雨水资源潜力，将为某区增加雨水利用面积14.63km²，按深圳市茅洲河多年平均径流量（866mm）计算，将提供约1258万 m³/a 雨水利用量，有效增加某区水资源，改善某区水环境，有力促进某区形成合理的水循环：其中多年平均补充城镇水源系统112万 m³/a，多年平均补充城镇再生水系统595万 m³/a，多年平均补充城镇湿地和河道551万 m³/a。

（2）城区雨水控制与利用的规划原则

深圳市某区雨水控制与利用规划提出，引导城镇建设项目践行低影响开发模式，创建低影响开发示范区。深圳市某区雨水控制与利用的规划原则如下：

1）某区所有新建、改建、扩建工程（含各类建筑物、广场、停车场、道路、绿地和其他构筑物等建设工程设施，以下统称为建设项目）均应进行雨水利用工程的设计和建设。

2）凡是新开发建设或改、扩建的区域，面积在10000m²以上的，都应当先编制雨水利用规划，再进行工程设计。面积小于10000m²的区域，可直接进行雨水利用工程的设计。

3）雨水利用工程应与主体工程同时设计、同时施工、同时投入使用。

4）某区的雨水利用工程设计重现期均按2年计算。

5）某区建设项目应当采取雨水利用措施，使建设区域内开发建设后规定重现期的雨水洪峰流量不超过建设前的雨水洪峰流量。

6）由于雨水的季节性较强，有条件的建设项目雨水利用工程应和再生水等其他水资源联合使用。

7）为控制面源污染，初期雨水均应处理后排放或利用。

8）小区雨水利用工程设计应与小区绿化设计、景观设计、生态建设充分结合。

9）雨水利用系统不应对土壤环境、植物的生长、地下含水层的水质、室内环境卫生等造成危害。

（3）城区雨水控制与利用规划指引

1）城区雨水控制与利用分类

依据深圳市某区规划用地分类及雨水利用特点，将某区城区划分为9类雨水控制与利用的用地类型，分别为新建居住小区、城中村、商业区、公共建筑（含剧院、体育场馆、展览馆、车站等）、学校、工业区、市政道路、广场与停车场、公园。

各种雨水控制与利用的用地类型分类与《深圳市城镇规划标准与准则》城镇用地分类的对应关系见表 9.20 所列。

雨水利用分类与用地代码的关系　　　　　　　　　　　表 9.20

序号	用地类型	用地代码
1	新建居住小区	R1，R2，R3
2	城中村	R4
3	商业区	C
4	公共建筑	GIC1，GIC2，GIC3，GIC4，GIC6，GIC7，GIC8
5	学校	GIC5
6	工业区	M，W
7	市政道路	S1
8	广场、停车场	S2，S3
9	公园绿地	G1，G3

注：有些用地不需要进行雨水利用，因此未列入本表中。未列入表中的用地分类有：
　　U 类是市政公用设施用地，地块小且分散，无需进行雨水利用研究；
　　D 类是特殊用地，通常为军队用地和保安用地，不进行考虑；
　　T 类是对外交通设施用地，主要为铁路和高速公路，无需进行雨水利用研究；
　　G2 类是生产防护绿地，通常为自然的林地，不需要自来水浇灌，无需进行雨水利用研究；
　　E 类是水域和其他非城镇建设用地，纳入山区雨水利用范围。

2）城区雨水控制与利用目标

深圳市某区现状用地综合径流系数约为 0.43，规划以此作为某区开发建设后的雨水控制与利用的目标，即新区开发建设后的外排雨水设计流量不大于开发建设前的水平。为了达到此目标，需按照雨水控制与利用用地类型的分类，对每一类用地类型的雨水综合径流系数进行控制。根据各小区的特点，结合 2020 年某区用地布局，规划确定了实施雨水控制与利用工程后，各种用地类型的雨水综合径流系数目标值，见表 9.21 所列。

规划确定的雨水控制与利用控制目标　　　　　　　　　表 9.21

	序号	类别	用地（hm²）	综合径流系数目标	
				已建用地（仅进行雨水利用改造）	新建改建用地
城区	1	新建居住小区	743.2	—	≤0.40
	2	城中村	318.5	≤0.60	≤0.40
	3	商业区	603.28	≤0.60	≤0.45
	4	公共建筑	309.78	≤0.50	≤0.45
	5	学校	194.82	≤0.50	≤0.40
	6	工业区	1740.60	≤0.50	≤0.40
	7	市政道路	1776.24	≤0.60	≤0.60
	8	广场、停车场	197.36	≤0.45	≤0.45
	9	公园绿地	660.82	≤0.20	≤0.20
		其他分散性用地	689.19	0.65	
	合计		7233.79	—	

续表

序号	类别	用地（hm²）	综合径流系数目标	
			已建用地（仅进行雨水利用改造）	新建改建用地
	水域	2122.07（列入某水库）	1.0	
	非城镇建设用地	6177.05	0.2	
	总计	15532.91	≤0.43	

根据 2020 年某区用地布局核算，如严格按上表指标通过规划引导建设项目开展雨水控制与利用，将使新区开发建设后的综合径流系数不大于 0.43，达到控制目标。

建设项目对某一块土地开发建设后，其综合径流系数不得超过表 9.24 所规定的数值。如果综合径流系数大于控制标准，应增设雨水调蓄设施，使开发建设后的外排雨水流量不大于开发建设前的水平。

3）城区雨水控制与利用的分类规划指引

规划提出，深圳某区大面积的绿地建设应设计雨水利用设施，为雨水入渗、径流地表滞蓄创造有利条件和保障。已建设地区，应结合城镇更新增建雨水利用设施：人行道、广场、停车场、庭院均改为透水铺装地面，除此之外，还应考虑在现有绿地的适宜位置增建或改建相应的渗透设施。入渗井、浅沟、浅沟－渗渠组合系统等渗透雨水量大、占地面积小的渗透设施应成为首选。未建区域，雨水利用方式可灵活多样。各建筑小区应根据自身下垫面特征和雨水控制目标在规划设计阶段或建筑方案设计阶段完成雨水利用设施设计，采用适宜的手段进行雨水利用。

对收集回用的雨水利用工程项目，由于深圳市降雨的时间分布不均匀性，其雨水利用工程应考虑与再生水等非常规水资源联合使用。考虑到新区自然河道、湖泊等自然水体繁多，可充分利用自然水体调蓄雨水。建议结合茅洲河水环境综合整治，将超过设计重现期的雨水径流集中引入自然水体贮存或调蓄，有效削减洪峰流量。自然河道、湖泊也可根据具体情况改建为雨水生态塘或人工湿地，进一步提高茅洲河流域水质。

以新建居住小区、市政道路两种类型为例说明城区雨水控制与利用的分类规划指引。

新建居住小区雨水控制与利用目标为：开发建设后的综合径流系数不大于 0.4。新建居住小区雨水利用规划指引要点主要包括：新建居住小区建筑屋面雨水（如果不收集回用）应引入建筑周围绿地入渗；应充分利用小区内绿地入渗雨水，为增大雨水入渗量，绿地应建为下凹式绿地；小区小型车路面、非机动车路面、人行道、停车场、广场、庭院应采用透水地面，非机动车路面和小型车路面可选用多孔沥青路面、透水性混凝土、透水砖等，人行道可选用透水砖、草格、碎石路面等；停车场可选用草格、透水砖，广场、庭院宜采用透水砖；小区非机动车路面超渗雨水应就近引入绿地入渗。

市政道路雨水控制与利用的目标为：开发建设后的综合径流系数≤0.6。市政道路雨水控制与利用规划指引要点主要包括：道路雨水应以入渗和调蓄排放为主；道路雨水径流宜引入两边绿地入渗，道路绿化带宜建为下凹式绿地；视不同道路类型，可采用透水性路面。

4）城区雨水控制与利用规划技术

综合考虑深圳市某区的地下水位、用地规划、地形地质、绿地分布及降雨量特征，提出了城镇雨水控制与利用规划采用的技术核心目标：以入渗、滞蓄为主，收集回用为辅。削减洪峰流量，防止城镇洪涝灾害发生，控制削减面源污染。具体采用低影响开发雨水控制与利用技术，结合深圳市某区的自然条件，推荐采用的具体规划技术如下：

规划推荐的低影响开发雨水综合利用规划技术，包括工程措施和非工程措施。工程措施包括绿色屋面、可渗透路面、雨水花园、植被草沟及自然排水系统等。非工程措施，包括进行街道和建筑的合理布局、市民素质教育等。适合深圳市某区的低影响开发雨水综合利用具体技术主要包括：

① 保护性设计：主要指通过保护开放空间，减小地面径流流量。例如，在区域开发规划设计时，可通过降低硬化路面的面积以减小径流流量，还可以通过渗滤和蒸发处理来自周围建筑环境汇集的径流，对湿地、自然水岸、森林分布区、多孔土壤区进行有效保护。

② 渗透：指通过各种工程构筑物或自然雨水渗透设施使雨水径流下渗、补充土壤水分和地下水的雨水控制和利用模式。渗透不但能减少地面径流流量，而且可以补充地下水，这对于缓解地下水资源短缺和防止滨海区域海水入侵有着重要意义。因此，在地下水缺乏和海水入侵地区应将雨水渗透处理作为雨水控制利用的重要内容。

③ 径流贮存：对于封闭性下垫面比较集中的地区，可通过径流贮存实现雨水回用或通过渗滤处理用于灌溉。径流贮存一方面可以削减洪峰流量，减少径流的侵蚀；另一方面，可用于景观绿化，比如景观水体、多功能调蓄等。

④ 生物滞留：当发生强暴雨时，仅仅通过渗透和贮存技术很难将地面径流全部在原地处理消纳，此时往往采用生物滞留设施将汇集的径流进行疏导。低影响开发设计中生物滞留主要通过降低径流流速、延长径流汇集时间等达到降低洪峰流量和延迟洪峰出现的时间。

⑤ 过滤：是使雨水通过滤料（如砂、沸石、粉煤灰等）或多孔介质（如土工布、微孔材料等）截留水中的悬浮物质，从而使雨水得到净化。雨水过滤具有以下优点：降低下游区域的径流流量、补充地下水、增加河流基流流量、降低温度对受纳水体的影响。

⑥ 低影响景观：当进行景观设计时必须仔细选择和区分种植植物，要选择适合当地气候和土壤的植物种类。通过生物吸收去除污染物，稳定本地土壤土质是低影响景观的重要内容。通过实施低影响景观，减少硬化下垫面面积，可提高雨水径流渗透能力，提高开发区域的美学价值。

（4）雨水控制与利用管理

深圳市某区雨水控制与利用规划提出引导控制各类城镇用地的建设行为，践行低影响开发模式，创建低影响开发示范区。其目的为增加雨水就地入渗，减少雨水径流量，合理建设雨水调蓄设施，削减暴雨水峰流量，有效控制外排水量，防止城镇洪涝灾害发生，并且可以有效控制面源污染。

规划要求某区所有新建、改建、扩建工程（含各类建筑物、广场、停车场、道路、绿地和其他构筑物等建设工程设施，以下统称为建设项目）均应进行雨水利用工程的设计和建设。雨水利用工程应与主体工程同时设计、同时施工、同时投入使用。保留碧眼、白花、姜下水厂用地，择机实施山区雨水资源利用指引。规划建议某区编制《某区建设项目再生水及雨水利用设施规划设计管理办法》指导新区再生水及雨水利用工作，建议深圳市相关部门尽快出台《建设项目再生水及雨水利用设施规划设计技术指南》，供相关设计单位和审图机构采用，将再生水及雨水利用工作落到实处。建议近期结合重大市政建设项目，建成一批再生水或雨水利用的示范项目。

在规划管理策略方面，建议某区规划管理部门将雨水利用工作纳入到常规规划设计的体系中，主要包括：某区分区层面规划及下层次（法定图则、详细蓝图）必须落实本次规划的研究成果，纳入雨水利用的相关规划内容。某区市政道路及重要市政公共设施设计阶段必须进行雨水利用相关设施设计，并上报规划部门审查。某区各新建项目设计阶段必须进行雨水利用相关设施设计，并上报相关部门审查。

在其他政策保障管理方面，规划也提出了具体要求，主要包括：政府鼓励新建、改建、扩建建设项目使用雨水，利用雨水、再生水等非传统水资源的，免收污水处理费、水资源费等；还可按其改造后的雨水利用规模给予一定的奖励。新建建设项目如没有合理采取雨水利用措施，政府可采取一定的经济惩罚手段，如增加征收雨水排放设施费和雨水排放费的比例。宣传普及雨水利用的相关知识，提高社会对再生水和雨水等非常规水资源的接受度。

提出将低影响开发雨水控制与利用技术纳入建设项目规划审批程序方案，结合规划审批流程，研究并提出了项目的具体引导流程，如图 9.21 所示。

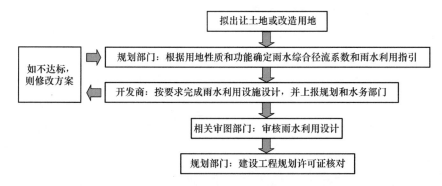

图 9.21　建设项目规划审批程序方案流程图

（5）雨水控制与利用规划管理实施

深圳市某区按照规划要求，先期启动了 18 个政府投资的示范项目。其中包括公共建设（1 个）、市政道路（5 个）、公园绿地（3 个）、水系湿地（2 个）、居住小区（5 个）、工业园区（2 个）。

深圳市某区雨水控制与利用规划首批实施示范项目中，对于公共建筑示范项目，采取的主要技术措施包括：采用绿色屋面、雨水花园、透水铺装、生态停车场等。实施后，累计年雨水利用量超过 1 万 m^3，综合径流系数由 0.7～0.8 下降到 0.4 以下。

深圳市某区群众体育中心实施效果如图 9.22 所示。

对于市政道路示范项目，采取的主要措施包括：采用下凹绿地（耐旱耐涝的美人蕉、黄菖蒲、再力花、菖蒲等）、透水道路等。实施后，径流系数控制在 0.5。道路排水能力由 2 年一遇提升至 4 年一遇，中小雨不产生汇流。

深圳市某区公园路、门户区 36 号及 38 号公路实施效果如图 9.23 所示。

对于公园绿地示范项目，采取的主要措施包括：采用植草沟、滞留塘（耐旱耐涝的美人蕉、黄菖蒲、再力花、菖蒲等）、地下蓄水池等。实施后，径流系数控制在 0.1。年收集回用雨水 1.5 万 m^3、回补地下水 25 万 m^3。

深圳市某公园（面积 59 万 m²）实施效果如图 9.24 所示。

绿色屋顶　　　　　　　　　透水广场　　　　　　　　　生态停车场

图 9.22　深圳市某区群众体育中心雨水控制与利用实施效果实景图

道路下凹绿地进水口　　　　　原理示意图　　　　　　透水道路试验现场

图 9.23　深圳市某区公园路、门户区 36 号及 38 号公路雨水控制与利用实施效果实景图

植草沟　　　　　　　　　　滞留塘　　　　　　　　　地下蓄水池

图 9.24　深圳市某区光明某公园雨水控制与利用实施效果实景图

对于水系湿地示范项目，采取的主要措施包括：采用自然水体、调蓄池、人工湿地（美人蕉、再力花、菖蒲）、稳定塘等。实施后，确保湖体水质达到地表Ⅳ类水标准。

深圳市明湖城镇公园实施效果如图 9.25 所示。

调蓄池(曝气控制)　　　　　　人工湿地　　　　　　　　公园湖面

图 9.25　深圳市某区城镇公园雨水控制与利用实施效果实景图

深圳市某区在总结示范工程经验的基础上,发布了《深圳市某区低影响开发雨水综合利用规划设计导则实施办法》,将低影响开发的要求纳入基本建设程序的全过程进行管理,政府各相关部门按职责严格把关,形成合力。审核公共区域范围内,低影响开发雨水综合利用设施的投资。将实施低影响开发建设要求作为土地划拨或出让的依据,并负责按照低影响开发的要求进行规划审核和验收。按照低影响开发技术要求进行施工图审查及竣工验收。

深圳市某区及时总结低影响开发建设的经验,全面推广。全区建设项目的业主必须严格按照规划控制要求和相关制度实施低影响开发建设,公共区域内由政府投资建设,约占投资总量的30%;非公共区域完全靠业主引入社会资本投资建设,约占投资总量的70%。

思 考 题

1. 雨水利用的意义有哪些?
2. 雨水利用的途径有哪些?
3. 编制城镇雨水利用规划需要哪些资料?
4. 雨水收集的途径有哪些?
5. 雨水利用系统运行维护的一般要求是什么?
6. 渗透设施维护需要注意哪些内容?

主要参考文献

[1] 张智. 城镇防洪与雨水利用 [M]. 北京：中国建筑工业出版社，2016.

[2] 中国市政工程东北设计研究院. 给水排水设计手册·第 7 册 城镇防洪（第二版）[M]. 北京：中国建筑工业出版社出版，2000.

[3] 城乡建设部 国家质量监督检验检疫总局. 防洪标准 GB 50201—2014 [S]. 北京：中国计划出版社出版. 2015.

[4] 住房和城乡建设部，国家质量监督检验检疫总局. 室外排水设计规范 GB 50014—2006（2016 版）[S]. 北京：中国计划出版社出版. 2016.

[5] 国务院办公厅. 关于做好城市排水防涝设施建设工作的通知（国办发〔2013〕23 号）[EB]. 北京：2013.

[6] 中华人民共和国国务院. 城镇排水与污水处理条例（国务院令第 641 号）[EB]. 北京：2013.

[7] 住房和城乡建设部. 城市排水（雨水）防涝综合规划编制大纲（建城〔2013〕98 号）[EB]. 北京：2013.

[8] 中华人民共和国水利部. 2018 年全国水利发展统计公报 [M]. 北京：中国水利水电出版社. 2019.

[9] 中华人民共和国水利部. 2018 年中国水资源公报 [EB]. 2019.

[10] 住房城乡建设部. 海绵城市建设技术指南—低影响开发雨水系统构建（试行）[EB]. 2014.

[11] 国务院. 水污染防治行动计划的通知（国发〔2015〕17 号）[EB]. 2015.

[12] 住房和城乡建设部和环境保护部. 城市黑臭水体整治工作指南 [EB]. 2015 年 8 月.

[13] 中共中央国务院. 生态文明体制改革总体方案 [EB]. 2015 年 9 月.

[14] 车伍，李俊奇. 城市雨水利用技术与管理 [M]. 北京：中国建筑工业出版社，2006.

[15] 住房和城乡建设部工程质量安全监督司，中国建筑标准设计研究院. 全国民用建筑工程设计技术措施-给水排水 2013 [M]. 北京：中国计划出版社，2013.

[16] 厦岑岭. 城镇防洪理论与实践（第一版）[M]. 合肥：安徽科学技术出版社，2001.

[17] 高艳玲. 城市水务管理 [M]. 北京：中国建材工业出版社，2005.

[18] 程晓陶，吴玉成，王艳艳. 洪水管理新理念与防洪安全保障体系的研究 [M]. 北京：中国水利水电出版社，2004.

[19] 富曾慈. 中国水利百科全书 [M]. 北京：中国水利水电出版社，2004.

[20] 程晓陶，尚全民. 中国防洪与管理 [M]. 北京：中国水利水电出版社，2005.

[21] 姜树海，范子武，吴时强. 洪灾风险评估和防洪安全决策 [M]. 北京：中国水利水电出版社，2005.

[22] 中华人民共和国住房和城乡建设部. 海绵城市建设绩效评价与考核办法（试行）[S]. 2015.

[23] 中华人民共和国住房和城乡建设部. 海绵城市建设评价标准 GB/T 51345—2018 [S]. 北京：中国建筑工业出版社，2018.

[24] 重庆市住房和城乡建设委员会. 重庆市海绵城市监测技术导则 [S]. 2020.

高等学校给排水科学与工程学科专业指导委员会规划推荐教材

征订号	书　名	作　者	定价（元）	备　注
40573	高等学校给排水科学与工程本科专业指南	教育部高等学校给排水科学与工程专业教学指导分委员会	25.00	
39521	有机化学（第五版）（送课件）	蔡素德等	59.00	住建部"十四五"规划教材
41921	物理化学（第四版）（送课件）	孙少瑞、何洪	39.00	住建部"十四五"规划教材
42213	供水水文地质（第六版）（送课件）	李广贺等	56.00	住建部"十四五"规划教材
42807	水资源利用与保护（第五版）（送课件）	李广贺等	56.00	住建部"十四五"规划教材
27559	城市垃圾处理（送课件）	何品晶等	42.00	土建学科"十三五"规划教材
31821	水工程法规（第二版）（送课件）	张　智等	46.00	土建学科"十三五"规划教材
31223	给排水科学与工程概论（第三版）（送课件）	李圭白等	26.00	土建学科"十三五"规划教材
32242	水处理生物学（第六版）（送课件）	顾夏声、胡洪营等	49.00	土建学科"十三五"规划教材
35780	水力学（第三版）（送课件）	吴　玮　张维佳	38.00	土建学科"十三五"规划教材
36037	水文学（第六版）（送课件）	黄廷林	40.00	土建学科"十三五"规划教材
36442	给水排水管网系统（第四版）（送课件）	刘遂庆	45.00	土建学科"十三五"规划教材
36535	水质工程学（第三版）（上册）（送课件）	李圭白、张杰	58.00	土建学科"十三五"规划教材
36536	水质工程学（第三版）（下册）（送课件）	李圭白、张杰	52.00	土建学科"十三五"规划教材
37017	城镇防洪与雨水利用（第三版）（送课件）	张　智等	60.00	土建学科"十三五"规划教材
37679	土建工程基础（第四版）（送课件）	唐兴荣等	69.00	土建学科"十三五"规划教材
37789	泵与泵站（第七版）（送课件）	许仕荣等	49.00	土建学科"十三五"规划教材
37788	水处理实验设计与技术（第五版）	吴俊奇等	58.00	土建学科"十三五"规划教材
37766	建筑给水排水工程（第八版）（送课件）	王增长、岳秀萍	72.00	土建学科"十三五"规划教材
38567	水工艺设备基础（第四版）（送课件）	黄廷林等	58.00	土建学科"十三五"规划教材
32208	水工程施工（第二版）（送课件）	张　勤等	59.00	土建学科"十二五"规划教材
39200	水分析化学（第四版）（送课件）	黄君礼	68.00	土建学科"十二五"规划教材
33014	水工程经济（第二版）（送课件）	张　勤等	56.00	土建学科"十二五"规划教材
29784	给排水工程仪表与控制（第三版）（含光盘）	崔福义等	47.00	国家级"十二五"规划教材
16933	水健康循环导论（送课件）	李　冬、张　杰	20.00	
37420	城市河湖水生态与水环境（送课件）	王　超、陈　卫	40.00	国家级"十一五"规划教材
37419	城市水系统运营与管理（第二版）（送课件）	陈　卫、张金松	65.00	土建学科"十五"规划教材
33609	给水排水工程建设监理（第二版）（送课件）	王季震等	38.00	土建学科"十五"规划教材
20098	水工艺与工程的计算与模拟	李志华等	28.00	
32934	建筑概论（第四版）（送课件）	杨永祥等	20.00	
24964	给排水安装工程概预算（送课件）	张国珍等	37.00	
24128	给排水科学与工程专业本科生优秀毕业设计（论文）汇编（含光盘）	本书编委会	54.00	
31241	给排水科学与工程专业优秀教改论文汇编	本书编委会	18.00	

　　以上为已出版的指导委员会规划推荐教材。欲了解更多信息，请登录中国建筑工业出版社网站：www.cabp.com.cn查询。在使用本套教材的过程中，若有任何意见或建议，可发 Email 至：wangmeilingbj@126.com。